民用建筑"四节一环保"大数据及数据获取机制研究与实践

刘敬疆　丁洪涛　著

中国建筑工业出版社

图书在版编目（CIP）数据

民用建筑"四节一环保"大数据及数据获取机制研究
与实践 / 刘敬疆，丁洪涛著. — 北京：中国建筑工业
出版社，2021.12
　ISBN 978-7-112-26866-5

Ⅰ.①民… Ⅱ.①刘…②丁… Ⅲ.①民用建筑-节
能-研究 Ⅳ.①TU24

中国版本图书馆 CIP 数据核字（2021）第 247239 号

责任编辑：张文胜
责任校对：姜小莲

民用建筑"四节一环保"大数据及
数据获取机制研究与实践

刘敬疆　丁洪涛　著

*

中国建筑工业出版社出版、发行（北京海淀三里河路9号）
各地新华书店、建筑书店经销
北京鸿文瀚海文化传媒有限公司制版
廊坊市海涛印刷有限公司印刷

*

开本：787 毫米×1092 毫米　1/16　印张：23½　字数：585 千字
2021 年 11 月第一版　　2021 年 11 月第一次印刷
定价：**88.00** 元
ISBN 978-7-112-26866-5
（38162）

前　言

　　2021年，是中国"十四五"规划的开局之年，也是奔向2030年远景目标的新起点。站在国家发展新征程的起点上，在2030年前与2060年前先后实现碳达峰目标与碳中和愿景已成为我国"十四五"时期着力推进的一项重点工作。我国明确提出了控制排放的长期气候目标，是迄今为止世界上做出最大减少全球变暖预期气候承诺的国家。这对未来国内加速低碳转型发展与长期低碳战略的实施，推进全球气候治理进程都具有重要的里程碑意义。

　　我国处于发展的重要战略机遇期，发展不平衡、不充分的问题较为突出，在应对气候变化方面也存在一些欠缺和短板，加之国际环境日趋复杂严峻，要实现"碳达峰目标"与"碳中和愿景"，需要付出艰巨的努力。因此，要实现国家的整体减排目标，不仅应侧重全国经济与产业结构的整体转型，更需要立足不同行业、不同区域的节能减排工作。作为除工业、交通外能源消耗的重要领域，建筑领域具有较大的节能潜力，其重要性日益突出，成为实现节能减排目标的有效工作抓手。

　　建筑领域是实施能源消费、碳排放总量和强度"双控"的重要领域。随着城镇化率的持续升高与建筑规模的不断扩大，房屋建筑在建造、使用及拆除的过程中消费了大量的材料资源与能源。这不仅造成了建筑能耗与碳排放量的快速增长，更对国内生态文明的建设发展产生了巨大影响。可见，加快推动建筑领域的节能减排对促进国民经济发展和社会全面进步具有极其重要的意义，是我国建设生态文明、实现可持续发展的必然选择，而建筑能源消费数据又是科学、合理推进该项工作发展的重要基础支撑。

　　民用建筑的能源消耗不同于工业等其他行业，其具有建筑类型众多、消费结构复杂多样等特点。因此，民用建筑的能源资源数据涵盖了"四节一环保"数据，不仅包含电力、热力、天然气等能源类数据，还应包含人口、建筑规模、空置率、拆除率、用地、用水、用材等其他类型的数据。民用建筑"四节一环保"基础数据是测算碳排放量、分析节能潜力、制定节能目标的关键基础支撑。但目前，国内民用建筑"四节一环保"数据在采集、获取、保障机制、集成、管理及应用等方面仍存在着来源渠道缺失、采集方法欠缺、准确性存疑、集成度不高、可应用性不足等问题。民用建筑能源消耗数据自身具有的独特属性，使得建筑能源数据的获取难度加大，给深入了解建筑领域的碳减排潜力、开展建筑能源研究与技术开发等方面带来一定实施障碍，也是国内分类、分层、分区推进建筑节能减排工作需要解决的关键问题。

　　本书立足于民用建筑"四节一环保"数据现状和应用需求，构建了基于全生命期的民用建筑"四节一环保"大数据指标体系；针对不同类型的数据，形成了基于统计年鉴、计算模型构建，以及遥感影像、互联网和物联网等技术的差异化获取方法；从数据校验、数据清洗修复、数据误差分析三方面论述大数据系统性质量保障技术，为大数据的认知机理与资源治理机制构建提供可靠的数据支撑；引入了适用于"四节一环保"领域的数据分析方法，对建筑规模、能耗水耗和建筑用材等多源数据进行确认分析，提出了数据计算模型中关键指标的优化方法，得到了国民用建筑"四节一环保"数据结果，并推动统计机器学习及自然语言处理等大数据技术在典型区域数据获取中的应用；在此基础上，建成了可持续采集且稳定运行的实际状况数据库和数据平台，并组织实施了大规模数据采集，初步建立了有效的数据获取机制，实现我国民用建筑"四节一环保"基础数据的持续更新和共享。

本书是对国家重点研发计划项目重点研究内容和成果的归纳和总结，可为建筑能源数据的动态管理和民用建筑的数字化转型发展奠定基础；同时也为建筑能源政策的制定实施、高效提升建筑节能水平等工作提供丰富、详实的基础数据，有效推动以能耗数据为导向的建筑节能减排工作。

本书由国家重点研发计划"民用建筑'四节一环保'大数据及数据获取机制构建"（2018YFC0704300）资助课题承担单位住房和城乡建设部科技与产业化发展中心、北京交通大学、清华大学、上海市建筑科学研究院有限公司、北京大学、电力规划总院有限公司等单位相关人员共同编写。

本书由刘敬疆、丁洪涛著。其他编著人员有刘珊珊、刘伊生、刘菁、刘烨、何晓燕、邵高峰、文再文、蒋荣安等。

本书在编写过程中，参考了其他专家学者的资料，具体见参考文献。在此向有关作者表示感谢。

由于笔者水平有限，难免有疏漏甚至错误之处。恳请同行、读者批评指正并提出建议。

著者

2021 年 5 月于北京

目　录

第1章　指标体系的构建

民用建筑（下文简称为"建筑"）是供人们居住和进行公共活动的重要载体。目前我国正处于城镇化建设的快速发展时期，建筑在建造施工和运行过程中使用的土地、建材、能源、水等能源资源占社会总消耗量比重大，同时建筑消耗的能源也对应向大气环境排放大量的二氧化碳及气体污染物，因此，建筑已成为我国实施碳达峰、碳中和和可持续发展的重点关注对象。建筑"四节一环保"（四节一环保是指建筑所使用的土地、建造建材、建筑用水、建筑用能及其排放的二氧化碳和气体污染物）的实际使用状况是政府部门制定建筑相关决策的重要支撑。其中，建筑建造过程中使用建材所对应的生产能耗、建筑运行过程中的能源消耗这两项占建筑全寿命周期的总能耗比重大，同时与上述两部分能耗紧密相关的是建筑面积，因此，这三部分的实际状况及数据是我国制定建筑领域碳达峰、碳中和实施路径及节能减排规划等重要政策方针的关键。

目前，我国建筑"四节一环保"现有的相关数据存在着时间维度、边界、数据分类和表述方式差异大，数据定义不一致，难以进行横向比较和深入分析等问题。本章将结合当前形势背景和行业需求，通过指标现状分析和总结目前数据指标存在的问题，遵循实用性、可获取性、层次性、可拓展性等原则，从建材生产、建材运输、建筑施工、建筑运行、建筑拆除等建筑全寿命周期视角，构建建筑"四节一环保"指标体系，并对指标进行统一、规范的定义，为解决目前面临的城镇规划、资源、能源、环境等方面的突出问题提供重要理论基础，也为我国建筑实现碳达峰和碳中和目标奠定坚实基础。

1.1　背景现状及行业需求

1.1.1　形势背景分析

（1）我国碳达峰、碳中和的气候承诺

2020年9月22日，国家主席习近平在第七十五届联合国大会一般性辩论上发表重要讲话强调，中国将采取更加有力的政策和措施，二氧化碳排放力争于2030年前达到峰值，努力争取2060年前实现碳中和。

在2020年12月12日的气候雄心峰会上，习近平主席宣布：到2030年，中国单位国内生产总值二氧化碳排放将比2005年下降65%以上，非化石能源占一次能源消费比重将达到25%左右，森林蓄积量将比2005年增加60亿立方米，风电、太阳能发电总装机容量将达到12亿千瓦以上。中国历来重信守诺，将以新发展理念为引领，在推动高质量发展中促进经济社会发展全面绿色转型，脚踏实地落实上述目标，为全球应对气候变化作出更大贡献。

中国承诺实现从碳达峰到碳中和的时间，远远短于发达国家所用时间，幅度更大、困难更多，需要我们付出艰苦努力才能实现。

（2）全球节能减排的变化趋势

从全社会的角度看，社会用能分为生产领域用能和消费领域用能。生产领域用能主要指工业用能，包括各类产品和能源的生产过程用能；消费领域用能主要指居民生活用能，包括建筑用能和交通用能。随着经济社会的不断发展，消费领域能源消耗占全社会总能耗的比重越来越大，在发达国家甚至超过了生产领域能源消耗。另外，消费领域能耗在消耗的同时，也向生态环境排放大量的碳及气体污染物，进而引发了严峻生态环境问题，反过来威胁了人类的健康。

随着人们保护环境意识的提高，各国均实施一系列节能措施以应对能源紧张、环境恶化等问题。建筑领域前期开展的节能措施主要是以提高用能设备及其系统的能效、推广使用节能技术为手段。但随着各国社会经济的发展和生活水平的不断提升，生活方式和用能习惯也随之发生改变，尽管各国在提升能效方面做出了巨大努力，但也未能阻止建筑领域总能耗的快速增长，因此，提高能效等措施未能从根本上解决上述问题。此后，各国的建筑节能政策也由原本的措施性指南（提高能效）转向了在合理消费用能的引导下以能源消耗总量为控制目标的方式。

欧盟是实施节能政策转变最典型的代表，在 2006 年、2007 年出台的《欧洲可持续、竞争力、安全能源战略》绿皮书和《欧洲能源政策》中，首次提出了欧盟到 2020 年减少能源消耗 20% 的目标，要求各成员国明确节能"责任目标"，并确定了主要的节能领域和措施。2008 年 12 月，欧盟首脑会议通过了《气候行动和可再生能源—揽子计划》，承诺到 2020 年欧盟的温室气体排放量在 1990 年的基础上减少 20%，并设定了可再生能源占比提高到 20%、能源效率提高 20% 的约束性目标。2014 年 1 月 22 日，欧盟公布的新的气候变化和能源政策中明确了到 2030 年，欧盟向低碳经济转型的三个阶段性目标：一是减排目标，以 1990 年为基准年，温室气体排放量减少 40%；二是可再生能源占比目标，在能源消费结构中的占比提高到至少 27%；三是进一步提高能效目标。与 2008 年欧盟推行的三个"20-20-20"目标相比，新的能源和气候变化政策提高了量化的减排目标，在提高能效方面则不再作量化规定[1]。

与此同时，因需求量变大且综合利用率低导致的水资源短缺、因城市规划不合理导致土地资源浪费、因二氧化碳及气体污染物排放量大引发的生态环境恶化等问题也一直是全球共同关注的焦点，这些方面的相关政策也逐渐由措施管理转向总量控制管理。

（3）我国节能减排工作面临的形势

目前，我国正处于城镇化快速发展的关键时期，社会经济发展与资源、能源、环境承载能力等方面相互制约影响，虽然有相关政策、标准的引导，但建筑领域仍然面临以下严峻形势：

1）城镇化建设模式粗放，土地资源利用不合理

我国部分区域近年快速推进的城镇化模式粗放、缺少科学的城市规划，城市无序扩张现象普遍，造成较大规模的房屋空置和"烂尾"，浪费了大量的土地和资金。2017 年相关统计数据表明（图 1-1），为满足不断增长的城镇人口生活与工作需求，该年的国有建设用地供应量为 60.31 万 hm²，同比增长 13.5%[2]；而城市建设用地中用于民用建筑的建设用地占比大约为 1/2[3]。

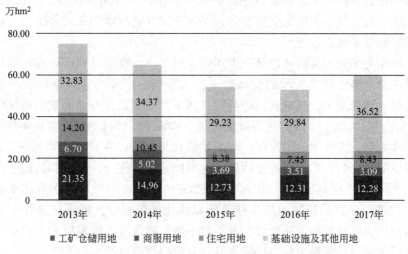

图 1-1　2013—2017 年国有建设用地供应情况

2）建筑建设规模增长过快，建筑能源资源消耗量逐年攀升

城镇化进程加剧使房地产市场迅速发展，建筑的开发和建设量激增，建筑领域的能源和水资源消耗也逐年攀升，节能减排压力巨大。与此同时，大拆大建现象明显，也造成巨大的资源浪费。相关政府部门、高等院校、行业协会等对我国建筑消耗总量一直在进行探索研究，如清华大学基于已有研究基础和社会公开统计数据，建立了中国建筑能耗模型，测算出 2017 年我国民用建筑运行总能耗为 9.63 亿 tce（2017 年全国火电厂的供电煤耗系数为 309gce/kWh），占全社会总能耗的 21%[4]，模型的测算结果说明了建筑消耗的能源量大，给建筑领域节能减排工作带来巨大的挑战和压力。

同时，《巴黎协定》为 2020 年后全球应对气候变化行动作出安排，其主要目标是将 21 世纪全球平均气温上升幅度控制在 2℃以内，并将全球气温上升控制在前工业化时期水平之上 1.5℃以内，中国是第 23 个完成批准协定的缔约方。要落实巴黎协定的承诺，我国建筑领域作为能耗大户，在建材生产、建材运输、建筑施工、建筑运行等全寿命周期内因能源消耗而向环境释放大量温室气体，就更不能置身事外，应始终坚定、积极地应对温室气体减排和气候变化带来的任务和挑战。

1.1.2　行业需求分析

（1）建筑领域实现碳达峰和碳中和的需要

2021 年 5 月 26 日，碳达峰和碳中和工作领导小组在北京召开第一次全体会议。中共中央政治局常委、国务院副总理韩正主持会议并讲话表示，我国力争 2030 年前实现碳达峰，2060 年前实现碳中和。这是以习近平同志为核心的党中央经过深思熟虑作出的重大战略决策。实现碳达峰、碳中和，是我国实现可持续发展和高质量发展的内在要求，也是推动构建人类命运共同体的必然选择。我们要全面贯彻落实习近平生态文明思想，立足新发展阶段、贯彻新发展理念、构建新发展格局，扎实推进生态文明建设，确保如期实现碳达峰、碳中和目标。

韩正强调，要紧扣目标分解任务，加强顶层设计，指导和督促地方及重点领域、行业、企业科学设置目标、制定行动方案。要尊重规律，坚持实事求是、一切从实际出发，科学把握工作节奏。要加强国际交流合作，寻求全球气候治理的最大公约数，携手国际社会共同保护好地球家园。

建筑领域作为工业、交通和建筑三大用能大户之一，碳达峰和碳中和的顶层设计和目标分解也必然会对整个建筑领域的发展带来巨大影响。广义的建筑领域能耗包含建材生产、建材运输、建筑施工、建筑运行等阶段（图1-2），建筑全寿命周期的能耗约占社会总能耗的40%左右，全球1/3碳排放与建筑有关。建筑节能减排对国家整体实现碳达峰和碳中和目标非常关键。按照发达国家碳达峰的发展规律来看，在城市化率达到75%以上后，人口进入城市的速度会大大降低甚至倒流，这时候城市的住房、基建和高耗能产品需求也会降低。而我国2019年城镇化率60.6%，根据相关预测，2030年末的我国城镇化水平能发展到70%左右，也就是说我国将长期处于城镇化的进程中。城镇化进程带来的土地资源、水资源的压力以及能源消耗的增加都不容小觑。随着经济的发展和人民生活水平的日益提高，建筑领域运行能耗也将会持续上升，且保持高位运行。

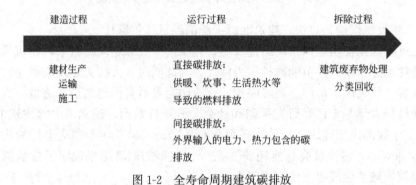

图1-2　全寿命周期建筑碳排放

建筑面临严峻的碳排放攀升形势，如图1-3所示。为进一步加强建筑领域节能减碳的力度，根据碳达峰、碳中和工作领导小组第一次全体会议明确的实施路径可知，掌握和获取建筑"四节一环保"数据指标，尤其是建筑全寿命周期内能源消耗大的建材生产、建筑运行阶段的能耗以及与建筑能耗密切相关的建筑面积规模的数据指标，是如期完成碳达峰、碳中和目标的重要数据基础，也是制定我国建筑领域碳达峰政策、碳中和长远规划路线所必须的数据支撑。根据我国"四节一环保"实际数据状况，还可分析建筑碳排放问题症结所在，在制定有针对性和可操作性的政策举措过程中，提供必要的第一手数据，比如制定如何改变能源消耗结构、推广绿色低碳技术、完善绿色低碳政策体系和健全法律法规和标准体系等方面都具有很强的参考价值。

（2）建筑领域节能减排的工作需要

习近平总书记在十八届五中全会规划建议说明中指出："实行能源和水资源消耗、建设用地等总量和强度双控行动，就是一项硬措施。需要我们既控制总量，也控制单位国内生产总值能源消耗、水资源消耗、建设用地的强度。这项工作做好了，既能节约能源和水土资源，从源头上减少污染物排放，也能倒逼经济发展方式转变，提高我国经济发展绿色水平"。十二届全国人大四次会议通过的《中华人民共和国国民经济和社会发展第十三个五年规划纲要》明确地提出了"实施能源和水资源消耗、建设用地等总量和强度双控行

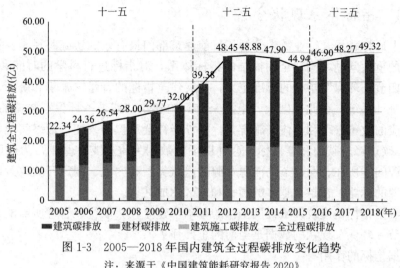

图 1-3　2005—2018 年国内建筑全过程碳排放变化趋势

注：来源于《中国建筑能耗研究报告 2020》

动"。"双控"行动明确了国家在前期的能耗总量和强度双控的基础上还增加了水资源和土地资源的总量和强度双控，该行动同时也表明我国的政策从措施管理转变为总量控制管理。

2016 年 11 月 4 日，国务院印发的《"十三五"控制温室气体排放工作方案》（以下简称《方案》）对"十三五"时期应对气候变化、推进低碳发展工作作出全面部署。《方案》指出，要统筹国内国际两个大局，顺应绿色低碳发展国际潮流，把低碳发展作为我国经济社会发展的重大战略和生态文明建设的重要途径，采取积极措施，有效控制温室气体排放。《方案》明确提出，到 2020 年，能源消费总量控制在 50 亿吨标准煤以内，单位国内生产总值能源消费比 2015 年下降 15％，非化石能源比重达到 15％；《方案》还指出要坚持节约优先的能源战略，合理引导能源需求，提升能源利用效率，推动包括建筑、公共机构等重点领域节能降耗；加强城乡低碳化建设和管理，在城乡规划中落实低碳理念和要求，优化城市功能和空间布局，科学划定城市开发边界，探索集约、智能、绿色、低碳的新型城镇化模式，开展城市碳排放精细化管理。

基于上述发展形势，要推动我国建筑领域节能减排工作，目前最迫切的任务是掌握建筑用地、用材、用能、用水和碳排放的实际状况，结合人口、家庭户数等重要影响因素，研究制定城镇建设规划的科学方法，用于管控建筑规模、能源资源消耗的快速增长。

（3）信息时代对大数据的迫切需要

信息化时代科学决策必须依据于真实、准确的大规模数据。对于政府部门，现状数据是实际情况的真实反映，是未来趋势预测的根本基础，也是科学决策的重要依据。通过对全时空、全方位、全要素现状数据进行汇聚整合，构建多源异构的数据资源池，实现对大数据的深度挖掘分析，同时依托大数据、云计算等智能技术，强化、揭示隐藏知识，探寻潜在规律，为科学决策提供态势感知和智力支持，塑造用数据说话、靠数据决策的决策样式，确保决策有规律可循、有数据可依。因此我国"四节一环保"数据也是信息时代对大数据的迫切需求。

1.1.3　指标体系现状分析

基于以上形势背景及行业需求分析,目前建筑部门最有效的实施路径是:针对我国建筑领域面临的重大问题,构建全面简洁的指标体系,对指标进行科学的时间和边界划分,明确建筑"四节一环保"指标的标准定义,开展建筑指标的计量、采集和统计,建立完善的建筑指标统计系统。在此基础上,根据获取到的建筑"四节一环保"数据的实际状况,逐步制定相应的政策管理和具体实施方案,引导全社会意识的改变,最终实现建筑能源资源"双控"、碳达峰、碳中和等目标。这种以现状数据为重要支撑基础,为政府准确分析建筑能源资源问题所在、明确节约能源资源的重点类型和区域、制定高效政策以切实降低建筑能源资源的思路,在越来越多的国家和地区达成共识。

实际的数据指标是建筑领域开展工作的基础。建立并获取行业管理所需的、能真实反映建筑"四节一环保"现状的数据是当前的重要任务。

(1) 数据指标的作用

以建筑面积规模、建材生产能耗、建筑运行能耗为核心的建筑"四节一环保"数据指标的主要作用是支撑政府制定如下政策决策:

1) 为碳达峰、碳中和实施路径奠定数据基础。结合建筑实际能源资源消耗数据,定量分析我国建筑领域碳排放的总量并进行趋势判断,可以支撑我国建筑领域中长期发展碳排放目标的合理设计,自下而上地支持我国气候谈判和应对气候变化工作的开展。同时建筑领域"四节一环保"大数据也可为国家制定碳达峰和碳中和工作方案奠定数据基础。

2) 为城市发展和建筑规模的科学规划提供数据支撑。从目前我国既有建筑的存量来看,人均建筑面积已经接近发达国家水平,甚至已经超过部分欧洲和亚洲的发达国家。即使考虑未来城镇化率的继续增长,按照现有人均建筑面积水平,需要新增的建筑规模也有限。因此,建筑"四节一环保"中建筑面积规模、建筑用地部分的数据指标可用于制定国家及各省、市、自治区政府部门制定新型城镇化规划、自然资源"十四五"规划纲要、住房城乡建设"十四五"规划纲要等,对建筑规模总量、逐年开工建设量等进行合理规划和科学管理。

3) 为节能减排工作的顶层设计提供抓手。建筑能源资源消耗数据,可有效识别我国民用建筑领域节能减排的重点领域、技术发展方向,明确高能耗、高排放、水资源使用等关键问题,支撑我国建筑领域"十四五"重点节能减排工作的宏观规划和顶层设计,具体可用于如国家发展改革委员会、国家能源局制定能源发展规划,国家住房和城乡建设部、生态环境部的建筑节能与绿色建筑发展规划等。

除上述作用外,依托建筑"四节一环保"数据指标还可支撑国家、地方或行业推进"四节一环保"相关限额标准的制定、修订工作,推动建筑开发商、建材供应商、行业协会、社会公众等各类群体有效开展民用建筑的设计优化、运行管理与评价工作,并带动建筑设计、绿色建筑咨询、绿色建筑改造、绿色建材等相关产业的发展。

(2) 数据指标现状

建筑"四节一环保"数据是指建筑所使用的土地、建造建材、建筑用水、用能及其排放的二氧化碳和气体污染物的实际状况。

目前反映我国建筑"四节一环保"实际状况的相关统计数据基本在国家统计局、国家能源局、住房和城乡建设部、生态环境部、水利部、自然资源部等部门编制的各类统计年鉴中有所体现。但我国的统计年鉴侧重于反映经济和社会或者部门行业的发展情况，是以法人单位而不是以建筑为对象进行统计的。另外，通过对比分析发现，即使是同一数据指标，不同部门进行统计时，指标的统计范围、角度及分类方式都不尽相同。因此，目前建筑"四节一环保"指标的定义还不完善，也无法直接从现有相关统计数据中直接获取能反映建筑用能、用水、用地、用材及环保实际状况的数据指标。

我国建筑"四节一环保"的数据指标现状如下：

1）基础信息

与我国建筑"四节一环保"数据密切相关的是城镇常住人口和城镇户数，并且该数据必须是以常住人口和常住户数为统计口径。国家统计年鉴中关于人口、户数的指标也均以常住人口和常住户数为统计口径。因此，目前年鉴中与建筑用能、用水、用地等密切相关的常住人口、城镇家庭户数这两个数据统计范围清晰、定义一致。

2）建筑用地

建筑面积规模与建筑用材、用能、用水等紧密相连、息息相关。因此，建筑用地部分除建筑用地外，还包含建筑面积规模的内容。

关于建筑面积规模，目前政府部门编制的统计年鉴中，建筑面积的统计数据更偏重于建造阶段，即新增面积的统计[4,5]。与建筑运行用能、建筑运行用水紧密相关的实有建筑面积数据则覆盖范围不全，仅有部分行政级别区域统计有实有建筑面积[3]。另外，即使针对同一面积数据指标进行统计时，不同部门统计范围和边界也都不相同[7]。

关于建筑用地，相关的数据指标因统计区域行政级别不同，用地的划分方式及统计范围也有差别[3]。总的来说，可从现有年鉴中获取城市及县城的绝大部分民用建筑用地面积，但县城以下行政级别区域的民用建筑用地面积则无法从目前的数据中进行剥离获得，同时建筑用地的指标定义和划分也与民用建筑用地需求统计不一致。

3）建筑用材

建筑材料是建筑在建造过程中所使用的各种材料。建筑材料种类繁多，根据建筑材料的使用量的多少，可以确定影响我国民用建筑材料生产能耗及其碳排放量大的主要材料有钢材、水泥、建筑陶瓷和玻璃四类。《中国建筑业统计年鉴》里面有主要建筑材料使用量的相关统计数据，公布了建筑业企业"钢材""木材""水泥""玻璃"和"铝材"五类建材的消耗情况[6]。但需注意的是，首先，该年鉴的统计范围是具有资质等级的所有独立核算的建筑业企业；其次，企业承接的项目类型多样，不仅包含民用建筑，还包含有工业生产厂房、公共设施等项目。也就是说，该年鉴的建筑材料使用量的统计范围仅局限于有资质等级且独立核算的建筑业企业，未覆盖我国全部在施项目，也未将其中用于民用建筑的建筑材料使用量进行单独列。因此，现有统计年鉴未定义有明确边界范围的民用建筑主要建筑材料使用量。

4）建筑用水

目前统计年鉴有不同行政级别区域建筑运行阶段消耗的生活用水量及公共服务用水、居民家庭用水两个分项的用水量[3]。因此，可部分通过现有统计年鉴来定义和获取建筑运行阶段的用水量。但其他阶段（建材生产阶段、建筑施工阶段等）的用水量和建筑用材相似，因未在统计年鉴中单独列，因此现有统计制度未给出相关定义和相应统计数据。

5) 建筑用能

建筑用能的统计数据来源有《中国统计年鉴》和《中国能源统计年鉴》，由于年鉴统计主要是为社会各行业经济发展服务的，因此，上述年鉴是按照行业来对其终端能源消耗实物量进行统计的，建筑运行用能主要集中在其中的三个行业中，但其他四项其实也包含有部分建筑运行用能[8]。由于统计年鉴是按照法人为单位进行能源消耗实物量统计的，并未单独对建筑为统计对象进行其用能数据的统计，所以无法从目前年鉴的统计数据中直接查阅建筑运行用能，其他阶段的用能也同样未能直接从统计年鉴中查阅到定义及其数据。

6) 环境保护

《中国环境统计年鉴》有较为详细的氮氧化物、二氧化硫、烟（粉）尘排放量，并按用途（工业、生活、机动车等）给出了分项排放量。根据年鉴中的主要指标解释可知，其中，用于生活而产生的排放量即是城镇民用建筑运行阶段气体污染物的排放量[9,10]。因此，可从该年鉴中获取城镇建筑运行阶段的气体污染物排放量，但是需注意的是，目前该统计数据仅更新至 2015 年。此外关于各个行业碳排放的数据暂未有全国范围内的统计数据。

(3) 存在问题分析

通过对前文建筑"四节一环保"相关数据指标现状的梳理发现：

首先，来源于统计年鉴的相关数据指标用于反映经济和整个社会或不同行业的发展情况，由于统计目的不同，各个部门的出发点、侧重点有所区别，即使是同一个内涵的统计数据，其统计范围、统计角度、统计层次划分都不同，大部分统计年鉴的数据指标均未以民用建筑为对象进行单独统计。

其次，各部门的统计数据获取渠道相对独立未打通，部分统计数据存在交叉重叠和空白的问题。比如《中国统计年鉴》的固定资产投资、建筑业、房地产章节都有关于建筑面积的数据指标（图 1-4），均包含有房屋施工面积、房屋竣工面积，而房地产章节还有房屋新开工面积、商品房销售面积等数据。这三部分的房屋施工面积、房屋竣工面积的统计范围不同，其中，固定资产的统计范围是对投资额 500 万元及以上的项目（城乡建设项目、房地产开发及农户投资项目）；建筑业的统计范围是对具有一定资质且独立核算的建筑业法人单位；房地产的统计范围是对房地产开发经营法人单位。通过比较统计范围发现，这三部分面积的统计范围是部分重合，但不彼此包含的关系，且这三部分面积均未覆盖全部民用建筑面积。另外，固定资产投资、建筑业、房地产面积的进一步的划分方式和层次也不同。

总之，现有相关统计数据存在完整性不够、指标定义交叉、应用性不足等问题，未能全面真实反映民用建筑"四节一环保"的实际状况，不足以支撑政府制定政策的相关需求。

1.1.4 主要解决思路

面对当前建筑"四节一环保"现有相关数据指标问题，政府主管部门"自上而下"和"自下而上"两个角度不断推进统一和规范建筑采集的运行能耗数据，并科学有序地搭建建筑大规模数据共享池，比如住房和城乡建设部搭建并持续运行的民用建筑能耗统计平台

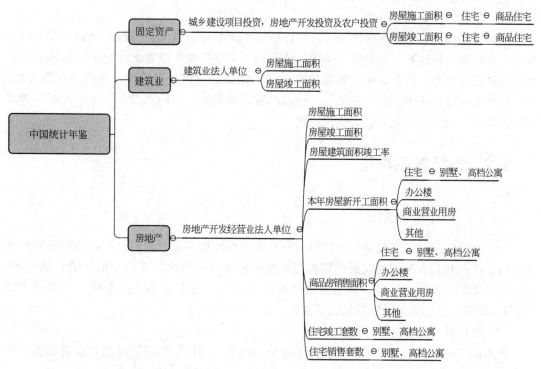

图 1-4 《中国统计年鉴》建筑面积

和中央级公共建筑能耗监测平台就是最好的证明。为进一步规范建筑大规模数据采集工作的全面开展，最终获取能支撑政府部门制定相关政策决策所需的关键数据，当前的首要任务是构建数据指标体系，并对数据指标进行标准化定义，具体可从以下步骤展开后续工作：

（1）构建指标体系框架

基于当前形势背景、行业需求分析及数据现状情况，确定指标体系的构建原则，搭建一套科学、合理、全面、精简的建筑"四节一环保"数据指标体系框架，指标体系应满足：

1）贯穿建筑全寿命周期：建材生产、建材运输、建筑施工、建筑运行、建筑拆除等阶段；

2）涵盖建筑全寿命周期的重要基础信息、用地（含建筑面积规模）、用材、用能、用水及环境保护（即碳及气体污染物排放量）等内容；

同时，根据数据指标对当前政府政策决策的重要性和关联性，确定关键性数据指标。

（2）规范和统一关键性指标

目前我国缺乏建筑领域"四节一环保"的数据指标的统一定义，应对"四节一环保"指标体系框架内的关键性指标进行标准化定义，统一和规范指标的具体名称、指标定义、指标单位、统计边界、折算系数、计算方法等，避免词义模糊或容易引起歧义的情况发生，有利于我国建筑"四节一环保"统计工作的规范统一，以解决目前指标统计边界不清、统计角度不一致、无法横向对比分析等问题。

（3）指标体系的重要说明

指标体系因其包含的数据体量大，可以根据不同的分类角度进行细化分解，也可以根据不同的获取渠道进行层次划分，将指标体系从上至下分解，因此必须给出指标体系的分类形式和层次关系。另外，还应该明确建筑不同能源品种消耗量的统计原则及折算方法。在指标体系构建、关键性指标标准化、指标的重要说明等工作的基础上，为政府制定建筑领域碳达峰、碳中和实施路径提供理论基础。

1.2 指标体系构建

1.2.1 构建原则

指标是反映某种现象数量特征的概念和数值。指标体系指由若干个反映某种现象总体数量特征的相对独立又相互联系的数据指标所组成的有机整体。相比于单独的数据指标，指标体系能更为全面、科学、精准地为政府制定政策、决策提供数据支撑。在构建建筑"四节一环保"指标体系时应遵循以下原则（图 1-5）：

（1）实用性

各指标均能从某一重要角度反映民用建筑"四节一环保"的实际状况，应避免指标相互重叠和空白。

（2）可获取性

各指标应能够稳定、持续的被获取，为指标应用提供基础保障。

（3）层次性

指标体系应有层次性，可以自上而下从宏观逐层分解到微观，各部分内容既相互独立，又存在关联。

（4）可拓展性

指标体系应预留拓展、更新的空间和口径，能够支撑数据源的补充、调整和完善。

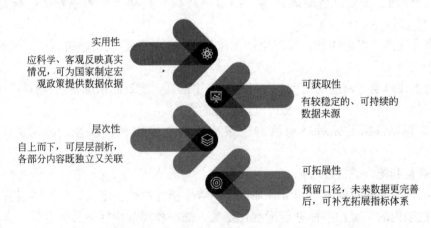

图 1-5 民用建筑"四节一环保"数据指标体系构建原则

1.2.2　指标体系架构

建筑"四节—环保"指标体系的构建思路是：建立覆盖建材生产、建材运输、建筑施工、建筑运行、建筑拆除等阶段，须涵盖基础信息、用材、用地、用能、用水及环保等六部分内容，并基于实用性、可获取性、层次性、可拓展性等构建原则，结合相关数据实际状况及应用价值，确定数据指标体系框架。

同时，建筑建材生产阶段能耗、建筑运行能耗占社会总能耗接近40％，是制定我国当前首要任务——建筑领域"双碳"战略目标的关键数据指标，而与其能耗密切相关的建筑规模也至关重要。因此，建筑"四节—环保"指标体系须包含上述三个方面的数据指标。获取上述三个方面（建筑面积规模、建筑建材生产能耗、建筑运行能耗）的数据指标，是建筑领域实施"双碳"战略的首要任务。

我国目前处于发展中阶段，因城镇与农村的消费水平、生活方式及所处环境等存在差异，城乡居民的能源资源消费也存在巨大差异，本文中的数据指标地理边界仅为我国城镇。具体城镇和农村地理划分详见本书的1.3.1节。

建筑"四节—环保"指标体系框架如下：

（1）基础信息

常住人口、户数显著影响建筑的用能、用地、用水，这两个数据指标是衡量民用建筑能源、资源利用水平高低的重要基础数据。我国处于城镇化建设阶段，城乡能源资源差异显著，人口和户数按城镇和农村进行划分，农村的人口和户数仅用于校核城镇人口和户数。因此，基础信息部分的数据指标包含4项：城镇常住人口、农村常住人口、城镇户数、农村户数。

（2）建筑用地面积

建筑是在规划建设用地面积上建造的，建筑面积等于建筑占地面积乘以容积率，建筑面积规模与建筑用地紧密相关。因此，建筑用地部分包含建筑面积规模与建筑用地。

建筑面积规模涉及建筑建造、施工、运行、拆除等阶段。其中运行阶段的实有建筑面积与建筑运行能耗密切相关，是评判建筑用能水平的重要基础数据，该数据指标可用于支撑政府科学制定城镇化规划和房地产调控。施工阶段的竣工面积、拆除阶段的拆除面积也直接影响实有面积。另外施工面积、新开工面积在未来几年会转化成实有建筑面积，也是建筑面积规模不可缺少的一部分。因此，建筑面积规模部分的数据指标包括：新开工面积、施工面积、竣工面积、实有建筑面积、拆除面积。

城区面积是为国家科学制定城市规划、节约利用土地资源的重要依据。城镇民用建筑用地占城市建设用地面积接近50％，是国家制定用地规划、优化土地开发利用格局、健全用地控制标准等政策的重要数据支撑。因此，建筑用地部分的数据指标为城区面积、民用建筑城镇用地面积。

（3）建筑用材

建筑材料是在建筑工程中所应用的各种材料，建筑材料种类繁多。各类建筑材料在建筑建造过程中的用量及其对应生产能耗均不同。相关研究表明，对于公共建筑而言，钢材为其主要的建筑材料，占比达到了70％以上；其次为混凝土（主要能耗是其中的水泥），占比为 23%；而木材的能耗仅占 0.56%。对于多层框架结构居住建筑而言，钢材量能耗占比最大的建筑材料类型，占比在 45% 左右；其次为水泥基材料，占比在 40% 左右；两者的能耗占到了建筑材料能耗的 82% 左右。建筑陶瓷的能耗在 10% 左右，玻璃的能耗在 5%～6% 之间，而木材的能耗小于 2%。对于砖混结构居住建筑、框架结构剪力墙居住建筑和全剪力墙居住建筑而言，钢材所消耗的能源最多，其次为水泥和混凝土，砌材位列第三。其他建材占比均小于 1%。故建筑主要建材为钢材、水泥、玻璃、陶瓷四类[11-15]。

上述四类主要建材的使用量直接影响建筑的建材生产、建材运输能耗，也就是说，以上四类主要建材的使用量是获取建材生产能耗的重要基础数据，该部分的数据指标还可用于判断主要建材未来发展趋势，同时也能为政府、企业调整生产计划提供数据支撑。因此，确定数据指标为以下 4 项：建筑水泥使用总量、建筑玻璃使用总量、建筑陶瓷使用总量、建筑钢材使用总量。

（4）建筑用水量

建筑材料生产、建筑施工、建筑运行等阶段的水资源是由不同主体消耗的，为便于政府针对不同主体制定针对性的节水政策，建筑用水部分按阶段不同进行划分。另外，建材运输阶段用水量非常少，确定的数据指标为建筑建材生产用水总量、建筑施工用水总量、建筑运行用水总量。

（5）建筑用能量

建筑用能状况是进行建筑领域碳达峰、碳中和的顶层设计及其实施路径细化的重要基础数据。建筑用能贯穿了建材生产、建材运输、建筑施工、建筑运行等阶段，与建筑用水数据相似，因各阶段的用能主体不同，故应分别给出各阶段的能源消耗实物量。其中，建筑运行阶段的用能可用于政府部门掌握建筑运行能耗总量及强度双控行动的进展，便于制定相关政策和优化能源结构；建材生产用能反映了主要建材的耗能构成及未来发展趋势；建材运输能源消耗量大，是建筑用能不可忽略的部分。因此，建筑用能部分的数据指标为以下 4 项：建材生产能源消耗总量、建材运输能源消耗总量、建筑施工能源消耗总量、建筑运行能源消耗总量。

（6）环境保护

建筑全寿命周期碳排放总量是节能减排的重要表征，同时也为建筑领域碳达峰、碳中和实施细则提供数据支撑。建筑各阶段在消耗能源的同时向大气排放 NO_x、SO_2、烟（粉）尘等废气，这些废气影响大气环境品质，空气品质恶化也反过来危害人类的健康。因此，本部分将按照排放物的种类不同确定 4 项数据指标：建筑碳排放总量、建筑 NO_x 排放总量、建筑 SO_2 排放总量、建筑烟（粉）尘排放总量。

从建筑全寿命周期的角度，涵盖基础信息、建筑用地、建筑用材、建筑用水、建筑用能及环境保护部分的建筑"四节—环保"数据指标体系框架如图 1-6 所示。

1.2.3 关键性指标

根据指标对反映建筑领域关键问题的重要性和对国家政策决策制定的支撑性和关联性为依据，确定了各部分指标的关键性数据指标（图 1-6 中的实线框部分）。

（1）基础信息

如表 1-1 所示，城镇常住人口及其户数是衡量城镇建筑用能、用水水平高低的基础指

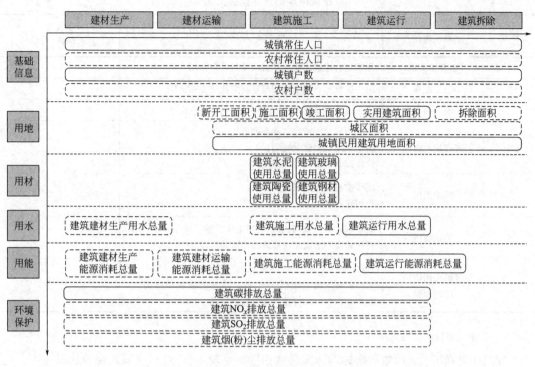

图 1-6 建筑"四节一环保"指标体系

标,为基础信息部分的关键性指标,农村常住人口及其户数用于校核。

基础信息部分关键性指标 表 1-1

序号	数据指标	重要性与关联性	是否为关键性指标
1	城镇常住人口	用于人均生活用能、用水等各种指标的衡量,是必备的基础数据	√
2	城镇户数	用于居住建筑用能、用水水平高低的衡量指标	√
3	农村常住人口	用于校核城镇常住人口	
4	农村户数	用于校核城镇户数	

(2)建筑用地

建筑用地部分包括了与用地紧密相关的建筑面积规模及建筑用地,其关键性指标见表 1-2。

建筑面积规模的关键性数据指标是实有建筑面积、竣工面积,其重要性如下:

1)实有建筑面积:是本部分最核心的数据指标,是建筑用地、用能、用水和环保分析的最重要基础参数,可协助政府部门科学制定城镇建设规划,合理控制建筑规模快速增长。

2)竣工面积:现有统计制度中无法直接获取实有建筑面积,可通过该数据来进行推算实有建筑面积,同时,竣工面积的多少对建材使用量的大小有着直接的影响。

对于建筑用地,其中的城镇民用建筑用地面积占比大,也是建设用地"双控行动"的重要支撑,因此,该数据指标为建筑用地部分的关键性指标。

建筑用地部分关键性指标　　　　　　　　表 1-2

序号	数据指标	重要性与关联性	是否为关键性指标
1	新开工面积	推算实有建筑面积与建材消耗量关系密切	
2	施工面积	用于推算实有建筑面积与建材消耗量关系密切	
3	竣工面积	用于推算实有建筑面积与建材消耗量关系密切	√
4	实有建筑面积	用能用水分析重要基础参数； 科学制定城镇建设规划； 合理控制建筑规模增长	√
5	拆除面积	用于推算实有建筑面积； 控制建筑大拆大建	
6	城区面积	科学制定城市规划,节约利用土地资源； 民用建设用地面积占总建设用地面积较大	
7	城镇民用建筑用地面积	（城市 47%,县城 50%） 对国家制定用地规模管控、优化土地开发利用格局、健全用地控制标准等政策提供数据支撑	√

（3）建筑用材

建筑用材确定的 4 项数据指标均为关键性指标，见表 1-3，可用来掌握建筑建材生产、运输的能耗及其对应的隐含碳，并可用来分析建筑建材的发展趋势，调整企业的生产计划等。

建筑用材部分关键性指标　　　　　　　　表 1-3

序号	数据指标	重要性与关联性	是否为关键性指标
1	建筑水泥使用总量	钢材、水泥、玻璃、陶瓷是民用建筑建造最主要的材料； 研究民用建筑主要建材使用量及其能耗和隐含碳； 用于政府部门、企业调整生产计划	√
2	建筑玻璃使用总量		√
3	建筑陶瓷使用总量		√
4	建筑钢材使用总量		√

（4）建筑用水

建筑运行阶段的用水总量，是水资源"双控行动"的重要组成部分，是政府制定节水政策的基础依据，故建筑运行阶段的用水总量确定为该部分的关键性数据指标，具体如表 1-4 所示。

建筑用水部分关键性指标　　　　　　　　表 1-4

序号	数据指标	重要性与关联性	是否为关键性指标
1	建筑建材生产用水总量	反映建材生产过程的耗水量； 科学制定建材生产用水标准和政策	
2	建筑施工用水总量	城镇建设过程中的主要消耗； 促进建筑施工企业提高水利用率,减少施工成本	
3	建筑运行用水总量	运行用水占总供水量的 50% 以上（城市 53%,县城 56%）； 为合理调整用水结构、制定节水措施提供基础数据	√

（5）建筑用能

建筑运行阶段的用能约占全社会总能耗 21%，是全寿命周期中用能最大的阶段，也是建筑领域碳达峰、碳中和战略能否实现的工作重点，因此确定建筑运行阶段能源消耗总量为关键性指标，具体如表 1-5 所示。

建筑用能部分关键性指标　　　　　　　　　　　　　　　　表 1-5

序号	数据指标	重要性与关联性	是否为关键性指标
1	建材生产能源消耗总量	约占全社会用能约 11%； 获得民用建筑建造能耗总量； 掌握民用建筑建材主要耗能	
2	建筑建材运输能源消耗总量	获得民用建筑建材运输能耗总量	
3	建筑施工能源消耗总量	约占全社会总用能 1%； 获得民用建筑施工能耗总量	
4	建筑运行能源消耗总量	约占全社会总用能 21%； 控制用能总量，优化能源结构，制定用能政策； 指导建筑节能、绿色建筑及低碳发展中长期实施路径	√

（6）环境保护

建筑碳达峰和碳中和的任务艰巨、时间紧迫，建筑碳排放总量是上述任务完成度的直观体现，因此建筑碳排放总量确定为本部分的关键性指标，具体如表 1-6 所示。

环境保护部分关键性指标　　　　　　　　　　　　　　　　表 1-6

序号	数据指标	重要性与关联性	是否为关键性指标
1	建筑碳排放总量	建筑碳达峰/碳中和、节能减排的重要表征；为温室效应提供数据支撑	√
2	建筑 NO_x 排放总量	环境污染的重要影响因素； 为制定环境保护和生态修复政策提供数据支撑	
3	建筑 SO_2 排放总量		
4	建筑烟（粉）尘排放总量		

（7）关键性数据指标的汇总

民用建筑"四节一环保"指标体系的关键性指标汇总见表 1-7。

关键性指标汇总　　　　　　　　　　　　　　　　表 1-7

序号	内容	数据指标	重要性与关联性
1	基础信息	城镇常住人口	人均生活用能、用水各种指标的衡量基础，必备的基础数据
2		城镇户数	居住建筑用能、用水水平的衡量基础
3	建筑用地	竣工面积	用于推算实有建筑面积与建材消耗量关系密切
4		实有建筑面积	科学制定城镇建设规划； 控制建筑规模合理增长； 制定房地产适宜调控政策； 用能用水和环保分析的重要基础参数

续表

序号	内容	数据指标	重要性与关联性
5	建筑用地	城镇民用建筑用地面积	民用建设用地面积占总建设用地面积较大(城市47%,县城50%) 对国家制定用地规模管控、优化土地开发利用格局、健全用地控制标准等政策提供数据支撑
6	建筑用材	建筑水泥使用总量	民用建筑建造能耗最主要的四类材料; 研究界定民用建筑建材主要使用量构成,判断建材未来发展趋势; 用于政府部门、企业调整生产计划
7		建筑玻璃使用总量	
8		建筑陶瓷使用总量	
9		建筑钢材使用总量	
10	建筑用水	建筑运行用水总量	民用建筑运行用水占总供水量的50%以上;为合理调整用水结构、制定节水措施提供理论依据
11	建筑用能	建筑运行能源消耗总量	占全社会总用能20%; 控制用能总量,优化能源结构,制定用能政策; 指导建筑节能、绿色建筑及低碳发展中长期实施路径
12	环境保护	建筑碳排放总量	节能减排的重要影响因素和表征; 为温室效应提供数据支撑

1.2.4 关键性指标的标准化

目前颁布执行的数据指标相关的标准更侧重于微观层次,建筑宏观层次的数据指标标准化还处于空白状态。宏观层次的数据指标存在一词多义或多词一义、含义不清(有歧义)的问题,无法再进一步进行横向对比及深入分析,无法发挥数据指标的支撑作用。因此,本节将对建筑"四节一环保"的关键指标进行统一、简洁、精准的标准化定义,定义包括指标名称、统计时间范围、统计地理边界、统计内容、指标单位等,另外,还给出指标的解释,为数据指标制定统一、规范的共同语言,使建筑"四节一环保"数据可在国内的教学活动、科学研究、媒体传播等方面广泛应用。

(1)基础信息

基础信息部分数据指标的定义见表1-8。

基础信息部分数据指标的定义   表1-8

序号	指标名称	定义	单位
1	城镇常住人口	截至本自然年末,居住在城镇范围内半年以上的人口	万人
2	城镇户数	截至本自然年末,居住在城镇范围内半年以上的家庭户数	万户

城镇常住人口:不管是否拥有本地户籍,居住在城镇范围内半年以上的人口,都属于本地的城镇常住人口的范畴。

城镇户数:不管是否拥有本地户籍,居住在城镇范围内半年以上的家庭户数都属于城镇户数。

(2)建筑用地

建筑用地的关键性数据指标为建筑竣工面积、实有建筑面积及城镇民用建筑用地面积,其定义见表 1-9。

建筑用地部分数据指标的定义

表 1-9

序号	指标名称	定义	单位
1	竣工面积	本自然年内,房屋建筑按照设计要求已全部完工,达到住人和使用条件,经验收鉴定合格或达到竣工验收标准,可正式移交使用的房屋建筑面积	万 m²
2	实有建筑面积	截至本自然年末,可投入使用的房屋建筑面积	万 m²
3	城镇民用建筑用地面积	截至本自然年末,包含居住用地、公共管理与公共服务用地、商业服务业设施用地的民用建筑用地面积的总和	km²

竣工面积的计算时间是指项目所有永久性建筑物均已竣工验收(取得甲方、乙方、监理方、设计方四方验收单)的时间,并以项目最后的单体建筑竣工时间为准。竣工面积以房屋单位工程(栋)为核算对象,在整栋房屋符合竣工条件后,按其全部建筑面积一次性计算,而不是按各栋施工房屋中已完成的部分或层次分割计算。计算竣工面积时,要求严格执行房屋竣工验收标准。民用建筑一般应按设计要求在土建工程和房屋本身附属的水、电、卫(包括设计中有的燃气、暖气)工程已经完工,通风、电梯等设备已经安装完毕,做到水通、灯亮,经验收鉴定合格,并正式交付给使用单位后,才能计算竣工面积。

实有建筑面积包含实有居住建筑面积、实有公共建筑面积。居住建筑和公共建筑按功能还可以进行细分。

城镇民用建筑用地面积包含的居住用地、公共管理与公共服务用地、商业服务业设施用地,用地详细分类见《城市用地分类与规划建设用地标准》GB 50137—2011[16]。

(3)建筑用材

建筑用材部分的关键性指标包括建筑水泥使用总量、建筑玻璃使用总量、建筑陶瓷使用总量、建筑钢材使用总量 4 项,其定义见表 1-10。

建筑用材部分数据指标的定义

表 1-10

序号	指标名称	定义	单位
1	民用建筑水泥使用总量	截至本自然年末,本年竣工的民用建筑在建造施工全过程中使用水泥量的总和	万 t
2	民用建筑玻璃使用总量	截至本自然年末,本年竣工的民用建筑在建造施工全过程中使用的具有采光、保温、外装饰等用途的硅酸盐玻璃的总和。主要包括平板玻璃、安全玻璃和特种玻璃	万 t
3	民用建筑陶瓷使用总量	截至本自然年末,本年竣工的民用建筑在建造施工全过程中用于建筑物饰面或作为建筑结构件的陶瓷制品的总和。主要包括陶瓷砖和卫生陶瓷	万 t
4	民用建筑钢材使用总量	截至本自然年末,本年竣工的民用建筑在建造施工全过程中所使用结构钢材和主要配套钢材、钢材配件等用钢量的总和,其中结构钢材主要指钢结构用钢和钢筋混凝土结构用钢	万 t

民用建筑的水泥主要使用在建筑的施工阶段,水泥主要用于加工成混凝土。

民用建筑的玻璃是指建筑在建造施工时所使用的具有采光、保温、外装饰等用途的硅酸盐玻璃。硅酸盐玻璃主要包括平板玻璃、安全玻璃和特种玻璃。

民用建筑的陶瓷主要包括陶瓷砖和卫生陶瓷。陶瓷砖是采用黏土和其他无机非金属原料经成型、高温焙烧制成的板状制品。卫生陶瓷是用作卫生设施的表面带釉的陶瓷制品。

民用建筑的钢材包括结构钢材和主要配套钢材、钢材配件等。结构钢材指用于钢结构类型的民用建筑建造所用钢材。主要配套钢材是民用建筑中使用量大、面广的钢筋混凝土用钢材，钢筋混凝土用钢筋是指以非张拉状态应用，以提高混凝土结构抗拉或抗压能力的线材或棒材。钢材配件是用金属制成的用于民用建筑工程的辅助型材、卡扣、锚具等五金器件。

（4）建筑用水

建筑用水部分关键性指标为建筑运行用水总量，该数据指标的定义见表1-11。

建筑用水部分数据指标的定义 表1-11

序号	指标名称	定义	单位
1	建筑运行用水总量	本自然年内,居住建筑和公共建筑运行使用过程中的用水总量,民用建筑运行用水按用途可分为居民家庭用水和公共服务用水	万 m^3

建筑运行用水量由居民家庭用水量和公共服务用水量组成。

居民家庭用水指城市范围内所有居民家庭的日常生活用水。

公共服务用水指为城区社会公共生活服务的用水。包括行政事业单位、部队营区和公共设施服务、社会服务业、批发零售贸易业、旅馆饮食业以及社会服务业等单位的用水。

（5）建筑用能

建筑用能的关键性指标为建筑运行阶段各能源品种消耗量，其定义见表1-12。

建筑用能部分数据指标的定义 表1-12

序号	指标名称	定义	能源种类 （计量单位）
1	建筑运行能源消耗总量	本自然年内,建筑使用过程中的运行能耗,包括由外部输入、用于维持建筑环境(如供热、供冷、通风和照明等)和各类建筑内活动(如办公、炊事等)的用能。应采用消耗的电力、化石能源等实物量进行表示	煤品(万 t)、天然气(万 m^3)、液化石油气(万 t)、油品(万 t)、热力(万 GJ)、电力(万 kWh)、其他(万 tec)

城镇民用建筑运行能源消耗考虑到各类建筑的用能情况和用能特点不同，将城镇民用建筑运行能耗分为居住建筑能源消耗总量（不含北方供暖能耗）、公共建筑能源消耗总量（不含北方供暖能耗）和北方供暖能源消耗总量三大部分。

1）北方城镇建筑供暖能耗，是我国黄河流域及其以北地区的城镇建筑冬季采暖能耗，即属于"法定"的采暖区域。包括供暖热源、循环水泵和辅助设备所消耗的能源。北方城镇建筑供暖能耗指标形式，是以一个完整供暖期内供暖系统的累积能耗计，以供暖季为统计周期的年能耗量作为该能耗指标的形式。

2）公共建筑能耗，包括公共建筑内空调、通风、照明、生活热水、电梯、办公设备等使用的所有能耗，但不包括北方城镇建筑供暖能耗。公共建筑能耗指标形式，是以一个完整的日历年的累积能耗计，以自然年为统计周期的年能耗量作为该能耗指标的形式。

3）城镇居住建筑能耗，为城镇居住建筑使用过程中消耗的从外部输入的能源量，包括每户内使用的能源和公摊部分使用的能源，但不包括北方城镇建筑供暖能耗。城镇居住建筑能耗指标形式，是以一个完整的日历年的累积能耗计，以自然年为统计周期的年能耗量作为该能耗指标的形式。

需要说明的是，北方城镇建筑供暖能耗并不包括夏热冬冷、夏热冬暖和温和地区的供暖能耗，这部分由于在历史上不属于"法定"的采暖区域，因此目前该部分地区建筑基本上采用的是与北方完全不同的局部采暖方式，这部分能耗根据使用的主体不同，分别归在对应的居住建筑非供暖能耗和公共建筑非供暖能耗的范畴内。

城镇公共建筑能耗、城镇居住建筑能耗主要包括以下范围：

1）供暖用能：为建筑空间提供热量（包括加湿）以达到适宜的室内温湿度环境而消耗的能量，空调系统中以除湿和温度调节为目的的再热能耗也属于此类；

2）供冷用能：为建筑空间提供冷量（包括除湿）以达到适宜的室内温湿度环境而消耗的能量，包括制冷除湿设备、循环水泵和冷源侧辅助设备（如冷却塔、冷却水泵、冷却风机）等的用能；

3）生活热水用能：为满足建筑内人员洗浴、盥洗等生活热水需求而消耗的能量，包括热源能耗和输配系统能耗，不包括与生活冷水共用的加压泵的用能；

4）风机用能：建筑内机械通风换气和循环用风机使用的能量，包括空调箱、新风机、风机盘管等设备中的送风机、回风机、排风机以及厕所排风机、车库通风机等消耗的电力；

5）炊事用能：建筑内炊事及炊事环境通风排烟使用的能量，包括炊事设备、厨房通风排烟和油烟处理设备等消耗的电力和燃料；

6）照明用能：满足建筑内人员对光环境的需求，建筑照明灯具及其附件（如镇流器等）使用的能量；

7）家电/办公设备用能：建筑内一般家用电器和办公设备使用的能量，包括从插座取电的各类设备（如计算机、打印机、饮水机、电冰箱、电视机等）的用能；

8）电梯用能：建筑电梯及其配套设备（包括电梯空调、电梯机房的通风机和空调器等）使用的能量；

9）信息机房设备用能：建筑内集中的信息中心、通信基站等机房内的设备和相应的空调系统使用的能量；

10）变压器损耗：建筑设备配电变压器的空载损耗与负载损耗总和；

11）其他专用设备用能：建筑内各种服务设备（如给水排水泵、自动门、防火设备等）、医用设备、洗衣房设备、游泳池辅助设备等不属于以上各类用能的其他专用设备使用的能量。

（6）环境保护

环境保护部分数据指标的定义见表1-13。

环境保护部分数据指标的定义   表1-13

序号	指标名称	定义	单位
1	民用建筑碳排放总量	本自然年内,民用建筑在建材生产、建材运输、建筑施工、建筑运行过程中直接和间接排入大气中的碳总量	万 t

建筑领域碳的排放形式，根据建筑能源消耗对应碳排放位置不同，分为直接排放与间接排放。建筑运行中直接通过燃烧方式使用燃煤、燃油和燃气这些化石能源所排放的二氧化碳，属于直接排放。从外界输入到建筑内的电力、热力，但由于二氧化碳发生排放的位置不在建筑内，属于间接排放。

1.3 指标体系的重要说明

1.3.1 指标体系分类说明

若要进一步分析建筑"四节一环保"的关键问题，则可以从不同角度对指标体系进行分类和分解，也能够使建筑领域碳达峰和碳中和具体实施路径有更强的可执行性。指标体系可从以下几个角度进行分类。

（1）按城（镇）乡行政区分类

国家统计局与民政部、住房城乡建设部、公安部、财政部、国土资源部、农业部共同制定了《关于统计上划分城乡的规定》，于 2008 年 7 月经国务院批复执行，其中指出：

以行政区划为基础，以民政部门确认的居民委员会和村民委员会辖区为划分对象，以实际建设为划分依据，将我国的地域划分为城镇和乡村。

城镇包括城区和镇区：城区是指在市辖区和不设区的市，区、市政府驻地的实际建设连接到居民委员会和其他区域；镇区是指在城区以外的县人民政府驻地和其他镇，政府驻地的实际建设连接到居民委员会和其他区域。与政府驻地的实际建设不连接，且常住人口在 3000 人以上的独立的工矿区、开发区、科研单位、大专院校等特殊区域及农场、林场的场部驻地视为镇区。

乡村是指划定的城镇以外的区域。

城乡划分与民用建筑能源资源总量及强度的分布情况基本一致。因此，见图 1-7，按照建筑所处地理位置划分为：城镇建筑，即为位于城市、县城和建制镇区域内的建筑；乡村建筑，为位于乡村、农场、村庄区域内的建筑。

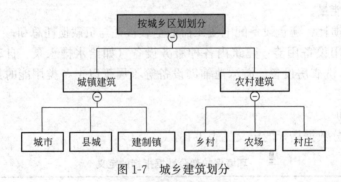

图 1-7 城乡建筑划分

由于城镇与农村在各方面存在巨大差距，本文在地理上仅考虑城镇部分。

另外，我国处于城镇化建设期，在保持相对稳定的前提下，政府常根据行政区划单位内的经济、社会、科技、人口等因素变化，对行政区域划分进行调整，尤其是对乡村、城镇进行行政区划调整。因此，建筑"四节一环保"数据指标也应根据城乡区划的变化而调整。

（2）按建筑阶段分类

因建筑全寿命周期贯穿了多个阶段，各阶段的实施主体和管理部门不同，可对建筑用地中建筑面积规模、建筑用材、建筑用能、建筑用水、环境保护部分的数据指标按阶段进行分类，分为如下5个阶段：建材生产、建材运输、建筑施工、建筑运行、建筑拆除。

以建筑面积规模为例按阶段划分建筑面积，具体如图1-8所示。

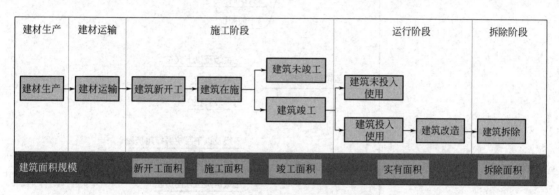

图1-8 建筑面积规模按阶段分类

（3）按建筑功能分类

各建筑因其功能特点不同从而呈现出不同的用能特点，所以应根据用能特点对建筑功能进行合理分类，建筑可分为居住建筑和公共建筑，而居住建筑和公共建筑还可以进一步分类：

居住建筑包括普通住宅，别墅、高档公寓等。其中普通住宅还可进一步分类。具体情况如图1-9所示。

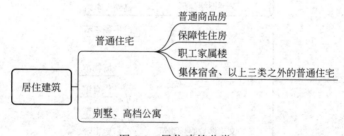

图1-9 居住建筑分类

公共建筑包括办公建筑、商场建筑、旅馆酒店建筑、医疗卫生建筑、科研教育建筑、交通枢纽建筑、文化体育娱乐建筑及其他共8类。前7类均可进一步进行分类。具体分类情况见图1-10。

（4）按建筑年代分类

建筑围护结构热工性能直接影响建筑用能。因此，实有建筑面积可从建筑年代的角度进行分类，进而用于分析或校核建筑运行用能。依据国家执行节能设计标准的颁布实施时间，实有建筑面积从年代的角度分类如表1-14所示。

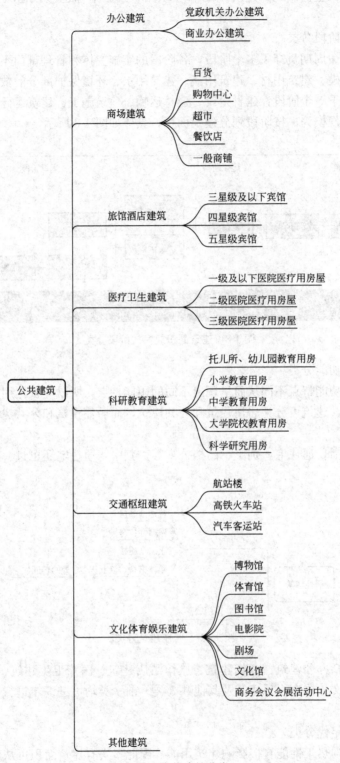

图 1-10　公共建筑分类

居住建筑	公共建筑
1949 年前	1986 年前
1949—1959 年	1986—1992 年
1960—1969 年	1993—2004 年
1970—1979 年	2005—2014 年
1980—1989 年	2015 至今
1990—1999 年	
2000—2009 年	
2010 年至今	

（5）按建筑结构分类

建筑结构形式不同，各类建材使用量差别大，建筑面积部分的竣工面积和实有面积可以根据建筑结构形式进行分类（表 1-15）。

建筑结构分类　　　　　　　　　　　　　　　　　　　　　　表 1-15

居住建筑	砖混结构、框架结构、剪力墙结构
公共建筑	砖混结构、框架结构、框剪结构、剪力墙结构、钢结构

（6）按建筑能耗用途分类

建筑运行能耗可根据建筑功能和使用主体的不同，分为居住建筑非供暖能耗、公共建筑非供暖能耗及北方城镇供暖能耗三大部分。

居住建筑非供暖能耗包括炊事、照明、家电、空调等城镇居民生活能耗。除空调能耗因气候差异而随地区变化外，其他能耗主要与当地居民的生活方式有关。

公共建筑非供暖能耗指的是办公楼、宾馆、大型购物中心、商场、交通枢纽等建筑，空调系统、照明、办公设备、电梯等系统的能耗。

北方城镇供暖能耗指的是我国黄河流域及其以北地区的城镇建筑冬季供暖能耗，包括供暖热源、循环水泵和辅助设备所消耗的能源。目前我国北方地区约 70% 的建筑面积采用了集中供暖，约 30% 的建筑面积采用各种分散分户的局部采暖，这部分能耗与建筑物的围护结构性能、供暖系统运行状况和供暖用户的供暖方式有关。故将北方城镇供暖能耗按照是否集中供暖进行分类，分为北方城镇集中供暖能耗和北方城镇分散供暖能耗。其中北方集中供暖时，热源、消耗的能源种类及其热效率也不同，还可进一步进行分类（图 1-11）：

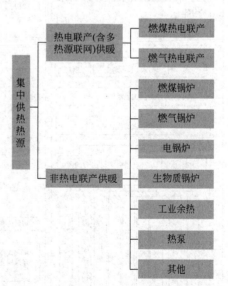

图 1-11　集中供暖热源分类

1）热电联产（含多热源联网）供暖，按燃料种类不同再分为燃煤热电联产、燃气热电联产。

2）非热电联产供暖，按热源形式不同再细分为燃煤锅炉、燃气锅炉、电锅炉、生物质锅炉、工业余热、热泵和其他。

（7）按建筑使用状态分类

建筑运行能耗、水资源消耗量与建筑使用状态密切相关，若为空置状态，则基本没有能源、水资源的消耗。故实有建筑面积还可按建筑状态分为空置和非空置。

根据实际使用需求，可对建筑"四节一环保"指标体系按照上文分类方式进行逐层分类展开，形成一个有层次的数据指标体系框架，具体示意见图 1-12。

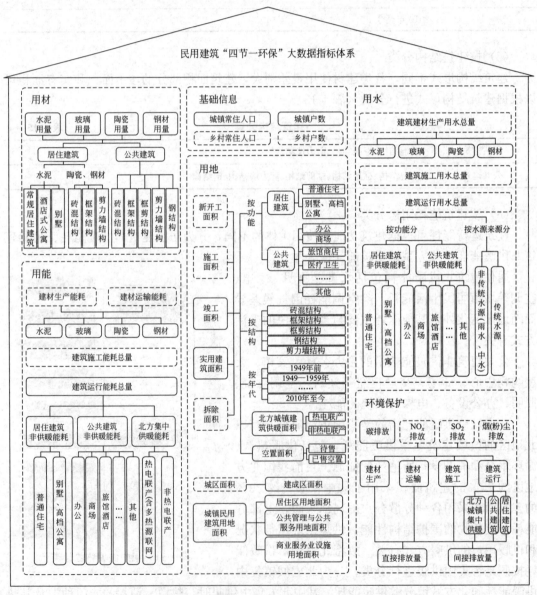

图 1-12　建筑"四节一环保"数据指标体系的分类示意

1.3.2 指标体系层次说明

如前所述，目前我国还无法直接从现有统计数据中全部或直接定量给出建筑"四节一环保"实际状况。考虑到我们可从不同渠道获得大规模采集数据，实现多渠道数据的相互检验，从而定量给出全国或各省、市、自治区的建筑"四节一环保"数据指标，为政府制定建筑碳达峰、碳中和顶层设计及具体实施路径提供关键数据支撑。本节将解释说明建筑"四节一环保"指标体系的层次关系，并且明确了需采集的、最基层的微观数据。

（1）指标体系的层次关系

宏观数据：全国各省、市、自治区层次的宏观数据指标的来源主要集中在国家统计部门及其他政府部门编制的统计年鉴中。全国各省、市、自治区层次的建筑"四节一环保"宏观数据指标，是辖区内大规模基层数据的集合。

分类数据：将各省、市、自治区的数据指标按不同角度进行分类或将基层数据进行归类，即可获得分类层级的数据指标。经梳理，分类层级数据指标的来源包括：部门、行业协会填报系统；中央级、省级政府监测、卫星遥感系统；大型能源、资源供应企业，如国家电网、南方电网、水务集团、燃气公司；高校、研究机构、行业协会专题研究报告。

微观数据：可以从建材生产企业、建材运输企业、建筑施工单位获取，也可以从投入运行单体建筑的相关统计制度或能源管理平台等方式获得。

以用能指标为例来解释说明不同层次的数据指标体系，全国各省、市、自治区宏观、分类、微观三个层次数据指标的关系如图1-13所示。

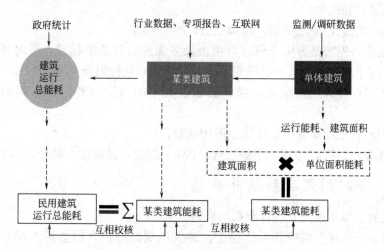

图1-13 不同层次数据指标的关系

1) 微观层与分类层之间的关系：根据多栋同类建筑监测系统或调研数据中的建筑面积及其运行能耗，获得这些同类建筑的平均能耗强度；平均能耗强度与行业数据中该类建筑的总面积相乘，获得该类建筑的总能耗，将该类建筑总能耗与行业数据中该类建筑的能耗进行相互校核。

2) 分类层与宏观层之间的关系：根据行业数据中不同类型建筑的能耗，获得各省、市、自治区建筑总能耗，将建筑总能耗与年鉴或其他来源的省、市、自治区建筑总能耗进行相互校核。

其他部分的数据指标也可采用"从上至下"和"从下至上"的方法，利用不同获取渠道、不同层次的数据进行多次相互校验，将最终获取的"四节一环保"数据指标误差控制在较小的范围内，以满足国家政府制定政策对支撑数据精度的要求。

（2）微观数据的获取

建筑"四节一环保"微观数据，可从建材生产企业、建材运输企业、建筑施工单位、投入运行单体建筑等中获得。

1）建材生产阶段：建材生产企业应统计钢材、水泥、玻璃、陶瓷 4 类建材生产时各能源品种的消耗量及其对应产量。用于建材生产的能源主要包括：煤、电、气及水。

2）建材运输阶段：建材运输公司或其他负责建材运输的单位应统计建筑钢材、水泥、玻璃、陶瓷 4 类建材从生产地至工地仓库或其他堆放点运输的里程数、建材运输量及其能源消耗量。

3）建筑施工阶段：施工单位对施工项目的基本信息及资源能源、建材消耗量的关键微观数据指标进行采集、统计：

① 基础信息：结构类型，建筑功能类型、施工面积；

② 施工用能：用电量；

③ 施工用水：用水量；

④ 施工用材：钢材使用量，水泥使用量，玻璃使用量，陶瓷使用量及可再循环利用材料用量。

4）建筑运行阶段：已投入正常运行建筑的业主应对单体建筑的基本信息及能源消耗情况进行数据统计和采集：

① 建筑基础信息：使用功能，结构类型，竣工时间；

② 建筑用能：先按是否用于供暖分别统计各能源品种的消耗量，再对其中消耗量最大的电力按不同系统（空调系统、照明系统、电梯等）进行划分；

③ 建筑用地：建筑用地面积，建筑面积及其中的地上面积、地下面积、集中供暖面积；

④ 建筑用水：总用水量，非传统水源用水量；

⑤ 室内环境：TVOC 浓度，甲醛浓度，$PM_{2.5}$ 浓度，温湿度，照度，CO_2 浓度。

1.3.3　不同用能品种折算系数

（1）消耗的能源品种及其统计数据的原则

建筑"四节一环保"数据指标体系中，建筑用能部分包含的能源消耗品种如表 1-16 所示。

各阶段消耗的能源品种　　　　　　　　　　　　　　　　表 1-16

序号	阶段	能源品种
1	建材生产	煤品、天然气、电力
2	建材运输	油品、电力
3	建筑施工	煤品、天然气、油品、电力、热力
4	建筑运行	煤品、天然气、液化石油气、油品、热力、电力

为最终能真实反映我国民用建筑能源消耗的实际状况，各阶段的用能数据指标应遵循的基本原则是：采用消耗的电力、化石能源等实物量进行表示。

（2）不同用能品种统一折算方法

因民用建筑各阶段消耗的能源种类多，如果有累加的统计需求，需要对各种能源品种进行折算，各种能源品种之间统一的折算方法明确如下：

1）建材生产和运输阶段

这两个阶段消耗较多煤、天然气、油等能源，可将不同品种用能折算至标煤，其中电转换至标煤时应采用发电煤耗法，电与标煤之间折算系数应以当年发布的数值为准，而不应采用热当量法。

2）建筑运行和施工阶段

建筑运行阶段，严寒和寒冷地区民用建筑能耗应划分为居住建筑非供暖能耗、公共建筑非供暖能耗、建筑供暖能耗。其他气候区民用建筑能耗应划分为居住建筑能耗和公共建筑能耗。

① 非供暖用能

非供暖用能消耗的电能占比大。这两个阶段的非供暖用能，应将不同品种用能折算到电，折算时应严格按照《民用建筑能耗分类及表示方法》GB/T 34913—2017[17] 中相应的方法进行折算。化石能源按照其对应的供电能耗折合，其中标准天然气与电的折算关系是：1kWh（电）＝0.2m³（天然气）。

② 采暖用能

建筑建筑运行阶段，严寒和寒冷地区的北方集中供热能源消耗量分摊、计算方法如下：

a. 当集中供热热源为热电联产时，不应该采用按照输出的电力与热力所具有的热值来分摊输入的能源量，必须按照输出产品的㶲来分摊输入的能源量（电力或/和化石能源）。

b. 北方集中供热能源消耗总量的计算方法为：根据该供热区域内最近一个完整供暖季正常运行的不同热源类型（图 1-12）的供热量及其占比、效率来计算集中供热所消耗的电力、化石能源等实物量。实物量应包括供热系统的热源所消耗的能源和供热系统的水泵输配电耗。

c. 因北方集中供热时消耗的煤和天然气占比大，如要进一步把不同种类的能源消耗量进行统一折算，应将不同种类用能折算至标煤，其中电转换至标煤时必须采用发电煤耗法，电与标煤之间的折算系数必须以按当年火电发电标准煤耗计算，而不应采用热当量法。

d. 当集中供热热源为多座建筑供热时，各建筑不应该按照输出的电力与热力所具有的热值来分摊输入的能源量，必须按照输出产品的㶲来分摊输入的能源量（电力或/和化石能源）。

各种能源折算系数汇总如表 1-17 所示。

民用建筑不同用能品种折算系数表　　　　　　　　　　　　　　　　表 1-17

能源名称	平均低位发热量	折算标煤系数
原煤	20908kJ/(5000kcal)/kg	0.7143kg 标准煤/kg

续表

能源名称	平均低位发热量	折算标煤系数
煤泥	8363~12545kJ/(2000~5000kcal)/kg	0.2857~0.426kg 标准煤/kg
焦炭	28435kJ/(6800kcal)/kg	0.9714kg 标准煤/kg
天然气	32238~38931kJ/(7700~9310kcal)/kg	1.1000~1.3300kg 标准煤/m³
液化石油气	50179kJ/(12000kcal)/kg	1.7143kg 标准煤/kg
汽油/煤油	43070kJ/(10300kcal)/kg	1.4714kg 标准煤/kg
柴油	42652kJ/(10200kcal)/kg	1.4571kg 标准煤/kg
热力(当量)		0.03412kg 标准煤/10⁷J
电力	按当年火电发电标准煤耗计算	

注：引自《中国能源统计年鉴》附录4。

1.3.4　建筑碳排放计算方法

建筑碳排放是建筑物在与其有关的建材生产及运输、建造及拆除、运行阶段产生的温室气体排放的总和，以二氧化碳当量表示。

本节将阐述建筑碳排放计算方法，可用于建筑设计阶段对碳排放量进行计算，或在建筑物建造后对碳排放量进行核算。建筑物碳排放计算应根据不同需求按阶段进行计算，并可将分段计算结果累计为建筑全生命周期碳排放。

（1）建材生产碳排放总量

建材生产阶段碳排放可根据建材使用量直接进行计算，计算公式如下：

$$C_{sc} = \sum_{i=1}^{n} M_i F_i$$

式中　C_{sc}——建材生产阶段碳排放，$kgCO_2e$；

　　　M_i——第 i 种主要建材的消耗量；

　　　F_i——第 i 种主要建材的碳排放因子，$kgCO_2e$/单位建材数量。

建材生产阶段的碳排放因子（F_i）应包括下列内容：

1）建筑材料生产涉及原材料的开采、生产过程的碳排放；

2）建筑材料生产涉及能源的开采、生产过程的碳排放；

3）建筑材料生产涉及原材料、能源的运输过程的碳排放；

4）建筑材料生产过程的直接碳排放。

建材的碳排放因子（F_i）受建材规格型号影响较大，并且随时间也有变化。计算时宜优先选用由建材生产商提供的且经第三方审核的建材碳足迹数据，或查询更新的中国生命周期基础数据库。如没有上述数据，可按《建筑碳排放计算标准》GB/T 51366—2019 附录 D（表 1-18）取值进行计算。

建筑材料碳排放因子（节选） 表 1-18

建筑材料类别	建筑材料碳排放因子
普通硅酸盐水泥(市场平均)	$735kgCO_2e/t$

建筑材料类别	建筑材料碳排放因子
普通碳钢（市场平均）	$2050 kgCO_2 e/t$
平板玻璃	$1130 kgCO_2 e/t$

需要注意的是，这种方法给出的碳排放因子包含的内容与本书建材生产阶段碳排放量包含的内容不完全一致，可根据占比进行折算而获得与本书包含内容一致的建材生产碳排放量[18]。

（2）建材运输碳排放总量

建材运输阶段碳排放可根据建材运输量及其运输方式进行计算，计算公式如下：

$$C_{ys} = \sum_{i=1}^{n} M_i D_i T_i$$

式中　C_{ys}——建材运输过程碳排放，$kgCO_2 e$；

M_i——第 i 种主要建材的消耗量，t；

D_i——第 i 种建材平均运输距离，km；

T_i——第 i 种建材的运输方式下，单位重量运输距离的碳排放因子，$kgCO_2 e/$（t·km）。

建材运输阶段的碳排放因子（T_i）应包含建材从生产地到施工现场的运输过程的直接碳排放和运输过程所耗能源的生产过程的碳排放。

主要建材的运输距离宜优先采用实际的建材运输距离。当建材实际运输距离未知时，建材运输阶段的碳排放因子（T_i）可按《建筑碳排放计算标准》GB/T 51366—2019 附录 E（表 1-19）中的默认值取值。

建材运输碳排放因子（节选）[单位：$kgCO_2 e/$（t·km）]　　表 1-19

运输方式类别	建筑材料排放因子
重型柴油火车运输（载重 30t）	0.078
铁路运输（中国市场平均）	0.010
干散货船运输（载重 2500t）	0.015

注：主要建材的默认运输距离值为 500km。

（3）建筑施工碳排放总量

建筑施工阶段的碳排放量应根据建筑施工用能与化石燃料碳排放因子计算，计算公式如下：

$$C_{sg} = \sum_{i=1}^{n} E_{sg,i} EF_i$$

式中　C_{sg}——建筑施工阶段的碳排放量，$kgCO_2$；

$E_{sg,i}$——建筑施工阶段第 i 种能源总用量，kWh 或 kg；

EF_i——第 i 类能源的碳排放因子，$kgCO_2/kWh$ 或 $kgCO_2/kg$。

建筑施工阶段消耗的各类化石燃料的碳排放因子可参考《建筑碳排放计算标准》GB/T 51366—2019 附录（表 1-20）。

化石燃料碳排放因子（节选）　　　　　　　　　表 1-20

分类	燃料类型	单位热值含碳量(tC/TJ)	碳化率	单位热值 CO_2 排放因子(tCO$_2$/TJ)
固体燃料	无烟煤	27.4	0.94	94.44
	烟煤	26.1	0.93	89.00
	褐煤	28.0	0.96	98.56
	炼焦煤	25.4	0.98	91.27
	型煤	33.6	0.90	110.88
	焦炭	29.5	0.93	100.60
	其他焦化产品	29.5	0.93	100.60
液体燃料	原油	20.1	0.98	72.23
	燃料油	21.1	0.98	75.82
	汽油	18.9	0.98	67.91
	柴油	20.2	0.98	72.59
	喷气煤油	19.5	0.98	70.07
	一般煤油	19.6	0.98	70.43
	NGL 天然气凝液	17.2	0.98	61.81
	LPG 液化石油气	17.2	0.98	61.81
	炼厂干气	18.2	0.98	65.40
	石脑油	20.0	0.98	71.87
	沥青	22.0	0.98	79.05
	润滑油	20.0	0.98	71.87
	石油焦	27.5	0.98	98.82
	石化原料油	20.0	0.98	71.87
	其他油品	20.0	0.98	71.87
气体燃料	天然气	15.3	0.99	55.54

建筑建造阶段的碳排放应包括完成各分部分项工程施工产生的碳排放和各项措施项目实施过程产生的碳排放。

（4）建筑运行碳排放总量

建筑运行阶段碳排放总量应根据各系统不同类型能源消耗量和不同类型能源的碳排放因子确定，建筑运行阶段的碳排放总量（C_M）应按下列公式计算：

$$C_M = \sum_{i=1}^{n} (E_i EF_i - C_p)$$

$$E_i = \sum_{j=1}^{n} (E_{i,j} - ER_{i,j})$$

式中　C_M——建筑运行阶段碳排放总量，$kgCO_2$；

　　　E_i——建筑第 i 类能源年消耗量，单位/a；

　　　EF_i——第 i 类能源的碳排放因子，参考表 1-20；

　　　$E_{i,j}$——j 类系统的第 i 类能源消耗量（单位/a）；

$ER_{i,j}$——j 类系统消耗由可再生能源系统提供的第 i 类能源量（单位/a）；

i——建筑消耗终端能源类型，包括电力、燃气、石油、市政热力等；

j——建筑用能系统类型，包括供暖空调、照明、生活热水系统等；

C_p——建筑绿地碳汇系统年减碳量，$kgCO_2/a$。

建筑碳汇主要来源于建筑红线范围内的绿化植被对二氧化碳的吸收，其减碳效果应该在碳排放计算结果中扣减。绿化植被减碳量受气候、生长环境、绿植种类、维护情况等因素影响，目前农林业已经开发相关的计算方法，例如国家林业局印发的《竹林项目碳汇计量与监测方法学》《造林项目碳汇计量与监测指南》等，但针对建筑绿化植被碳汇方法学尚无官方方法学发布，可参照上述相关文件计算。

碳排放包括直接排放和间接排放。直接排放是指化石燃料燃烧、工业生产过程和废弃物处理中直接产生的排放；间接排放是指由电力、热力第二次能源消耗所隐含的化石燃料燃烧导致的排放。表 1-20 给出建筑消耗的化石 CO_2 排放因子，可计算出建筑直接碳排放量，而建筑消耗的热力和电力产生的间接碳排放计算方法如下：

1）市政热力

应采用㶲分摊方法来计算供热系统所消耗的能源实物量，再用消耗的能源实物量与其对应的碳排放因子计算出市政热力的碳排放量。

若缺少上述能源消耗实物量，可按国家最新发布值和用于采暖的热量进行计算。目前可查到的最新发布值见 2015 年国家发展改革委发布的《公共建筑运营单位（企业）温室气体排放核算方法和报告指南（试行）》附录表 3，热力排放因子为 $0.11tCO_2/GJ$。

2）电力

电力的碳排放量＝用电量×电力碳排放因子

电力碳排放因子可采用《中国电力行业年度发展报告》对应年度全国电力碳排放因子的取值计算，2019 年全国电力碳排放因子约为 592g/kWh。

另外，电力碳排放因子也可采用国家最新发布的区域电网平均排放因子来计算各省市的碳排放量，再求和即可获得全国电力碳排放量。目前电网区域划分情况及其最新碳排放因子取值见表 1-21、表 1-22。

中国区域电网边界　　　　　　　　　　　　　　　表 1-21

电网名称	覆盖省市
华北区域电网	北京市、天津市、河北省、山西省、山东省、蒙西（除赤峰、通辽、呼伦贝尔和兴安盟外的内蒙古其他地区）
东北区域电网	辽宁省、吉林省、黑龙江省、蒙东（赤峰、通辽、呼伦呼伦贝尔和兴安盟）
华东区域电网	上海市、江苏省、浙江省、安徽省、福建省
华中区域电网	河南省、湖北省、湖南省、江西省、四川省、重庆市
西北区域电网	陕西省、甘肃省、青海省、宁夏回族自治区、新疆维吾尔自治区
南方区域电网	广东省、广西壮族自治区、云南省、贵州省、海南省

2012 年中国区域电网平均 CO_2 排放因子　　　　　　表 1-22

电网名称	平均 CO_2 排放因子（$kgCO_2/kWh$）
华北区域电网	0.8843

电网名称	平均 CO_2 排放因子($kgCO_2/kWh$)
东北区域电网	0.7769
华东区域电网	0.7035
华中区域电网	0.5257
西北区域电网	0.6671
南方区域电网	0.5271

其他阶段消耗的电力及热力的碳排放量也应采用上述方法进行计算。

第 2 章　大规模数据的获取

以基于全寿命期的民用建筑"四节一环保"大数据指标体系为基础，本研究致力于开展大规模数据的多渠道获取方法及机制研究。立足于统计制度的现状和现有基础数据情况，本章分别从数据本身、采集渠道、标准建设和方法机制等方面识别目前数据获取存在的主要障碍。针对不同类型的数据，合理确定研究边界，提出并构建了基于逐年递推法的民用建筑规模模型、基于能源平衡表拆分的能耗模型以及基于投入-产出法的建材消耗量模型，并组织实施了大规模数据的采集工作。在此基础上，提炼形成了基于计算模型构建、遥感影像、互联网和物联网等技术的差异化获取方法。为建立持续稳定的数据获取机制，本研究从制度体系、技术方法、平台构建和激励措施等 4 个方面提出了具体的工作举措和政策建议，为民用建筑"四节一环保"大数据获取及机制构建提供科学的方法和保障。

2.1　大规模数据获取现状分析

研究民用建筑"四节一环保"大规模数据的获取问题，首先应对获取现状进行分析。本节从制度体系、获取渠道及获取障碍三方面展开，明确现行相关法律及规章制度的层级关系，并基于统计年鉴、数据采集平台、研究报告三大渠道类型分析各指标相关数据的直接获取渠道，最后根据制度体系和数据获取的现状，从数据本身、采集渠道、采集标准及获取方法四个方面分析数据获取的主要障碍，为提出创新的数据获取方法奠定基础。

2.1.1　制度体系现状

现行法律、法规、部门规章、统计制度、技术标准等构成了保障数据获取的制度体系，分别从国家、省级、市级三个层面逐步细化了数据的统计与处理，涉及国家统计局、住房和城乡建设部、自然资源部等单位的协调与合作，提供了采集、测算目标指标所需数据，保障了"四节一环保"大规模数据获取的准确性、稳定性、可靠性。

国家层面的相关规章制度规范了统计数据的填报及报表管理，提出了一些数据指标的测算方式；基于此，省级层面的相关规章制度结合地方情况有所调整，指导建立了以各类统计数据库为主的、能以可视化方式动态展示丰富数据的统计数据公示网站；市级数据平台则展示、共享了更为细化的数据，其层级关系如图 2-1 所示。其中，不同部门颁布的、效力等级不同的各统计制度明确了"四节一环保"数据的获取渠道，为获取"四节一环保"数据奠定了基础。

制度体系支持了"四节一环保"大规模数据的获取，但也存在尚未完全指向"四节一环保"数据指标、缺乏国家层面技术指标等不完善之处。以现行统计制度为例，说明其与目标指标数据采集的关联情况，详见表 2-1。

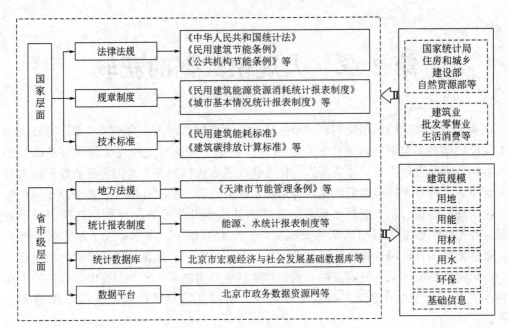

图 2-1 现行规章制度层级关系

现行统计制度情况表 表 2-1

主管部门	类别	建筑规模	用地	用能	用材	用水	环保
国家统计局	《城市基本情况统计报表制度》	√	√			√	
	《建筑业统计报表制度》	√					
	《房地产开发统计调查制度》	√					
	《固定资产投资统计报表制度》	√					
	《能源统计报表制度》			√	√		
住房和城乡建设部	《城市(县城)和村镇建设统计调查制度》	√	√			√	
	《民用建筑能源资源消耗统计报表制度》			√			
	《城镇保障性安居工程统计快报制度》	√					
	《房地产市场监管统计报表制度》	√					
	《建筑业企业主要指标月度快速调查统计报表制度》	√					
自然资源部	《国土资源统计报表制度(备案)》		√				

2.1.2 数据获取现状

（1）数据获取渠道类型

按照数据的来源及所属层级不同，将获取"四节一环保"相关数据的渠道划分为统计年鉴、数据采集平台、专项研究报告、高新技术、相关企业五大类，详见表 2-2。

民用建筑"四节一环保"大数据获取渠道　　　　表 2-2

序号	渠道层级	渠道具体获取类型及来源	渠道性质
1	政府层面	国家、各省市自治区、行业的统计年鉴/报表	权威性,直接来源(基础)
2	行业、协会层面	部门、行业、协会年度报告/各类数据库/数据采集平台	权威性,直接来源(专项)
3	科研机构层面	专项研究报告(高校、科研院所、咨询服务机构等)	借鉴性,间接来源(复核)
4	高新技术层面	物联网、互联网等分析报告和数据资源	借鉴性,间接来源(拓展)
5	企业层面	企业(电力公司、自来水公司、燃气公司、供热公司等)数据资源	借鉴性,间接来源(补充)

1) 统计年鉴

统计年鉴是"四节一环保"数据获取的重要渠道,其统计原则由国家至各省、市、自治区逐步细化,统计数据由各省、市、自治区至国家逐步上报统筹,获取"四节一环保"相关数据的统计年鉴如表 2-3 所示。

与民用建筑"四节一环保"大数据相关统计年鉴　　　　表 2-3

序号	名称	编著单位
1	中国统计年鉴	国家统计局
2	中国人口和就业统计年鉴	国家统计局人口和就业统计司
3	中国城市统计年鉴	国家统计局城市社会经济调查司
4	中国建筑业统计年鉴	国家统计局固定资产投资统计司
5	中国房地产统计年鉴	国家统计局固定资产投资司
6	中国城乡建设统计年鉴	住房和城乡建设部计划财务与外事司
7	中国城市建设统计年鉴	住房和城乡建设部计划财务与外事司
8	中国能源统计年鉴	国家统计局能源司
9	中国建筑材料工业年鉴	中国建筑材料联合会
10	中国钢铁工业年鉴	中国钢铁工业协会

2) 数据采集平台

数据采集平台由各部门、行业、协会依据自身需求建立,可以实时地、可视化地显示民用建筑"四节一环保"大数据,相关数据采集平台见表 2-4。

与民用建筑"四节一环保"大数据相关的政府数据采集平台　　　　表 2-4

序号	名称	主管部门
1	规划卫星遥感监测数据填报系统	住房和城乡建设部
2	全国能源监测预警与规划管理系统	国家能源局
3	民用建筑年开竣工面积统计系统	住房和城乡建设部
4	供热行业统计平台	中国城镇供热协会
5	中央级公共建筑能耗监测平台	住房和城乡建设部
6	国家环境空气质量监测网	生态环境部
7	中国建材产业信息服务平台	中国建材联合会

① 规划卫星遥感监测数据填报系统由住房和城乡建设部管理，用于动态监测城乡空间利用，监督城乡规划实施情况，实现城乡空间资源的合理利用，实时监测城市用地相关指标，其界面如图 2-2 所示。

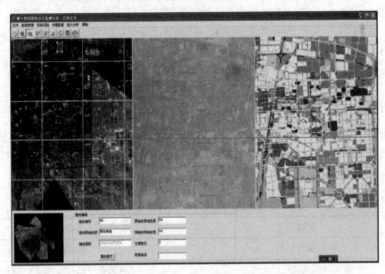

图 2-2 规划卫星遥感监测数据填报系统界面截图

② 全国能源监测预警与规划管理系统由国家能源局主管，可实时监测各省每日能源运行态势，自动生成能源形势日报，分行业、分省展示我国能源历史数据，全面反映各省、各类能源历年的资源、规划、建设、生产消费、物流、储备、价格、进出口、结构能效等信息。各级单位通过日报、月报、季报、年报等方式报送各种能源消耗使用量、库存量等指标。

③ 供热行业统计平台由中国城镇供热协会填报系统向协会会员单位收集有关城市供热能力、管道长度、供热面积等方面的数据，界面如图 2-3 所示。

图 2-3 供热行业统计平台界面截图

④ 中央级公共建筑能耗监测平台由住房和城乡建设部主管，从建筑功能、建筑结构、建筑外墙形式、建筑空调供热形式、气候区、节能改造措施等角度对下级平台上传的能耗数据进行比较分析，评估各类型建筑节能潜力，为制订用能定额标准和各项管理政策提供依据；跟踪各重点关注建筑的动态能耗数据，初步掌握标杆建筑节能特点，并与民用建筑能耗统计系统对应数据进行校验，总结节能改造和节能运行经验等。相关部门通过实时报送的方式将电能相关指标上传系统。

⑤ 国家环境空气质量监测网由生态环境部主管，环境空气颗粒物（PM_{10}、$PM_{2.5}$）和环境空气气态污染物（SO_2、NO_2、O_3、CO）两个自动监测系统可实时报送各城市数据。

⑥ 中国建材产业信息服务平台由中国建筑材料联合会主管，平台针对各类建材进行重点指标监测、预警预测、指数计算、决策等，如各类建材的生产量、产值等经济指标，可反映整个行业的发展情况，其界面如图 2-4 所示。

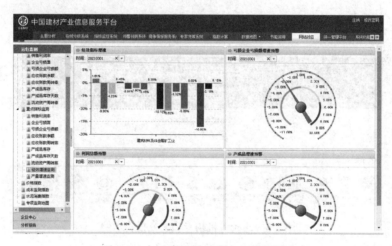

图 2-4　中国建筑材料联合会数据平台

3）专项研究报告

一些科研单位开展建筑数据的采集和处理工作，如清华大学建筑节能研究中心、重庆大学等，详见图 2-5。

清华大学建筑节能中心自 2007 年起每年定期出版《中国建筑节能年度发展研究报告》，可以对建筑节能的获取数据进行校对核验。

重庆大学联合中国建筑节能协会成立的中国建筑节能协会能耗统计专委会定期发布《中国建筑能耗研究报告》。2018 年 11 月 23 日，在上海发布了主题为"建筑碳排放"的《中国建筑能耗研究报告（2018 年度）》，公布了 2000—2016 年全国建筑碳排放数据以及 2016 年各分省建筑碳排放数据，可以有效验证各省民用建筑用能数据。

4）信息化技术

利用一些高新技术可以辅助获取部分数据，如物联网技术、互联网技术、遥感技术等。

利用物联网技术获取节能数据。通过智慧建筑感知建筑设备，如用电照明、消防监测、智慧电梯、楼宇监测等，可节约能源，减少运维的人员成本。但仅在个别区域试点应

图 2-5　高校等机构专项研究报告示例

用，尚无法全面提供"四节一环保"的大规模能耗数据信息。

互联网技术的位置大数据可用于人的行为数据监测，便于监测人的行为信息。但目前互联网技术的位置数据服务尚未应用于"四节一环保"大数据中的基础信息采集中。

5）相关企业

一些企业可以提供民用建筑"四节一环保"具体分项的数据，如燃气公司、供热公司、供水公司等。

供电公司持有的不同用户（法人或居民用户）的买电量数据与建筑物所在地信息相关联，综合考虑时间、空间因素，理论上可以间接得到整体建筑的用电信息。类似的，燃气公司、供热公司、供水公司信息数据也可如此处理。但公开数据资源较少，难以获取。

综上分析发现，利用统计年鉴、数据采集平台、研究报告、高新技术、相关企业五大渠道能获取部分民用建筑"四节一环保"的相关数据。其中，统计年鉴能够提供持续稳定的原始统计数据，数据采集平台和研究报告中的数据统计范围相对较小，且数据的连续性及全面性均不及统计年鉴，可用于多渠道间的数据校验；新技术的应用和相关企业的合作尚不能有效实现或成本较高，可作为后续数据获取的努力方向。因此，下面分别列举各指标的年鉴数据获取现状。

（2）建筑规模数据获取现状

1）《中国统计年鉴》

《中国统计年鉴》汇集了 2006 年之前的年末实有房屋建筑面积和年末实有居住建筑面积。其中，年末实有居住建筑面积包括厂矿、企业医院机关学校的集体宿舍和家属宿舍，有效年份为 1995—2006 年；2000 年之前的房屋建筑面积统计范围为设市城市，2001 年起房屋建筑面积统计范围为设市城市和县城，故可直接获取 2001—2006 年的房屋及住宅实有建筑面积数据，具体获取方式如图 2-6 所示。

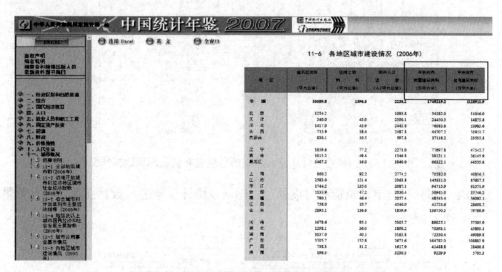

图 2-6　《中国统计年鉴》实有建筑面积数据情况

《中国统计年鉴》汇集了全社会固定资产、建筑业及房地产业相关的面积数据。其中，全社会固定资产对应的指标为全社会房屋的施工及竣工面积、住宅（包括商品住宅）的房屋竣工面积；建筑业对应的指标为建筑业企业承建的房屋建筑施工面积及竣工面积；房地产业对应的指标为房地产开发企业的房屋施工面积、房屋竣工面积及本年的新开工面积，以及住宅（别墅、高档公寓）、办公楼、商业营业用房及其他四类的本年房屋新开工面积、商品房销售面积。

2）《中国城乡建设统计年鉴》

《中国城乡建设统计年鉴》汇集了城市、县城、村镇的民用建筑实有建筑面积，可获取指标如图 2-7 所示。

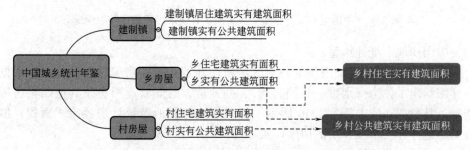

图 2-7　《中国城乡统计年鉴》实有建筑面积数据获取指标类型

获取的建制镇实有居住建筑面积、建制镇实有公共建筑面积用于建制镇实有建筑面积的计算，其数据获取情况如图 2-8 所示。

| 3-2-7 建制镇房屋（2017年） | | | | | | | Building Constru | | | |
| 地区名称 | 住宅 Residential Building | | | | | | 公共建筑 Public Building | | | |
Name of Regions	年末实有建筑面积（万平方米）Total Floor Space of Buildings (year-end) (10,000m²)	混合结构以上 Mixed Structure and Above	本年竣工建筑面积（万平方米）Floor Space Completed This Year (10,000m²)	混合结构以上 Mixed Structure and above	房地产开发 Real Estate Development	人均住宅建筑面积（平方米）Per Capita Floor Space (m²)	年末实有建筑面积（万平方米）Total Floor Space of Buildings (year-end) (10,000m²)	混合结构以上 Mixed Structure and Above	本年竣工建筑面积（万平方米）Floor Space Completed This Year (10,000m²)	混合结构以上 Mixed Structure and above	房地产开发 Real Estate Development
全 国 National Total	639401.80	426382.76	29957.19	22553.12	10219.32	34.75	116513.89	99686.63	6595.15	5506.46	1412.40
北 京 Beijing	4042.41	3523.77	248.05	221.84	210.56	53.44	1259.36	1179.44	212.71	201.86	177.34
天 津 Tianjin	4930.68	3983.25	152.74	112.16	48.24	47.98	935.37	867.56	39.96	27.40	18.58
河 北 Hebei	16269.05	11138.38	738.94	560.89	289.35	29.67	3317.71	2586.49	132.24	95.99	37.47
山 西 Shanxi	7168.18	4458.77	303.35	174.87	70.70	30.27	1366.58	1057.35	68.18	54.98	1.94
内蒙古 Inner Mongolia	6593.14	5032.39	93.81	81.37	36.12	27.31	2233.59	1858.28	15.94	14.76	0.30
辽 宁 Liaoning	8463.57	4824.81	195.90	116.13	112.13	28.85	2885.35	2343.00	135.27	131.53	3.60
吉 林 Jilin	7594.52	4837.81	480.58	364.82	66.47	27.04	1908.66	1505.54	73.54	71.52	2.72
黑龙江 Heilongjiang	6942.55	6387.18	45.71	36.88	20.68	26.18	1702.54	1602.90	25.52	25.50	0.00
上 海 Shanghai	20871.51	19777.24	1320.40	759.51	861.20	69.24	4244.13	4070.75	122.38	117.95	50.44
江 苏 Jiangsu	53525.94	47376.08	2181.59	2033.59	1133.27	43.14	13599.53	12185.67	532.30	474.51	115.38
浙 江 Zhejiang	38729.46	33272.79	1668.14	1306.74	544.50	51.58	7552.93	6828.71	437.72	382.60	66.58
安 徽 Anhui	30065.24	22293.37	1838.94	1210.95	702.37	32.30	5012.06	4040.76	248.36	208.42	21.78

图 2-8 《中国城乡统计年鉴》建制镇房屋实有建筑面积数据情况

乡房屋、村房屋实有建筑面积可以通过中国城乡统计年鉴进行数据获取，其获取情况如图 2-9 所示。

| 3-2-15 乡房屋（2017年） | | | | | | | Building Construc | | | |
| 地区名称 | 住宅 Residential Building | | | | | | 公共建筑 Public Building | | | |
Name of Regions	年末实有建筑面积（万平方米）Total Floor Space of Buildings (year-end) (10,000m²)	混合结构以上 Mixed Structure and Above	本年竣工建筑面积（万平方米）Floor Space Completed This Year (10,000m²)	混合结构以上 Mixed Structure and above	房地产开发 Real Estate Development	人均住宅建筑面积（平方米）Per Capita Floor Space (m²)	年末实有建筑面积（万平方米）Total Floor Space of Buildings (year-end) (10,000m²)	混合结构以上 Mixed Structure and Above	本年竣工建筑面积（万平方米）Floor Space Completed This Year (10,000m²)	混合结构以上 Mixed Structure and above	房地产开发 Real Estate Development
全 国 National Total	78817.58	55184.39	5647.02	4485.23	683.67	31.47	19552.96	13253.93	1118.31	905.06	121.61
北 京 Beijing	108.92	106.54	10.88	10.80	8.20	57.26	14.80	14.80	0.23	0.23	
天 津 Tianjin	46.55	32.13				32.65	5.00	4.58			
河 北 Hebei	5995.77	3874.51	167.98	130.18	28.68	28.40	1002.63	790.43	46.96	30.95	12.61
山 西 Shanxi	3372.97	1957.79	114.09	86.06	6.00	28.52	542.49	410.23	40.00	36.68	0.10
内蒙古 Inner Mongolia	1257.81	928.60	72.25	65.93		26.18	318.68	273.72	8.23	5.56	
辽 宁 Liaoning	934.10	472.93	19.94	19.53	7.00	23.82	315.86	233.97	5.38	4.86	0.16
吉 林 Jilin	1047.55	563.04	53.14	40.22	5.20	27.79	229.32	162.94	7.60	7.26	0.55
黑龙江 Heilongjiang	1939.70	1747.31	18.54	15.29		24.93	420.55	389.91	8.25	6.98	
上 海 Shanghai	15.23	13.50	0.10	0.08		27.53	9.42	8.39			
江 苏 Jiangsu	1828.17	1538.37	47.18	41.06	12.70	36.30	489.14	406.30	10.19	9.47	0.40
浙 江 Zhejiang	2455.74	1777.06	55.71	54.96	0.02	46.56	324.09	258.37	17.14	15.63	0.15
安 徽 Anhui	3585.62	2539.87	181.98	119.54	55.85	31.86	791.53	608.97	85.42	39.52	47.23

图 2-9 《中国城乡统计年鉴》乡房屋实有建筑面积数据获取情况

3)《中国房地产统计年鉴》

《中国房地产统计年鉴》汇集了各地区房地产开发企业的房屋竣工面积，并根据不同用途，详细给出了住宅（别墅、高档公寓）、办公楼、商业营业用房及其他四类房屋竣工面积指标，其数据获取类型如 2-10 所示。特点是按房屋地域统计房屋竣工面积，但这些数据仅为房地产开发单位开发的房屋，实际统计结果小于真实数据。

4)《中国建筑业统计年鉴》

《中国建筑业统计年鉴》汇集了各地区建筑业企业对应的房屋建筑竣工面积，并细化

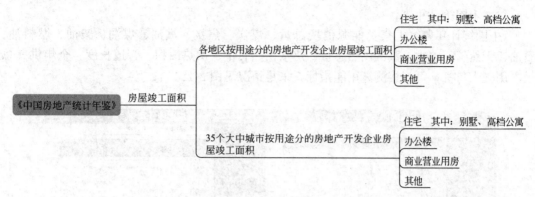

图 2-10　《中国房地产统计年鉴》竣工面积获取类型

为房屋施工面积、房屋竣工面积及房屋竣工率。其中，房屋竣工面积可按用途分为住宅房屋，商业及服务用房，办公用房，科研、教育和医疗用房，科研、教育和娱乐用房，厂房及建筑物，仓库及其他未列明建筑物，其数据获取类型如图 2-11 所示。特点是以法人为单位进行统计，没有考虑到企业法人所承建的房屋所在地的不同，与房地产统计年鉴的统计数据表达的内涵不同。

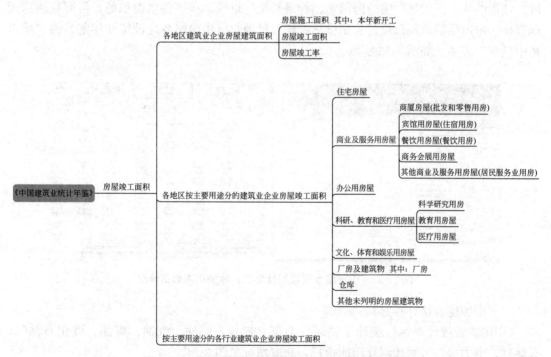

图 2-11　《中国建筑业统计年鉴》竣工面积获取类型

　　基于三种统计年鉴相关指标的内涵及数据特点，考虑本课题研究范围，决定采用《中国统计年鉴》中按照全社会固定资产进行指标划分，数据来源于《固定资产投资统计报表制度》的"固定资产投资（不含农户）住宅竣工面积"这一指标。

（3）建筑用能数据获取现状

1）《中国统计年鉴》

《中国统计年鉴》汇集了能源消费总量、煤炭、焦炭、汽油、煤油、柴油、燃料油、石油、天然气、电力、蒸汽供热总量、热水供热总量、供热面积、管道长度、全年供气总量、用气人口等，可间接测算用能指标，采集情况见图2-12。

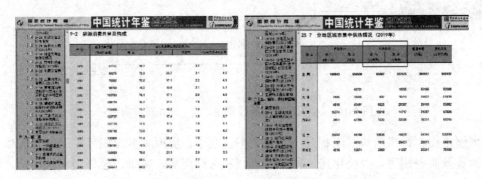

图2-12 《中国统计年鉴》建筑用能数据情况

2）《中国城乡建设统计年鉴》

《中国城乡建设统计年鉴》统计了城市和县城的液化石油气、供气总量、供气管道长度、城市的热电厂供热、锅炉房供热、管道长度、供热面积、住宅面积等，可间接测算用能指标。城市供热能耗总量与县城供热能耗总量源自《中国城乡建设统计年鉴》的"城市集中供热"表单，如图2-13所示。

图2-13 《中国城乡建设统计年鉴》建筑用能数据情况

3）《中国能源统计年鉴》

《中国能源统计年鉴》统计了原煤、型煤、焦炭、原油、汽油、煤油、液化石油气、天然气、电力等，可间接测算用能指标，获取情况见图2-14。

"批发、零售业和住宿、餐饮业热力值""其他热力值""生活消费热力值"源自《中国能源统计年鉴》的地区能源平衡表，见图2-15。

（4）建筑用材数据获取现状

根据各类统计年鉴，将目前能够获取得到的指标概括为生产类数据和消费类数据两

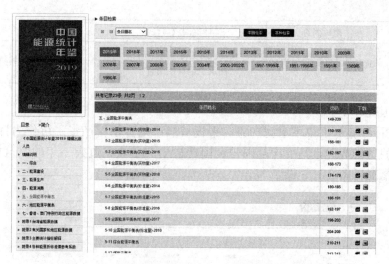

图 2-14　《中国能源统计年鉴》建筑用能数据情况

项目 Item	石油沥青 (万吨) Bitumen Asphalt (10^4 tons)	石油焦 (万吨) Petroleum Coke (10^4 tons)	液化石油 气 (万吨) LPG (10^4 tons)	炼厂干气 (万吨) Refinery Gas (10^4 tons)	其他石油 制品 (万吨) Other Petroleum Products (10^4 tons)	天然气 (亿立方 米) Natural Gas (10^8 cu. m)	液化天然 气 (万吨) LNG (10^4 tons)	热力 (万百万千 焦) Heat (10^{10}kJ)
四.终端消费量　Total Final Consumption	10.11	0.08	46.38	67.64	96.51	57.67	16.14	1709034
1.农、林、牧、渔业　Agriculture, Forestry, Animal Husbandry and Fishery			0.05					
2.工业　Industry	10.11	0.08	1.11	67.64	96.51	12.30	2.16	3878.57
#用作原料、材料　Non-Energy Use	10.11		0.11	10.75	72.69			
3.建筑业　Construction			0.29			0.65		112.53
4.交通运输、仓储和邮政　Transport, Storage and Post			1.17			1.80	13.99	537.18
5.批发、零售业和住宿　Wholesale, Retail Trade and Hotel, Restaurants			15.20			6.36		1245.77
6.其他　Others			2.60			20.16		6674.18
7.生活消费　Residential Consumption			25.97			18.39		4642.11
城镇　Urban			17.70			15.55		4642.11
乡村　Rural			8.27			0.85		

图 2-15　2017 年《中国能源统计年鉴》北京市地区能源平衡表截图

类，详见表 2-5。

现有获取指标分析　　　　　　　　　　　　　　　　　　表 2-5

指标类型	指标名称	统计范围或口径	来源年鉴
生产类 数据	建筑水泥生产量	全国水泥生产量	《中国统计年鉴》
	平板玻璃生产量	全国平板玻璃生产量	《中国统计年鉴》
	钢材生产量	全国钢材生产量	《中国统计年鉴》
	卫生陶瓷生产量	全国卫生陶瓷生产量	《中国统计年鉴》
	建筑水泥生产量	全国水泥生产量	《中国建筑材料工业年鉴》
	平板玻璃生产量	全国平板玻璃生产量	《中国建筑材料工业年鉴》
	卫生陶瓷生产量	全国及分省卫生陶瓷生产量	《中国建筑材料工业年鉴》
	陶瓷砖生产量	全国及分省陶瓷砖生产量	《中国建筑材料工业年鉴》
消费类 数据	建筑业企业水泥使用量	全国及分省建筑业企业 建筑业水泥的使用量	《中国建筑业统计年鉴》
	建筑业企业玻璃使用量	全国及分省建筑业企业 建筑业玻璃的使用量	《中国建筑业统计年鉴》

续表

指标类型	指标名称	统计范围或口径	来源年鉴
消费类数据	建筑业企业钢材使用量	全国及分省建筑业企业建筑业钢材使用量	《中国建筑业统计年鉴》

1)《中国统计年鉴》

《中国统计年鉴》汇集了水泥产量、平板玻璃产量、钢材产量，可作为计算民用建筑建材使用量的基础数据，其统计范围是全国建材生产企业在过去一年的建筑材料生产量，其具体获取情况见图 2-16、图 2-17。

图 2-16 《中国统计年鉴》统计数据情况

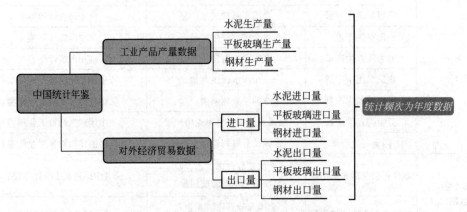

图 2-17 《中国统计年鉴》统计指标类型

2)《中国建筑材料工业年鉴》

　　《中国建筑材料工业年鉴》汇集了水泥、平板玻璃、陶瓷砖的数据。在前往中国建材联合会的调研中发现，国家统计局统计数据主要由建材联合会负责统计与校核，因此这两渠道的数据来源基本一致，差异性不大，具体获取情况见图 2-18、图 2-19。

图 2-18　《中国建筑材料工业年鉴》数据获取渠道

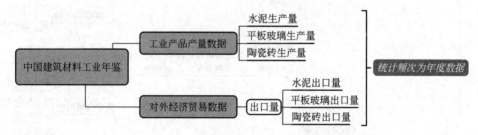

图 2-19　《中国建筑材料工业年鉴》数据获取情况

3)《中国建筑业统计年鉴》

　　《中国建筑业统计年鉴》汇集了民用建筑主要建材使用量的相关数据，公布了建筑业企业的钢材、木材、水泥、玻璃和铝材五类建材消耗情况数据，反映了建筑业企业的建筑材料消耗情况。统计频次为年度，每 2 年更新一次，已公布的最新数据为 2019 年建筑业企业水泥使用量，具体获取情况见图 2-20。

图 2-20　《中国建筑业统计年鉴》统计指标获取渠道

（5）建筑用地数据获取现状

《中国统计年鉴》《中国城乡建设统计年鉴》《中国国土资源统计年鉴》可获取到建筑用地相关指标，具体获取渠道体系如表 2-6 与图 2-21 所示。

建筑用地数据指标的获取渠道   表 2-6

获取渠道 \ 目标指标	建成区面积	居住区用地	公共管理与公共服务用地	商业服务业设施用地
《中国统计年鉴》	√			
《中国城乡建设统计年鉴》	√	√	√	√
《中国国土资源统计年鉴》		√	√	√

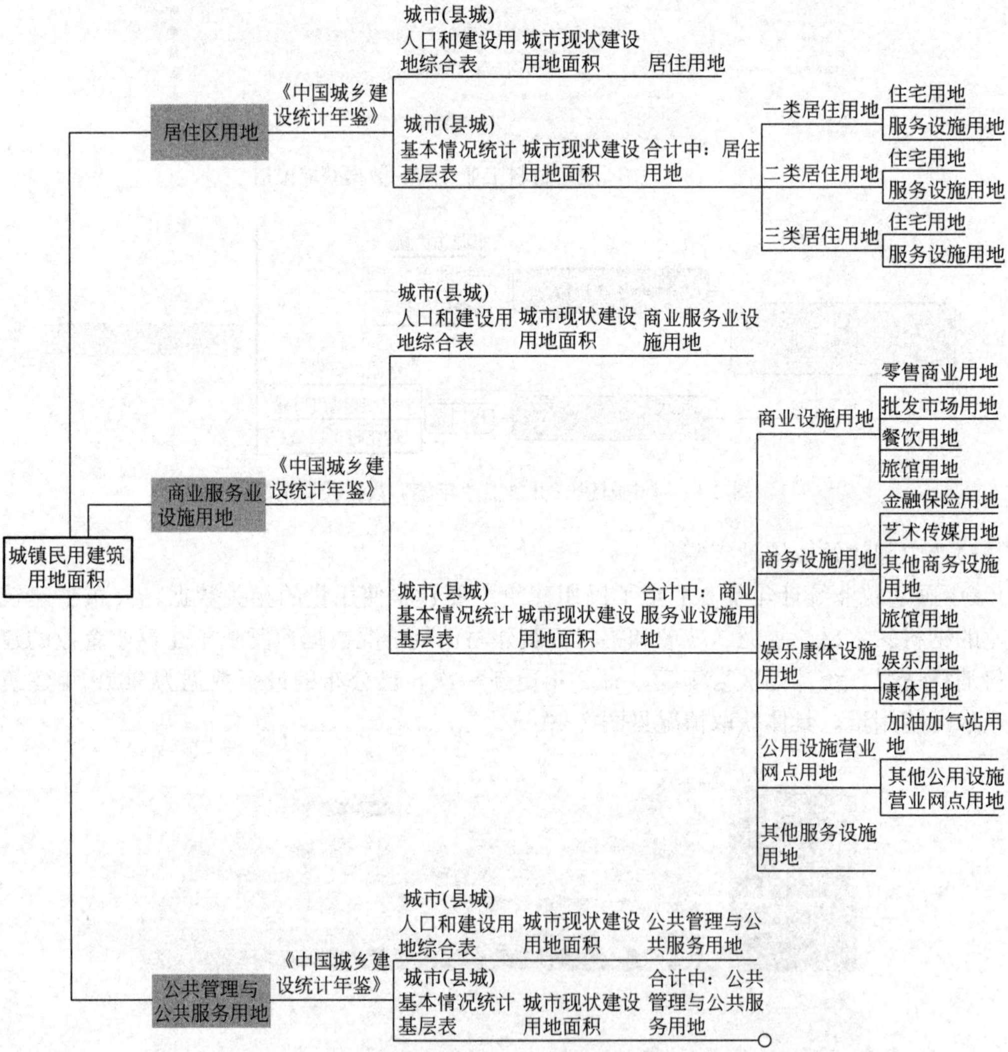

图 2-21 城镇民用建筑用地面积指标数据获取渠道

1)《中国统计年鉴》

《中国统计年鉴》中可获取的指标为建成区面积，可从分地区城市建设情况表中获取

"建成区面积（城市）"指标。

从《中国统计年鉴》中获取的"建成区面积（城市）"指标，其定义为城市行政区内实际已成片开发建设、市政公用设施和公共设施基本具备的区域。对核心城市，包括集中连片的部分，以及分散的若干个已经成片建设起来的市政公用设施和公共设施基本具备的地区；对一城多镇，包括由几个连片开发建设起来的市政公用设施和公共设施基本具备的地区组成。

2）《中国城乡建设统计年鉴》

《中国城乡建设统计年鉴》中获取的指标包括建成区面积、居住区用地面积、公共管理与公共服务设施用地面积、商业服务业设施用地面积四个指标。

建成区面积指标可获取包括城市、县城、建制镇三类，其概念与《中国统计年鉴》中定义一致，也为城区（县城）内实际已成片开发建设、市政公用设施和公共设施基本具备的区域。

居住区用地面积可分别从"全国城市人口和建设用地表"与"全国县城人口和建设用地表"中获取"居住用地面积（城市）"与"居住用地面积（县城）"两个指标。从《中国城乡建设统计年鉴》中获取的居住区用地面积指标均定义为住宅和相应服务设施的用地。

公共管理与公共服务设施用地面积可分别从"全国城市人口和建设用地表"与"全国县城人口和建设用地表"中获取"公共管理与公共服务设施用地面积（城市）"与"公共管理与公共服务设施用地面积（县城）"两个指标。从《中国城乡建设统计年鉴》中获取的公共管理与公共服务设施用地面积指标均定义为行政、文化、教育、体育、卫生等机构和设施的用地，不包括居住用地中的服务设施用地。

商业服务业设施用地面积可分别从"全国城市人口和建设用地表"与"全国县城人口和建设用地表"中获取"商业服务业设施用地面积（城市）"与"商业服务业设施用地面积（县城）"两个指标。从《中国城乡建设统计年鉴》中获取的商业服务业设施用地面积指标均定义为商业、商务、娱乐康体等设施用地，不包括居住用地中的服务设施用地。

3）《中国国土资源统计年鉴》

《中国国土资源统计年鉴》中可获取的指标包括住宅用地、公共管理与公共服务用地、商服用地指标，三类指标均可从《中国国土资源统计年鉴》中的"实际新增建设用地情况表"的"新增建设用地"指标中得到。

在《中国国土资源统计年鉴》中的住宅用地面积定义为用于人们日常生活居住的房基地及其附属设施的土地，且该指标为报告期内由农用地、未利用地变更为住宅建设用地的土地，其为年度的累计增加指标，不能直接获取得到。在《中国国土资源统计年鉴》中的公共管理与公共服务用地定义为"用于机关团体、新闻出版、科教文卫、风景名胜、公共设施等土地"，且该指标为报告期内由农用地、未利用地变更为公共管理与公共服务建设用地的土地，其为年度的累计增加指标，不能直接获取得到。在《中国国土资源统计年鉴》中的商服用地面积定义为"用于商业、服务业的土地"，且该指标为报告期内由农用地、未利用地变更为商服建设用地的土地，其为年度的累计增加指标，不能直接获取得到。

（6）建筑用水数据获取现状

民用建筑用水数据获取渠道为年鉴。其中，建材生产用水数据目前未有可用、可实现性的获取渠道；施工用水数据以《中国统计年鉴》为主要数据来源；运行用水中居住建筑用水数据和公共建筑用水数据均可直接在《中国城乡统计年鉴》中获取。民用建筑用水数据采集渠道示意图如图 2-22 所示。

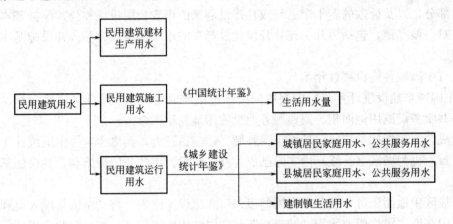

图 2-22 民用建筑用水数据采集渠道示意图

1)《中国统计年鉴》

《中国统计年鉴》中供水用水表统计了用水总量，分为农业、工业、生活、生态四类。其中生活用水包括城镇生活用水和农村生活用水。城镇生活用水由居民用水和公共用水（含第三产业及建筑业等用水）组成；农村生活用水指居民生活用水，详见图 2-23。

年份 地区	供水总量 (亿立方米)	地表水	地下水	其他	用水总量 (亿立方米)	农业	工业	生活	生态
2000	5530.7	4440.4	1069.2	21.1	5497.6	3783.5	1139.1	574.9	
2005	5633.0	4572.2	1038.8	22.0	5633.0	3580.0	1285.2	675.1	92.7
2006	5795.0	4706.7	1065.5	22.7	5795.0	3664.4	1343.8	693.8	93.0
2007	5818.7	4723.9	1069.1	25.7	5818.7	3599.5	1403.0	710.4	105.7
2008	5910.0	4796.4	1084.8	28.7	5910.0	3663.5	1397.1	729.3	120.2
2009	5965.2	4839.5	1094.5	31.2	5965.2	3723.1	1390.9	748.2	103.0
2010	6022.0	4881.6	1107.3	33.1	6022.0	3689.1	1447.3	765.8	119.8
2011	6107.2	4953.3	1109.1	44.8	6107.2	3743.6	1461.8	789.9	111.9
2012	6131.2	4952.8	1133.8	44.6	6131.2	3902.5	1380.7	739.7	108.3
2013	6183.4	5007.3	1126.2	49.9	6183.4	3921.5	1406.4	750.1	105.4

图 2-23 《中国统计年鉴》用水数据

2)《中国城市统计年鉴》

《中国城市统计年鉴》中的供水、用水及用电情况统计了售水量和居民家庭用水量，详见图 2-24。

3)《中国城乡建设统计年鉴》

《中国城乡建设统计年鉴》较为全面的反映我国城乡市政公用设施建设与发展状况。居民家庭用水、公共服务用水与目标指标中的居住建筑用水总量、公共建筑用水总量相似。

2-47　售水、用水及用电情况 Water Sale, Water Consumption and Electricity Consumption					
城　市　　City	售水量 （万吨） Water Supply (10 000 tons)	居民家庭用水量 Consumption for Residential use	全社会用电量 （万千瓦时） Annual Electricity Consumption	其中:工业用电 Electricity Consumption for Industrial	城镇居民生活用电 Household Electricity Consumption for Urban and Rural Residential
	市辖区 Districts under City	市辖区 Districts under City	全市 Total City	全市 Total City	全市 Total City
北京市　Beijing	110587	95559	10668903	3104137	1853331
天津市　Tianjin	72750	28093	8055945	5179830	766362
河北省　Hebei					
石家庄市　Shijiazhu	27679	10393	4681026	2860549	270688
唐山市　Tangshan	13158	6568	7613981	6390236	212455
秦皇岛市　Qinhuangd	8121	4251	1474571	955719	93865
邯郸市　Handan	14380	7304	3733728	2923111	169923
邢台市　Xingtai	4680	1838	2506398	1657344	126958
保定市　Baoding	11515	4532	3578052	1932992	283838
张家口市　Zhangjiak	6954	2698	1468548	899579	118051
承德市　Chengde	6303	1709	1639948	1274523	67136
沧州市　Cangzhou	3837	1937	2080607	1996220	132451
廊坊市　Langfang	5153	1848	2738800	1782600	245500
衡水市　Hengshui	4585	1953	1383440	821718	89729
山西省　Shanxi					
太原市　Taiyuan	21047	12402	3705500	1732495	282415

图 2-24　《中国城市统计年鉴》用水数据

城市供水表对生产运营用水、公共服务用水、居民家庭用水及其他用水进行统计，居民家庭用水指城市范围内所有居民家庭的日常生活用水，包括城市居民、农民家庭、公共供水站用水；公共服务用水指城区社会公共生活服务的用水。城市排水和污水处理表对市政再生水及再生水的利用量进行统计，市政再生水指城市生活污水和工业废水，经过污水处理厂净化处理，达到再生水水质标准和水量要求，并用于农业、绿地浇灌和城市杂用等方面的水量，该指标为民用建筑非传统水源的一部分。《中国城乡统计年鉴》中的相关用水指标详见图 2-25。

图 2-25　《中国城乡建设统计年鉴》用水数据

（7）环境保护数据获取现状

《中国统计年鉴》统计了工业氮氧化物排放总量、工业二氧化硫排放总量、工业烟（粉）尘排放总量，可作为测算建材生产、运输及建筑施工阶段的 NO_x、SO_2、烟（粉）

尘排放量基础数据；统计了生活氮氧化物排放量、生活二氧化硫排放量、生活烟（粉）尘排放量，可直接认定为建筑运行阶段的 NO_x、SO_2、烟（粉）尘排放量，具体获取情况见图 2-26。

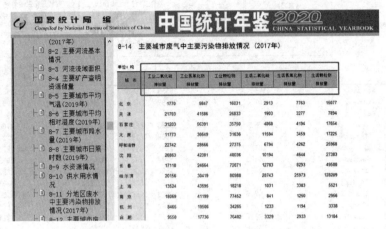

图 2-26 《中国统计年鉴》环境保护数据情况

2.1.3 数据获取现存问题

（1）数据问题

1）各渠道数据相互矛盾

现有各类统计渠道提供的建材数据存在矛盾，对比国家统计局官方网站上公布的年度水泥生产量与《中国建筑业统计年鉴》中的建筑业企业年度水泥消费量发现，其统计的消费量数据多于总的生产量。中国建材联合会调研数据显示，在国家去库存战略方针指导下，基本水泥生产量当年不会产生积压，产生消费数据比生产量还要多的情况多因各数据统计渠道间没有核对，数据统计边界差异性较大，单一来源数据质量很难满足准确获取民用建筑建材使用量数据的需要。

2）获取的数据存在时滞

现有各渠道的填报时间、统计周期不一致，致使获取的数据存在明显时滞性。如：建筑能耗（如公共机构能源资源消费统计）调查频率分为月报和年报，月报报表于次月 20 日前报送，《公共机构基本信息》于每年 1 月 20 日前报送，其余年报报表于次年 4 月 15 日前报送；建筑本体如各类面积的统计报表要求次月 10 日 12：00 前进行报送；建材数据的统计按照各公司或平台的要求每月进行统计；北方采暖区由于采暖时间不同，统计周期更是不同地区时间各异。不同的填报时间、统计周期给数据的精细化获取增加了难度。

3）获取的数据部分缺失

基于现有渠道，部分目标指标无法获取。以建筑用水为例，不同省份生活用水定额数据形式差异较大，不同标准定额对应人口数据难以界定，难以代入明确的数据进行计算，导致无法获取目标数据指标。以建筑材料能耗为例，宏观建筑生命周期建筑材料准备阶段能耗理论上可以加总单个建筑材料准备阶段能耗得到，但建材种类繁多，难以统计所有建材数据，使得建材生产能耗难以获取。此外，环境保护指标、民用建筑水泥、玻璃、陶瓷、钢铁等建材的生产能源消耗也无直接获取的、明确对应的指标，需要通过其他数据推算得到。此外，基于统计年鉴直接获取的实有建筑面积数据仅有 2001—2006 年的，数据规模较小，一方面时间尚未更新到最新年份，另一方面也很难覆盖到全国各省，以至于后续建材数据的测算、建筑能耗的测算、建筑碳排放的测算无法进行，因此有必要建立时间序列上完整连续、地域范围上全覆盖的实有建筑面积测算方法。

（2）采集渠道问题

1）各渠道指标内涵存在差异

现有"四节一环保"大数据指标的获取渠道存在来源多样但分布散乱的问题，指标内涵也不完全一致，表现在统计角度不同、统计边界不同等方面。

首先，不同渠道的数据指标的统计角度不同。如民用建筑竣工面积可从《中国统计年鉴》《中国房地产统计年鉴》《中国建筑业统计年鉴》中获取相似指标，但三者数据并不一致。《中国统计年鉴》中的全社会固定资产是从业主角度统计房屋建筑竣工面积；《中国建筑业统计年鉴》中主要按建筑业企业的划分给出企业法人对应的房屋建筑竣工面积，该年鉴以法人为单位进行统计，没有考虑到企业法人所承建房屋所在地的不同，会造成注册地竣工面积数值偏大而房屋所在地竣工面积数值偏小的情况；《中国房地产统计年鉴》对房地产开发企业的房屋建筑竣工面积进行统计，该年鉴按房屋地域给出房屋建筑竣工面积，实际统计结果往往比真实的数据偏小。

其次，现有统计指标的边界不统一，无法在同一尺度上进行推算。例如，年末实有居住建筑面积、竣工面积的统计边界不一致，在递推下一年末实有居住建筑面积时无法直接采用。《中国统计年鉴》的年末实有住宅建筑面积的城镇仅包含了县城所在的城关镇；《中国城乡建设统计年鉴》的镇年末实有住宅建筑面积仅包含了建制镇，而固定资产住宅竣工面积包含了城镇的所有，规模指标统计口径示意见图 2-27。因此在逐年递推测算的时候，需要考虑范围一致性再进行测算。

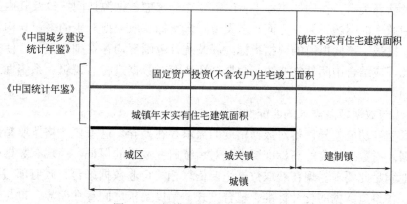

图 2-27　规模指标统计口径示意图

2）各渠道指标与目标指标内涵不统一

现有渠道提供的数据指标与"四节一环保"大规模数据目标指标间存在较大差异。其中，《中国统计年鉴》和《城乡建设统计年鉴》中的建筑业用水和建筑施工用水存在差异，建筑业用水定义范围大于民用建筑施工用水范围，与原目标指标存在较大差异；获取"建材使用量"的《中国建筑业统计年鉴》统计范围是整个建筑业企业的建材使用量，目标指标仅指民用建筑在施工建造过程中的各类建筑材料使用量，同时还要求细分到居住建筑和公共建筑；"全社会固定资产竣工面积"统计口径为全社会，而目标指标应为城镇竣工面积；获取"电力消耗量"的《中国能源统计年鉴》中按照理论热值计算，将电力消耗量折算为标煤，而《中国建筑节能发展报告》与《中国建筑节能年度发展研究报告》中按照火力发电煤耗计算，将电力消耗量折算为标煤。此外，还存在采集指标未明确指向建筑行业、未区分不同阶段等问题。

（3）采集标准问题

1）目标指标采集标准不明确

目前缺少民用建筑"四节一环保"大规模数据目标指标的采集标准，如民用建筑建材用量数据尚无根据指标内涵设立的标准化数据采集渠道、类型和方法，各类机构数据采集工作缺少标准指导，工作大量重复且数据失真情况屡有发生，急需对数据的获取渠道、获取方法和获取机制进行规范化处理，保障渠道和方法的标准化、规范化和数据的多维度动态采集。

2）各渠道采集标准不统一

不同渠道间数据采集的频次、速度、数据颗粒度大小等都不一致，这主要是由于数据采集标准不一致造成的。数据采集频次不同、速度不同，导致存在数据无法同时进行校核的情况。数据颗粒度大小不同，则数据测算时无法融合两个渠道的采集结果。由于采集标准的不一致，会产生数据种类交叉、数据分布散乱的现象，因此不能满足多源数据获取的需求。

（4）获取方法问题

1）方法的整合集成难度大

由于渠道差异，从多渠道中获取的指标数据普遍存在异构问题，阻碍了数据集成应用。一方面，获取的数据呈现"多维度大体量"的特点，在进行数据集成时不易梳理其间逻辑关系及从属关系，在构架集成平台时需要充分考虑数据源访问接口及其内部集成设计及数据取用效率的问题。另一方面，多渠道、多指标获取数据产生的多源异构性也给数据集成带来了挑战，不同渠道的数据指标内涵及统计范围等均存在细微差异，使得集成难度加大。因此，应结合中间件集成法、数据仓库法等对数据进行有逻辑、系统性地封装，以便取用。

2）方法与数据精度需求的匹配性差

数据类型和功能差异使得对数据精度的需求存在差异，这就要严格按照精度要求获取和整合数据。对数据精度的高标准要求是对后续研究成果的保证，但现有数据获取渠道并不能很好地满足此要求。现在获取数据主要依靠相关行业数据平台、政府部门报告、各类统计年鉴，各渠道数据的统计标准、整合方式、精度要求之间存在差异，也与数据精度需求不相匹配，这就使得获取数据不能最大化发挥效力。对此，依据渠道数据精度调整需求精度及后续研究方法，或者与数据统筹方沟通获取所需精度数据，都是可以考虑的解决获取方法与数据精度需求不匹配问题的方式。

综上，现有的民用建筑大规模数据获取方法仍以统计资料为主，形式相对单一，不能满足多维度、多渠道的多源数据获取需求，且效率低、成本高，更新速度慢，难以做到动态更新。应尽快建立起统一民用建筑数据获取标准体系，掌握基础统计数据，为后续分析提供支撑作用，并形成统一的数据采集方法。

2.2　大规模数据获取方法分析

基于数据获取现状及现存获取障碍分析，本节进一步探索各数据指标的获取方法。首先明确各数据指标统计的地域边界和时间边界，并从传统获取方法的改进、基于数学建模的数据获取方法及基于新技术的创新方法三方面分析数据获取方法，在完善现有数据获取渠道的基础上，为各指标数据提供更多的校验渠道，提高数据获取的科学性和准确性。

2.2.1　数据获取框架

（1）研究边界

1）地域边界

本报告中的城镇，是指城市、县城和建制镇建成区以及这些地区的公共设施、居住设施和市政公用设施等能够连接到的区域。

城市包括市本级街道办事处所辖地域；城市公共设施、居住设施和市政公用设施等连接到的其他镇（乡）地域；常住人口在 3000 人以上独立的工矿区、开发区、科研单位、大专院校等特殊区域。

县城包括县政府驻地的镇、乡或街道办事处地域；县城公共设施、居住设施和市政公用设施等连接到的其他镇（乡）地域；县域内常住人口在 3000 人以上独立的工矿区、开发区、科研单位、大专院校等特殊区域。

建制镇建成区包括镇所辖的居民委员会地域；镇的公共设施、居住设施和市政公用设施等连接到的其他地域。

农村概念界定：农村是指除城市、县城和镇建成区以外的区域，主要包括乡村、农场以及村庄。

2）时间边界

由于测算各项数据指标的数据源时间边界不一，不能严格界定统一的时间边界，需要依据各项数据指标的可获得性划定适用的时间边界。以建筑规模指标为例，由于房屋建筑面积统计范围在 2001 年后从原来的设市城市扩展到设市城市和县城，为避免建筑面积统计范围不一致问题，以 2001 年作为本研究的时间起点更为合适，界定其时间边界确定为 2001—2019 年。其他数据指标的时间边界见图 2-28。

（2）总体测算思路

以获取民用建筑"四节一环保"大规模数据进而助力民用建筑领域实现碳达峰、碳中和为目标构建了总体测算思路框架，基于数据采集、数据存储、处理分析、发布更新、展示共享流程实现了数据的多源动态采集、稳定高效获取、持续精准保障，列明了建筑用能、建筑规模、建筑用材、建筑用水、建筑用地、环境保护、基础信息七项数据指标的分项指标、测算方法以及其间取用关系。具体来说，基础信息为其他数据指标的测算提供了依据；建筑规模数据为建筑用能中建筑运行能耗、建筑用材中建材生产量两个数据指标的测算提供了依据；建筑用材数据为建筑用能中建材生产能耗、建筑用水的测算提供了依据；建筑用能数据为环境保护中建筑碳排放总量的测算提供了依据。各项数据指标相互支

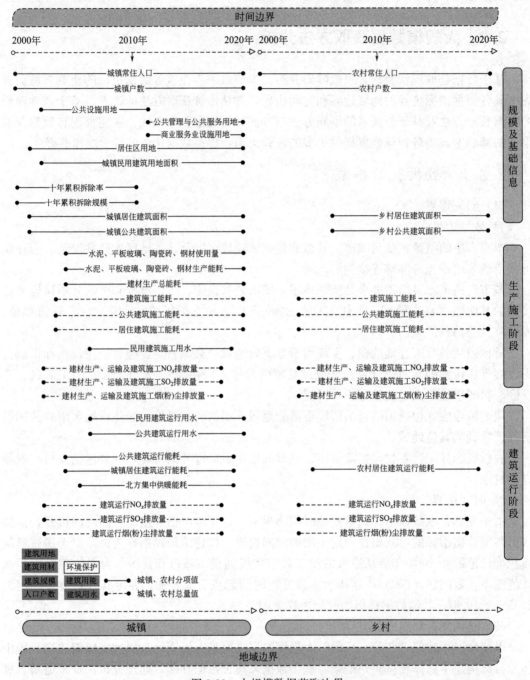

图 2-28　大规模数据获取边界

撑又各自独立，基于年鉴获取法、产值估算法、逐年递推法、投入产出法等测算、获取得到民用建筑"四节一环保"大规模数据，为实现民用建筑领域碳达峰、碳中和目标奠定了数据基础。

　　民用建筑"四节一环保"指标总体测算方法及思路如图 2-29 所示。

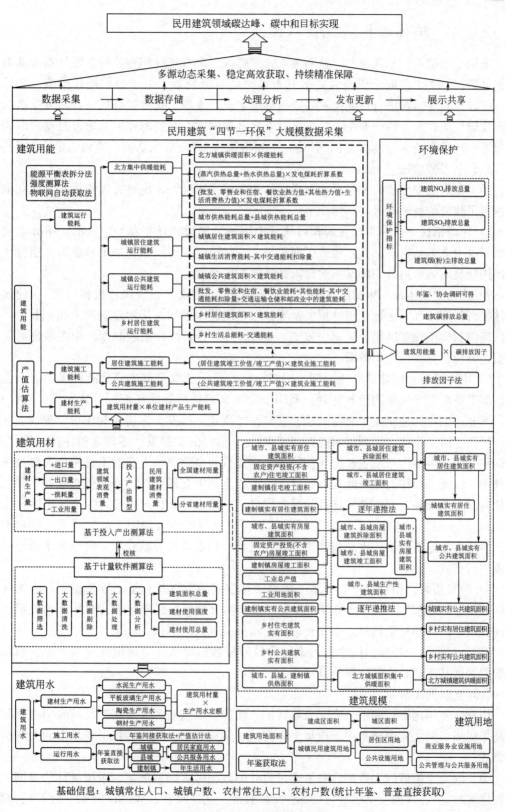

图 2-29　总体测算思路示意图

2.2.2 统计数据传统获取方法

采用手工爬取、互联网爬取这两种方式"爬取"现有统计年鉴、行业统计报表获取传统统计数据。手工爬取主要是通过研究人员对已有纸质版、电子版的统计年鉴、统计公报、统计报表等资料进行研究，对各项指标的定义、来源、精度进行统一，对数据进行系统有逻辑性地封装，便于取用，最后汇总至已有数据库；互联网爬取是通过自动提取网页的程序，从一个或多个网页 URL 开始，不断将新的 URL 放入队列，直到满足停止条件。

（1）手工爬取法

手工爬取法中除研究人员对数据指标的初步筛选明确外，也对各项指标的具体获取路径进行了相应的融合改进，具体如下：

1）用地指标。指标 1 城区面积可从《中国城乡建设统计年鉴》中获取，指标 2 建成区面积可由 2.1 城市（县城）建成区面积与 2.2 村镇建成区面积相加汇总获取，指标 3 城镇民用建筑用地可由《中国城乡建设统计年鉴》中获取。

2）建筑规模指标。以指标 3 竣工面积为例，《固定资产投资统计报表制度》《建筑业统计报表制度》和《房地产统计报表制度》三个统计渠道均有房屋建筑竣工面积数据，但统计范围和口径存在区别。经研究发现，《固定资产投资统计报表制度》中得数据可以较全面地分析计算竣工面积数据。

3）用能指标。以建筑能耗为例，用能指标数据的获取渠道主要为能源平衡表，但我国的能源平衡表并未单列建筑能耗。我国能源平衡表将终端能耗部门分成七类：农、林、牧、渔业；工业；建筑业；交通运输、仓储和邮政业；批发、零售业和住宿、餐饮业；其他；居民生活。依据《中国建筑能耗研究报告》等可知，"批发、零售业和住宿、餐饮业""其他""居民生活"三项主要为建筑能耗，相关行业企业或私人交通工具用能有也被统计到其中。以此三项作为建筑能耗基础量，还需扣除其中交通能耗，修正供暖能耗，并加上其他部门建筑能耗。即在爬取能耗的基础信息后，通过计算拆分出最终的建筑能耗。

4）用水指标。指标 1 建筑运行用水总量可根据年鉴中人均用水量与城镇人口初步估算。但指标 2 建筑施工用水总量和指标 3 建材生产用水量还较难获取，需结合本研究后续手段进行获取。

5）用材指标。用材指标数据基于年鉴中爬取到的数据从总量上推算得到，因为《中国统计年鉴》《建筑材料工业年鉴》仅统计了全国分地区的建筑企业建材年度消耗量，无指向民用建筑的建材消耗量。手工爬取用材指标数据效果不佳。

6）环保指标。环保指标中的污染物排放部分数据可从《中国统计年鉴》中获取，碳排放数据则基于建筑能耗数据推算得到。

（2）互联网爬取

用户在使用网络过程中会产生大量数据，如何获取这些"大数据"及其有用信息是一种技术挑战。网络爬虫技术用于搜集多种网站、网页数据，是一种特定场景下的大数据采集方式。

为获取特定领域的大数据，除了通过公开的数据库（国家数据、中国统计信息网、政务数据网站等）、数据交易平台（EPSS 数据平台、优易数据、WIND 数据平台等）、网络指数等数据搜集库，还可以使用具有特定的、高度自主性、个性化的网络爬虫（Web

Crawler）技术收集数据。如可基于百度迁徙、腾讯位置服务等 LBS 数据获取特定范围内人口移动定位大数据挖掘；以线上房屋买卖和租赁平台、大型楼盘交易平台（房天下、赶集网、58 同城等）线上网站搜集和使用的房屋信息，获取其如行政区域、小区名称、物业类型、均价、占地面积、建筑面积、容积率、总户数、建筑年份等建筑物基本信息的大数据。

2.2.3　基于数学建模的获取方法

建模分析是基于宏观数据的推算方法。通过前期实地及文献调研，获取已有的宏观数据，通过建立理论推算公式，获取更为精确的、符合指标定义的指标数据。

（1）建筑规模指标

2006 年建设部修订了《城市建设统计报表制度》，调整了民用建筑实有面积范围、口径及部分指标计算方法，故需要通过理论推算获取城镇实有建筑面积。

1）城镇居住建筑面积

① 人均法

基于人均法计算建筑面积，依据数据获取渠道可分为两种，一个是基于《中国统计年鉴》中的人均建筑面积计算，另一个是基于人口普查数据中的人均建筑面积计算。

基于中国统计年鉴数据的计算公式为：

$$城镇居住建筑面积＝城镇人均居住建筑面积×城镇人口数量$$

此人均法计算出的住宅面积与城镇实有居住建筑面积两者数据相差较大，主要由于城镇人均居住面积数据来源于住户调查，城镇住户调查更新周期为 3 年，在样本户选择的时候会排除集体户，同时避开流动性较大的租房住户，这两个群体人均居住面积往往小于自有住房群体，由此导致根据人均指标计算得到的住宅建筑面积大大高于实有住宅建筑面积，所以基于《中国统计年鉴》数据的人均法计算的城镇实有居住建筑面积不准确，故不推荐使用此方法。

基于人口普查数据的计算公式为：

$$城镇居住建筑面积＝\begin{array}{l}城市人均住房建筑面积×城市家庭户人数\\ ＋镇人均住房建筑面积×镇家庭户人数\end{array}$$

此方法计算出的城镇居住建筑面积与后续的逐年递推法计算所得数据结果相差很小，以 2010 年数据为例，两者仅相差 1.2%，所以此方法能够用来进行数据的校核。

② 逐年递推法

城镇居住建筑面积＝上年末城镇居住建筑面积＋本年住宅竣工面积－本年住宅拆除面积

推荐采用此方法计算得到更准确的城镇居住建筑面积。

2）城镇公共建筑面积

城镇公共建筑面积数据无法直接获取，本研究采用倒推法计算，公式如下：

城镇实有公共建筑面积＝城镇年末实有房屋面积－城镇年末实有住宅面积－城镇生产性建筑面积

其中城镇年末实有房屋及实有住宅面积采用逐年递推法计算得到。故此方法的关键点在于城镇生产性建筑面积的确定。

① 生产性建筑面积计算方法

生产性建筑面积＝工业用地面积×调整后容积率

工业用地面积可从《中国城乡建设统计年鉴》获得，容积率没有直接获取途径，需要估算。本研究假设各省工业总产值与工业用地面积的比值与各省的工业建筑初始容积率数值存在一致性的关系。

其中工业总产值的数据主要通过《中国统计年鉴》及拟合的方法进行获取。2001—2011 年的数据从《中国统计年鉴》表 13-4 直接得到，后续数据由拟合得到。通过绘制 2001—2011 年的 31 个省份的工业总产值数据散点图并，结合专家建议，发现各省份工业总产值（y）与 GDP、CPI、PMI 等指数有较强的相关性，因此通过 python 软件对各省份数据进行线性回归拟合。拟合后发现 R^2 值均在 0.95 以上，远大于 0.8，说明模型拟合优度良好；各系数的 F 检验中，P 值均在 1e-7 的量级，远小于 0.05，说明模型整体表现显著，结合这两个统计量可以说明该模型能很好地拟合 31 个省份过去 11 年的工业总产值数据。最后，通过拟合好的参数以及相关指数数据，预测得到 31 个省份 2012—2019 年的工业总产值数据。

根据本研究假设：各省工业总产值与工业用地面积的比值与各省的工业建筑初始容积率数值存在一致性的关系，因此以各省工业总产值与工业用地面积的比值作为工业建筑初始容积率，但根据《全国土地利用总体规划纲要（2006—2020 年）》的研究结果：工业用地项目容积率为 0.3～0.6，故采用等比例折算法对该比值进行调整，得到调整后容积率，如图 2-30 所示。

图 2-30　容积率折算示意图

② 生产性建筑面积计算方法检验

为了验证该方法的科学性，考虑采用实际可获得的数据与计算数据对比分析。由于《上海市统计年鉴》中有上海市实有公共建筑面积及非居住建筑面积的直接统计数据，因此采用上海市数据对上述生产性建筑面积的计算方法进行检验，生产性建筑面积占非居住建筑面积的比例如图 2-31 所示，两方法得出的比例均在 50%～60%。

根据本研究与上海市的直接统计数据对比发现，两者误差逐渐变小，说明此方法计算出的生产性建筑面积能够反映真实情况，比较具有科学性，所以此方法可以推广到全国，计算其生产性建筑面积。

3）建筑占地面积

规划卫星遥感监测数据填报系统。可通过规划卫星遥感监测数据填报系统监测区域规划调整面积，利用 GIS 等新型数字技术实时统计本区域内公共建筑、居住建筑的建筑面积变动情况。但该系统为内部系统，不便于直接访问，且该数据可能为用地面积，应考虑不同建筑类型的容积率转化为建筑面积。

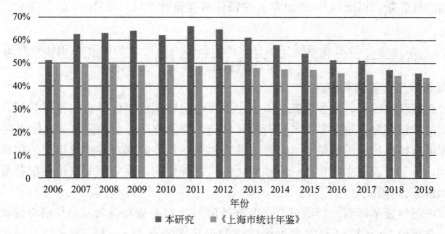

图 2-31　本研究与上海市公共建筑面积统计数据对比

土地调查成果共享应用平台。该平台数据主要源于第二次全国土地调查和年度全国土地变更调查，采用现行国家标准《土地利用现状分类》GB/T 21010—2017，并对《土地利用现状分类》GB/T 21010—2007 中 05、06、07、08、09 一级类和 103、121 二级类进行了归并，没有区分公共建筑与居住建筑。基于该平台可计算得出区划调整的城市、建制镇、村庄数据，数据颗粒度可精确到省级。

中央和地方自然资源主管部门的规划调整方案。可基于各地规划调整方案得到调整增加、减少的面积，例如北京市规划和自然资源委员会制定的北京市所辖区县的规划土地计划中含有这个区的土地性质变化的数字，如城市、建制镇、村庄的调整数量，但仍没有划分公共建筑与居住建筑。

4）拆除率

现阶段尚无官方统计的房屋拆除量数据，拆除率需要通过直接或间接的方法计算得到。

① 直接计算法

从《中国统计年鉴》中获取城镇住房的年末实有建筑面积和当年住房减少面积。年末住房实有建筑面积统计了每年年末城镇范围内的住房建筑面积；当年住房减少面积统计了每年因拆除、自然倒塌和各种灾害等原因实际减少的住房建筑面积。年末住房实有建筑面积可直接作为下一年年初的住房存量面积进行计算，即：

$$年拆除率 = \frac{当年住房减少面积}{上年末住房实有建筑面积}$$

基于以上方法，黄禹[19] 计算得出了全国及各省的拆除率，2002—2013 年城镇住房的平均拆除率为 0.89%。

② 间接计算法

采用第五次、第六次全国人口普查数据计算拆除率，其结果可与直接计算法的结果相互校核。

分别于 2000 年、2010 年进行的两次人口普查调查统计了城镇居民的住房状况，公布了居民住房按建成年代分布的存量数据。将同一建成年代的住房差值理解为 2000—2010

年间住房的拆除量，以此计算 2000 年的城镇住房存量在 2000—2010 年的拆除率。具体公式为：

$$10 \text{ 年拆除率} = \frac{2000 \text{ 年城镇住房存量} + \text{农村移入住房} - 2010 \text{ 年城镇住房存量}}{2000 \text{ 年城镇住房存量} + \text{农村移入住房}}$$

a. 城镇住房存量测算原理

此处直接获取的为普查数据长表数据中居民住房按建成年代分布的存量数据，要获取全部数据的城镇住房存量主要需要进行抽样比例、空置率两方面的调整，具体原理如下。

首先进行抽样比例的调整。人口普查的资料中，长表数据对各建成年代的住房状况进行了统计，由于长表数据是按照一定抽样比例进行统计的，故全部的城镇住房存量需要结合抽样比例进行计算。

其次进行空置率调整。刘洪玉[20] 基于 2010 年人口普查数据对城镇住房存量状况进行了分析，推算出 2000 年和 2010 年城镇住房的空置率分别为 4% 和 5%，且当年新建成的住房的空置率为 70%。本研究基于此空置率对城镇住房存量进行调整。

b. 农村移入住房量测算原理

伴随城镇化的发展，城镇范围不断扩大，导致第五次和第六次普查所对应的城镇范围并不一致。部分住房在 2000 年普查时处于农村范围，不在城镇住房的统计范围之内，而在 2010 年普查时处于城镇范围，在城镇住房的统计范围之内。本研究将这一类住房定义为"农村移入住房"。在计算农村移入住房量之前，首先进行农村移入人口数量的计算。

c. 农村移入人口量测算原理

2000 年的农村常住户籍人口在自然增长的条件下会达到一个 2010 年的预期值，预期值和 2010 年农村常住户籍人口的实际值并不相同。本研究认为这项差值包括了新增的迁出人口和新增的农村户籍转为城镇户籍的人口。农村户籍转为城镇户籍的人口即为农村移入（城镇）人口量。如图 2-32 所示。

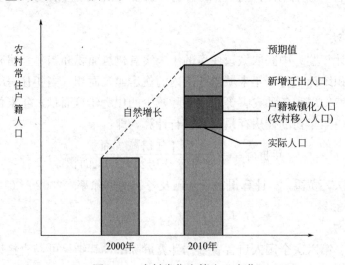

图 2-32 农村常住户籍人口变化

因此农村移入人口数计算公式如下：

农村移入人口数＝2010 年农村常住户籍人口预期值[①]－实际人口[②]－新增迁出人口

上述公式关键点在于新增迁出人口的计算。本研究将居住在省外或省内其他地方的人口视为迁出人口，则有 2000—2010 年的新增迁出人口数的计算原理如图 2-33 所示。

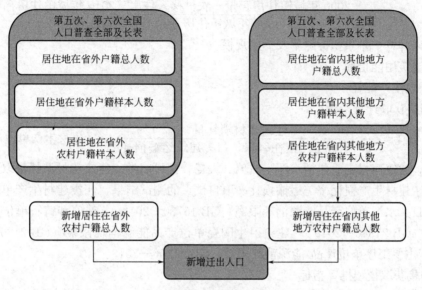

图 2-33　新增迁出人口计算原理

d. 农村移入住房量测算

根据上述农村移入人口数计算农村移入住房量。计算原理如图 2-34 所示，计算公式如下：

$$农村移入人口数／农村平均户均人数[③]＝农村移入户数$$
$$农村移入户数×农村户均面积[④]＝农村移入住房量$$

图 2-34　农村移入住房量计算原理

到此计算出全国及各省份的 2000—2010 年十年间的农村移入住房量。由于计算拆除率时，房屋建成年代的组别范围需要达到统一（即第六次全国人口普查数据的组别比第五次全国人口普查数据多出"2000 年以后"的组别），因此需将计算出的农村移入住房总量按照房屋的建成年代进行分配。

e. 农村移入量按房屋建成年代拆分原理

由于没有关于农村移入住房的任何调查数据，也无法查证农村住房的分布，所以拆分时在时间维度上，农村移入住房服从第五次和第六次全国人口普查相关数据的平均分布，

---

① 2010 年农村常住户籍人口预期值＝2000 年农村常住户籍人口×10 年人口累积自然增长率。

② 2010 年农村常住户籍人口实际值来源于第六次全国人口普查全部数据表 1-2c。

③ 从第五次全国人口普查、第六次全国人口普查全部数据表 1-1c 中得到乡村平均家庭户规模，取平均得到。

④ 从第六次全国人口普查长表数据表 9-2c 中获取 2010 年农村户均面积数据。

因此将总的农村移入住房量按该平均比例对其按住房建成年代进行分配。

f. 拆除率与拆除规模计算

根据计算得到的城镇住房存量及农村移入住房量及公式：

$$10\text{年拆除率}=\frac{2000\text{年城镇住房存量}+\text{农村移入住房}-2010\text{年城镇住房存量}}{2000\text{年城镇住房存量}+\text{农村移入住房}}$$

则可以计算十年累积拆除率及拆除规模。

（2）建筑用能指标

1）建材生产能耗

① 间接获取计算指标

$$\text{建材生产能耗}=\frac{\text{建筑建材消耗量}}{(1-\text{建材生产损耗率})\times(1-\text{建筑运输损耗率})}\times\text{建材生产单位产品能耗}$$

其中，建筑建材主要包括水泥、玻璃、陶瓷、钢材四类。建筑建材消耗量取自本节的用材指标，建材生产损耗率与运输损耗率取自试点的测试结果，四类建材生产单位产品能耗分别来自《水泥单位产品能源消耗限额》GB 16780—2012、《玻璃和铸石单位产品能源消耗限额》GB 21340—2019、《建筑卫生陶瓷单位产品能源消耗限额》GB 21252—2013、《粗钢生产主要工序单位产品 能源消耗限额》GB 21256—2013。

② 间接获取模型推算指标

$$\text{建材生产能耗}=\text{单位面积建筑建材消耗强度}\times\text{实有建筑面积}$$

其中，单位面积建筑建材消耗强度来自施工企业内部调研，实有建筑面积取自本文建筑规模指标。

2）建材运输能耗

间接采集校核指标

$$\text{建材运输能耗}=\frac{\text{建材使用量}\times\text{建材从生产地到施工现场的运输距离}}{\times\text{不同运输方式运载单位建材单位距离能耗}}$$

其中，建筑建材主要包括水泥、玻璃、陶瓷、钢材四类。建材使用量取自本节的用材指标，建材运输距离来自专家建议数值，不同运输方式运载单位建材单位距离能耗主要通过文献获取。

3）建材施工能耗

① 间接获取抽样测试指标

该方法主要通过在施工企业进行内部调研获得建筑施工能耗指标。

② 间接获取模型推算指标

该方法主要通过投入产出分析，将中国投入产出协会发布的中国投入产出表中"房屋建筑建造"部分拆分出来，见图 2-35，得到建筑业的能源总量。

4）建筑运行能耗

① 建筑运行能耗（不含北方供暖）

基于能耗强度的建筑能耗计算方法。以建筑能耗特点作为建筑分类依据，调查得到各类建筑的能耗强度，结合各类建筑面积的统计数据，计算得到总建筑能耗。

基于终端能耗模型的计算方法。首先，按照功能及用途将建筑分为城镇居住建筑、办公建筑、商场超市、酒店、医院、农村居住建筑等；将各类建筑终端能耗分为供暖、空

基本流量表
Basic Matrix

(按当年生产者价格计算)　(Data are calculated at producers' p
单位: 万元

产出 投入	代码	建筑	批发和零售	交通运输、仓储和邮政	住宿和餐饮
代码	-	28	29	30	31
电力、热力的生产和供应	25	17964131	7668030	6285517	1864471
燃气生产和供应	26	10533	14108	6790547	708928
水的生产和供应	27	1005964	147654	204296	426702
建筑	28	37351141	1861199	4876174	914448
批发和零售	29	27229552	20307047	13165198	14130378
交通运输、仓储和邮政	30	43498087	24717848	88028965	4489450
住宿和餐饮	31	6667814	3895913	8382138	419398
信息传输、软件和信息技术服务	32	15555564	2238753	5762116	971345
金融	33	38561060	28354633	51499557	3235776
房地产	34	107551	33159670	2240988	2342784
租赁和商务服务	35	9373159	64298446	7819509	2416046

图 2-35　基本流量表

调、照明、家用电器、热水、炊事等。其次，计算各类建筑终端能耗，得到不同类型建筑面积、终端用能的能耗强度、不同终端设备比例、不同终端设备的能耗等。最后，自下而上汇总得到建筑总能耗。

可借鉴清华大学建筑节能研究中心于 2010 开发的中国建筑能耗模型（China Building Energy Model，CBEM）。该模型以年为尺度，以省级行政单位作为基本对象，根据各类建筑能耗特点，对建筑进行分类、分级统计。模型分为建筑和使用者数量模块、北方城镇供暖用能、城镇居住建筑用能（不包括北方供暖）、公共建筑用能（不包括北方供暖）、农村居住建筑用能 5 个计算模块。

基于能源平衡表的建筑能耗拆分计算方法。我国能源平衡表中终端能耗部门被分成 7 类，详见表 2-7。

我国能源平衡表各终端能耗部门的能源消费数据含义　　　　　　　　　　　表 2-7

能耗部门	能源消费数据含义
1. 农、林、牧、渔业	主要为第一产业的生产能耗，不包含建筑能耗，但包含该行业的交通工具能耗
2. 工业	主要为第二产业的生产能耗，但包含工业企业中未独立核算的建筑能耗，如生产区的办公楼、职工宿舍等
3. 建筑业	主要为建筑施工生产能耗，但同样包含未独立核算的建筑能耗，以及该部门的交通运输能耗
4. 交通运输、仓储和邮政业	主要为交通运输、仓储和邮政业的企业能耗，其中也包含建筑能耗，如火车站、汽车站、机场航站楼、邮政局能源消费
5. 批发、零售业和住宿、餐饮业	主要为第三产业的建筑能耗，但其中包含了该行业的交通工具能耗
6. 其他	除"4"和"5"以外的第三产业，包括：信息传输、软件和信息技术服务业，金融业，房地产业，教科文卫体，公共管理等，该部门能源消费主要为建筑能耗，但包含了交通工具能耗
7. 居民生活消费	分为城镇和农村生活能耗，主要为建筑能耗，但其中包含了私人的交通工具能耗

提出如下建筑能耗计算公式：

建筑能耗＝建筑能耗基础量＋供暖能耗修正量＋其他部门建筑能耗－交通能耗扣除量

交通能耗扣除量参照王庆一[21]的方法测算：工业（包括建筑业）、商业和公共服务业消费的95％的汽油、35％的柴油用于交通运输，居民生活和农业消费的全部汽油、居民生活消费的95％的柴油用于交通运输。

鉴于建筑能耗基础量中热力消费明显低于建筑集中供暖能耗，建筑供暖能耗修正方法如下：

民用建筑集中供暖能耗修正量＝北方城镇集中供暖能耗×住宅集中供热面积/集中供热总面积－城镇生活能源消费中热力消费

其中，北方城镇集中供热能耗依据《中国统计年鉴》中的"分地区城市集中供热情况"计算得到；建筑能耗基础量中热力消费为"批发、零售业和住宿、餐饮业""居民生活""其他"三项；供热总量及供热面积信息选自《中国城乡建设统计年鉴》。

交通运输、仓储和邮政业中建筑能耗处理方法为：

交通运输、仓储和邮政业中建筑能耗＝交通运输、仓储和邮政业的煤耗＋交通运输、仓储和邮政业建筑用电

其中：

交通运输、仓储和邮政业建筑用电＝交通运输、仓储和邮政业用电总量－交通工具用电

交通工具用电＝电气化铁路用电＋管道运输用电＋城市公共交通用电。

工业和建筑业企业有些部门非生产能源消费未独立核算且难以测算。从总体上估算，这部分能耗不低于交通运输、仓储和邮政业中的建筑能耗。本研究假定工业和建筑业中的建筑能耗与交通运输、仓储和邮政业中的建筑能耗相当，据此估算工业和建筑业中的建筑能耗。

"标准煤"折算。化石能源折算系数具体数据如表2-8所示。

各类能源折标煤系数　　　　　　　　　　　　　　　　　表2-8

能源名称	折标煤系数	单位
原煤	0.7143	千克标准煤/千克
洗精煤	0.9000	千克标准煤/千克
其他洗煤	0.5714	千克标准煤/千克
型煤	0.6072	千克标准煤/千克
焦煤	0.9714	千克标准煤/千克
焦炉煤气	0.5714	千克标准煤/立方米
其他煤气	0.1786	千克标准煤/立方米
煤油	1.4714	千克标准煤/千克
柴油	1.4571	千克标准煤/千克
燃料油	1.4286	千克标准煤/千克

能源名称	折标煤系数	单位
润滑油	1.4143	千克标准煤/千克
液化石油气	1.7143	千克标准煤/千克
其他石油制品	1.3300	千克标准煤/千克
天然气	1.3100	千克标准煤/立方米
热力	0.03412	千克标准煤/百万焦耳

注：数据来源《中国能源统计年鉴（2019）》

电力折算采用发电煤耗法，所用电力折标煤系数为 0.3041，由中国能源平衡表反推得到，计算公式为：

发电煤耗法下的电力折标煤系数 ＝ ［（中国能源平衡表中发电煤耗法下终端能源消费总量－热当量法下终端能源消费总量）＋热当量法下电力终端消费折标煤量］/（热当量法下电力终端能源消费折标煤量/0.1229）

② 建筑运行能耗指标（北方供暖）

供暖能耗数据采用如下计算方式：

当日热耗 ＝ 当日累计耗热量－前日累计耗热量；

当日单位热耗 ＝ 当日热耗/面积；

累计单位热耗 ＝ 累计耗热量/面积；

平均单位热耗 ＝ 当日累计耗热量/供暖天数/面积；

估计热耗 ＝ 当日单位热耗×120 天；

累计蒸汽热量（GJ）＝ 累计蒸汽量（t）×蒸汽焓值（kJ/kg）/1000；

蒸汽焓值根据蒸汽温度和蒸汽压力由《水和水蒸气热力性质图表》查得，焓值约为 2778.4KJ/kg；

当日蒸汽量 ＝ 当日累计蒸汽量－前日累计蒸汽量；

当日蒸汽热耗（GJ）＝ 当日蒸汽量（t）×蒸汽焓值（kJ/kg）/1000；

当日耗煤量 ＝ 当日累计耗煤量－前日累计耗煤量；

当日单位煤耗 ＝ 当日耗煤量/面积；

累计单位煤耗 ＝ 累计单位耗煤量/面积；

平均单位煤耗 ＝ 当日累计耗煤量/供暖天数/面积；

估计煤耗 ＝ 当日单位煤耗×120 天。

杜涛、黄珂等学者[22] 认为北方城镇居住建筑供暖能耗计算方式如下：

$$q_n = \frac{Q}{F}$$

式中；q_n 为年单位建筑面积耗热量，kWh/（m^2·a）；Q 为住宅楼每年供暖期耗热量，kWh/a；F 为住宅楼建筑面积，m^2。国家节能标准中对不同层高的居住建筑给出了耗热量指标限值，是指在供暖期室外平均计算温度条件下，为保持室内设计温度，单位建筑面积在单位时间内消耗的需由室内供暖设备供给的热量。

节能标准要求的耗热量指标限值换算为年单位建筑面积耗热量限值：

$$q_n' = \frac{24 q' n}{1000}$$

式中，q_n' 为年单位建筑面积耗热量限值，kWh/（m² · a）；24 为每天供暖时间，h/d；q' 为节能标准规定的耗热量指标限值，W/m²；n 为计算供暖期天数。

《严寒和寒冷地区居住建筑节能设计标准》JGJ 26—2018 提供的指标折算公式：

$$q_c = (q_s + q_{is}) \times \frac{\Delta t_c}{\Delta t_s} - q_{ic}$$

式中，q_c 为折算条件下供暖能耗指标，W/m²；q_s 为实际条件下供暖能耗指标，W/m²；q_{is} 为实际条件下室内得热量指标，W/m²；Δt_c 为折算条件下室内外温差，℃；Δt_s 为实际条件下室内外温差，℃；q_{ic} 为折算条件下室内得热量指标，W/m²。

那威，张宇璇等学者[23] 对北方城镇民用建筑集中供热能耗宏观数据统计方法进行了改进。

我国按经济产业类型统计供热能耗，没有单独统计建筑业能耗，即无官方的供热能耗统计数据。故基于《中国统计年鉴》"城市、农村和区域发展"章节中的"分地区城市集中供热"情况表，计算北方城镇集中供热的供热能耗和强度数据。计算建筑供热能耗采用发电煤耗法的折算系数。

蒸汽供热总量和热水供热总量主要为建筑供热能耗，以此两项作为建筑能耗基础量，提出如下北方城镇集中供热能耗总量计算公式：

$$E_{gz} = (E_{zq} + E_{rs}) \times \delta$$

式中，E_{gz} 为北方城镇集中供热能耗总量，10^3 tce；E_{zq} 为蒸汽供热总量 10^6 J；E_{jt} 为热水供热总量，10^6 J；δ 为发电煤耗折算系数。

北方城镇单位面积供热能耗计算公式如下：

$$E_q = \frac{E_{gz}}{S}$$

式中，E_q 为北方城镇集中供热能耗强度；E_{gz} 为北方城镇集中供热能耗总量；S 为北方城镇集中供热面积。

（3）建筑用水指标

1）建材用水

基于定额的计算法

通过各个省份的用水定额文件获取水泥、玻璃、陶瓷和钢材的生产用水定额，并结合四种建材的使用量数据进行计算，即以水泥、玻璃、陶瓷、钢材的生产用水定额为实际采取指标，通过间接计算得到目标指标。

其中：

水泥（玻璃、陶瓷、钢材）生产用水总量＝水泥（玻璃、陶瓷、钢材）生产用水定额×水泥（玻璃、陶瓷、钢材）使用量

最终得：

建材生产用水总量＝水泥生产用水总量＋玻璃生产用水总量＋陶瓷生产用水总量＋钢材生产用水总量

2）运行用水

① 基于年鉴数据的直接获取法

建筑运行用水总量包括居住建筑运行用水总量和公共建筑运行用水总量，即建筑运行用水总量＝居住建筑运行用水总量＋公共建筑运行用水总量。

居住建筑运行用水总量可通过统计年鉴直接获取目标指标，以城市、县城、建制镇居民家庭用水为实际采取指标，得居住建筑运行用水总量＝城市居民家庭用水＋县城居民家庭用水＋建制镇居民家庭用水。

同理，公共建筑运行用水总量以城市、县城、建制镇公共服务用水为实际采集指标，即公共建筑运行用水总量＝城市公共服务用水＋县城公共服务用水＋建制镇公共服务用水。

其中，城镇、县城用水数据可由《中国城乡建设统计年鉴》中的城镇、县城居民家庭用水和公共服务用水两个统计指标直接获取。建制镇居民家庭用水及公共服务用水指标数据无法获取，用建制镇民用建筑面积与公共建筑面积比例近似表示建制镇居民家庭用水与公共服务用水比例，通过面积估算法得出建制镇年生活用水中居民家庭用水数据。同理，可得出建制镇年生活用水量中公共服务用水部分。

② 基于定额的计算法

基于定额的计算方法主要用于居住建筑运行用水的计算。计算思路为：以各省份的生活用水定额为实际采取指标，得居住建筑运行用水总量＝城镇生活用水定额×城镇常住人口。

3）施工用水

① 基于年鉴数据的推算法

施工用水与《中国统计年鉴》中生活用水指标和《中国城乡建设统计年鉴》居民家庭生活用水、公共服务用水等指标相关。在《中国统计年鉴》中生活用水的指标释义为"包括城镇生活用水和农村生活用水，城镇生活用水由居民用水和公共用水（含第三产业及建筑业等用水）组成；农村生活用水指居民生活用水"。在《中国城乡建设统计年鉴》中可直接获取城镇和农村的生活用水数据以及公共服务用水数据，但公共服务用水数据的指标释义中不包括建筑业用水。《中国统计年鉴》与《中国城乡建设统计年鉴》生活用水对比示意如图 2-36 所示。根据指标释义的不同，得：

$$建筑业用水总量＝S－CJ－CG－N$$

式中，S 为《中国统计年鉴》中生活用水量；CJ 为《中国城乡建设统计年鉴》中城镇、县城居民家庭用水；CG 为《中国城乡建设统计年鉴》中城镇、县城公共服务用水；N 为《中国城乡建设统计年鉴》中建制镇生活用水。

② 专项数据调查法

基于专项数据调查主要用于施工用水数据的获取。本方法需要进行实际调研，因此在此处只列出方法思路。选取有效的施工单位与项目进行调查，利用建筑施工用水定额，通过计算获得单位面积的施工用水量，再结合年末的竣工面积数据进行计算得到施工用水总量。以单位面积用水量为实际采集指标，采用抽样调查的方法并计算得到目标指标，即：

$$施工用水总量＝单位面积施工用水量×年末竣工面积$$

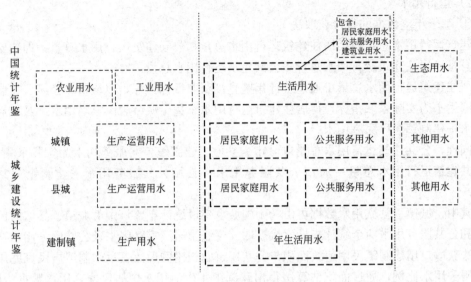

图2-36 《中国统计年鉴》与《中国城乡建设统计年鉴》生活用水对比示意图

（4）建筑用材指标

获取民用建筑材料使用量数据的方法有基于统计年鉴的理论推算方法、基于定额的理论推算方法、基于材料使用强度的理论推算方法三种。

1）基于统计年鉴的理论推算

《中国建筑业统计年鉴》统计的是有资质的建筑业企业建筑材料消耗量，未区分建筑类型。基于统计年鉴的推算公式如下：

民用建筑材料使用量＝民用建筑本年竣工面积/本年所有竣工面积×建筑材料消耗量

式中，民用建筑竣工面积从建筑规模指标中得出。

2）基于定额的理论推算

民用建筑材料使用量还取决于民用建筑的竣工面积、单位面积建筑材料使用量。但是材料消耗定额包含于概算定额、预算定额和施工定额中，没有单独编出。采用材料概算定额中平方米定额指数的推算公式为：

$$民用建筑材料使用量 = \sum_{i=1}^{n} 各省本年民用建筑竣工面积 \times 各省建材平方米定额$$

3）基于材料消耗强度的理论推算

民用建筑材料使用量数据还与建筑材料的使用强度和建筑竣工面积有关。通过这两种指标还可以建立起第三种民用建筑材料使用量的推算方法：

$$民用建筑某类材料使用总量 = \sum_{i=1}^{n} i 类建筑该材料使用强度 \times i 类建筑本年竣工面积$$

式中，$i=1$ 表示居住建筑；$i=2$ 表示公共建筑。《工程材料用量计算规则》给出了通过面积计算材料用量的计算方法，同时建筑材料相关的标准规范中含有不同结构类型下建筑材料的使用强度，通过与本年竣工面积结合即可得出该类材料的使用量。

（5）环境保护指标

1）碳排放量

本研究采用过程分析法测算民用建筑二氧化碳排放量，即根据碳排放源的活动数据以及相应过程的排放系数量化碳排放，又称排放系数法。具体而言，过程分析法是将某一生产过程按照工作流程进行拆分，各生产环节的碳排放量以实测碳排放系数与相应活动数据的乘积表示；进而可根据各环节的碳排放量之和，推算全过程的碳排放总量。

$$C = \sum (E \times F)$$

式中，E、F 分别为各生产过程中的活动数据与碳排放系数。

以各类建材消费量作为活动数据，以各类建材对应的碳排放因子作为排放系数，计算得到建材生产阶段的碳排放量；以各类能源消耗量作为活动数据，以各类能源对应的碳排放因子作为排放系数，计算得到建筑施工及建筑运行阶段的碳排放量。碳排放因子来源较多，主要由相关国家机构、城市机构、国际机构发布，本研究选用碳排放因子以《建筑碳排放计算标准》GB/T 51366—2019 为主，以相关文献为辅。

2）污染物排放量

从《中国统计年鉴》中获取的污染物排放量数据未区分行业、建筑过程，需要按照一定比例折算至与目标指标一致。故基于总量数据，按照调研得到的比值数据推算得到目标指标数据。

2.2.4　基于新技术的创新获取方法

结合高科技手段和技术，利用遥感技术、物联网和互联网在数据获取中的优势，对民用建筑"四节—环保"大规模数据获取方法进行创新，有针对性地结合各类数据的特点和目标要求，细化新方法，作为现有获取方法的有益补充。

（1）基于遥感技术的空间数据采集方法

1）遥感数据的获取来源

目前，遥感数据获取来源主要有国外数据与国内数据两类，主要获取来源平台如表 2-9 所示。

遥感数据获取来源平台　　　　　表 2-9

数据平台	数据类型
中国资源卫星应用中心	中巴卫星、HJ 星、ZY 系列、GF 系列
中科院数据云平台	LANDSAT、MODIS、DEM、EO-1、NOAA 镜像数据库
国家地球系统科学数据中心	MSS、TM、ETM＋、MODIS
地理空间数据云	Landsat 系列、MODIS 等
国家综合地球观测数据共享平台	资源系列、高分、气象、海洋、环境、快舟、北京一号等
中国遥感数据共享网	Landsat、TERRA 等数据
USGS Earth Explorer	包括 Landsat 系列，ASTER DEM，Hyperion 高光谱，MODIS，AVHRR
NASA Reverb	MODIS 数据，TRMM, Calipso, NASA DC, JASON, ENVISAT, ALOS, METEOSAT,GOES,ICESAT,GMS,Landsat,NIMBUS,SMAP,RADAR-SAT,NOAA satellites,GPS satellites

续表

数据平台	数据类型
珞珈一号 01 星夜光遥感数据	珞珈一号星数据
资源环境数据云平台	中国土地利用遥感监测数据、气象数据、行政划分数据、地形地貌数据、城市空气质量监测数据等

中国土地利用现状遥感监测数据是对中国不同时期土地覆盖与土地利用状况的监测记录。中国土地利用现状遥感监测数据可查找于中科院资源环境数据中心下属的资源环境数据云平台，其界面见图 2-37、图 2-38。中国土地利用现状遥感监测数据主要包括 1990 年、1995 年、2000 年、2005 年、2010 年、2018 年六期数据，所涉及的土地利用类型按照一级类型与二级类型分类，其中一级类型分别为耕地、林地、草地、水域、居民地和未利用土地 6 类，二级类型为其子分类，共 25 个分类，其中城乡、工矿、居民用地大类中又分为城镇用地（指大、中、小城市及县镇以上建成区用地）、农村居民点（指独立于城镇以外的农村居民点）、其他建设用地三类（指厂矿、大型工业区、油田、盐场、采石场等用地以及交通道路、机场及特殊用地）。

图 2-37　中国资源卫星应用中心

2）利用遥感影像数据提取城镇建设用地信息

DMSP/OLS 及 NPP/VIIRS 传感器能够捕获城市、居民地、渔船等在夜间发出的微弱灯光信号，并与黑暗的乡村、山林地区区分，进而实现城市边界、城镇建筑用地的信息提取。

夜间灯光影像像元在空间上呈连续分布状态，无法直接从影像自身获取具体边界信息，然而可以通过一些方法对其城乡边界的大致范围进行界定，利用常用的阈值方

图 2-38　中科院数据云平台

法来实现此过程。由于研究层面以及研究区域对象的选择不同，在阈值的选取上各有不同，但其阈值选取大都介于 30～60 之间。因此，可将像元亮度值 30 以及 60 作为初始分区阈值，并且认为像元亮度大于 60 的为城镇中心区域（包含饱和像元区域），而亮度小于 30 的像元则为非城镇区域，亮度值介于 30～60 之间的则为城乡结合区域像元。目前利用夜间灯光数据提取城市区的研究方法可以分为以下几类，具体如表 2-10 所示。

利用 DMSP/OLS 数据提取城镇建设用地研究方法总结　　　　　表 2-10

方法	具体内容
经验阈值法	连续观测数据中,地表灯光探测频率较高的像素为城市类型概率较大,逐渐增加阈值,将出现城市多边形不再沿边缘变小,而是内部出现破碎时的阈值点作为划分城市最佳阈值点
突变检测法	根据 DMSP/OLS 数据特征和相关知识,按照经验来人为设定阈值,将超过一定灯光强度阈值的像元定义为城市像元
参考比较法	将 DMSP/OLS 数据图像与辅助资料图像进行对比,获取最佳阈值,进而利用灯光数据提取城市空间信息

阈值分割法。该方法是最常见的图像分割方法之一，根据划定阈值的方法、动机的不同，阈值分割法又可以细分为经验阈值法、突变检测法及参考比较法 3 个系列。经验阈值法通过有关先验知识人为设定特定的阈值进行城市区的提取；突变检测法做出了城市建成区由完整的斑块组成的假设，随着阈值的调整，建成区斑块开始缩小，而斑块出现破碎时的阈值则为提取城市区的最优阈值；参考比较法可以根据研究区的不同选择不同的辅助参考数据，因而在提取精度及科学性上有较大的优势。根据辅助参考的数据的类型，该方法又划分为统计数据参考提取和遥感影像参考提取 2 种。统计数据参考提取的核心要点是以政府发布的各地市的建成区面积统计数据为参考，通过设定初始阈值来初步分割城市与

71

非城市，并对比城市区面积与统计数据之间的差值，不断迭代阈值，直到提取的城区面积与统计数据相一致。遥感影像参考提取则利用高分辨率的多光谱遥感数据或者土地利用数据作为辅助数据，实现城市建成区信息提取。

多时相图像融合法。DMSP/OLS 夜间灯光影像之所以被国内外学者广泛地运用于城市化的研究，其中最重要的一个原因在于 DMSP/OLS 夜间灯光具有较长的时间序列（DMPS/OLS：1992—2013 年；NPP/VIIRS：2012 年至今），能够提供一个独特的"空中"视角窥探全球、地区的城市化进程，详见图 2-39。

支持向量机。支持向量机（Support Vector Machine，SVM）是一种基于统计学习理论的无参数图像识别、分类方法。支持向量机是一种监督学习模型，其最大的优势是可以通过较少的训练样本达到较优的分类效果。

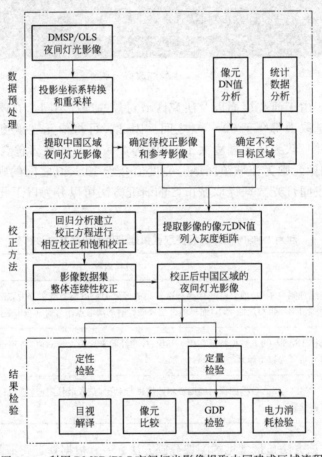

图 2-39　利用 DMSP/PLS 夜间灯光影像提取中国建成区域流程

曹子阳[24] 建立了利用 DMSP/PLS 夜间灯光影像提取中国建成区域的校正流程。在利用灯光遥感数据提取建成区域的过程中，由于卫星传感器在获取地表数据的过程中受到多种因素的影响（如大气层的吸收和散射、太阳高度角、地形起伏度、传感器校准等），所以不同传感器获取的同一个年度的影像之间存在着差异，造成了获取的灯光影像中 DN 值总和不相等，以及影像间相同位置的 DN 值不同。此外，不同的 OLS 传感器在获取影像时也没有进行星上辐射校正，造成了同一个卫星传感器获取的连续不同年度的影像间相同位置的 DN 值之间的异常波动。因此，在利用长时间序列的 DMSP/OLS 夜间灯光影像数据集进行相关研究时，必须对传感器获取的不同年度的影像间进行校正。

3）利用遥感数据获取民用建筑面积信息

通过城市遥感、三维建模等手段，结合各级自然资源部门对具体土地片区的控制性规划，以及持续开展的全国国土调查（目前正在进行的是第三次调查），可以获取不同用地分类，同时对该用地分类的民用建筑进行建筑规模、建筑密度等指标调查，在 BIM 等其他新兴技术支撑下，可建立城市信息模型，采集民用建筑面积，见图 2-40。

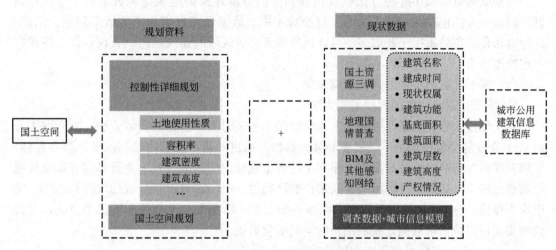

图 2-40 利用遥感数据获取民用建筑面积信息

首先，通过城乡规划数据获取地理空间规划详情。城乡规划是以促进城乡经济社会全面协调可持续发展为根本任务、促进土地科学使用为基础、促进人居环境根本改善为目的，涵盖城乡居民点的空间布局规划。城乡规划包括城镇体系规划、城市规划、镇规划、乡规划和村庄规划。城市规划、镇规划分为总体规划和详细规划。详细规划分为控制性详细规划和修建性详细规划。详细规划对城市规划建设用地的土地使用性质及其兼容性等用地功能控制要求、容积率、建筑高度、建筑密度、绿地率等用地指标等均有详细规定和设计。

其次，可结合遥感技术获取土地分类数据，通过获取能够覆盖试验区域的卫星遥感影像数据，进行辐射校正、几何纠正、数据融合、影像镶嵌等预处理，根据影像中地物大小、形状、纹理、色调等特征，依据影像解译标志，按照土地利用分类标准在遥感影像中获取试验区域土地利用现状信息，识别土地类型，计算土地面积。不能直接判别的区域，经后期外业核查后确定。

同时可利用全国国土调查，获取土地利用相关数据。全国国土调查的主要任务包括土地利用现状调查、土地权属调查、专项用地调查与评价、土地利用数据库建设。全国国土调查的土地利用现状分类将土地分为 12 个一级类、73 个二级类，其中，城镇内部土地利用现状调查采用优于 0.2m 分辨率的航空遥感影像资料，最小的图斑面积为 200m^2。但由于"三调数据"保密级别较高获取试验区域的相关数据存在一定困难。第三次全国国土调查是在第二次全国土地调查成果基础上，全面细化和完善全国土地利用基础数据，国家直接掌握翔实准确的全国土地利用现状和土地资源变化情况，进一步完善土地调查、监测和统计制度，实现成果信息化管理与共享，满足生态文明建设、空间规划编制、宏观调控、国土空间用途管制等各项工作的需要的调查。

之后，可建立 BIM、GIS 等新型技术，建立试验区的 CIM 城市建筑现状数据库。BIM 技术是通过建立虚拟的建筑工程三维模型，利用数字化技术，为这个模型提供完整的、与实际情况一致的建筑工程信息库。该信息库不仅包含描述建筑物构件的几何信息、专业属性及状态信息，还包含了非构件对象（如空间、运动行为）的状态信息。

目前虽然可以采用此种方法获取精确到全国每栋建筑的建筑面积数据和年度变化信息，但这一方法也存在耗费人力多、资金成本高、数据保密级别较高等诸多问题。因此，此种方法目前还只适用于获取某一具体地块或者部分区域的建筑信息，大规模推广还存在一定难度。

（2）基于互联网位置的人口数据采集

1）基于互联网位置的数据采集方法

基于位置大数据的获取方法越来越广泛的作为实时人口数量的获取方法。互联网生态内 App 在智能手机领域的广泛覆盖和强大粘性，通过对用户发起定位请求的计算和存储，使得互联网生态级定位数据覆盖工作和生活各个领域。如腾讯位置大数据日均获取全球定位次数已超 550 亿次，月度覆盖活跃用户数已超过 10 亿人，日均定位数据达到 20TB。腾讯旗下微信、QQ 等产品以及投资关联企业如京东、新美大、摩拜单车等多个 App，可持续收集用户定位请求数据，获取用户时空间变化数据。

2）基于互联网数据的采集和统计方法

利用用户产生的定位数据，建立定位数据和真实人数的估算模型，实现对任意区域（民用建筑）的人数估算与人流监控。由于数据来源自用户在移动设备主动上报的位置数据，所以不需要其他辅助设备，而且观测的区域可以是任意形状，不受场地的限制。人数估算模型支持特殊场景（足球赛、演唱会等人员高度密集的场景）的处理，使得系统的应用场景更加广泛。通过利用实时计算框架对数据进行实时汇聚，实现区域人流的实时估算，为区域的人流监控、安保决策与客流分析提供了强有力的支持。

数据采集法方面，用户通过使用各种 App 产生的定位信息，通过设备信息获取地理位置信息，通过时间信息记录上报的时间。

流程模块方面，主要分为以下 5 个主要模块，见图 2-41。

生成区域模块。生成区域模块提供一个 WEB 地图版本的区域勾选功能，此功能需要包括点半径型和多面体型两种区域类型的勾画，用于客户在地图上勾画生成区域，勾画后的区域边界存储在服务器上。

训练数据处理模块。训练数据处理模块生成区域定位量数据、分时的人员进出比例数据，并对定位量进行滑动平均滤波处理，生成对应时间窗口的定位量 uv。生成区域分时的人员进出比例用于计算区域的分时的进出人数。对原始定位量数据进行一定时间窗口的滑动平均滤波是为了消除数据的抖动。由图 2-42 可以看到，原始（累计5min）的定位量数据抖动比较大，而且容易受到异常值的干扰，通过使用滑动平均滤波的方法 $f(n) = \sum_{n-k}^{n} g(n)/k$，增加定位量的累计时间窗口，可以使得曲线更加平缓，减少异常值带来的影响。

图 2-41 互联网数据采集方法流程模块

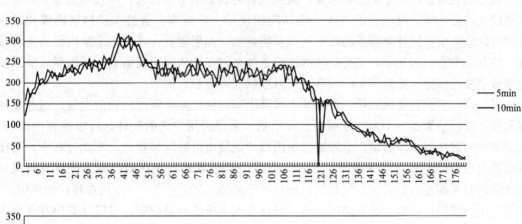

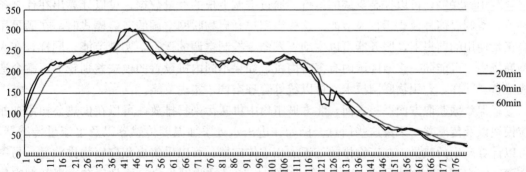

图 2-42 某区域不同时间窗口下的定位量与时间的曲线关系图

普通场景人数估算模型模块。对于普通场景区域，由于区域内用户的定位频次较为稳定，因此，真实人数 P_{real} 和定位量 uv 之间的关系可以用下面的公式表示：

$$P_{real} = uv \times \alpha$$

式中，α 为真实人数与定位量 uv 之间的比例关系。

通过以上假设，可以利用历史定位数据计算区域的进入人员比例，通过进入人员比例估算区域的累计人流量，即一天的累计人流量，如下所示。

$$P_{sum} = \sum_{i=0}^{23}(uv_i \times \alpha \times in_i)$$

式中，P_{sum} 为一天累计的人流量；i 为小时；uv_i 为第 i 小时的定位量；α 为真实人数与定位量 uv 之间的比例关系；in_i 为第 i 小时的进入人员比例。

可求解真实人数与定位量 uv 之间的比例关系 α 为：

$$\alpha = P_{sum}/(\sum_{i=0}^{23}(uv_i \times in_i))$$

特殊场景人数估算模型模块。特殊场景由于用户使用手机的频次发生较大改变，因此在观测时间内，区域内用户定位频次会发生较大的变化。使用普通场景人数估算的方法会使得人数有异常变化。

（3）基于物联网技术的能源资源数据采集

1）基于物联网技术的数据采集方法的可行性

通过设备的定位信息，可以采集出数据区域；而且绝大多数物联网设备都具体此信息。通过电表数据可以采集出耗电量，通过气表可以采集出用气量，而且当前很多新建建筑都已支持此功能，时间粒度取决于物联网模块的上报频率；通过支持物联网模块的设备，可以采集出不同种类设备的耗电量以及能耗比，如果需要，还可以采集出设备运行过程中的其他参数。这几年，支持物联网的设备越来越多，从家用设备到生产设备，能采集的参数也多种多样。数据采集的频率也可以根据需求定制。例如：

采集家用空调设备的能耗，可以基本推算出家庭住户夏天制冷消耗的电量，通过多样本采集，可以估算出一个大区域所需的耗电量。采集商用空调的能耗，可以推算出商场、大型酒店的制冷所需的电量。空调制暖所消耗的电量也可以同样获取。在此过程中，可能同时采集空调产生的制冷/制热量，这样就能计算出能耗比。现在的空调系统以及新风系统，能同时采集室内的各种空气指数，如室内甲醛值、$PM_{2.5}$ 等，可以用在环保数据中。

利用物联网，可以控制空调的运行。通过空调上报的大量数据，可以计算出在什么条件下、空调以何种模式运行最节能。这样当用户开启物联网空调的节能模式时，在满足用户正常使用的前提下，服务器可以主动下发命令控制空调的运行，实现节能。同样，在大型商场中，可能同一连通区域内有多台内机，如果不同内机设置的模式差别较大，就会造成浪费，同样，利用物联网技术，可以统筹管理空调，实现节能。

环保数据获取方面。一方面，北方城镇集中供暖污染物排放，可以在供热公司添加相应模块以及传感器，采集这些信息。例如在进出水处添加温度传感器以及水流量传感器，可以计算产生的热量；在废物排放处添加相应传感器，可以采集出相应废物排放量。另一方面，室内环境监测的甲醛、$PM_{2.5}$ 等参数可以通过物联网采集，而且现在很多新型空气调节设备都已经能够采集这些参数。

用水数据获取方面。传统水源数据可以通过水表数据获取，而且现在新建建筑已基本支持获取此类数据。当然，想要在建筑用水方面进行统计，需要结合其他方面的数据。

2）基于物联网技术的数据采集方法

物联网数据多源异构，数据量加大，建议做好数据的存储以及分析工作，充分利用数据。有些物联网数据，结合其他数据一起使用效果更好。根据数据需求，选择合适的采样项目，由点到面，使数据分析结果更加合理。有些参数种类的物联网的数据采集方案现在已经比较成熟，实施也比较方便；而有些参数种类的物联网的数据采集方案现在尚不成熟，实施难度比较大；建议区别对待。因此我们提出相应的采集方法建议。

① 对各类能源资源数据的获取

民用建筑中，我们所关注的建筑用能一般来说是建筑运行阶段能源的消耗总量，可以拆分为标煤（万 tce）、煤（万 t）、油（万 t）、天然气（亿 m³），液化石油气（万 t）、热力（百万 kJ）、电力（亿 kWh）以及其他，其中电气热等能耗数据是可以通过物联网技术加以采集。

a. 电能数据采集方法

将物联网技术引入电能采集系统中，将解决传统有线布线带来的弊端。以无线传输为核心，结合高效的电能检测技术、嵌入式处理技术和 5G 技术，设计物联网技术下的电能采集系统。该系统实时性强、稳定性好、易于布线，为电能采集带来极大方便。

智能电网监测系统主要由电能采集模块、无线网络模块、集中器、5G 和监控软件等部分构成。无线网络模块包括协调器节点和路由节点。协调器节点完成组网和信息的汇聚等作用，在系统中，协调器节点只有一个，而路由节点的个数按照室内面积安装，通常情况下，每个 2530 模块的传输范围为 100m 左右，因此模块数量越多，所能覆盖的范围就越广泛。

b. 天然气数据采集方法

能源计量系统网络的最新技术正发展为以物联网技术为基础，PROFIBUS 总线、485总线等为依托，通过计算机上位机来采集数据，配备工控软件，再加上互联网实现能源计量的信息化监控，最后通过 B/S、C/S 发布，以达到远程访问的目的。能源计量系统未来的发展导向是物联网技术。物联网是指通过传感器等传感设备如 GPRS、射频识别（RFID）等，按预先约定的通信协议，把相关物品与互联网相连接，通过信息的通信和交换数据，来实现智能化的定位、识别、监控以及管理的网络。

系统采用四层结构模式，即：以省基础空间数据、能源监测实时数据、能源监测基础数据等组成的数据资源层；以操作系统、数据库平台、GIS 平台、中间件组成的基础平台层；以数据采集、地图编辑、能源审计、能源预测、能源分析等专业组件组成的业务逻辑层；以各应用子系统组成的功能表现层。系统将企业的过程监测、现场控制、决策管理等各个层次的智能设备与现场控制器的数据通过多层次的网络连接起来，从而实现信息的交汇与数据的共享。天然气能耗数据采集子系统涉及数据采集与存储、数据传输、统计和查询、地理空间分析等工作，如图 2-43 所示。

c. 热力数据采集方法

基于物联网技术塑造的大型公共建筑能源系统物联网，可对建筑节能工作实施量化分析，为建筑能效评估以及节能改造提供可靠的数据分析依据。大型公共建筑能源系统物联网的总体架构见图 2-44。其中不同层间通过接口程序实施数据传输。

感知控制层采用能耗数据采集系统以及管理系统，由不同的检测传感器、计量仪表和控制器构成，是大型公共建筑系统的末端部分；网络传输层是数据采集器同服务器间实施数据传递的通道，通常采用有线的 Internet 传递措施传输数据；信息汇聚层可采集数据采集器传递的能耗数据，并向能耗数据库内存储数据；信息输出层将能耗信息通过网页的方式呈现给用户，并采用决策层的节能改进算法产生有效的节能方案。

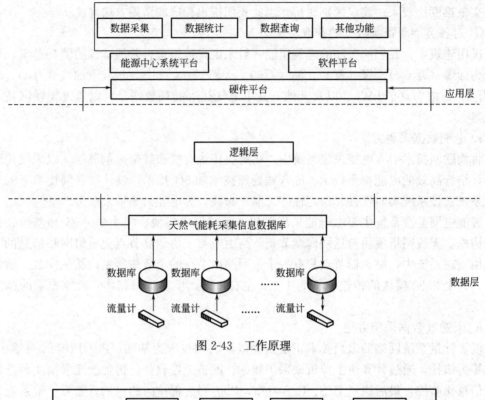

图 2-43　工作原理

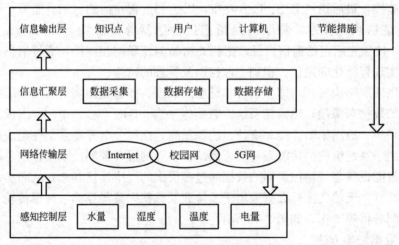

图 2-44　热力数据采集工作原理

2.3　大规模数据测算

基于上节提出的大规模数据的理论获取方法，本节进一步研究各目标指标的测算过程，明确指标测算的具体步骤，并通过对各指标不同渠道的测算结果进行分析，验证理论获取方法的合理性，为大规模数据的持续稳定获取提供科学可靠的方法支撑。

2.3.1　数据测算过程

（1）建筑面积规模

1）拆除率

拆除率主要基于人口普查数据的拆除面积进行获取。

2000 年和 2010 年的两次人口普查中，对城镇居民的住房状况进行了调查统计，并公布了居民住房按建成年代分的存量数据。两次普查中，建成于同一年代的住房存量之间的差值可以理解为 2000—2010 年间住房的拆除量，以此来计算 2000 年的城镇住房存量在 2000—2010 年的拆除率。

需要注意的是，由于城镇范围的扩张，2000 年和 2010 年两个时间点的城镇住房存量统计范围会有所不同，为满足统计范围一致的要求，需对十年间农村划入城镇范围的住房量进行估计。本研究称这部分住房为"农村移入住房"。因此，十年间的拆除率公式为：

$$10 \text{ 年拆除率} = \frac{2000 \text{ 年城镇住房存量} + \text{农村移入住房} - 2010 \text{ 年城镇住房存量}}{2000 \text{ 年城镇住房存量} + \text{农村移入住房}}$$

① 城镇住房存量

《中国统计年鉴》统计了 2000 年和 2010 年的城镇住房新竣工量，假设新竣工住房按月均匀分布，则可计算出前 10 个月的竣工量。但新竣工的住房未必完全被占用，因此未完成这部分计算还需先进行空置率的估算。首先对 2000 年和 2010 年前 10 个月的占用中住房存量计算，然后，对占用中住房进行空置率调整，即可得到 2000 年和 2010 年城镇住房存量（含空置）。

② 农村移入住房量

计算过程如下：

农村移入人口数＝2010 年农村常住户籍人口预期值－实际人口－新增迁出人口

农村移入户数＝农村移入人口数/农村户均人数

农村移入住房量＝农村移入户数×农村户均面积

2）实有建筑面积

实有建筑面积主要基于年鉴数据逐年递推进行获取。

由于实有建筑面积计算部分涉及指标众多，且各指标所包含地域范围不一致，为简化公式，对地域范围及各类面积指标进行编码处理，其对应关系如表 2-11 所示。

各名词对应代码　　　　　　　　　　　　　　　　　表 2-11

含义	代码	含义	代码
城镇	1	竣工面积	N
城市、县城	2	拆除面积	T
建制镇	3	生产性建筑面积	L
当年末房屋建筑面积	H	上年末房屋建筑面积	H′
当年末居住建筑面积	J	上年末居住建筑面积	J′
当年末公共建筑面积	G	上年末公共建筑面积	G′

① 城镇实有居住建筑面积

基于统计年鉴数据，利用逐年递推法计算实有居住建筑面积，公式如下：

$$J_1=J_2+J_3$$

式中，J_1——当年末城镇居住建筑面积；

J_2——当年末城市、县城居住建筑面积；

J_3——当年末建制镇居住建筑面积。

a. 年末城市、县城居住建筑面积

城市、县城居住建筑面积（J_2）通过《中国统计年鉴》（2001—2006）及逐年递推法（2007—2019）计算得到。则有逐年递推公式：

$$J_2=J'_2+NJ_2-TJ_2$$

式中，J'_2——上年末城市、县城居住建筑面积；

NJ_2——当年城市、县城居住建筑竣工面积；

TJ_2——当年城市、县城居住建筑拆除面积。

其中：

$$NJ_2=NJ_1-NJ_3$$

$$TJ_2=J'_2 \times 当年城镇居建拆除率$$

式中，NJ_1——固定资产投资（不含农户）住宅竣工面积（范围为城镇）；

NJ_3——建制镇住宅竣工面积。

固定资产投资（不含农户）住宅竣工面积来源于《中国统计年鉴》；建制镇住宅竣工面积来源于《中国城乡建设统计年鉴》。

b. 建制镇居住建筑面积

建制镇居住建筑面积（J_2）来源于《中国城乡建设统计年鉴》（2006—2019）。由于中国住建部官网2001—2005年仅公布了《中国城市建设统计年鉴》，缺少《中国城乡建设统计年鉴》，因此这五年内的"本年建制镇居住建筑实有建筑面积"数据无法得到，计算得到的居住建筑面积仅为城市县城居住建筑面积。

② 城镇实有公共建筑面积

基于统计年鉴数据，利用倒推法计算实有居住建筑面积，公式如下：

$$G_1=H_2-J_2-L_2+G_3$$

式中，G_1——当年末城镇公共建筑面积；

H_2——当年末城市、县城房屋建筑面积；

J_2——当年末城市、县城居住建筑面积；

L_2——当年末城市、县城生产性建筑面积；

G_3——当年末镇公共建筑面积。

a. 年末城市、县城房屋建筑面积

城市、县城房屋建筑面积（H_2）通过《中国统计年鉴》（2001—2006）及逐年递推法（2007—2019）计算得到。则有递推公式：

$$H_2=H'_2+NH_2-TH_2$$

式中，H'_2——上年末城市、县城房屋建筑面积；

NH_2——当年城市、县城房屋竣工面积；

TH_2——当年城市、县城房屋拆除面积。

其中：

$$NH_2 = NH_1 - NH_3 = NH_1 - (NJ_3 + NG_3 + NL_3)$$

式中，NH_1、NH_3——分别表示城镇、建制镇房屋竣工面积；

　NJ_3、NG_3、NL_3——分别表示镇的居住、公共、生产性建筑竣工面积；

　　数据来源：固定资产（不含农户）房屋竣工面积（NH_1）来源于《中国统计年鉴》；镇居住、公共、生产性建筑竣工面积来源于《中国城乡建设统计年鉴》，当年城市、县城房屋拆除面积采用本研究测算数据。

　　b. 城市、县城生产性建筑面积

　　城市、县城生产性建筑面积＝年末城市、县城工业用地面积×工业建筑调整后容积率。该方法在递推法中已经进行了详细介绍，且通过了上海市实际数据检验。因此将其推广到全国各省份。

　　c. 镇公共建筑面积

　　镇公共建筑面积（G_3）来源于《中国城乡建设统计年鉴》（2006—2019），由于中国住建部官网在 2001—2005 年间仅公布了《中国城市建设统计年鉴》，缺少《中国城乡建设统计年鉴》，因此这五年内的本年镇公共建筑面积数据无法得到，因此该部分数据为城市县城的公共建筑面积。

　　（2）建筑用能

　　1）建材生产能耗

　　本文建材生产能耗主要基于投入产出法进行获取。计算过程为：利用民用建筑材料生产量与单位建筑材料生产时的综合能耗限定值的乘积表示。

$$E_p = \sum_i M_i E_i$$

式中，M_i——第 i 类建筑材料的消耗量；

　　　E_i——第 i 类建筑材料的单位产品综合能耗。

　　单位产品生产综合能耗可以从相应产品生产的能源消耗限额中查找，民用建筑材料消耗量数据基于前述投入产出法计算得来。

　　2）建筑施工生产能耗

　　建筑业的生产过程（即施工过程）所消耗的能源，主要包括 9 大类能源：煤炭、原油、汽油、焦炭、煤油、燃料油、柴油、电力及天然气（来源于《中国能源统计年鉴》中"按行业分能源消耗量"表）。本文对能源种类的统计口径选取和范围界定的标准采取历年国家编制的《中国统计年鉴》相关说明和规定。

　　《中国建筑业统计年鉴》按照房屋设计所规定的用途分为以下几种：住宅房屋、商业及服务用房屋、办公用房屋、科研/教育/医疗用房屋、文化/体育/娱乐用房屋、厂房及建筑物、其他未列明的房屋建筑物，将这几种房屋类型分为居住建筑、公共建筑和其他建筑。

　　为计算民用建筑施工能源消耗总量，以建筑业的生产过程（即施工过程）所消耗的能源为基础，建筑业能耗与产值有正相关关系，随着能耗的上升，产值上升[25]。按照《中国建筑业统计年鉴》的"竣工产值"和"房屋建筑竣工价值"的比例进行拆分。

　　计算民用建筑施工能源消耗总量的公式如下：

$$SE_k = E_k \times SC_k$$

设 SE_k 为建筑业的生产过程消耗的第 k 种能源的标煤量；E_k 为建筑业的生产过程消耗的第 k 种能源的量；SC_k 为第 k 种能源的标煤折算系数。

$$MSE_k = SE_k \times \frac{A}{B}$$

$$A = \sum_{i=1}^{7} A_i$$

$$B = \sum_{i=1}^{7} B_i$$

设 MSE_k 为房屋建筑生产过程消耗的第 k 种能源的标煤量；A 为《中国建筑业统计年鉴》的"房屋建筑竣工价值"；B 为《中国建筑业统计年鉴》的"竣工产值"；A_1 至 A_7 分别代表住宅房屋、商业及服务用房屋、办公用房屋、科研/教育/医疗用房屋、文化/体育/娱乐用房屋、厂房及仓库建筑物、其他未列明的房屋建筑物等建筑类型的"房屋建筑竣工价值"；B_1 至 B_7 分别代表住宅房屋、商业及服务用房屋、办公用房屋、科研/教育/医疗用房屋、文化/体育/娱乐用房屋、厂房及仓库建筑物、其他未列明的房屋建筑物等建筑类型的"竣工产值"。

$$MSE = \sum_{k=1}^{9} MSE_k$$

设 MSE 为房屋建筑生产过程消耗的标煤量；MSE_k 为建筑业的民用建筑生产过程消耗的第 k 种能源的标煤量。

$$MSE_{居住} = MSE \times \frac{B_1}{B}$$

$$MSE_{公共} = MSE \times \frac{\sum_{i=2}^{5} B_i}{B}$$

$$MSE_{其他} = MSE \times \frac{\sum_{i=6}^{7} B_i}{B}$$

设 $MSE_{居住}$、$MSE_{公共}$、$MSE_{其他}$ 分别代表居住建筑、公共建筑和其他建筑房屋建筑生产过程消耗的标煤量。

3）北方集中供暖能耗

北方集中供暖能耗总量的计算方法共有四种。

M11 方法：北方城镇供暖建筑面积×供暖能耗强度。

M12 方法：（蒸汽供热总量＋热水供热总量）×发电煤耗折算系数；

其中"蒸汽供热总量""热水供热总量"来自《中国统计年鉴》的分地区城市集中供热情况，发电煤耗折算系数统一采用国家统计局提供的数据。

M13 方法：（批发、零售业和住宿、餐饮业热力值＋其他热力值＋生活消费热力值）×发电煤耗折算系数；

其中"批发、零售业和住宿、餐饮业热力值""其他热力值""生活消费热力值"源自《中国能源统计年鉴》的地区能源平衡表。

M14 方法：城市供热能耗总量＋县城供热能耗总量；

其中"城市供热能耗总量"与"县城供热能耗总量"源自《中国城乡建设统计年鉴》的"城市集中供热"表单。

4）城镇居住建筑能耗

城镇居住建筑能耗总量的计算方法有两种。

M21 方法：城镇居住建筑面积×建筑能耗。

M22 方法：城镇生活消费能耗－其中交通能耗扣除量；

其中"城镇生活消费能耗"源自《中国能源统计年鉴》，"交通能耗扣除量"按照王庆一[21] 方法进行测算：居民生活和农业消费的全部汽油、居民生活消费的 95％的柴油用于交通运输，即交通扣除量为城镇生活消费中全部的汽油和 95％的柴油。

5）城镇公共建筑能耗

城镇公共建筑能耗总量的计算方法有两种。

M31 方法：城镇公共建筑面积×建筑能耗。

M32 方法：批发、零售业和住宿、餐饮业能耗＋其他能耗－其中交通能耗扣除量＋交通运输仓储和邮政业中的建筑能耗；

其中"批发、零售业和住宿餐饮业能耗""其他能耗"源自《中国能源统计年鉴》，"交通能耗扣除量"按照王庆一[21] 方法进行测算：工业（包括建筑业）、商业和公共服务业消费的 95％的汽油、35％的柴油用于交通运输，即交通扣除量为"批发、零售业和住宿餐饮业能耗"和"其他能耗"中 95％的汽油和 35％的柴油，交通运输仓储和邮政业中的建筑能耗按照发改委能源所的拆分法，为《中国能源统计年鉴》中的"交通运输、仓储、邮政业"中 95％的煤炭、30％的液化石油气、65％的天然气、65％的热力。

6）乡村居住建筑能耗

乡村居住建筑能耗总量的计算方法有两种。

M41 方法：乡村居住建筑面积×建筑能耗。

M42 方法：乡村生活消费能耗－其中交通能耗扣除量；

其中"乡村生活消费能耗"源自《中国能源统计年鉴》，"交通能耗扣除量"按照王庆一[21] 方法进行测算：居民生活和农业消费的全部汽油、居民生活消费的 95％的柴油用于交通运输，即交通扣除量为乡村生活消费中全部的汽油和 95％的柴油。

（3）建筑用材

建筑用材主要基于投入产出法进行获取。

目前我国已基本形成每隔 3～5 年对投入产出表进行修订编制的统计制度，《中国统计年鉴》中可获得各类建筑材料的产量，但是无法追踪到建筑领域。现在根据投入产出关系进行数据的获取与测算，可以细分到房屋建筑领域的数据，详见图 2-45。

基于建材生产量、进出口量，刨除运输等损耗后，可以计算出建材的表观消费量。表观消费量减去工业领域用量后得到建筑领域的建材使用量，利用投入产出表得到的计算关系，计算出房屋建筑领域的建材使用量。再根据民用建筑与工业建筑的面积比例得到民用建筑建材使用量。基本的计算方法如图 2-46 所示。

基于上述投入产出法的相关论证，拟采用此方法进行民用建筑建材使用量数据测算。在具体测算过程中，总体技术路线为全国民用建筑建材使用量－分省民用建筑建材

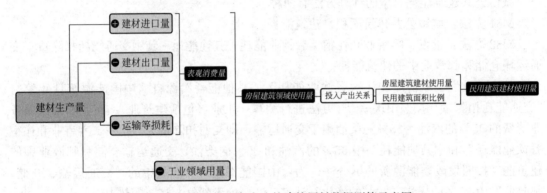

投入＼产出	部门名称代码	住宅房屋建筑	体育场馆和其他房屋建筑	铁路、道路、隧道和桥梁工程建筑	其他土木工程建筑	建筑安装	建筑装饰、装修和其他建筑服务
部门名称	代码	47101a	47101b	48102a	48102b	49103	50104
塑料制品	29053	12074324	1824980	5767384	4291472	2657129	1913008
水泥、石灰和石膏	30054	41743274	6010868	13275282	7173748	1969689	4230223
石膏、水泥制品及类似制品	30055	109594674	13386584	31017633	16693413	1773014	4834348
砖瓦、石材等建筑材料	30056	77976438	7678723	10936147	10844295	2761582	7861559
玻璃和玻璃制品	30057	15578478	1744116	162975	86862	190120	7407760
陶瓷制品	30058	34144158	3890644	107280	57178	378163	9877958
耐火材料制品	30059	4785813	770253	98942	52734	2651683	1948041
石墨及其他非金属矿物制品	30060	4392175	696158	844512	1134224	55427	194028
钢	31061	0	0	0	0	0	0
钢压延产品	31062	148726334	16852796	61256812	30209326	8843585	2265936
铁及铁合金产品	31063	636990	86897	103386	76751	76030	78453

图 2-45　投入产出表中各类建材关系

图 2-46　基于投入产出法的建筑用材数据测算示意图

使用量，需要用到的基础数据有各类建筑材料的生产量、进出口量、投入产出系数、面积等。

1）水泥使用量

计算过程如下：

水泥表观消费量＝水泥产量＋水泥进口量－水泥出口量－水泥损耗量；

建筑工程水泥用量＝水泥表观消费量－特种水泥产量；

房屋建筑领域水泥用量＝建筑工程水泥用量×投入产出系数；

民用建筑水泥用量＝房屋建筑领域水泥用量×民用建筑竣工面积占比。

2）平板玻璃使用量

平板玻璃测算可以分为平板玻璃表观消费量计算和建筑领域平板玻璃使用量两部分内容，计算过程如下：

平板玻璃表观消费量＝平板玻璃产量＋建筑技术玻璃进口量－建筑技术玻璃出口量－损耗量

其中平板玻璃损耗主要存在于运输、仓储以及再加工过程中，根据监测和调研，综合多种加工玻璃产品标准测算，平板玻璃产品综合损耗率约占产量的15％。

我国平板玻璃产业发展主要是满足我国人民居住需要，随着玻璃生产技术水平和应用市场发展，近十余年工业用玻璃产品消费量持续增长。目前我国平板玻璃产品主要应用于建筑和工业这两个领域。

当前我国平板玻璃在工业领域应用相对比较集中，主要用于车辆、显示屏幕基板、光伏、家具等，根据《光伏真空玻璃》GB/T 34337—2017、《汽车安全玻璃》GB 9656—2003 等玻璃产品和玻璃应用产品标准，以及实际调查研究综合测算出工业领域消费的平板玻璃数量。再根据玻璃表观消费量计算出建筑用平板玻璃产量。

3）陶瓷使用量

计算过程如下：

陶瓷砖表观消费量＝陶瓷砖产量＋进口量－出口量－损耗量

陶瓷砖的损耗主要存在于运输搬运等过程中，根据对陶瓷砖生产企业调研，陶瓷砖综合损耗率约为产量的 1%。

陶瓷砖主要应用于房屋建筑，其他领域应用很少，因此陶瓷砖的表观消费量与建筑用消费量极为接近。

4）钢材使用量

计算过程如下：

钢材表观消费量＝水泥产量＋水泥进口量－水泥出口量

房屋建筑领域钢材用量＝钢材表观用量×投入产出系数

民用建筑钢材用量＝房屋建筑领域钢材用量×民用建筑竣工面积占比

（4）建筑用地

建筑用地主要基于年鉴数据进行获取。

城镇民用建筑用地面积可分为居住区用地面积、公共管理与公共服务用地面积、商业服务业设施用地面积三个分项指标。其中，居住用地、公共管理与公共服务用地、商业服务业设施用地三种类别用地面积数据均可从 2011 年后的《中国城乡建设统计年鉴》（城市（县城）人口和建设用地综合表）中直接获取到年度、分省的分项数据。在获取 3 个分项用地数据后，经汇总加和后得出 2012—2019 的年度、分省的城镇民用建筑用地面积，计算过程如下：

城镇民用建筑用地面积＝居住区用地面积＋公共管理与公共服务用地面积＋商业服务业设施用地面积

由于 2011 年前，《中国城乡建设统计年鉴》并未统计公共管理与公共服务用地面积、商业服务业设施用地面积两项指标，而只能获取到 2002—2011 年间各省的公共设施用地面积。因此，2002—2011 年的城镇民用建筑用地面积可通过该公示计算得出：

城镇民用建筑用地面积＝居住区用地面积＋公共设施用地面积

（5）建筑用水

建筑用水主要基于年鉴数据进行获取。

1）建筑施工用水

在《中国统计年鉴》中生活用水的指标释义为"包括城镇生活用水和农村生活用水。城镇生活用水由居民用水和公共用水（含第三产业及建筑业等用水）组成；农村生活用水指居民生活用水"。在《中国城乡建设统计年鉴》中可直接获取城镇和农村生活用水数据以及公共服务用水数据，但公共服务用水数据的指标释义中不包括建筑业用水。因此，根据两种年鉴指标释义的差异，可以近似得到建筑业用水总量，计算过程如下：

建筑业用水总量＝生活用水量－城镇居民家庭用水－城镇公共服务用水－农村生活

用水

建筑业用水涉及范围广，包含土木建筑、工业建筑等非民用建筑用水，需基于此数据进一步得出更为准确的民用建筑施工用水数据。可采用产值估算法得出居住建筑施工用水和公共建筑施工用水数据。用居住建筑施工用水占建筑业用水比例近似为居住建筑竣工价值占建筑业竣工产值比例；公共建筑施工用水占建筑业用水比例近似为公共建筑竣工价值占建筑业竣工产值比例。其中，居住建筑竣工价值与住宅建筑竣工价值指标一致；公共建筑竣工价值用房屋建筑竣工价值扣除住宅房屋竣工价值、工业房屋竣工价值（含厂房和仓库、其他建筑竣工价值）后所得，建筑业竣工产值、厂房竣工价值、仓库竣工价值可直接从《中国建筑业统计年鉴》获取。最终得：

居住建筑施工用水量＝建筑业用水×（居住建筑竣工价值/建筑业竣工产值）

居住建筑施工用水量＝建筑业用水×（公共建筑竣工价值/建筑业竣工产值）

2）建筑运行用水

① 居住建筑运行用水总量

《中国城乡建设统计年鉴》中获得的数据与目标指标完全对应，居住建筑运行用水数据通过统计年鉴直接获取目标指标。因此，以城市、县城、建制镇居民家庭用水为实际采取指标，得：

建筑运行用水总量＝城市居民家庭用水＋县城居民家庭用水＋建制镇居民家庭用水

② 公共建筑运行用水总量

《中国城乡建设统计年鉴》中获得的数据与目标指标完全对应，公共建筑用水总量可通过统计年鉴直接获取目标指标。因此，以城市、县城、建制镇公共服务用水为实际采集指标，得：

公共建筑运行用水总量＝城市公共服务用水＋县城公共服务用水＋建制镇公共服务用水

（6）环境保护

1）二氧化碳排放量

建材生产阶段碳排放按下式计算：

$$C_{SC} = \sum_i^n M_i F_i$$

式中，C_{SC} ——建材生产阶段碳排放，$kg\ CO_2\ e$；

M_i ——第 i 种主要建材的消耗量；

F_i ——第 i 种主要建材的碳排放因子，$kg\ CO_2\ e$/单位建材数量。

基于建筑用材指标，四种主要建材及其碳排放因子如表 2-12 所示。

主要建材及其碳排放因子　　　　　　　　　　　　　　　　表 2-12

i	建材类型	单位	建材碳排放因子
1	水泥	t	735kg CO_2e/t
2	平板玻璃	m²	1130kg CO_2e/m²
3	陶瓷砖	m²	16.635kg CO_2e/m²[26]
4	钢材	t	2050kg CO_2e/t

注：数据来源于《建筑碳排放计算标准》GB/T 51366—2019。

由于测算平板玻璃使用量的单位为万 m^2，无法直接与其建材碳排放因子进行计算，需统一量纲。将平板玻璃的平均厚度以 2mm 计，转化为体积后与玻璃比重常数 $2.5t/m^2$ 相乘即得到以吨为单位计量的平板玻璃用量。

建筑施工阶段碳排放按下式计算：

$$C_{SG} = \sum_i^n E_{sg,\ i} EF_i \theta_i \times \frac{\sum_1^5 B_i}{B}$$

式中，C_{SG}——建筑施工阶段碳排放，单位为 $kg\ CO_2$；

　　$E_{sg,\ i}$——建筑施工阶段第 i 中能源总用量；

　　EF_i——第 i 类能源的碳排放因子。

基于建筑用能指标，消耗能源类型及其碳排放因子如表 2-13 所示。

建筑施工主要能源及其碳排放因子　　　　　　　　表 2-13

i	能源类型	单位	碳排放因子
1	原煤	kg	$1.9003kg\ CO_2/kg$
2	洗精煤	kg	$2.4044kg\ CO_2/kg$
3	洗中煤	kg	$8.4132kg\ CO_2/kg$
4	焦炭	kg	$2.8604kg\ CO_2/kg$
5	汽油	kg	$2.9251kg\ CO_2/kg$
6	煤油	kg	$3.0179kg\ CO_2/kg$
7	柴油	kg	$3.0959kg\ CO_2/kg$
8	燃料油	kg	$3.1705kg\ CO_2/kg$
9	石油沥青	kg	$3.0052kg\ CO_2/kg$
10	液化石油气	kg	$3.1013kg\ CO_2/kg$
11	其他石油制品	kg	$3.0052kg\ CO_2/kg$
12	天然气	亿 m^3	$2.1650kg\ CO_2/m^3$
13	热力（当量）	百万 J	$0.1100t\ CO_2/GJ$
14	电力（当量）	kWh	$0.6040t\ CO_2/M\ Wh$

注：1. 碳排放因子＝单位热值 CO_2 排放因子×平均低位发热量；

　　2. 单位热值 CO_2 排放因子来源于《建筑碳排放计算标准》GB/T 51366—2019。

按照建筑施工能耗测算中的产值比例，将建筑施工碳排放折算为居住建筑施工碳排放、公共建筑施工碳排放及民用建筑施工碳排放。

建筑运行阶段碳排放按下式计算：

$$C_{yx} = C_{yx,\ cz} + C_{yx,\ xc} + C_{yx,\ gg}$$

式中，C_{yx}——建筑运行阶段碳排放；

　　$C_{yx,\ cz}$——城镇住宅建筑运行阶段碳排放；

　　$C_{yx,\ xc}$——乡村住宅建筑运行阶段碳排放；

　　$C_{yx,\ gg}$——公共建筑运行阶段碳排放。

$$C_{yx,\ cz} = \sum_i^n E_{yx,\ i} EF_i \theta_i$$

式中，$E_{yx,i}$——建筑运行阶段第 i 中能源总用量；

EF_i——第 i 类能源的碳排放因子。

基于建筑用能指标，消耗能源类型及其碳排放因子如表 2-14 所示。

<table>
<tr><td colspan="4" style="text-align:center">建筑运行主要能源及其碳排放因子　　　　　　　　　　　表 2-14</td></tr>
<tr><td>i</td><td>能源类型</td><td>单位</td><td>碳排放因子</td></tr>
<tr><td>1</td><td>柴油</td><td>kg</td><td>3.0959kg CO_2/kg</td></tr>
<tr><td>2</td><td>天然气</td><td>亿 m^3</td><td>2.1650kg CO_2/m^3</td></tr>
<tr><td>3</td><td>热力（当量）</td><td>百万 J</td><td>0.1100t CO_2/GJ</td></tr>
<tr><td>4</td><td>电力（当量）</td><td>kWh</td><td>0.6040t CO_2/MWh</td></tr>
<tr><td>5</td><td>其他能源</td><td>kg</td><td>0.1267kg CO_2/kg</td></tr>
<tr><td>6</td><td>焦炭</td><td>kg</td><td>2.8604kg CO_2/kg</td></tr>
<tr><td>7</td><td>焦炉煤气</td><td>亿 m^3</td><td>0.2534kg CO_2/m^3</td></tr>
<tr><td>8</td><td>发生炉煤气</td><td>亿 m^3</td><td>0.0792kg CO_2/m^3</td></tr>
<tr><td>9</td><td>液化石油气</td><td>kg</td><td>3.1013kg CO_2/kg</td></tr>
<tr><td>10</td><td>原煤</td><td>kg</td><td>1.9003kg CO_2/kg</td></tr>
<tr><td>11</td><td>洗中煤</td><td>kg</td><td>8.4132kg CO_2/kg</td></tr>
<tr><td>12</td><td>型煤</td><td>kg</td><td>2.3183kg CO_2/kg</td></tr>
<tr><td>13</td><td>煤油</td><td>kg</td><td>3.0179kg CO_2/kg</td></tr>
<tr><td>14</td><td>燃料油</td><td>kg</td><td>3.1705kg CO_2/kg</td></tr>
</table>

注：1. 碳排放因子＝单位热值 CO_2 排放因子×平均低位发热量；

2. 单位热值 CO_2 排放因子来源于《建筑碳排放计算标准》GB/T 51366—2019。

用能指标中测算的北方集中供暖能耗难以区分能源类型，故不可用过程分析法测算其碳排放。但建筑运行阶段碳排放测算过程中，各能源的消耗量不完全与北方集中供暖脱离，故本研究中建筑运行阶段碳排放不完全包括北方集中供暖产生的碳排放。

建材运输阶段碳排放由于暂无对应阶段能源消耗量，故本研究暂不测算。

2）其他污染物排放量

其他污染物排放量测算主要基于统计年鉴进行。建筑环保指标的数据可基于直接采集得到的基本数据以及建材协会提供的调研数据测算得到。直接采集的基本数据的颗粒度有分市地区，也有分省地区，主要渠道为年鉴，即《中国环境统计年鉴》和《中国统计年鉴》，频次为年度。建材协会提供的调研数据是反应建材生产、建材运输、建筑施工、建筑运行各阶段中 NO_x、二氧化硫、烟（粉）尘等污染物在工业污染物排放总量中的比值数据。

以建材生产 NO_x 排放总量为例，计算过程如下：

建材生产 NO_x 排放总量＝工业氮氧化物排放量×建材生产 NO_x 排放在工业中的比值

式中，建材生产 NO_x 排放在工业中的比值由建材协会调研得到。基于此，可扩展得到各阶段、各污染物排放量的测算方式。

需要注意的是，2020 年发布的《中国统计年鉴》中各类生活污染物排放总量由 2017 年的初步数据修正而来，虽然仍为反应 2017 年环保情况的数据，但是与 2018 年发布的年鉴中的数据有所区别。在具体核算时，应以修正数据为准。

《中国生态环境统计年报》中提供全年各类污染物排放的总量数据，既没有区分省、市、地区，也没有区分不同行业或阶段，故从该《中国生态环境统计年报》中获取的数据用于校核计算结果，不用于直接测算。

（7）基础信息

依据不同统计年鉴中相关指标的含义，可将从年鉴中获取的数据分为区分城乡与不区分城乡两类。对于区分城乡的数据，则直接获取并相互校核认定。对于不区分城乡的数据，则需要依据统计数据得到关于城乡比例的经验数据，将其处理为城镇与农村两部分。

获取区分城乡的数据的渠道有《中国统计年鉴》《中国人口和就业统计年鉴》，并可从这两个年鉴中直接获取得到城镇常住人口、农村常住人口数据，可用性、准确度较高。结合从《中国统计年鉴》中采集到的平均家庭户规模，分别将城镇常住人口、农村常住人口与平均家庭户规模作比得出城镇户数与农村户数，即：

城镇户数＝城镇常住人口/平均家庭户规模

农村户数＝农村常住人口/平均家庭户规模

获取不区分城乡的数据的渠道有《中国城市建设统计年鉴》《中国人口和就业统计年鉴》。《中国城市建设统计年鉴》虽分省列出市区人口与城区人口数据，但由于城镇与市区、城区的定义存在交叉，与城镇常住人口含义不完全一致，需要相互校核确认。从《中国人口和就业统计年鉴》中可采集得到户数、家庭户、集体户三个不区分城乡的、与户数有关的指标数据，需要按照一定比例折算为城乡户数，即：

城镇户数＝户数×城镇比例

农村户数＝户数×农村比例

综合来说，城镇常住人口、农村常住人口以《中国统计年鉴》中数据为准较为合适。城镇户数、农村户数以所得城镇常住人口、农村常住人口与平均家庭户规模作比得到较为合适。

2.3.2　数据测算结果

（1）建筑面积规模

1）城镇实有居住建筑面积

基于《中国统计年鉴》数据，采用逐年递推法测算得到城镇实有居住建筑面积，并与《中国能耗研究报告》以及清华大学《中国建筑节能年度发展研究报告》中的相关数据进行对比分析。

图 2-47 反映了全国及各省份的年末城镇实有居住建筑面积，图 2-48 为本研究结果数据与其他渠道数据的对比分析（以全国数据为例）。

由图 2-47 可知，全国及各主要省份的城镇实有居住建筑面积呈上升趋势，由 2006 年的 151 亿 m^2 增长到 2019 年的 235 亿 m^2。以 2019 年数据为例，占比较大的前三个省份为江苏省、广东省、山东省，其占全国比重分别为 8.38%、7.89%、7.67%，三省在 2016—2019 年间均呈现平稳上升趋势。

从图 2-48 可以看到，本研究的全国城镇实有居住建筑面积结果数据与节能协会的《中国能耗研究报告》中相关数据变化趋势相同，但后者的面积增速偏快。原因在于竣工

民用建筑"四节一环保"大数据及数据获取机制研究与实践

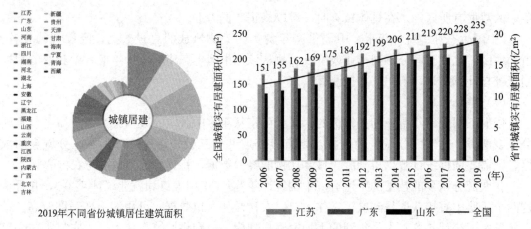

2019年不同省份城镇居住建筑面积

图 2-47　城镇实有居住建筑面积

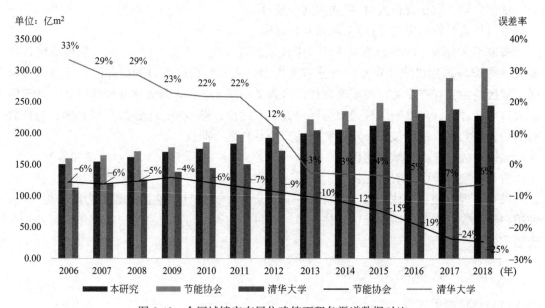

图 2-48　全国城镇实有居住建筑面积各渠道数据对比

面积指标数据的获取渠道不同，本研究采用的竣工面积数据获取渠道为《中国固定资产投资统计年鉴》，而节能协会采用的是《中国建筑业统计年鉴》，所以《中国能耗研究报告》中的竣工面积比本研究的竣工面积数值偏大，导致其城镇实有居住建筑面积增速比本研究结果数据快。

2）乡村实有居住建筑面积

在乡村实有居住建筑面积的计算中，采用《中国统计年鉴》为数据的主要获取渠道，具体数值由其中的"乡村住宅建筑实有面积"及"村住宅建筑实有建筑面积"两者相加得到。将结果数据与《中国能耗研究报告》以及清华大学《中国建筑节能年度发展研究报告》中的相关数据进行误差分析。

由图 2-49 可以看到全国及各省份的乡村实有居住建筑面积的数据，图 2-50 为本研究计算数据与其他渠道数据的对比分析（以全国数据为例）。

90

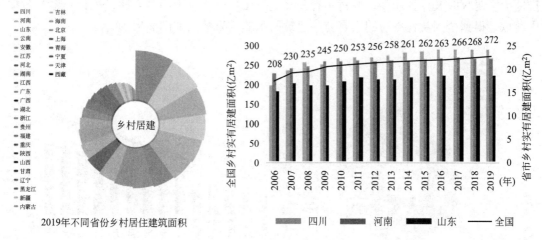

图 2-49　乡村居住建筑面积

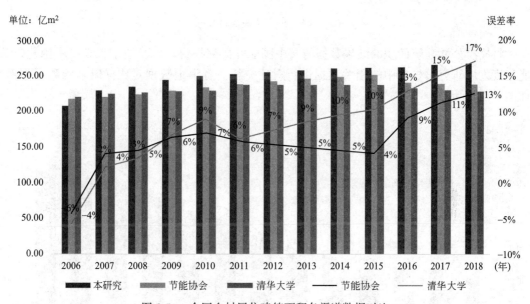

图 2-50　全国乡村居住建筑面积各渠道数据对比

由图 2-49 可以看到，全国及各省份的乡村居住建筑面积变化不大，由 2006 年的 208 亿 m² 增长到 2019 年的 272 亿 m²。以 2019 年数据为例，全国乡村实有居住建筑面积较大的三个省份为四川省、河南省、山东省，其占全国比重分别为 8.43%、7.89%、6.48%，其中 2006—2016 年呈现轻微上升趋势，2016 年后有下降趋势。

从图 2-50 中可以看到，本研究的全国乡村居住建筑面积结果数据与其他两个报告中的相关数据变化趋势基本相同，且误差范围也稳定在 14% 以下，证明此研究的结果数据比较反映真实情况。

3）实有公共建筑面积

本研究的实有公共建筑面积数据由两部分构成，分别为城镇实有公共建筑面积与乡村实有公共建筑面积。在城镇实有公共建筑面积的计算中，采用《中国统计年鉴》数据及倒推法为主要获取及计算途径，乡村实有公共建筑面积可从《中国城乡建设统计年鉴》数据中获取。得到全国及各省份的实有公共建筑面积的结果数据如图 2-51 所示。

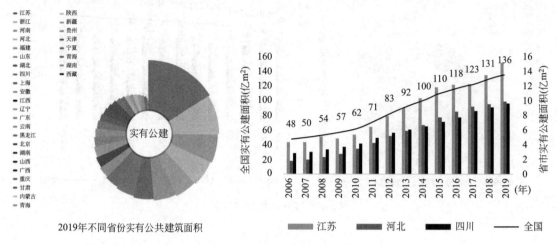

图 2-51　实有公共建筑面积

将实有公共建筑面积的结果数据与《中国能耗研究报告》以及清华大学《中国建筑节能年度发展研究报告》中的相关数据进行对比分析。各渠道数据对比（以全国数据为例）如图 2-52 所示。

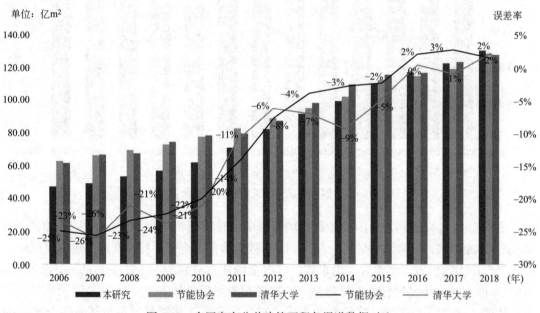

图 2-52　全国实有公共建筑面积各渠道数据对比

由图 2-51 可以看到，全国及各省份的实有公共建筑面积大致呈稳步上升趋势，由 2006 年的 48 亿 m² 增长到 2019 年的 136 亿 m²。全国实有公共建筑面积当中，江苏省、浙江省、河南省三省占较大比例，其占全国比重分别为 17.80%、9.58%、6.32%，且三省均呈现逐年上升趋势。

从图 2-52 中可以看到，本研究的全国实有公共建筑面积结果数据较其他两个渠道的结果数据偏小，原因在于本研究在进行城镇公共建筑面积的计算时，考虑扣除了生产性建筑面积。

4）民用建筑实有建筑面积

本研究中的民用建筑实有建筑面积包含城镇实有居住建筑面积、乡村实有居住建筑面积及实有公共建筑面积。将上述计算数据结果相加得到全国及各省份的民用建筑实有建筑面积，结果数据见图 2-53。将本研究计算结果数据与《中国能耗研究报告》以及清华大学《中国建筑节能年度发展研究报告》中的相关数据进行对比分析，如图 2-54 所示。

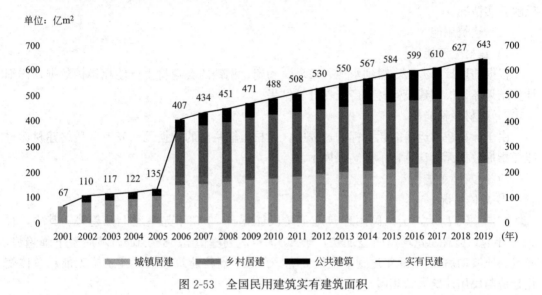

图 2-53　全国民用建筑实有建筑面积

图 2-54　全国实有建筑面积各渠道数据对比

由图 2-53 可以看到，全国及各省份的民用建筑实有建筑面积呈上升趋势，由 2001 年的 67 亿 m² 增长到 2019 年的 643 亿 m²。而在 2005 年与 2006 年发生突增，其原因在于：在城镇实有居住建筑面积及城镇实有公共建筑面积的计算当中，由于中国住建部官网在 2001—2005 年期间仅公布了《中国城市建设统计年鉴》，缺少了《中国城乡建设统计年鉴》，因此这五年内的本年建制镇居住建筑实有建筑面积数据无法得到，同样 2001—2005 年的乡村住宅数据同样无法获取。

由图 2-54 可以看到本研究的全国实有建筑面积结果数据与节能协会及清华大学的研究结果趋势基本一致，且数据方面的误差也稳定在 7% 以内，证明此研究的结果数据比较反映真实情况。

（2）建筑用能

1）建材生产能耗

根据前述计算方法，得到水泥、玻璃、陶瓷、钢铁四类建材生产能耗指标数据，详细计算结果参见民用建筑建材生产能耗计算结果。

2）建材运输能耗

由于计算建材运输能耗指标的过程中，建材运输距离的数据无法获取，最终建材运输能耗指标数据无法计算，不做结果展示。

3）建筑施工能耗

① 总体情况

如图 2-55 所示，全国民用建筑施工阶段能耗自 2003 年起呈现上升趋势。其中，自 2009 年起，能耗总量增速明显加快，于 2014 年达到峰值 3138 万 tce。随后呈下降趋势，经过一段波动后在 2019 年达到最大值 3428 万 tce。居住建筑与公共建筑施工能耗总体变化趋势与民用建筑大致相同。

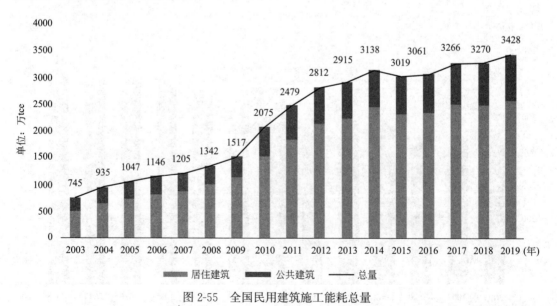

图 2-55　全国民用建筑施工能耗总量

② 居住建筑

利用投入产出法计算得到 2006—2019 年全国及主要省份的居住建筑施工能耗指标，

计算结果如图 2-56 所示。全国居住建筑施工能耗总量 2006—2014 年呈逐渐上升趋势，2014 年达到该阶段峰值 2440 万 tce，2014 年后有所下降，2016 年又开始出现上升趋势，于 2017 年达到小的峰值为 2486 万 tce，2017 年后增速较为平缓，于 2019 年达到最大值 2567 万 tce。

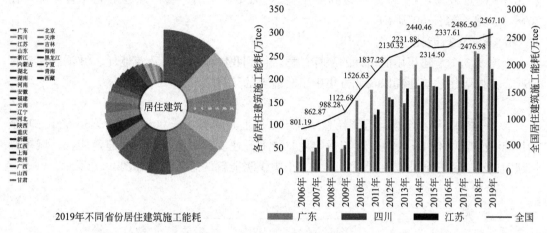

2019年不同省份居住建筑施工能耗

图 2-56　居住建筑施工能耗总量

2019 年全国居住建筑施工能耗中，广东省占比最大，占全国 12.1%；其次为四川省、江苏省，分别占全国的 8.7%、7.7%。广东省 2006—2014 年呈上升趋势，于 2014 年达到最大值 232.12 万 tce，2014 年后呈下降趋势，在 2016 年后又开始呈上升趋势；四川省和浙江省 2006—2019 年整体上呈上升趋势。

③ 公共建筑

如图 2-57 所示，全国公共建筑施工阶段能耗总量自 2006 年起呈现上升趋势。其中，相较于 2009 年，2010 年能耗总量增速明显加快，增长率高达 39%。随后，在 2011 年增长率下降 17%。2003—2019 年，能耗总量逐步增加，于 2019 年达到峰值 861 万 tce。

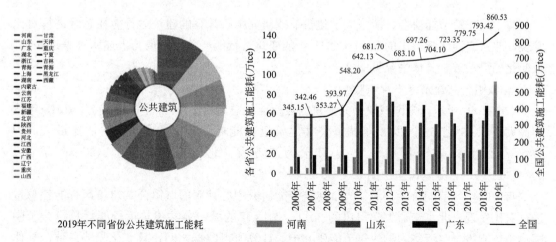

2019年不同省份公共建筑施工能耗

图 2-57　公共建筑施工能耗总量

2019 年全国公共建筑施工能耗中，河南省占比最大，占全国 10.9%，其次为山东省、广东省，分别占全国的 7.5%、6.8%。河南省 2006—2019 年整体呈上升趋势，于 2019 年达到最大值 94 万 tce；山东省 2006—2011 年整体呈上升趋势，于 2011 年到峰值 89 万 tce，2011 年之后呈下降趋势，在 2013 年达到最小值 48 万 tce，2013 年后在 55 万 tce 附近波动；广东省 2006—2019 年整体上呈上升趋势，在 2010 年达到峰值 73 万 tce，2010 年后在 70 万 tce 附近波动，在 2016 年达到最小值 52 万 tce，2016 年后又是先上升后下降，在 2018 年达到小峰值 69 万 tce。

4）建筑运行能耗

根据 3.3.1 节建筑用能指标的测算过程，得到我国城镇公共建筑能耗、城镇居住建筑能耗、乡村居住建筑能耗以及北方集中供暖能耗的计算结果。

① 总体情况

2009—2017 年，全国运行能耗总量处于平稳上升趋势，从 2009 年的 5.50 亿 tce 升至 2017 年的 10.13 亿 tce，2013 年以后能耗总量上升速度放缓。城镇公共建筑能耗、城镇居住建筑能耗、乡村居住建筑能耗以及北方集中供暖能耗的总体情况如图 2-58 所示。

图 2-58　建筑运行能耗总量

与中国建筑节能协会、清华大学建筑节能研究中心计算的建筑运行能耗总量进行对比发现，北京交通大学得出的 2011—2017 年的建筑运行能耗总量数值与上述两种渠道相近，且变化趋势一致，具体情况见图 2-59。

② 城镇公共建筑（不含供暖）

如图 2-60 所示，全国城镇公共建筑的运行能耗总量自 2006 年呈上升趋势，2018 年达到最大值 3.69 亿 tce。2018 年城镇公共建筑运行能耗总量中，广东省的占比最大，为 3747.75 万 tce，占全国的 9.7%；其次为江苏省、北京市，分别为 2497.45 万 tce、2088.11 万 tce，分别占全国的 6.4%、5.4%。

与中国建筑节能协会、清华大学建筑节能研究中心计算的城镇公共建筑运行能耗总量进行对比发现，北京交通大学得出的 2011—2018 年的城镇公共建筑运行能耗总量介于中国建筑节能协会与清华大学建筑节能研究中心计算所得数据之间，且变化趋势一致，具体情况见图 2-61。

③ 城镇住宅（不含供暖）

图 2-59　建筑运行能耗总量多渠道计算结果对比

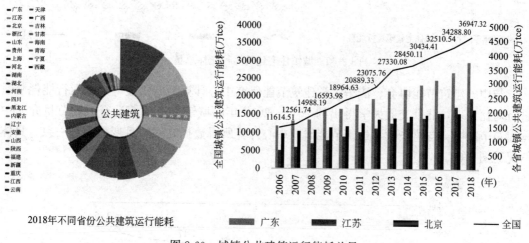

2018年不同省份公共建筑运行能耗

图 2-60　城镇公共建筑运行能耗总量

图 2-61　城镇公共建筑运行能耗总量多渠道计算结果对比

如图 2-62 所示，全国城镇住宅能耗总量自 2006 年开始呈逐渐上升趋势，2017 年达到最大值 2.89 亿 tce。2018 年城镇住宅建筑运行能耗总量中，广东省占比最大，为 2631.58 万 tce，占全国的 10.2%，其次为山东省、江苏省，分别为 1507.52、1448.26 万 tce，均占全国的 6.3%。

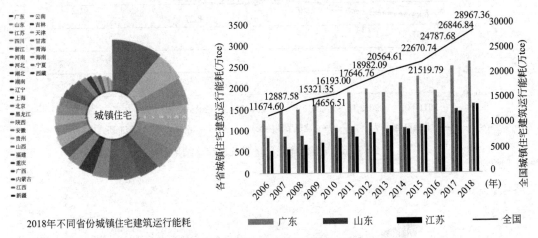

2018年不同省份城镇住宅建筑运行能耗

图 2-62　城镇住宅建筑运行能耗总量

与中国建筑节能协会、清华大学建筑节能研究中心计算的城镇住宅建筑运行能耗总量进行对比发现，北京交通大学得出的 2011—2018 年的城镇住宅建筑运行能耗总量介于中国建筑节能协会与清华大学建筑节能研究中心计算所得数据之间，且变化趋势一致，具体情况见图 2-63。

图 2-63　城镇住宅建筑运行能耗总量多渠道计算结果对比

④ 乡村住宅（不含供暖）

如图 2-64 所示，全国乡村住宅建筑的运行能耗总量总体呈上升趋势，自 2013 年起，能耗总量的增速放缓，至 2018 年达到峰值，为 2.27 亿 tce。其中，2018 年乡村住宅建筑运行能耗总量中，河北省的占比最大，为 2019.99 万 tce，占全国的 8.9%，其次为广东省、江苏省，分别为 1612.85 万 tce、1215.07 万 tce，分别占全国的 7.1%、5.3%。

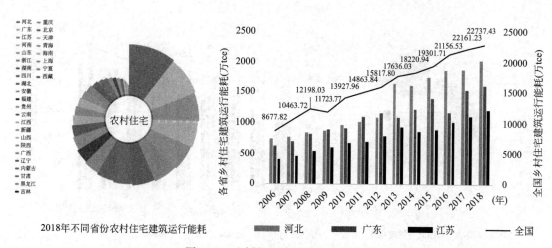

2018年不同省份农村住宅建筑运行能耗

图 2-64　乡村住宅建筑运行能耗总量

与中国建筑节能协会、清华大学建筑节能研究中心计算的乡村住宅建筑运行能耗总量进行对比发现，北京交通大学得出的 2011—2018 年乡村住宅建筑运行能耗总量低于上述两种渠道的计算结果，且整体呈上升趋势，具体情况见图 2-65。

图 2-65　乡村住宅建筑运行能耗总量多渠道计算结果对比

⑤ 北方集中供暖能耗

如图 2-66 所示，全国北方集中供暖能耗总量总体呈上升趋势，自 2014 年起，北方集中供暖能耗总量的增速增加，至 2017 年达到峰值，为 1.80 亿 tce。2017 年全国北方集中供暖能耗总量中，辽宁省的占比最大，为 2901.95 万 tce，占全国的 16.12%，其次为山东省、黑龙江省，分别为 2352.51 万 tce、1977.64 万 tce，分别占全国的 13.7%、10.8%。

与中国建筑节能协会、清华大学建筑节能研究中心计算的北方集中供暖能耗总量进行对比发现，北京交通大学得出的 2011—2017 年的北方集中供暖能耗总量低于上述两种渠道的计算结果，整体与上述两种渠道的变化趋势一致且呈上升趋势，具体情况见图 2-67。

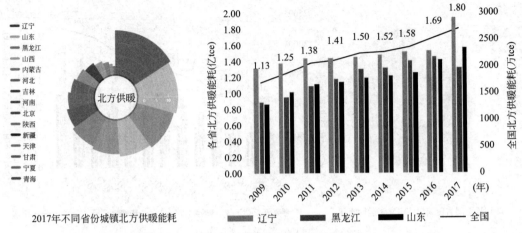

2017年不同省份城镇北方供暖能耗

图 2-66　北方集中供暖能耗

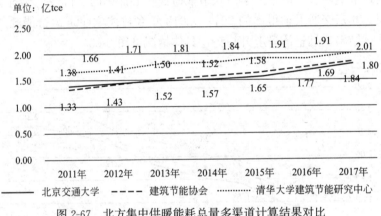

图 2-67　北方集中供暖能耗总量多渠道计算结果对比

（3）建筑用材

1）民用建筑水泥使用量

如图 2-68 所示，全国民用建筑水泥使用量自 2004 年开始呈逐渐上升趋势，2014 年达

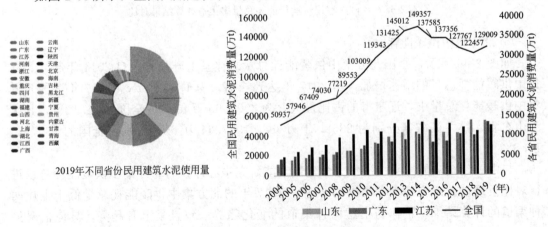

2019年不同省份民用建筑水泥使用量

图 2-68　民用建筑水泥使用量

到最大值 149357 万 t，2014 年后有所下降，但下降趋势渐缓，2019 年又开始出现上升趋势。以 2019 年为例，山东省占比最大，占全国的 10.6%，其次为广东省、江苏省，分别占全国的 10.4%、9.8%；整体来看，山东省和广东省整体除 2015—2016 年有短暂的下降，基本上呈逐年上升趋势；江苏省自 2004 年呈逐渐上升趋势，2015 年后开始下降，但 2019 年又开始上升。

2）民用建筑平板玻璃使用量

如图 2-69 所示，全国民用建筑平板玻璃使用量自 2004 年开始呈逐渐上升趋势，2011 年达到最大值 272232 万 m^2，2011—2014 年整体变化不大，2014 年后有所下降，2015—2019 年大致呈持平状态。以 2019 年为例，山东省占比最大，占全国的 10.6%，其次为广东省、江苏省，分别占全国的 10.4%、9.8%；整体来看，三省的使用量趋势大致相同，2011 年前呈逐年上升趋势，2011—2016 年有短暂的下降，2016 年后又开始出现上升趋势；山东省 2011 年前呈逐年上升趋势，2011 年后开始下降。

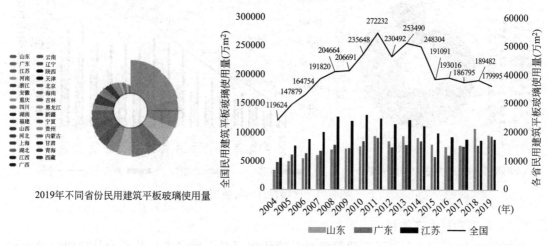

图 2-69　民用建筑平板玻璃使用量

3）民用建筑陶瓷砖使用量

如图 2-70 所示，全国民用建筑陶瓷使用量自 2004 年开始呈逐渐上升趋势，2016 年达

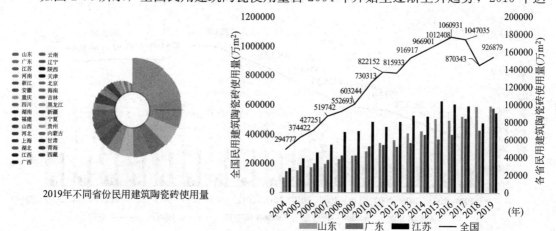

图 2-70　民用建筑陶瓷使用量

101

到最大值 1060931 万 m²，2016 年后有所下降，2019 年又开始出现上升趋势。以 2019 年为例，山东省占比最大，占全国的 10.6%，其次为广东省、江苏省，分别占全国的 10.4%、9.8%；整体来看，山东省除 2015—2016 年有短暂的下降，整体呈逐渐上升趋势，江苏省和广东省使用量趋势大致相同，除 2018 年有短暂的下降，整体呈逐渐上升趋势。

4）民用建筑钢材使用量

如图 2-71 所示，全国民用建筑钢材使用量除 2015 年后较前一年下降外，整体呈逐年上升趋势，2019 年达到最大值 71541 万 t。以 2019 年为例，江苏省占比最大，占全国的 9.5%，其次为山东省、浙江省，分别占全国的 7.8%、7.5%；整体来看，江苏省和浙江省的使用量趋势大致相同，2014 年前呈逐年上升趋势，2014—2016 年逐渐下降，2016 后又开始上升；山东省 2014 年前呈逐年上升趋势，2019 年后开始下降。

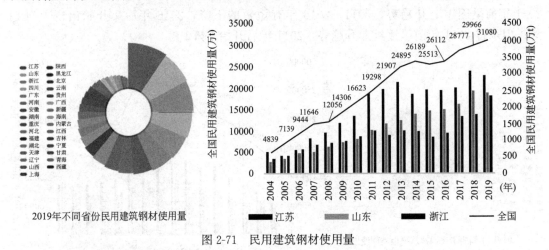

2019年不同省份民用建筑钢材使用量

图 2-71　民用建筑钢材使用量

5）各类建材生产能耗

如图 2-72 所示，全国民用建筑建材总能耗中钢材占比最大，几乎为其他建材总能耗的 2 倍，其次为水泥、陶瓷、平板玻璃，陶瓷和平板玻璃总能耗大致相同且相对较小，建材总能耗在 2014 年之前呈逐年上升趋势，2014 年达到最大值 7313.38 亿 kgce，2014 年后有所下降，但下降趋势并不明显，2019 年后又开始出现上升趋势。

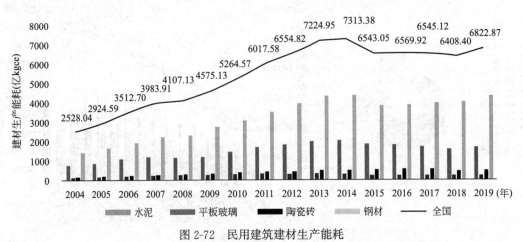

图 2-72　民用建筑建材生产能耗

（4）建筑用地

1）居住区用地面积

从《中国统计年鉴》与《中国城乡建设统计年鉴》获取到的居住区用地面积数据空间范围为全国 31 个省、市及自治区，时间序列为 2006—2019 年，统计口径为城市与县城区域，具体如图 2-73 所示。

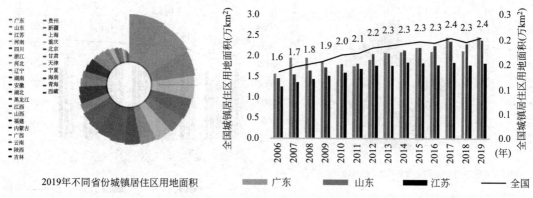

2019年不同省份城镇居住区用地面积

图 2-73　城镇居住区用地面积

从图 2-73 中可以看出，城镇居住区用地面积整体上在 2006—2019 年呈缓慢上升趋势，到 2019 年增加至 2.4 万 km²。其中，2019 年广东省的城镇居住区用地面积最大，占全国的 8.41%。山东省和江苏省次之，分别占全国的 8.14% 和 6.23%。

2）公共管理与公共服务用地面积

从《中国统计年鉴》与《中国城乡建设统计年鉴》获取到的公共管理与公共服务用地面积数据空间范围为全国 31 个省、市、自治区，时间序列为 2012—2019 年，数据统计口径为城市与县城区域，具体如图 2-74 所示。

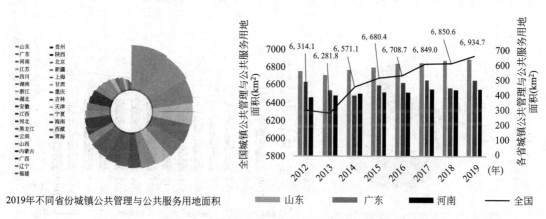

2019年不同省份城镇公共管理与公共服务用地面积

图 2-74　城镇公共管理与公共服务用地面积

从图 2-74 中可以看出，城镇公共管理与公共服务用地面积除 2012—2013 年有小幅度下降外，整体上呈缓慢上升趋势，到 2019 年增加至 6934.7km²。其中，2019 年山东省的城镇公共管理与公共服务用地面积最大，占全国的 9.20%；广东省和河南省次之，分别占全国的 7.19% 和 6.36%。

3）商业服务业设施用地面积

从《中国统计年鉴》与《中国城乡建设统计年鉴》获取到的商业服务业设施用地面积数据空间范围为全国 31 个省、市、自治区，时间序列为 2012—2019 年，数据统计口径为城市与县城区域，具体如图 2-75 所示。

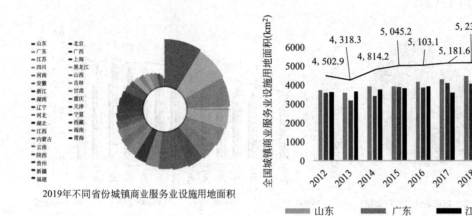

2019年不同省份城镇商业服务业设施用地面积

图 2-75　城镇商业服务业设施用地面积

从图 2-75 中可以看出，城镇商业服务业设施用地面积除 2012—2013 年有小幅度下降外，整体上呈缓慢上升趋势，到 2019 年增加至 5342.8km²。其中，2019 年山东省的城镇商业服务业设施用地面积最大，占全国的 8.95%。广东省和江苏省次之，分别占全国的 8.25% 和 7.14%。

4）城镇民用建筑用地面积

城镇民用建筑用地面积数据空间范围为全国 31 个省、市、自治区，时间序列为 2006—2019 年，统计口径为城市与县城区域，具体如图 2-76 所示。

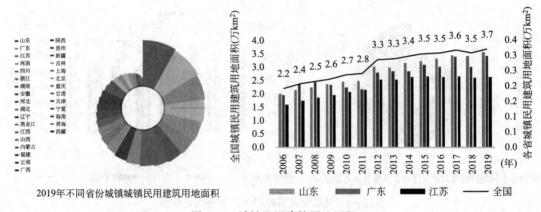

2019年不同省份城镇城镇民用建筑用地面积

图 2-76　城镇民用建筑用地面积

从图 2-76 中可以看出，城镇民用建筑用地面积除 2010—2011 年有小幅度下降外，整体上呈缓慢上升趋势，到 2019 年增加至 3.7 万 km²。以 2019 年为例，城镇民用建筑用地面积总量排名前十的省份分别为：山东、广东、江苏、河南、四川、浙江、湖南、安徽、河北、湖北，见图 2-77。其中，山东省的城镇民用建筑用地面积总量以 3102.99km² 位居全国第一，占全国的 8.46%；排名其后两个省份的城镇民用建筑用地面积量分别为 2991.96km²、2288.41km²，分别占全国的 8.16% 和 6.24%。

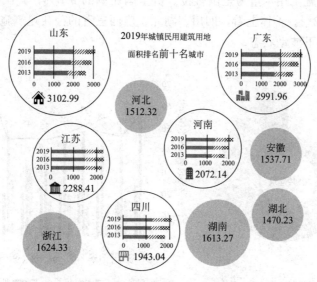

图 2-77　城镇民用建筑用地面积前十名

（5）建筑用水

1）施工用水

由图 2-78 可知，居住建筑施工用水量 2008—2017 年整体上呈上升趋势，其中 2012 年、2016 年有回落，2017—2019 年呈下降趋势。以 2019 年测算数据为例，四川省的居住建筑施工用水量为全国首位，占全国比例的 9.3%；其次为湖北、广东，分别占比 8.7%、8.6%。整体上看，四川、湖北、广东居住建筑施工用水量在 2008—2017 年逐年上升，2018 年和 2019 年开始小幅回落。

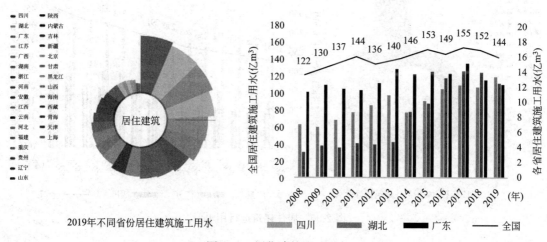

图 2-78　居住建筑施工用水

从图 2-79 可知，在 2008—2019 年期间，公共建筑施工用水量除了 2008 年、2011 年和 2016 年外，数据整体上处于平稳的状态，较少波动。其中 2016 年公共建筑施工用水量最高，达到 666598 万 m²，这可能与公共建筑大规模扩建有关。以 2019 年测算数据为例，湖北省的公共建筑施工用水量为全国首位，占全国比例的 9.5%；其次为广西、四川，分别占比 8.7%、7.2%。整体上看，四川、湖北、广西三省的公共建筑施工用水未有明显升降趋势，更多是上下波动状态。

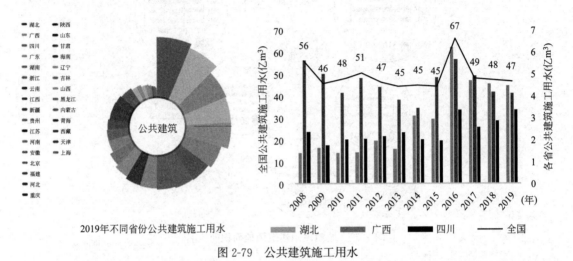

2019年不同省份公共建筑施工用水

图 2-79　公共建筑施工用水

2）运行用水

从图 2-80 可知，2006—2019 年间，居住建筑运行用水量不断增长。以 2019 年测算数据为例，广东省的居住建筑运行用水为全国首位，占全国比例的 12.3%；其次为江苏、四川，分别占比 7.4%、6.2%。整体上看，广东、江苏、四川三省的居住建筑运行用水呈逐年上升趋势。

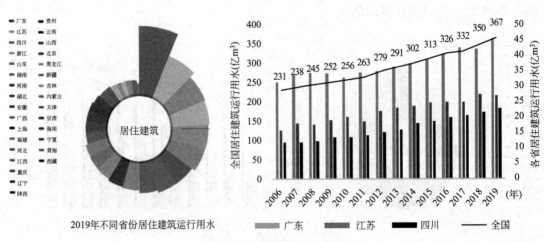

2019年不同省份居住建筑运行用水

图 2-80　居住建筑运行用水

从图 2-81 中可以看出，2006—2008 年间，公共建筑运行用水整体上处于平稳状态，2009—2019 年间，除了 2011 年用水量有较大程度回落，整体上处于平稳增长。以 2019 年测算数据为例，广东省的居住建筑运行用水为全国首位，占全国比例的 14.6%；其次为江苏、上海，分别占比 8.5%、7.4%。整体上看，广东省公共建筑运行用水除个别年份有小幅回落，总体呈上升趋势。江苏、四川两省的公共建筑运行用水在 2006 年、2007 年达到小高峰，2012—2019 年呈波动上升趋势。

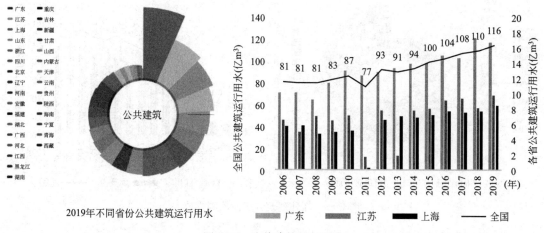

2019年不同省份公共建筑运行用水

图 2-81　公共建筑运行用水

（6）环境保护

1）二氧化碳排放

① 建材生产阶段碳排放

从图 2-82 可以看出，民用建筑建材生产二氧化碳排放量整体上在 2004—2019 年呈缓慢上升的趋势，到 2019 年增加至 17.5 亿 t CO_2。其中，2019 年江苏省的民用建筑建材生产二氧化碳排放量最高，占全国的 15.7%，浙江省和湖北省次之，分别占比全国的 9.60% 和 6.43%。

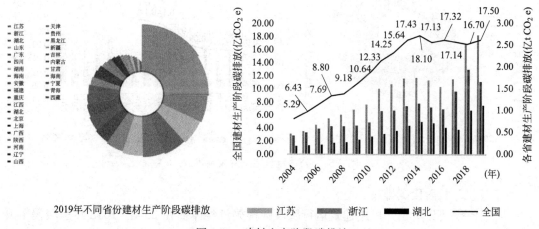

2019年不同省份建材生产阶段碳排放

图 2-82　建材生产阶段碳排放

② 居住建筑施工阶段碳排放

从图 2-83 可以看出，居住建筑施工阶段二氧化碳排放量整体上在 2003—2019 年呈缓慢上升趋势，到 2019 年增加至 0.58 亿 t。其中，2019 年广东省的居住建筑施工阶段二氧化碳排放量最高，占全国的 10.96％。四川省和内蒙古自治区次之，分别占全国的 8.32％和 7.84％。此外，广东省的排放量明显高于四川省和内蒙古自治区。

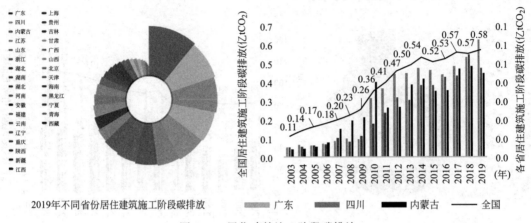

2019年不同省份居住建筑施工阶段碳排放

图 2-83　居住建筑施工阶段碳排放

③ 公共建筑施工阶段碳排放

从图 2-84 可以看出，公共建筑施工阶段二氧化碳排放量整体上在 2003 年至 2019 年呈缓慢上升趋势，到 2019 年增加至 0.30 亿 t CO_2。其中，在 2015 年出现局部最高值。在 2019 年各省公共建筑施工碳排放总量中，河南省最高，占全国的 7.31％。浙江省和山东省次之，分别占全国的 7.12％和 6.82％。

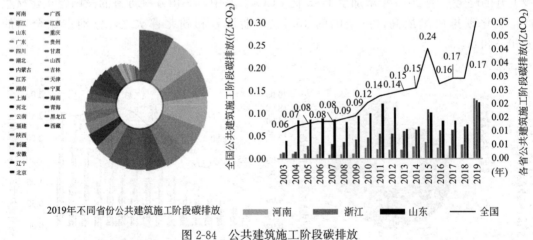

2019年不同省份公共建筑施工阶段碳排放

图 2-84　公共建筑施工阶段碳排放

④ 建筑运行阶段碳排放

从图 2-85 可以看出，民用建筑运行阶段碳排放量整体上在 2006—2018 年呈缓慢上升趋势，到 2018 年增加至 14.8 亿 t。在 2018 年各省民用建筑运行碳排放量中，河北省最高，占全国的 8.83％；广东省和山东省次之，分别占全国的 7％和 6.94％，并且河北省明显高于广东省和山东省的排放量。

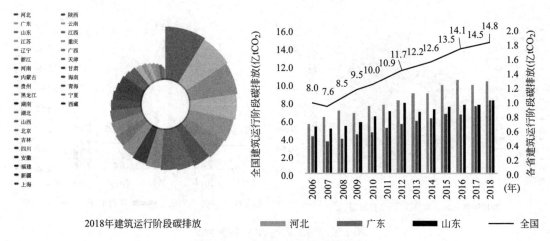

2018年建筑运行阶段碳排放

图 2-85　建筑运行阶段碳排放

2）其他污染物排放

① 建筑 NO_x 排放量

从图 2-86 可以看出，建材生产、运输及建筑施工 NO_x 排放量的基础数据呈下降的趋势，自 2013 年的 278.91 万 t 下降到 2017 年的 88.91 万 t。其中，2017 年排放量前三的城市分别是重庆、天津和石家庄，分别占全国的 9.75％、8.24％和 6.60％。排名最低的三个城市是西安、拉萨和海口。因此，重庆、天津和石家庄应该重视建材生产、运输及建筑施工 NO_x 的排放量，学习西安、拉萨和海口的减排经验，降低 NO_x 的排放量。

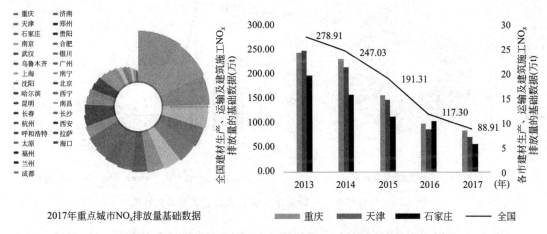

2017年重点城市NO_x排放量基础数据

图 2-86　建材生产、运输及建筑施工 NO_x 排放量基础数据

从图 2-87 可以看出，建筑运行 NO_x 排放量在 2013—2015 年呈上升趋势，到 2015 年达到最大值，为 65.14 万 t，2015—2016 年急剧下降。其中 2017 年哈尔滨、重庆及乌鲁木齐的排放量处于最高水平，分别占全国的 18.09％、10.03％和 8.42％。此外，这三个城市建筑运行 NO_x 排放量在 2013 年、2014 年、2016 年和 2017 年均为哈尔滨大于重庆大于乌鲁木齐，只有 2015 年乌鲁木齐建筑运行 NO_x 排放量大于重庆。

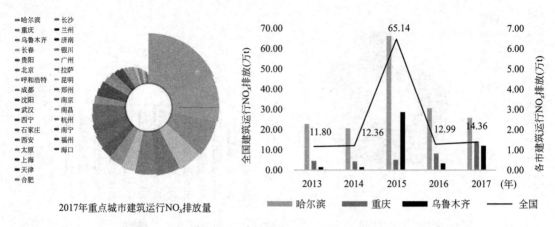

图 2-87　建筑运行 NO_x 排放情况

② 建筑 SO_2 排放量

从图 2-88 可以看出，建材生产、运输及建筑施工 SO_2 的排放量基础数据在 2003—2006 年呈上升趋势，2013—2017 年的排放量呈下降趋势，并且 2003—2006 年的数据与 2013—2017 的数据差距较大，表明我国在环境治理方面取得了良好的效果，也表明各省市越来越重视 SO_2 的排放带来的环境问题。其中 2017 年建材生产、运输及建筑施工 SO_2 的排放量的基础数据最大的三个城市是重庆、贵阳和昆明，分别占全国的 19.68%、7.12%、6.26%。

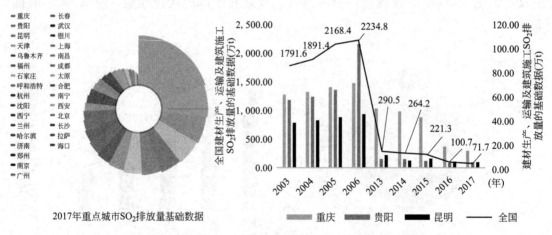

图 2-88　建材生产、运输及建筑施工 SO_2 排放量基础数据

从图 2-89 可以看出，2003—2005 年建筑运行 SO_2 排放量呈上升趋势，在 2005—2006 年有轻微的下降，2013—2017 年的排放量呈正态分布，2015 年出现局部最大值，为 296.87 万 t。其中，2017 年哈尔滨、贵阳、重庆的排放量最高，分别占全国的 14.1%、13.11% 和 11.72%。

③ 建筑烟（粉）尘排放量

从图 2-90 可以看出，建材生产、运输及建筑施工烟（粉）尘的排放量在 2003—2006 年出现轻微的上升和下降，呈较为平稳的状态，2013—2017 年的排放量除在 2014 年有轻

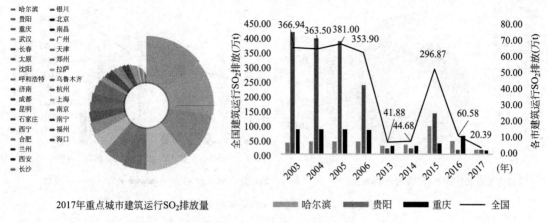

图 2-89 建筑运行 SO₂ 排放情况

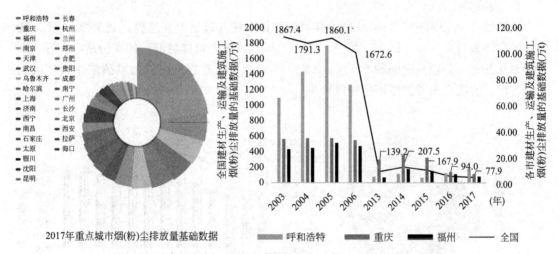

图 2-90 建材生产、运输及建筑施工烟（粉）尘排放量基础数据

微上升之外，总体呈下降趋势，从 2003 年的 1867.4 万 t 降到 2017 年的 77.9 万 t，并且 2003—2006 年的数据与 2013—2017 的数据差距较大，表明我国在建材生产、运输及建筑施工领域的烟（粉）尘排放量方面取得了较好的成绩。其中，2017 年建材生产、运输及建筑施工烟（粉）尘的排放量的基础数据最大的三个城市是呼和浩特、重庆和福州，分别占全国的 14.25%、8.82% 和 6.23%。

从图 2-91 可以看出，建筑烟（粉）尘排放量从 2013—2017 年呈上升趋势，从 2013 年的 26.46 万 t 增加至 2017 年的 55.84 万 t。其中，2017 年哈尔滨、重庆及长春的烟（粉）尘排放量远高于其他城市，分别占全国的 22.96%、13.09% 和 8.87%，贵阳和沈阳的排放量次之。

（7）基础信息

基于统计年鉴获取的数据和上述的测算方法，共得到人口信息、户数信息、经济信息三大类信息。其中人口信息包括城镇常住人口和农村常住人口；户数信息包括城镇户数和农村户数。由于第七次全国人口普查的详细数据尚未公布，故统计了 2014—2019 年的相

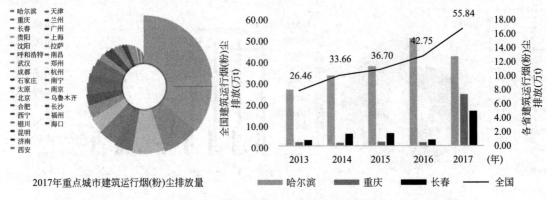

2017年重点城市建筑运行烟(粉)尘排放量

图 2-91　建筑运行烟（粉）尘排放情况

关信息，详细信息如图 2-92 所示。

1）城镇常住人口

从图 2-92 可以看出，2006—2019 年我国城镇常住人口呈上升趋势。截至 2019 年，我国城镇常住人口高达 8.5 亿人。其中，2019 年城镇常住人口排名前三的省份是广东省、山东省和江苏省，分别占全国的 9.7%、7.3% 和 6.72%，并且广东省的城镇常住人口远超其他省份，说明广东省的城镇化程度较高。

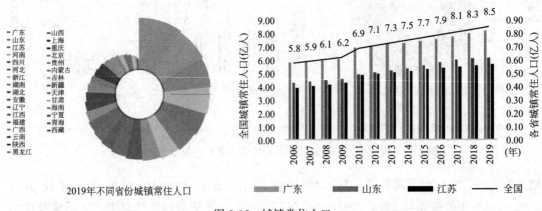

2019年不同省份城镇常住人口

图 2-92　城镇常住人口

2）农村常住人口

从图 2-93 可以看出，2006—2019 年我国农村常住人口呈下降趋势，截至 2019 年，我国农村常住人口为 5.5 亿人，约为城镇常住人口的 1/2。其中，2019 年农村常住人口排名前三的省份是河南省、山东省和四川省，分别占全国的 8.18%、7.03% 和 7.02%。山东省既是城镇常住人口较多的省份，也是农村常住人口最多的省份，说明山东省的人口基数较大。

3）城镇户数

从图 2-94 可以看出，城镇户数在 2006—2014 年呈缓慢上升的趋势，到 2015 年突然增加至 356.6 万户后，又降至 20.9 万户，2016—2019 年也呈缓慢上升的趋势。其中，2019 年城镇户数排名前三的省份是广东省、山东省和江苏省，分别占全国的 9.00%、7.91% 和

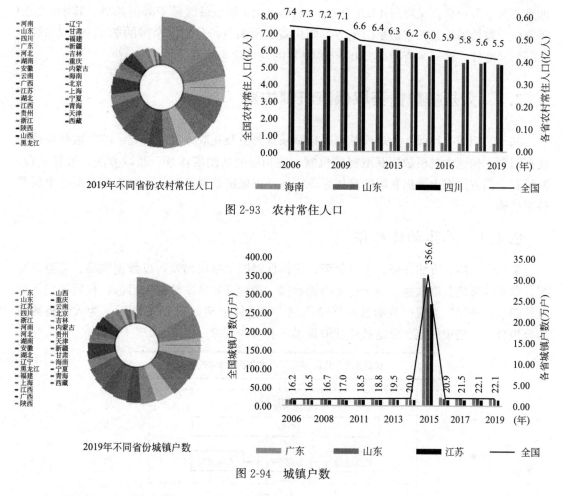

2019年不同省份农村常住人口

图 2-93　农村常住人口

2019年不同省份城镇户数

图 2-94　城镇户数

6.56%。此外，广东省的城镇户数远超其他省份，说明广东省的城镇化程度较高，而山东省户数排名靠前的原因主要是人口基数大。

4）农村户数

从图 2-95 可以看出，农村户数在 2006—2014 年呈缓慢下降的趋势，到 2015 年突然增

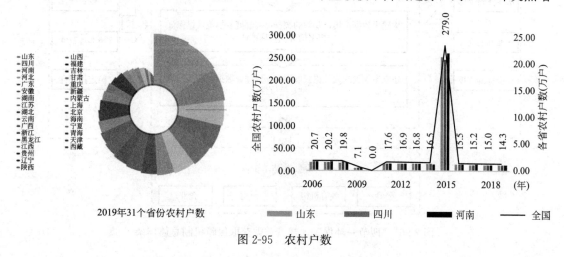

2019年31个省份农村户数

图 2-95　农村户数

加至 279.0 万户后，又降至 15.5 万户，2016—2019 年也呈缓慢下降的趋势。其中，2019年农村户数排名前三的省份是山东省、四川省、河南省，分别占全国的 7.61％、7.5％和7.29％。此外，这三个省份在 2006—2019 年的变化趋势一致。

2.4 大规模数据获取保障机制构建

基于"四节一环保"大规模数据各指标采集渠道及获取方法的研究，结合数据获取的现存问题，构建大规模数据获取保障机制，并相应的从制度体系、获取方法、数据平台、质量安全四方面提出数据获取的具体保障措施，以保证数据获取的及时有效、动态更新及科学准确。

2.4.1 总体构建框架

从制度保障、方法保障、平台保障、主体保障四个维度出发，以数据准确、完整为原则，以及时准确获取数据、安全稳定传输数据、持续有效共享数据为目标，构建了民用建筑"四节一环保"大规模数据获取保障机制，其总体框架如图 2-96 所示，为大规模数据的合规合法、精确规范、稳定持续获取提供了有力的支撑。

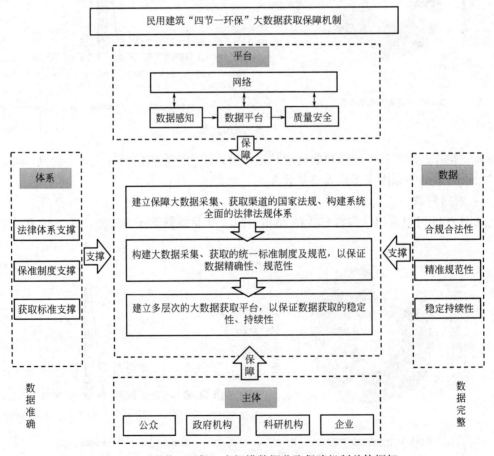

图 2-96 "四节一环保"大规模数据获取保障机制总体框架

制度保障方面，从法律法规、统计制度、数据标准三方面健全数据获取法律法规及制度体系，明确数据获取依据，规范数据获取工作，贯通数据获取渠道。方法保障方面，从推进试点项目、融通高新技术两方面丰富数据获取的科学方法，对标数据获取内涵，拓宽数据获取外延，提高数据获取效率。平台保障方面，从实现数据共享、加强主体协作、提高数据质量三方面搭建大规模数据获取平台，联动数据获取内容，统筹多源异构数据，增强数据可用性。主体保障方面，对政府机构、科研院所、行业协会、相关企业四方加大激励力度，建立双向激励约束，调动各主体积极性，提升数据获取水平。

2.4.2　具体保障措施

（1）健全法律法规及制度体系

现行法律法规及统计制度等以大类的统计法律及法规为主，未全面覆盖民用建筑"四节一环保"大规模数据的获取。因此，应进一步完善相关法律法规体系，规范数据统计制度，为数据获取提供健全的法律法规及制度体系支撑，保障数据获取的合法合规性、精准规范性。

1）完善法律法规体系

为保障获取的数据数值能切实反应实际，数据范围能符合目标要求，有必要完善民用建筑"四节一环保"大规模数据获取相关法律法规体系，贯穿国家、省、市、县、乡镇、村庄形成自上而下的纵向数据采集渠道，规范住房建设、供热、供电、国土等部门的横向数据采集工作并实现联动，实现"纵深推进、横级联动"的动态数据采集保障机制，推动各级政府及相关部门高效开展民用建筑数据采集工作。

2）规范数据统计制度

为保障获取的数据结构相对一致且无实质差异，统计口径满足需求且无冲突、重叠，有必要规范民用建筑"四节一环保"大规模数据统计制度，补充"四节一环保"关键性指标并细化指标解释，明确各项数据指标的获取渠道、获取频次，制定统一的统计表式、填报范围、实施办法，降低各门类、各层级统计制度的整合难度和复杂度，为各级政府及相关部门的数据采集工作提供制度和规范依据。

3）明确数据获取标准

为保障获取的数据直接对标目标指标，获取的过程有科学指南，有必要明确数据获取标准，细化各类分项数据指标的采集渠道，建立"目标指标标准化、获取渠道标准化、获取方法标准化"的数据获取标准化保障机制，形成能剔除异常数据或错误数据、能从数据度量等方面整合数据的数据规范，为各级政府及相关部门的数据采集工作提供行为准则，也为需要相关数据的研究、工作等提供数据获取指南。

（2）丰富科学数据获取方法

现有数据获取方法在适用性、数据校验等方面还存在改进空间，未能支持民用建筑"四节一环保"全部数据指标的获取。因此，应进一步丰富科学的数据获取方法，加强推进试点项目实施，强化新技术的应用与推广，为数据获取提供多种校验方式，保障数据获取的科学性、可靠性。

1）加强推进试点项目实施

为保障数据获取方法能顺利落地应用，数据获取结果能经受实践推敲，有必要加强推进试点项目实施，划定有区域特征和区域代表性的项目试验区，对标目标数据指标的内涵，进行各类数据指标的采集调研，提出论证调研方案科学性及获取结果可靠性的多种方法，改进现有指标数据获取方法，为获取能反应时空差异的数据提供理论支撑，增强数据获取方法的科学性。

2）强化新技术的应用与推广

为保障数据获取全流程的提速增效，数据获取方法的创新可持续，有必要强化新技术的应用与推广，推广高新技术的应用范围，强调高新技术的应用优势，融通遥感、物联网、互联网等高新技术获取对应类型的目标数据，应用爬虫等手段辅助处理大规模数据，为能持续、高效、准确获取能反应实际情况的目标指标数据提供技术支撑，增强数据获取方法的先进性。

（3）搭建大规模数据获取平台

现有数据获取平台多样且与目标数据指标核心内容不匹配，未能满足民用建筑"四节一环保"大规模数据的直接取用需求。因此，应进一步搭建大规模数据获取平台，搭建数据共享平台，加强主体协同合作，提高数据质量安全水平，保障数据获取的稳定性、可用性。

1）搭建数据共享平台

为保障获取的数据能集中分布并互联互通，数据能及时更新并稳定交互，有必要搭建数据共享平台，通过数据耦合和虚拟组织耦合制度打通不同平台间的壁垒，区分国家、地方、企业、个人的数据获取特征及政府决策者、科研人员、社会大众等群体数据需求，设计便于多方按需取用的可视化数据展示界面及底层数据库结构，实现数据的分级分层获取，提高数据获取效率。

2）加强主体协同合作

为保障获取的数据能全面反应各分项内容，数据能分级分层整合获取，有必要加强主体协同合作，破除各行业、部门各自为政的工作模式，协调各方主体实现各分项指标数据的共用共享，调动各政府部门、各行业协会积极参与数据的采集及整合，为获取真实、有效的民用建筑"四节一环保"大规模数据奠定基础。

3）提高数据质量安全水平

为保障获取的数据能够完整、准确、安全地传输，能够安全、稳定的在平台中存储、共享，有必要提高数据质量安全水平，构建数据平台的安全双向认证机制以及数据安全传输模型，利用告警预警、状态检测、数字水印等手段确保输入、输出数据的安全可靠，为数据保持高质量、高隐私、高安全地在平台中的存储、传输、共享提供支持。

（4）加大主体激励力度

现在各主体数据获取以自身需求为导向，获取目标指标数据的积极性并不高涨，未能主动参与民用建筑"四节一环保"大规模数据的获取与整理。因此，应进一步加大主体激励力度，强化政府主导作用，明确多主体激励措施，贯通各主体联系，提高数据获取的质量水平。

1）强化政府主导作用

为保障数据获取大环境和大形势的快速形成和长久持续，有必要强化政府主导作用，发挥政府公信力和关注度，促成政府与其他主体间的双向激励，制定相关政策及数据获取流程，形成数据获取、分析、流通体系，为数据的高效、准确获取提供支持。

　　2）明确多主体激励措施

　　为保障数据获取的多方主体高效配合，跨越多部门障碍，调动各主体积极性，有必要明确多主体激励措施。对于科研院所，可通过合作、资助等形式引导其进行数据采集与分析；对于行业协会，可通过下放数据管理权限、明确职能范围等形式促进其参与数据的整合与管理；对于相关企业，可通过技术创新鼓励、突出成果奖励等形式促使其完善数据采集、处理与发布体系，提高数据质量水平。

第3章 大数据的质量保障技术

随着社会的发展，海量的数据出现在各行各业，大数据已经成为各个行业研究的重点。通过不同渠道获取的建筑规模、建材生产消耗、建筑运行消耗等"四节一环保"大数据，由于采集来源的多样性、数据获取软硬件的潜在故障、数据采集人员认知或操作的失误等诸多因素，使数据产生出现不一致、缺失、噪声多、错误等问题，导致数据质量无法保障，对后续数据处理与分析产生严重影响。数据质量保障技术研究作为"四节一环保"大数据获取机制研究的重要环节，将为"四节一环保"大数据认知机理与资源治理机制构建提供可靠的数据支撑。本章按照"评估→检验→修复→控制"的思路，从多渠道数据校验方法、大规模数据清洗修复方法以及大规模数据误差分析方法三方面，论述"四节一环保"大数据系统性质量保障技术。

3.1 多渠道数据校验方法

3.1.1 现状分析

多渠道数据校验是指对不同来源、同一指标的数据开展数据含义、渠道属性的甄别，将某一渠道数据设定为校验对象，将其他渠道数据设定为校验依据，通过实现数据间的相互对比印证，对校验对象的合理性与可应用性做出判定。实施多渠道数据校验的必要前提是数据质量评估，只有准确认识单一渠道数据的质量特性，各渠道间的数据校验工作才有意义，才有可能得出有效的结论。数据质量作为大数据学科的一个重要分支，已为国内外学者及行业机构广泛研究，而针对建筑领域数据质量的相关研究及实践很少，在开展该领域数据质量评估之前，从学术角度洞悉掌握数据质量及数据质量评估的研究发展现状十分必要。

（1）数据质量内涵及其影响因素

在数据质量评估之前，首先需要界定数据质量的概念与内涵。通过文献调研，将比较有代表性的数据质量概念归纳为以下类型：

1）基于数据利用者视角。数据质量就是数据适合使用的程度（fit for use），这是数据质量概念比较有代表性的定义。站在数据利用者的角度对数据质量进行判断，突破了以往对数据质量即为数据准确性的局限，但因为使用数据的目的不同、使用场景不同，对数据质量的要求也就不尽相同，所以，基于数据利用者视角的数据质量具有相对性、主观性、难以量化评价。

2）基于数据生产者视角。Aebi认为数据质量主要指一个信息系统在多大程度上实现了模式和数据实例的一致性，及模式和数据实例在多大程度上实现了正确性、一致性、完整性和最小性[27]。Redman从概念层次、数值层次、形式层次3个层次来定义数据质量[28]。基于数据生产者的视角，能够对数据质量给予明确的评价标准，便于量化评价。

3）基于大数据的视角。随着大数据技术的广泛应用，大数据质量问题引发学者关注，在大数据环境下，比较有代表性观点是倾向于以结果为导向、从大数据应用的角度对大数据质量内涵进行界定。

数据质量的好坏直接影响着数据用户的分析、预测、决策等行为。学者们通过研究数据质量问题，发现数据质量影响因素，进而为提出有针对性的数据质量改进策略提供依据。早期对于数据质量影响因素的研究更多聚焦在信息系统以及数据处理环节，探讨系统本身对数据质量的影响。胡逢彬[29] 根据数据 ETL（Extract-Transform-Load）过程处理的是单数据源还是多数据源、问题出在模式层还是实例层，将数据质量问题分为 4 类，如图 3-1 所示。

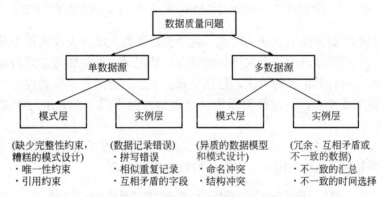

图 3-1　基于 ETL 过程的数据质量问题分类

随着对数据质量问题认知的不断深入，学者们认识到数据质量不仅仅是系统本身的技术原因，还受到信息输入环节中人员数据质量意识、管理机制等多种因素影响。更多学者将关注点扩大到数据生命周期全过程，涉及数据表示、输入、采集、处理、转化、集成、应用以及用户数据需求等若干环节[30]。

（2）数据质量评估维度

数据质量评估是对数据进行科学和统计的评估过程，是解决数据质量问题的一个源头性问题，以确定其是否满足项目或业务流程所需的质量，是否能够真正支持其预期用途的正确类型和数量。

不同的学者对于数据质量评估的涵义存在不同的看法，但是一个被广泛接受的观念认为数据质量是一个分类与层次的概念，数据质量最终可以分解成若干层次以及具体的表达数据质量不同方面属性的数据质量维度。基于这种分类与层次理论的数据质量评估研究最早从 20 世纪 90 年代开始，经过 20 多年的发展，各个国家的不同机构以及社会各个不同领域都有很多专家学者提出与之相应的数据质量评估要求，并对数据质量评估维度进行相关研究与分析。

因此，数据质量评估的核心在于具体地评估各个维度，首要问题则是如何选择具有代表性的数据质量维度。数据质量维度提供了一种用于测量和管理数据质量以及信息的方式，国际数据管理协会（DAMA）在 2013 年提出一种数据质量评估的标准，该标准包括

6个维度，如图 3-2 所示。

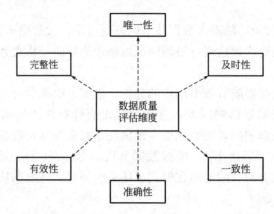

图 3-2　国际数据管理协会（DAMA）提出的六个数据质量评估维度

其中，完整性考察数据信息缺失情况，包括整条数据记录缺失或数据中某个字段信息的记录缺失；唯一性考察对应一个实体是否只有一条记录；及时性考察是否存在时延；有效性考察数据是否符合其定义的语法，包括格式、类型、范围等；准确性考察数据记录的信息是否存在异常或错误；一致性刻画将一个事物的两个或多个表示与定义对比时没有差异。

不同领域与行业对数据质量要求的差异导致其对数据质量评估的维度划分不同，表 3-1 列举出部分国际机构和国家政府部门的数据质量要求[31]。

部分国际机构、国内领域或行业的数据质量维度需求统计　　　　　表 3-1

机构/部门/行业	数据质量要求
国际货币基金组织	准确性、适用性、可获取性、专业性和完全性
欧盟统计局	相关性、准确性、及时性、准时性、可获取性和明确性、可比性、一致性
联合国粮食及农业组织	相关性、准确性、及时性、准时性、可获得性和明确性、可比性、一致性和完整性、源数据的完备性
经济合作与发展组织	相关性、准确性、可靠性、及时性、可获得性、可解释性、一致性
烟草行业	准确性、完整性、一致性、及时性、可解释性、可获得性
军事信息系统	完整性、一致性、准确性、正确性、唯一性、时效性、可解释性
企业资源计划（ERP）数据	规范性、完整性、准确性、唯一性、及时性、可用性、易用性
地理信息系统（GIS）	位置精度、现势性、一致性、完整性、可靠性
医疗行业	一致性、可靠性、可用性、适用性
交通行业	完整性、有效性、准确性、实时性

从表 3-1 可以看出，各机构、行业和领域对数据质量维度要求不尽相同，而在建筑领域，针对"四节一环保"数据，并没有相关机构及文献对数据质量评估维度提出要求。综合比较由各类组织、行业发布、管理部门发布的质量维度，出现频率较高的是：准确性、完整性、一致性、及时性和可获得性，它们在不同领域或行业可能存在不同的定义，对于上述频次较高的质量维度，将其比较普遍的定义汇总如表 3-2 所示[32]。

数据质量评估维度定义　　　　　　　　　　　　　　　　表 3-2

数据质量评估维度	定义
准确性	描述数据与其对应的客观实体特征的相似程度
完整性	描述数据是否存在缺失记录或缺失字段
一致性	描述同一实体的同一属性的值在不同的系统和数据集中是否一致
及时性	数据首次公布时间对其描述的对象所属时间的滞后程度
可获得性	描述获取数据及其辅助信息的难易程度

（3）数据质量评估方法

国外的一些国家和地区，尤其是一些发达国家，特别重视统计数据质量，通过采取各种方式做好评估工作和完善相应的管理机制，来提高和改进统计数据质量。国内对统计数据质量评估的研究起步晚，但随着市场经济的发展、统计信息需求的增加以及社会各界对统计数据质量的关注，专家学者及统计工作人员越来越重视对统计数据质量评估的研究，并取得了显著的成果，其中代表性研究成果为：孙宏艳[33] 以齐齐哈尔市统计数据质量评估为研究对象，利用层次分析法的基本原理构建统计数据质量评估指标体系和模型；于翠红[34] 基于吉林省区域自动气象站 5 年雨量观测历史数据，提出了适用于本省的雨量数据质量控制方法等。

在数据准确性评估方面，国内目前已经研究出很多针对统计数据的质量评估方法，包括：逻辑关系检验法、计量模型分析法、统计分布检验法、调查误差评估法等[35]。

3.1.2　民用建筑"四节一环保"数据质量评估模型

（1）"四节一环保"数据指标及获取渠道识别

民用建筑"四节一环保"数据指标体系包含宏观指标和微观指标两大类。宏观指标为国家掌握民用建筑"四节一环保"宏观现状、制定政策提供有效数据支撑。微观指标主要面向单体建筑，为宏观指标提供重要支撑，可从建材生产企业、建材运输企业、建筑施工单位、投入运行单体建筑及供暖企业等获取，相应的数据是可采集的、灵活的。

"四节一环保"数据宏观指标被划分为建筑面积规模、基础信息、建筑用能、建筑用材、建筑用地、建筑用水、环境保护共七类，每类指标均包含一系列细分指标，而七类数据的来源主要分布于政府、行业协会、科研机构、高新技术企业，获取方式以统计为主。

"四节一环保"数据微观指标被划分为建材生产、建材运输、建筑施工和建筑运行共四类，基本涵盖了单体建筑建造的全过程。其中，"建筑运行"指标包含基础信息、建筑用能、建筑用地、建筑用水、室内环境二级指标及其细分指标，相应数据可以从单体建筑和供暖企业获取。

以下面向宏观统计数据及微观监测数据，介绍数据质量评估模型的构建过程及其应用实例。

（2）宏观统计数据质量评估模型

经以上关于宏观数据指标及渠道的识别结果可知：建筑面积规模等三类数据属于宏观

121

统计数据，均可从不同的统计年鉴获得。但各统计年鉴的编制发布部门不同，存在其发布数据的指标内涵、统计口径、时间范围与应用要求是否匹配，其互相之间又是否匹配，如存在差异，以哪个部门发布的数据为准能真正满足国家决策管理的要求等问题。由此，即使是来源于统计年鉴的数据，在面向多元化的应用需求时，对其进行质量鉴别和评估也是十分必要的，这对于后续数据利用十分关键。

根据国内外质量评估技术的调研，目前在"四节一环保"领域，针对多部门统计结果质量的鉴别评估，并没有直接经验可以借鉴，笔者针对"四节一环保"数据指标、渠道的特性以及数据的预期用途，研究建立"以应用为导向的宏观统计数据质量评估模型"，如图 3-3 所示。

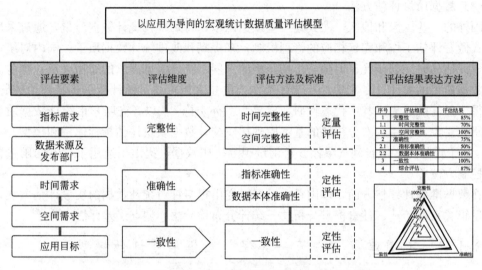

图 3-3　以应用为导向的宏观统计数据质量评估模型

该模型的建立过程包括：确定质量评估要素、选取质量评估维度、制定质量评估方法及标准、设计质量评估结果表达方法四个步骤。关于质量评估维度的选取，国内建筑领域没有建立统一的数据质量评估维度，本研究参考其他行业（领域）高频使用的五个维度：完整性、准确性、一致性、及时性和可获得性，再结合统计年鉴数据具有固定滞后性、易于获得的特点，认为及时性和可获得性不影响质量判定结论，最终选定完整性、准确性、一致性三个维度，用以衡量建筑领域宏观统计数据的质量。各维度的评估方法、判定标准及评估结果表示形式如表 3-3 所示。

宏观统计数据质量评估维度、评估方法、判定标准、结果表征　　　　　　　表 3-3

质量评估维度		评估方法与判定标准
完整性	时间完整性	计算待评估数据集实际满足的年份数与质量评估要素中的时间需求（即数据应该满足的年份数）之比，计算结果值以取整百分数表示
	空间完整性	判定待评估数据集是否满足质量评估要素中的空间需求（即数据应该涵盖的行政区划范围），满足则结果值取 1，否则取 0
	评估结果计算	对以上两项指标的结果值取平均值，计算结果值以取整百分数表示

质量评估维度		评估方法与判定标准
准确性	指标内涵准确性	判定待评估统计指标与质量评估要素中指标需求和应用目标的符合性,符合则结果值取 1,否则取 0
	数据本体准确性	由于统计年鉴数据是由统计局对地方社会、经济发展数据全面统计后公开发布的数据,是国家及地方进行经济指标、社会发展指标核算的数据依据,其所发布的建筑能耗相关数据具有较强的权威性与可靠性[36],鉴于此,对数据本体准确性的评估结果值默认取 1
	评估结果计算	对以上两项指标的评估结果取平均值,计算结果值以取整百分数表示
一致性		选取至少 4 个年度,对来源于不同统计年鉴的数据集,对比同年度数据值是否一致,如果一致,则对全部数据集的结果值取 1;如果不一致,则分析不同数据来源指标内涵的差异以及数据本体差异的特征,判定最接近指标需求和应用目标的数据集,对该数据集一致性评估结果取 1,其余数据集取 0;如果无法判定这样的数据集,则对全部数据集的一致性评估结果取 0

　　最后,计算三个维度评估结果的平均值,以取整百分数表示待评估数据集的综合评估结果。评估结果示例如表 3-4 所示。

数据质量评估结果示例　　　　　　　　　　　　　　　　　　表 3-4

序号	评估维度	评估结果
1	完整性	85%
1.1	时间完整性	70%
1.2	空间完整性	100%
2	准确性	75%
2.1	指标准确性	50%
2.2	数据本体准确性	100%
3	一致性	100%
4	综合评估	87%

　　该模型采用基于客观计算的定量评估与基于经验判断的定性评估相结合方法,从多维度对数据质量特征进行分析,最终形成综合评估结果,可帮助数据使用者量化评定数据满足自身要求的能力,并挑选出用于测算建筑运行能耗等数据的最佳基础数据源。

　　以下根据"四节一环保"宏观统计数据指标及获取渠道的识别结果,设定上海地区为目标评估地域,将"以应用为导向的宏观统计数据质量评估模型"应用于上海地区建筑规模、建筑用能和建筑用水的宏观统计数据质量评估实例之中,以对模型的适用性实现初步验证。

　　1)建筑面积规模数据质量评估实例

　　① 质量评估要素(表 3-5)

上海地区房屋建筑面积质量评估要素　　　　　　　　　　表 3-5

要素名称	要素内容
指标需求	地区年末实有建筑面积(万 m²)
数据来源及发布部门	《中国统计年鉴》(国家统计局) 《中国城乡建设统计年鉴》(住房和城乡建设部) 《上海统计年鉴》(上海市统计局)
时间需求	20 年(1999—2018 年)
空间需求	上海市
应用目标	作为参数计算上海地区历年公共建筑运行电力消费总量

② 质量评估过程

对照质量评估要素的指标需求、应用目标,根据各维度的评估方法与判定标准,对三类统计年鉴提供的"地区年末实有建筑面积"数据开展完整性、准确性及一致性评估,具体过程在此不做赘述。需说明的是,在空间完整性维度方面,《中国城乡建设统计年鉴》[37] 仅在"建制镇房屋"章节提供了全国各地区建制镇房屋"年末实有建筑面积"数据,以 2018 年为例,上海地区建制镇数量 92 个、建成区面积 117566.34hm²,约占上海全市土地面积 19%,故该数据无法反映整个上海地区的建筑面积规模,不满足评估要素的空间需求。在指标内涵准确性维度方面,《上海统计年鉴》[38] 对不同类型房屋的建筑面积进行了细分,能够支持与多类型建筑用电强度的匹配计算,而另两类统计年鉴并未提供细分数据,故不能满足待评价数据集作为参数计算上海地区历年公共建筑运行电力消费总量的要求。

③ 质量评估结果

对三类统计年鉴,从三个维度开展评估的结果进行汇总后,得到上海地区历年建筑面积规模综合评估结果,如表 3-6、图 3-4 所示。

三类统计年鉴发布的上海地区建筑规模数据质量评估结果汇总表　　　　表 3-6

序号	评估维度	评估结果		
		《中国统计年鉴》	《中国城乡建设统计年鉴》	《上海统计年鉴》
1	完整性	73%	40%	95%
1.1	时间完整性	45%	60%	90%
1.2	空间完整性	100%	19%	100%
2	准确性	50%	50%	100%
2.1	指标内涵准确性	0	0	100%
2.2	数据本体准确性	100%	100%	100%
3	一致性	100%	0	100%
4	综合评估	74%	30%	98%

由此可得到结论:《上海统计年鉴》提供的历年房屋建筑面积数据更适合用于上海地区"年末实有建筑面积"的统计。

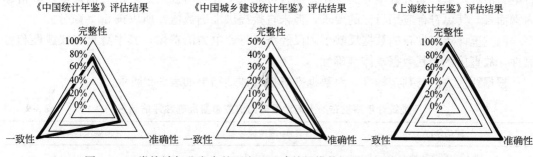

图 3-4　三类统计年鉴发布的上海地区建筑规模数据质量评估结果雷达图

2）建筑用能数据质量评估实例

① 质量评估要素（表 3-7）

上海地区电力消费总量质量评估要素　　　　　　　　　表 3-7

要素名称	要素内容
指标需求	地区电力消费总量(亿 kWh)
数据来源及发布部门	《中国统计年鉴》(国家统计局) 《上海统计年鉴》(上海市统计局)
时间需求	20 年(1999—2018 年)
空间需求	上海市
应用目标	测算上海地区历年公共建筑运行电力消费总量

② 质量评估过程

a. 完整性评估

《中国统计年鉴》[7] 在"能源-分地区电力消费量表"提供了上海地区"电力消费量"数据，涵盖年份为：1990 年、1995 年、1999—2018 年。《上海统计年鉴》"城市建设-用电量"一表提供了全市"用电量"总计和按行业细分的数据，涵盖年份为：2007—2018 年。对照质量评估要素中的时间、空间需求，根据评估方法与判定标准，对数据完整性的评估结果如表 3-8 所示。

两类统计年鉴发布的上海地区电力消费总量完整性评估结果　　　　　表 3-8

评估维度	《中国统计年鉴》	《上海统计年鉴》
时间完整性	100%	60%
空间完整性	100%	100%
完整性	100%	80%

b. 准确性评估

《中国统计年鉴》仅提供了上海地区电力消费总量，未按行业进行细分；《上海统计年鉴》发布的数据按：①农业；②工业；③交通运输、仓储和邮政业；④商业、住宿和餐饮业；⑤金融、房地产、商务及居民服务业；⑥公共事业及管理组织；⑦城市居民生活用电共 7 类行业进行了细分。质量评估要素提出的应用目标，是测算上海地区历年公共建筑运行电力消费总量，如果数据分类细化，则有可能从中分解出公共建筑电力消耗量，就指标内涵而言，其更符合应用目标的要求，但未直接提供准确数值，所以按50%赋分。

两类统计年鉴发布的数据反映了国民经济各行业电力消费量，其本身具有权威性和可靠性，故直接认定其数据本体准确性。

根据评估方法与判定标准，对数据准确性的评估结果如表3-9所示。

两类统计年鉴发布的上海地区电力消费总量准确性评估结果　　表3-9

评估维度	《中国统计年鉴》	《上海统计年鉴》
指标内涵准确性	0	50%
数据本体准确性	100%	100%
准确性	50%	100%

c. 一致性评估

以2015—2018年为参考年限，将《中国统计年鉴》提供的上海地区电力消费量数据和《上海统计年鉴》提供的全市电力消费总量数据进行对比，发现四年统计结果值几乎相同，如图3-5所示（以2018年为例）。

《中国统计年鉴》—上海地区电力消费量数据

9-14　分地区电力消费量

单位：亿千瓦小时

地　区	1995	2000	2005	2010	2015	2017	2018
北京	262	384	571	810	953	1067	1142
天津	179	234	385	646	801	806	861
河北	603	809	1502	2692	3176	3442	3666
山西	399	502	946	1460	1737	1991	2161
内蒙古	187	254	668	1537	2543	2892	3353
辽宁	623	749	1111	1715	1985	2135	2302
吉林	268	291	378	577	652	703	751
黑龙江	409	442	556	748	869	929	974
上海	403	559	922	1296	1406	1527	1567
江苏	685	971	2193	3864	5115	5808	6128
浙江	440	738	1642	2821	3554	4193	4533

《上海统计年鉴》—全市电力消费总量

表11.10　用电量(2018)

指　标	2018
用电量(亿千瓦时)	1566.66
农，林，牧，渔业	6.37
工业	780.21
交通运输、仓储和邮政业	54.23
批发和零售业	73.30
住宅和餐饮业	15.52
金融业	18.21
房地产业	167.24
公共服务及管理组织	141.42
居民生活	243.55

① 本表数据由市电力公司提供。
② 2018年起，电力公司对用电量指标的行业分类进行了调整。

图3-5　两类统计年鉴发布的上海地区2018年"电力消费总量"数据对比

根据评估方法与判定标准，对数据一致性的评估结果如表3-10所示。

两类统计年鉴发布的上海地区电力消费总量一致性评估结果　　表3-10

评估维度	《中国统计年鉴》	《上海统计年鉴》
一致性	100%	100%

③ 质量评估结果

对两类统计年鉴从三个维度开展评估的结果汇总后，得到上海地区历年公共建筑运行电力消费总量综合评估结果，如表3-11、图3-6所示。

两类统计年鉴发布的上海地区电力消费总量质量评估结果汇总表　　表 3-11

序号	评估维度	评估结果	
		《中国统计年鉴》	《上海统计年鉴》
1	完整性	100%	80%
1.1	时间完整性	100%	60%
1.2	空间完整性	100%	100%
2	准确性	50%	75%
2.1	指标内涵准确性	0	50%
2.2	数据本体准确性	100%	100%
3	一致性	100%	100%
4	综合评估	83%	85%

《中国统计年鉴》评估结果　　　　　　　　　　　　《上海统计年鉴》评估结果

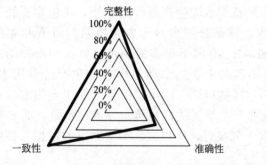 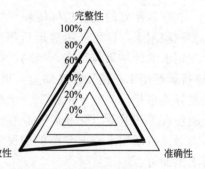

图 3-6　两类统计年鉴发布的上海地区电力消费总量质量评估结果雷达图

由此可得到结论:《上海统计年鉴》提供的电力消费量数据更适用于上海地区历年公共建筑运行电力消费总量的测算。

3) 建筑用水数据质量评估实例

① 质量评估要素 (表 3-12)

建筑用水数据质量评估要素　　表 3-12

要素名称	要素内容
指标需求	指标名称:建筑运行用水总量(万 m³) 指标含义:本自然年内,各省、市、自治区位于城镇范围内的居住建筑和公共建筑运行使用过程中的用水总量。包含居住建筑用水总量和公共建筑用水总量
数据来源及发布部门	《中国统计年鉴》(国家统计局) 《中国城乡建设统计年鉴》(住房和城乡建设部) 《上海统计年鉴》(上海市统计局)
时间需求	20 年(1998—2017 年)
空间需求	上海市
应用目标	支持政府管理部门掌握上海地区历年建筑运行用水总量

② 质量评估过程

依据评估模型选取的质量维度和评估标准，对三个部门发布的建筑用水数据开展多维度质量评估。关于指标准确性，各统计年鉴对于用水数据的分类方式不尽相同，如表 3-13 所示，需细化鉴别后才能做出判断。

《中国统计年鉴》《中国城乡建设统计年鉴》与《上海统计年鉴》
提供上海地区分类用水量数据对比（单位：万 m³） 表 3-13

A	《中国统计年鉴》	生产用水	生活用水			合计
		48189	176817			225006
B	《中国城乡建设统计年鉴》	生产运营用水	公共服务用水	居民家庭用水	其他用水	合计
		48189	71864	104952	20209	245214
C	《上海统计年鉴》	工业用水	非工业用水	居民生活用水	其他用水	合计
		45300	74800	105000	20100	245200
	B−C 差量	2889	−2936	−48	109	14

根据 B 年鉴的统计指标解释可知：生产运营用水除生产过程用水外，还包含了经营运营过程用水，即生产用房运行等部分用水，该部分用水 B 年鉴未单列，而 A 年鉴的生产用水统计结果与其完全相同，由此可知，A、B 两类年鉴的用水量数据与指标需求"建筑运行用水总量"存在偏差。再观察 C 年鉴的工业用水和 B 年鉴的生产经营用水，其差异关系相反、差异量相当，于是可做出这样的推断：C 年鉴提供的非工业用水较大可能包含了建筑业、交通运输业等行业与纯生产活动无关的建筑运行的用水量，而 C 年鉴的居民生活用水与 B 年鉴的居民家庭用水十分接近，所以，C 年鉴提供的数据与评估需求更加符合。

其他维度的评估过程在此不做赘述。

③ 质量评估结果

由三个部门发布的建筑用水数据，其在三个维度的综合评估结果如表 3-14、图 3-7 所示。

建筑用水数据质量评估结果汇总表 表 3-14

序号	评估维度	评估结果		
		《中国统计年鉴》	《中国城乡建设统计年鉴》	《上海统计年鉴》
1	完整性	100%	78%	93%
1.1	时间完整性	100%	100%	100%
1.2	空间完整性	100%	55%	85%
2	准确性	50%	50%	100%
2.1	指标准确性	0	0	100%
2.2	数据本体准确性	100%	100%	100%
3	一致性	0	100%	100%
4	综合评估	50%	76%	98%

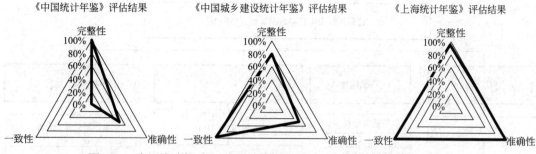

图 3-7　《中国统计年鉴》《中国城乡建设统计年鉴》及《上海统计年鉴》
建筑用水数据质量评估结果雷达图

经多维度数据质量评估，可得到结论：《中国统计年鉴》《中国城乡建设统计年鉴》与《上海统计年鉴》提供的城市用水数据在各年份的完整性较好，关于用水总量的统计口径基本一致，但分类统计口径有所差异。《上海统计年鉴》提供的非工业用水和居民生活用水之和更准确地反映了上海地区民用建筑运行用水总量。

（3）微观监测数据质量评估模型

经以上关于建筑运行微观指标及渠道的识别结果可知：单体建筑运行用电数据主要来源于建筑能耗监测系统，该类系统由能耗计量表具、数据采集层、数据传输层、数据应用层和数据上传层组成，由于计量表具错误安装、发生故障、测试数据受环境电磁波干扰、数据传输过程延迟等原因[39]，导致能耗监测数据质量可能存在缺陷，继而影响建筑能耗数据的展示、挖掘以及建筑宏观用能数据的汇总统计。因此，在城市级平台接收到的楼宇用电监测数据投入应用之前，有必要对其进行质量分析与评估，一方面确保平台接入数据正确、完整、及时，另一方面也为数据清洗修复等质量深化保障提供依据。

我国于 2007 年开始推动国家机关办公建筑和大型公共建筑能耗监测平台建设，住房和城乡建设部于 2008 年颁布《国家机关办公建筑和大型公共建筑能耗监测系统分项能耗数据采集技术导则》（下文简称"《国家导则》"）指出：电量分项能耗的必分项为照明插座用电、空调用电、动力用电和特殊用电，并规定分项能耗数据的采集频率为 15min/次至 1 次/h 之间，可根据具体需要灵活设置。

根据目前全国建筑能耗监测系统的实践经验，建筑用电数据向城市级平台的传输频率一般为 1 次/h，每次传输数据的主要内容为建筑总用电和四大分项用电，能耗数据具有实时性、时序性、内含逻辑性的特点。针对监测类数据的质量评估，虽然目前国内外已有相关研究，但各领域、各行业的数据由于业务特征、应用目标不同，数据质量评估的方法亦存在差异，无法直接适用于建筑用电运行监测数据。因此，笔者借鉴通用性质量评估方法，结合我国建筑能耗监测数据的特征，构建"建筑运行用电监测数据质量评估模型"，如图 3-8 所示。

该模型主要采用定量评估方法，从多维度对数据质量特征进行分析，结合用电监测数据的时间序列特点，最终形成面向单一周期和某一个历史时间段的评估结果，从而帮助建筑能耗数据使用人员更直观地认知数据质量缺陷、判断数据应用于分析挖掘的可行性，同时也能够支持能耗监测系统实施单位开展故障诊断与性能提升。模型的建立过程如下：

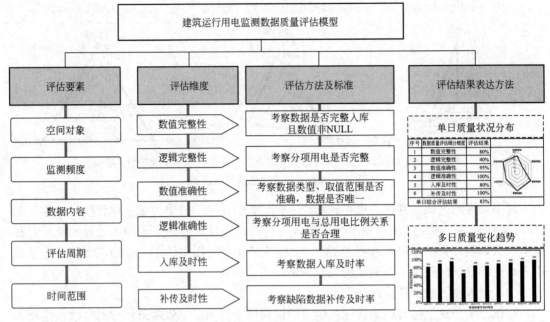

图 3-8　建筑用电监测数据质量评估模型

1）数据质量评估模型构建

① 确定质量评估要素

质量评估之前，需要确定监测类质量评估的要素，包括：空间对象、监测频度、数据内容、评估周期、时间范围。于建筑用电监测数据而言，由于我国各地区建筑能耗监测系统的建设均遵循《国家导则》，所以用电监测数据质量评估要素具有显著的共性，可归纳为表 3-15。

表 3-15

建筑用电监测数据质量评估要素

质量评估要素	要素内容
空间对象	单体建筑
监测频度	1次/h
数据内容	总用电、分项用电（照明插座、空调、动力、特殊）
评估周期	24h
时间范围	能耗数据覆盖的起止日期，具体依评估需求而定

② 选取质量评估维度

建筑建材行业对监测数据质量评估的研究鲜有涉及，故参考其他行业或领域高频采用的数据质量评估维度，在其中选择完整性、准确性、及时性，作为评估建筑用电监测数据质量的维度，并结合建筑用电监测数据的业务特征，对完整性维度扩展出数值完整性和逻辑完整性两个细分维度，对准确性维度扩展出数值准确性和逻辑准确性两个细分维度，对及时性扩展出入库及时性和补传及时性两个细分维度，开展细分维度的独立评估。各评估维度于数据质量的意义及定义如表 3-16 所示。

数据质量评估维度及其定义   表 3-16

数据质量评估维度	细分维度	定义
完整性	数值完整性	描述数据于时间需求和频度需求的缺失程度
	逻辑完整性	描述数据于数据内容需求的缺失程度
准确性	数值准确性	描述数据类型准确性、取值与预设合理范围的符合程度
	逻辑准确性	描述数据记录间的关系与业务逻辑的符合程度
及时性	入库及时性	描述数据写入数据库的及时率
	补传及时性	描述数据异常状况下的补传及时率

③ 制定质量评估方法及标准

本模型以一栋建筑在一个自然日内的小时总用电及 4 个分项用电监测值（共计 120 条记录）为评估对象，如表 3-17 所示。

微观监测数据质量评估维度、评估方法、判定标准、结果表征   表 3-17

评估维度	评估方法与判定标准	评估结果表征
数值完整性	各时间刻度所采集数据记录及其取值，是否存在数据记录缺失或取值为 NULL 的情形，如存在任一情况，则判定当前记录数值不完整	评估结果＝1－[（缺失记录数＋NULL 值记录数)/120] （取值范围为[0,1]）
逻辑完整性	总用电或四大分项用电数值是否存在缺失时刻大于等于 4h 的情形，如存在任一情况，则判定当前能耗分项不完整	评估结果＝1－（不完整的能耗分项个数/5） （取值范围为[0,1]）
数值准确性	数据的类型是否为浮点型、数值与建筑面积的比值是否在(0,200]（单位:Wh/m^2）之间、各时间刻度是否互不重复。如存在任一情况，则判定当前记录数值不完整	数值准确性评估结果＝1－（不准确记录数/入库记录数） （取值范围为[0,1]）
逻辑准确性	是否存在分项用电之和超过总用电 10% 或不及总用电 60% 的情形，如存在，则判别为不准确	准确:0; 不准确:1
入库及时性	各时刻用电监测数据写入数据库时间与数据代表时间之差，如大于 5min，则判别为不及时	评估结果＝1－（入库不及时记录数/入库记录数） （取值范围为[0,1]）
补传及时性	质量缺陷数据及时向平台发送补缺或修复后的数据，根据补传时间和用电数据代表时间之差	评估结果取值: ≤2h:1; >2h 且≤24h:0.8; >24h 且≤48h:0.6; >48h 且≤72h:0.4; >72h:0.2; 未补传:0

④ 设计质量评估结果表达方法

质量评估结果采用单日评估和多日评估两种表达方法。单日评估以结果值统计表与雷达图相结合，表达某建筑在一个完整评估周期即 24h 的用电监测数据在六个维度评估结果的分布状况；多日评估以柱状图表达某建筑在连续日期内的数据质量变化趋势，其中每一日的评估值为当日综合评估结果。为提高可读性,将各维度结果值、综合评估结果值均转换为百分数取整表示。评估结果示例如表 3-18、图 3-9 所示。

建筑用电监测数据质量单日评估结果表达示例 表 3-18

序号	数据质量评估细分维度	评估结果	
1	数值完整性	80%	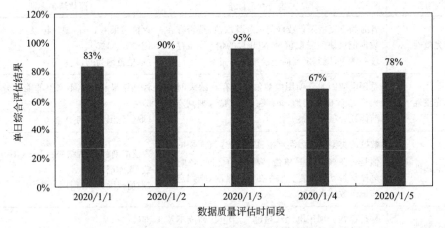
2	逻辑完整性	40%	
3	数值准确性	95%	
4	逻辑准确性	100%	
5	入库及时性	80%	
6	补传及时性	100%	
	单日综合评估结果	83%	

图 3-9 建筑用电监测数据质量多日评估结果表达示例

以下"四节一环保"微观数据指标及获取渠道的识别结果,以某教育建筑和某体育建筑为对象,应用"建筑运行用电监测数据质量评估模型"开展用电监测数据质量评估,以对模型的适用性实现初步验证。

2)某教育建筑用电监测数据质量评估实例

① 质量评估要素

该建筑于 2018 年按《国家导则》完成能耗监测系统建设,评估的数据内容为该建筑每小时上传上级能耗监测平台的总用电和四大分项用电监测数据,评估周期为日。评估时间范围选定为 2019 年 12 月 23 日至 29 日,共计 7 个监测日。需说明的是,由于系统实施单位已在上述时间后对缺陷数据进行了补传,所以对于完整性、准确性的评估针对了补传之前的原始数据集。

② 评估过程

a. 数据完整性

待评估数据集共有数据记录 833 条,而 7 个监测日的应采集记录总数为 840 条,对数据集进行逐日遍历，发现 2019 年 12 月 25 日 16：00 和 17：00 分别缺失了 4 条记录和 3 条记录。除此以外，其余日期的数据记录均是完整的，且所有入库的能耗数据值未出现 NULL 值。每日应采集数据记录数为 120 条，故 12 月 25 日的数据完整性评估结果为：0.94（113/120），其余监测日的评估结果均为 1。

b. 逻辑完整性

待评估数据集在 7 个监测日内均未发生分项用电在所有时间刻度全部缺失的情形，故各日的逻辑完整性评估结果均为 1。

c. 数值准确性

待评估数据集在 7 个监测日各时刻的总用电数据值均为 0，故各日的逻辑完整性评估结果均为 0.8（96/120）。

d. 逻辑准确性

由于待评估数据集在 7 个监测日各时刻的总用电数据值均为 0，故在 7 个完整评估周期内均存在分项用电之和超过总用电 10% 的情形，各日逻辑准确性评估结果均为 0。

e. 入库及时性

根据上级平台的数据上传日志，7 个监测日、833 条数据记录的入库时间与用电数据代表时间之差均小于 5min，故各日的入库及时性评估结果均为 1。

f. 补传及时性

根据上级平台的数据补传日志，待评估数据集的数据补传时间为 2020 年 1 月 19 日，该次补传主要修复了各日的数值准确性缺陷，而发生于 12 月 25 日 16：00、17：00 的数值完整性、准确性缺陷未得以修复，故 12 月 25 日的补传及时性评估结果为 0；其余各日，由于补传时间与用电数据代表时间之差大于 72h，评估结果均为 0.2。

③ 评估结果

评估结果如表 3-19、图 3-10、图 3-11 所示。

某教育建筑 2019 年 12 月 23 日至 29 日用电监测数据单日评估结果　　　表 3-19

序号	数据质量评估细分维度	评估结果	
		2019 年 12 月 25 日	评估周期其余各日
1	数值完整性	94%	100%
2	逻辑完整性	100%	100%
3	数值准确性	80%	80%
4	逻辑准确性	0%	0%
5	入库及时性	100%	100%
6	补传及时性	0%	20%
	单日综合评估结果	62%	67%

由以上评估结果可得到如下结论：该教育建筑于 2019 年 12 月 23 日至 29 日之间的用电监测数据集，数据质量状态趋于稳定，存在的主要问题是总用电监测数值在 7 个监测日内连续出现 0 值，并由此导致分项用电远大于总用电的逻辑错误。在发生问题的 20 余天后，能耗监测系统实施单位进行了数据补传，修复了大部分总用电 0 值问题，故以上经补

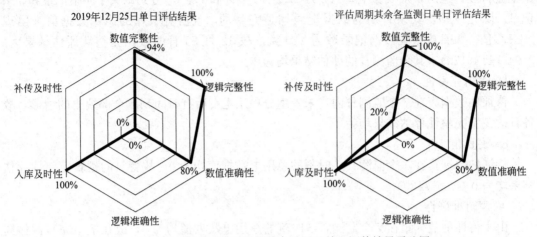

图 3-10　2019 年 12 月 25 日及其余监测日单日评估结果雷达图

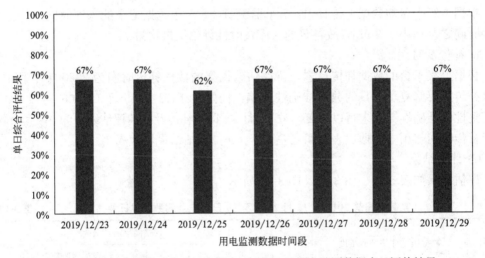

图 3-11　某教育建筑 2019 年 12 月 23 日至 29 日用电监测数据多日评估结果

传后的数据集可应用于该建筑能耗统计分析，但在及时发现并解决能耗数据质量问题方面存在较大的提升空间。

3）某体育建筑用电监测数据质量评估实例

该建筑于 2018 年按《国家导则》完成能耗监测系统建设，评估的数据内容为该建筑每小时上传至上级能耗监测平台的总用电和四大分项用电监测数据，评估周期为日。评估时间范围选定为 2020 年 3 月 25 日至 31 日，共计 7 个监测日。

该建筑在评估时间范围内，数据质量状态趋于稳定，存在的主要问题是数据大量缺失以及已入库数值不准确。缺失数据相对集中地分布于三大用电分项，导致逻辑不完整的问题。不准确数值记录数虽然占比不大，但由于数值超标严重，使得分项用电之和远超总用电，导致了逻辑不准确的问题。数据评估过程不再赘述，单日、多日评估结果如表 3-20、图 3-12 所示。

某体育建筑 2020 年 3 月 25 日至 31 日用电监测数据单日评估结果　　　　表 3-20

序号	数据质量评估细分维度	评估结果						
		3/25	3/26	3/27	3/28	3/29	3/30	3/31
1	数值完整性	48%	53%	52%	49%	52%	52%	50%
2	逻辑完整性	40%	40%	40%	40%	40%	40%	40%
3	数值准确性	96%	95%	98%	93%	98%	96%	97%
4	逻辑准确性	0%	0%	0%	0%	0%	0%	0%
5	入库及时性	100%	100%	100%	100%	100%	100%	100%
6	补传及时性	0%	0%	0%	0%	0%	0%	0%
	单日综合评估结果	47%	48%	48%	47%	48%	48%	48%

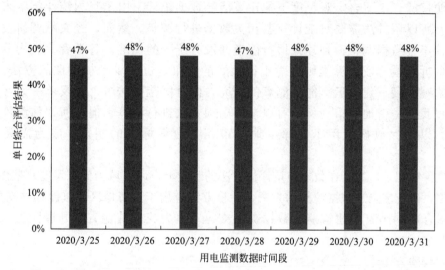

图 3-12　某体育建筑 2020 年 3 月 25 日至 31 日用电监测数据多日评估结果

以 2020 年 3 月 27 日、3 月 28 日为例，绘制单日评估结果雷达图如图 3-13 所示。

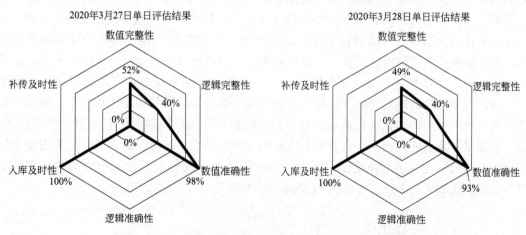

图 3-13　2020 年 3 月 27 日、3 月 28 日单日评估结果雷达图

值得注意的是，该时间范围数据集的质量问题一直未得以纠正，使得补传及时性不得分，从而对综合评估结果产生了较大影响。

该实例显著地体现出模型的六个评估维度既能够独立地反映待评估数据集的不同缺陷，其互相之间又存在关联，某维度的缺陷可能对其他维度产生波及效应。

3.1.3 区域统计类数据多渠道校验方法

根据 3.1.2 节所述"建筑用能数据质量评估实例"，《上海统计年鉴》提供的上海地区电力消费量数据虽然按行业进行了细分，但面向建筑运行消耗量数据的目标，其准确性存疑。当前，我国尚没有建立建筑能耗普查制度，获取建筑运行能耗全量的方法主要依靠间接测算，方法主要有 3 种：基于能耗强度的计算方法、基于终端能耗模型的计算方法和基于统计年鉴的计算方法。其中，第三种方法计算简便，易于获取数据，且数据来源权威，最适合宏观尺度下的建筑能耗数据统计。由于我国统计年鉴未单列建筑能耗，所以该方法需要对统计年鉴相关数据进行调整。然而，经文献调研发现，我国经统计年鉴数据调整得到建筑运行能耗并没有统一的标准，各学者、机构分别提出了不同的拆分模型或测算规则，对于调整后的结果，也缺少校核验证的方法。同时，目前对宏观尺度下建筑运行能耗测算的研究，以全国范围居多，涉及单一地区的研究较少，以我国一个地级市为例，可以参照全国方法进行测算，但如何评估测算结果的可靠性，以确保数据可用于支撑本地级市相关政策标准的制定，成为需要回答的问题。

在这种情况下，笔者在数据质量评估方法的基础上，以区域为研究尺度，聚焦建筑用能类数据，研究多渠道数据校验的方法，并将方法应用于上海地区建筑能耗数据的测算，为该地区合理利用宏观建筑能耗数据提供支撑，也为我国其他省市开展同类工作提供借鉴。

（1）校验方法

我国于 2007 年开始推动国家机关办公建筑和大型公共建筑能耗监测平台建设，对不同类型建筑安装分项计量装置，实现实时动态监测。根据住房和城乡建设部于 2008 年颁布的《国家机关办公建筑和大型公共建筑能耗监测系统分项能耗数据采集技术导则》：电量数据的采集频率为每 15min 1 次到每 1h 1 次之间，因此，能耗监测数据反映了不同类型单体公共建筑在细微时刻的能耗变化，以实测能耗与建筑面积相比得到的建筑能耗强度值，能够精确反映建筑能耗特征，也是业界用以评价各类型公共建筑平均用能水平的重要指标。我国统计年鉴对不同地域范围内各类型建筑的"年末实有房屋建筑面积"有所统计，将各类型建筑能耗监测强度指标与统计年鉴提供的相应类型房屋面积相乘、累加，得到代表某地域范围的建筑运行消耗总量，则该数据可作为建筑能耗测算结果的校验依据。需说明的是：目前能耗监测平台以公共建筑用电量监测为主，所以建筑能耗监测强度指标实际指的是公共建筑用电强度值，而上述方法仅适用于校验公共建筑电力消费量测算结果。校验方法如式（3-1）、图 3-14 以及表 3-21 所示。

$$E_c = \sum_{i=1}^{n} EMI_i \cdot FS_i \qquad (3-1)$$

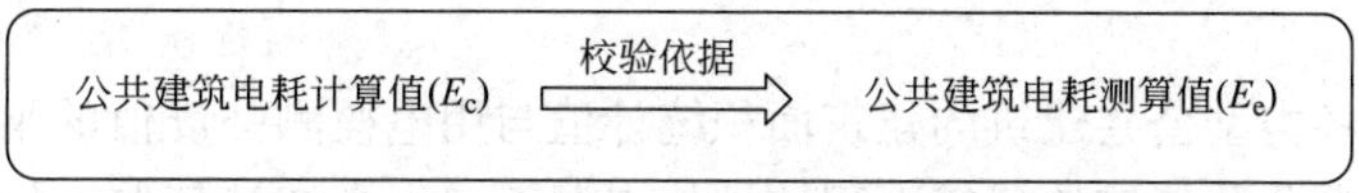

公共建筑电耗计算值(E_c) —校验依据→ 公共建筑电耗测算值(E_e)

图 3-14　公共建筑电耗计算值与测算值的校验关系示意图

各指标的含义及数据来源　　　　　　　　　　　　　　　　表 3-21

指标类别	指标名称	指标含义	单位	数据来源
校验对象	E_e	基于统计年鉴数据测算得到的公共建筑电力消费量	亿 kWh	国家、省、市级统计年鉴
校验依据	EMI_i	第 i 种类型公共建筑的用电监测强度值	kWh/m²	省、市级能耗监测平台
	FS_i	第 i 种类型公共建筑的建筑面积统计值	万 m²	国家、省、市级统计年鉴
	E_c	基于用电监测强度值计算得到的公共建筑电耗	亿 kWh	—

（2）上海地区建筑能耗测算结果的校验实践

本节面向上海地区，以基于统计年鉴能源消费量的拆分计算结果为校验对象，将《上海市国家机关办公建筑和大型公共建筑能耗监测及分析报告》发布的建筑用能强度设定为校验依据，开展以上方法的实践应用。

1）数据准备

① 校验对象

校验对象为基于《上海统计年鉴》测算得到的 2016—2018 年上海公共建筑电力消费量。测算过程为：从《上海统计年鉴》（2016—2018）"表 11.10 主要年份用电量"提取 2016—2017 年"商业、住宿和餐饮业""金融、房地产、商务及居民服务业"和"公共事业及管理组织"三类行业电力消费量数据，求和后得这三年公共建筑电力消费量测算值；从《上海统计年鉴》（2019）"表 11.10 用电量（2019）"提取 2018 年"批发和零售业""住宿和餐饮业""金融业""房地产业""公共服务及管理组织"五类行业电力消费量数据，求和后得这一年的公共建筑电力消费量测算值（2018 年起，《上海统计年鉴》对用电量指标行业分类进行了调整），如表 3-22 所示。

《上海统计年鉴》2016—2018 年各行业电力消费量数据（单位：亿 kWh）　　表 3-22

与建筑运行能源消耗相关的行业 ＼ 统计年度	2016 年	2017 年	2018 年
商业、住宿和餐饮业	81.89	82.18	—
金融、房地产、商务及居民服务业	198.37	215.82	—
公共事业及管理组织	100.7	105.86	—
批发和零售业	—	—	73.30
住宿和餐饮业	—	—	15.52
金融业	—	—	18.21
房地产业	—	—	167.24
公共服务及管理组织	—	—	141.42
合计（公共建筑电力消费量测算值）	380.96	403.86	415.69

② 校验依据

校验依据为各类型公共建筑的建筑面积统计值与用电监测强度值的乘积及累加后的结果。其中，各类型公共建筑的建筑面积统计值来源于《上海统计年鉴》提供的上海地区各类非居住建筑历年年末实有建筑面积，如表 3-23 所示。

《上海统计年鉴》2016—2018 年各类非居住建筑房屋面积数据（单位：万 m²） 表 3-23

非居住建筑分类　　　　统计年度	2016 年	2017 年	2018 年
学校	3548	3648	3798
办公建筑	8150	8461	8998
商场店铺	7472	7804	8158
医院	699	718	760
旅馆	1372	1421	1520
影剧院	66	70	71
其他	12519	13345	14558
合计	33826	35467	37863

各类型公共建筑用电监测强度值来源于《2018 年上海市国家机关办公建筑和大型公共建筑能耗监测及分析报告》[40]，如表 3-24 所示。

2016—2018 年上海地区各类型公共建筑用电监测栋数及强度值 表 3-24

公共建筑类型　　　　监测年度	2016 年		2017 年		2018 年	
	数量（栋）	用电强度（kWh/m²）	数量（栋）	用电强度（kWh/m²）	数量（栋）	用电强度（kWh/m²）
教育建筑	50	59.6	48	57.5	61	53.9
办公建筑	497	91.3	532	97.8	572	97.4
商场建筑	226	145.9	239	152.5	244	149.7
医疗卫生建筑	105	143.5	106	164.2	109	177.8
旅游饭店建筑	197	124.8	205	130.5	214	126.0
文化建筑	24	68.1	25	45.5	23	45.7
综合建筑	172	100.7	199	98.1	228	102.7
体育建筑	20	111.7	23	96.9	23	77.5
其他建筑	28	65.6	28	59.2	29	76.1

相较于表 3-23，表 3-24 多了"综合"及"体育"两类建筑，为实现两表间数据匹配计算，本文对表 3-24 的"综合建筑""体育建筑""其他建筑"三类能耗强度取平均值，得到广义上的"其他建筑"用电强度值，与表 3-23 中"其他"类房屋相匹配，继而计算得到上海地区各类型公共建筑总电耗，如表 3-25 所示。

由建筑面积统计值与用电监测强度值计算得到的上海地区各类型公共建筑总电耗（单位：亿 kWh）

表 3-25

计算年度 公共建筑类型	2016 年	2017 年	2018 年
教育建筑	21.15	20.98	20.47
办公建筑	74.41	82.75	87.64
商场建筑	109.02	119.01	122.13
医疗卫生建筑	10.03	11.79	13.51
旅游饭店建筑	17.12	18.54	19.15
文化建筑	0.45	0.32	0.32
其他建筑	116.01	113.07	124.37
公共建筑总电耗合计	348.19	366.46	387.60

2）校验计算与结果

将校验对象及校验依据进行对比，结果如表 3-26、图 3-15 所示。

校验对象及校验依据数据对比情况（单位：亿 kWh）　　　　表 3-26

校验年份	2016 年	2017 年	2018 年
校验对象	380.96	403.86	415.69
校验依据	348.19	366.46	387.60
差值	32.77	37.40	28.09
差异率(%)	9.4	10.2	7.2

注：差异率=（校验对象/校验依据-1）×100%。

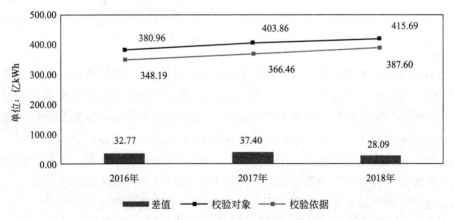

图 3-15　校验对象及校验依据数据对比情况

从以上表、图可发现：两类数据逐年递增，发展趋势保持一致，差值均为正值，说明公共建筑电力消费测算值始终大于基于用电监测强度值计算的结果。两类数据的平均差异率为 9%，分析原因：校验对象数据来源于上海电力公司，其对建筑用电的计量位置在配电高压端，而校验依据数据来源于楼宇用电监测系统，其用电计量位置在建筑配电低压端，由于输配电在高、低压端之间一般存在 5%～10%的损耗，从而造成数据间的差值。

3）校验结论

虽然校验依据和校验对象之间存在差异，但分析两类数据的来源和差值特征后，发现差异具有一定的合理性和规律性，因此认为：基于《上海统计年鉴》数据测算得到的上海地区公共建筑电力消费量数据比较准确、可靠，可以为建筑节能领域相关研究与决策提供支持。

（3）校验模型构建

在以上方法及其实践应用的基础上，试构建城市公共建筑用电能耗校验模型，如图 3-16 所示。

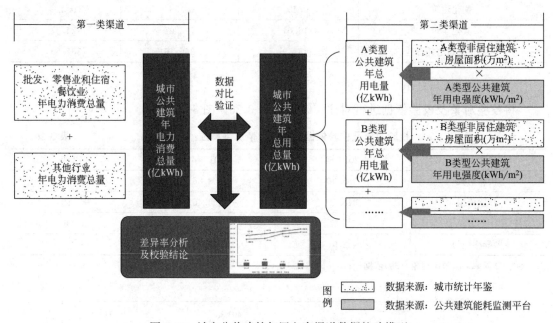

图 3-16 城市公共建筑年用电多渠道数据校验模型

该模型以城市民用建筑年运行能耗为目标数据，将统计年鉴提供的批发、零售业，住宿、餐饮业，其他行业以及生活消费（城镇部分）能源消费量之和扣除交通消费量设定为校验对象，对公共建筑能耗监测平台发布的多类型公共建筑年用电强度与统计年鉴提供的相应类型房屋面积取乘积之和，取居住建筑用能强度估算值与居住建筑面积乘积，再考虑公共、居住建筑的房屋空置因素及用电量占比对综合能耗的影响，最终折算、相加得到民用建筑综合能耗，将其设定为校验依据；继而对校验对象和校验依据的差异量、差异率进行计算，通过分析差异特征、差异原因，认定校验对象的数据质量。

该模型以城市公共建筑年用电为被校验指标，将统计年鉴提供的批发、零售业和住宿、餐饮业与其他行业年电力消费总量之和设定为校验对象，将公共建筑能耗监测平台发布的多类型公共建筑年用电强度与统计年鉴提供的相应类型房屋面积乘积之和设定为校验依据，分别得到城市公共电力消费总量和年总用电量数据，继而对校验对象和校验依据的差异量、差异率进行计算，通过分析差异特征、差异原因，认定校验对象的数据质量。

同时应当看到：我国目前正式发布能耗监测强度指标的地区只占少数，且发布内容以公共建筑用电指标为主，所以笔者所提出的方法就现阶段而言，从地域范围、能源品种、建筑类型方面，与支持真正意义上建筑宏观运行能耗的质量分析需求尚存在差距。未来，随着我国建筑能耗监测平台深化建设、能效公示等配套机制完善建立，上述方法将有望为我国各地区建筑运行能耗宏观数据的质量保障与分析利用提供借鉴和支撑。

3.1.4　建筑监测类数据多渠道校验方法

公共建筑能耗监测作为用能精细化管理的技术手段，通过对公共建筑安装分类和分项能耗计量装置，采用远程传输等手段实时采集能耗数据，实现公共建筑能耗的在线监测和动态分析。3.1.2 节通过构建建筑用电监测数据评估模型及开展实际数据评估，对用电监测数据在数值、业务逻辑、传输时效方面存在的质量不完善问题进行了阐述。

公共建筑能源审计是一项建筑节能管理范畴的活动，依据国家相关政策法规及技术标准，通过对建筑能源利用效率、消耗水平、经济效益和环境效果进行监测、诊断和评价，从而发现节能潜力，提出节能运行调适和改造建议。公共建筑能源审计一般从楼宇业主提供的电费账单内获得电耗数据。鉴于能源审计活动的针对性、规范性特点，能源审计报告提供的建筑消耗量数据具有较好的准确性与可靠性。

本节将探索引入能源审计数据，利用该数据对同一单体建筑能耗监测数据开展校验，通过数据间的互相对比印证，帮助快速有效地鉴别数据中的问题，从而为提高能耗监测数据准确性提供支撑，为提升城市公共建筑用电数据质量奠定基础。

（1）数据样本构建

以上海市国家机关建筑和大型公共建筑能耗监测平台为数据源，首先收集了上海地区30 栋同时开展了能耗监测与能源审计且具备同一年度逐月用电量数据的公共建筑，构建样本库，主要数据项包括：建筑名称、建筑地址、建筑功能、建筑面积（能耗监测）、建筑面积（能源审计）、面积差异率、年用电量（能耗监测）、年用电量（能源审计）、用电量差异率。

需说明的是，由于要求两类渠道获取用电量数据必须为同一年度，而各建筑能耗监测数据年度参差不齐，存在部分楼宇月度监测用电量缺失的情况，而其能源审计的逐月用电量数据完整性好。为保持不同渠道间数据时间范围的一致性，对于该情况的楼宇，仅提取其能耗监测存在数据的月度用电量，并据此提取能源审计相应月度数据，累加得到其能耗监测和能源审计的年用电量。

（2）数据校验过程及结果

1）建筑面积

在 30 栋建筑中，通过能源审计以及能耗监测获得的楼宇建筑面积普遍存在差异，绝对差异率接近或大于 20% 的楼宇共计 12 栋，绝对差异率接近或低于 7% 的楼宇共计 18 栋，如图 3-17 所示。

其中，既有能源审计的面积范围大于能耗监测的情况，也有相反的情况。主要原因为：①当能源审计的对象为一个法人单位时，其覆盖范围为单位所辖所有建筑之和，而能耗监测的实施及数据上传一般以单体楼宇为单位。以 X 医院为例：能源审计为面向该医院进行，包含其院内综合业务楼、车库、后勤楼、辅助办公楼等，而能耗监测仅针对综合业

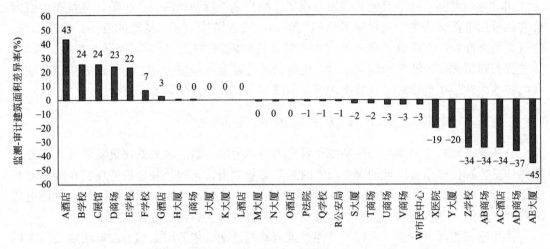

图 3-17　通过能源审计以及能耗监测获得楼宇建筑面积差异率分析

务楼。②被审计对象共享建筑产权，能源审计根据其分摊的建筑面积开展，而能耗监测范围涵盖了整个建筑。

一般而言，监测或审计的年总用电量应与相应建筑面积呈正比例关系。

2）年/月用电量

由建筑面积校验结果可知，30 栋建筑中的 18 栋建筑，其通过两类渠道获得的建筑面积基本一致（绝对差异率接近或低于 7％），其中，能耗监测月度用电量完整度较好的建筑为 15 栋，则主要对该 15 栋建筑两类渠道用电量数据开展校验，结果如图 3-18 所示。

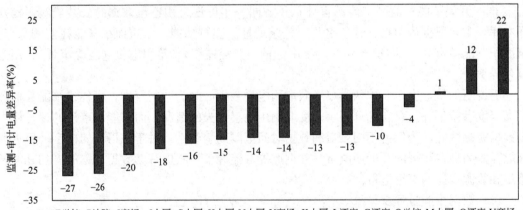

图 3-18　15 栋建筑两类渠道用电量数据差异率分析

其中，Q 学校等 7 栋建筑的能耗监测结果低于能源审计结果，且绝对差异率在 15％以内，这是由于能源审计采用供电局在楼宇高压侧的计量结果、能耗监测于低压侧实施计量，高、低压侧存在一定量的输配电损耗，导致了以上差异；M 大厦在两类渠道获取的用电量几乎一致；而 U 商场等 7 栋建筑，其于两类渠道获取结果的差异率均大于 15％，且既有监测能耗低于审计能耗的情况，也有相反的情况，在这种情况下，需要通过进一步校验两类渠道月度用电量，以更确切地甄别数据差异原因。以下对绝对差异率最大的 U 商场和 F 学校开展两类渠道月度用电量校验。

（a）U 商场月度用电量校验

U 商场 2016 年能耗监测及能源审计月度用电量数据如表 3-27、图 3-19 所示。

U 商场 2016 年能耗监测及能源审计月度用电量数据对比（单位：万 kWh）　表 3-27

校验月份	能耗监测	能源审计	差异率(%)
1 月	369	400	−7.8
2 月	338	403	−16.1
4 月	362	387	−6.5
5 月	422	421	0.2
6 月	447	105	325.7
7 月	523	477	9.6
8 月	527	518	1.7
9 月	433	426	1.6
10 月	579	379	52.8
11 月	392	364	7.7
12 月	651	258	152.3

注：U 商场 2016 年 3 月监测电量数据缺失。

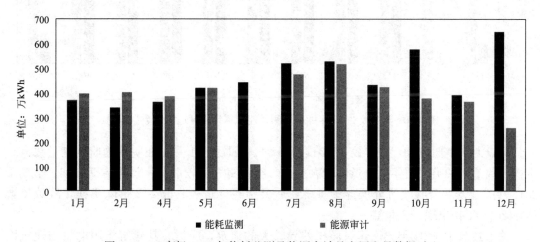

图 3-19　U 商场 2016 年能耗监测及能源审计月度用电量数据对比

由以上表、图可知，监测电量与审计电量的主要差异存在于 6 月、10 月和 12 月。经查阅 U 商场能源审计报告获知：该建筑于 2016 年 6 月因定位调整进行个别区域的工程改造，导致大楼未正常运行，用电量较其他年份明显降低。由此可判断 U 商场 6 月监测电量存在较大误差，将其设为异常值，同时，根据 U 建筑全年其他月份监测与审计电量的普遍关系，将其 10 月、12 月的监测电量一并设为异常值。

（b）F 学校月度用电量校验

F 学校 2017 年能耗监测及能源审计月度用电量数据如表 3-28、图 3-20 所示。

F 学校 2017 年能耗监测及能源审计月度用电量数据对比（单位：万 kWh）　　表 3-28

校验月份	能耗监测	能源审计	差异率(%)
1 月	0.01	3.96	−99.7
2 月	0.23	3.2	−92.8
3 月	3.82	3.77	1.3
4 月	2.83	3.24	−12.7
5 月	2.83	2.88	−1.7
6 月	3.38	3.34	1.2
7 月	4.38	4.31	1.6
8 月	3.68	4.03	−8.7
9 月	3.72	4.26	−12.7
10 月	2.78	2.97	−6.4
11 月	1.00	3.14	−68.2

注：F 学校 2017 年 12 月监测电量数据缺失。

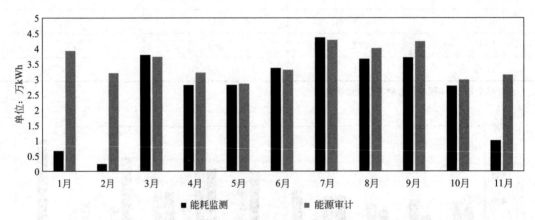

图 3-20　F 学校 2017 年能耗监测及能源审计月度用电量数据对比

由以上表、图可知，F 学校于 2017 年 1 月、2 月及 11 月存在明显的监测电量数据异常，导致了其两类渠道年用电量的较大差异。经查阅 F 学校能源审计报告获知：F 学校于 2016 年完成安装公共建筑分项计量系统，后又历经计量表具故障及拆除更换，故致使数据在 2017 年初出现了大量缺失。

关于其余 12 栋两类渠道建筑面积差异较大的建筑，应校验其建筑年用电量与建筑面积的数据关系，如存在相反关系，可直接判定为异常；如年用电量关系正确，则进一步细化校验月度用电量状况，如仍然存在数据的非线性关系、数据倒挂或突变的情况，可将相应月份用电量数据设定为异常值。

（c）校验模型构建

以上述对上海地区单体公共建筑年用电两类渠道数据的识别与校验分析工作为基础，构建单体公共建筑用电多渠道数据校验模型，如图 3-21 所示。

该模型以单体公共建筑年用电量为被校验指标，将能耗监测设定为第一类数据渠道，将能源审计设定为第二类数据渠道，分别从两类渠道得到建筑面积、年用电量及月用电量

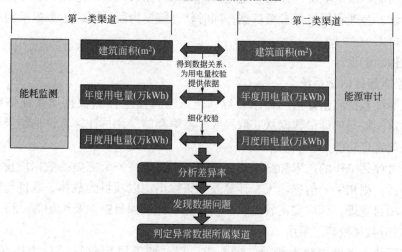

图 3-21　单体建筑年用电多渠道数据校验模型

数据，通过计算数据差异率，校验两类渠道年用电量与建筑面积数据关系的一致性、月度用电量变化趋势的一致性，发现两类渠道数据的问题，再借助建筑能耗监测系统建设信息及能源审计报告等辅助信息，最终判定发生异常值所属渠道。

3.1.5　多源异构数据质量评估校验软件设计

（1）软件开发目标

本软件基于"'四节—环保'数据质量保障技术研究"关于单渠道数据质量评估及多渠道数据校验的研究结果开发，以政府统计、能耗监测平台、能源管理系统等为数据源，开展"四节—环保"领域单渠道数据质量评估以及不同渠道数据之间的横向、纵向对比验证，通过寻找数据取值、变化趋势中存在的不一致，实现从业务视角发现数据质量问题的功能。

（2）软件需求分析

本软件的开发需求包含如下两方面：

1）数据质量评估

本节针对楼宇用电监测数据的潜在质量问题，构建了"建筑运行用电监测数据质量评估模型"，主要采用定量评估方法，从多维度对数据质量特征进行分析，结合用电监测数据的时间序列特点，最终形成面向单一周期和某一个历史时间段的评估结果，帮助建筑能耗数据使用人员更直观地认知数据质量缺陷、判断数据应用于分析挖掘的可行性，同时也能够支持能耗监测系统实施单位开展故障诊断与性能提升。

本软件拟以该模型为依据，实现建筑用电监测数据的多维度质量在线评估功能，以时间序列为输入，以图形化的评估结果为输出，直观显示某时间段内监测数据存在的主要缺陷及其特征，为后续清洗修复工作提供支撑；同时软件需要为后续质量评估的扩展功能提供预留接口。

2）多源异构数据校验

本软件面向城市及单体建筑的多渠道数据校验方法为核心，实现多源数据的在线获取及自动校验功能，以用电统计数据、电耗监测数据为输入，以图形化校验分析结果，为数据的准确解读、合理利用提供参考依据；同时软件需要为后续多渠道数据校验的扩展功能提供预留接口。

（3）软件功能设计

1）数据质量评估子系统

本系统围绕数据质量评估的需求，以"建筑运行用电监测数据质量评估模型"为依据，实现建筑能耗分项计量数据从获取导入、汇聚存储、评估计算至评估结果可视化展示全过程信息化管理功能。

为便于对评估工作的过程和结果开展管理，本系统将一个完整的数据质量评估活动定义为一个项目，则相关的信息输入、计算及结果输出均以项目为载体。软件包含新建评估项目、评估项目管理、评估实例管理、评估计算、评估项目查询及维护等模块。

2）多渠道数据校验子系统

本系统围绕"多渠道数据校验"的需求，以"城市民用建筑运行能耗多渠道校验""单体公共建筑用电数据校验模型"为依据，实现数据从获取导入、汇聚存储、校验计算至结果可视化展示全过程信息化管理功能。

为便于对校验工作的过程和结果开展管理，本系统将一个完整的数据校验活动定义为一个项目，则相关的信息输入、计算及结果输出均以项目为载体。软件包含新建校验项目、校验项目管理、校验计算、校验项目查询及维护等模块。

（4）软件运行界面

本软件为 B/S 技术架构，前端采用 html5、Javascript、css3 语言，后端采用 java1.8 语言开发，数据库采用 MS SQL Server2017，其主要运行界面如图 3-22～图 3-26 所示。

图 3-22　系统首页

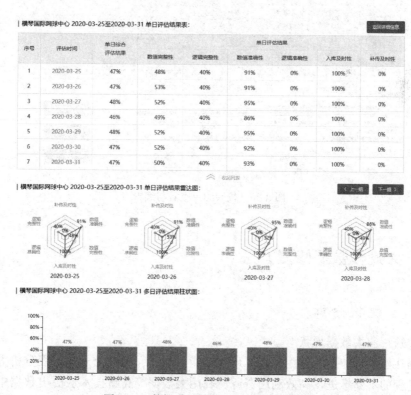

图 3-23　数据质量评估实例新建

图 3-24　数据质量评估实例评估结果查看

图 3-25　待校验数据录入表单

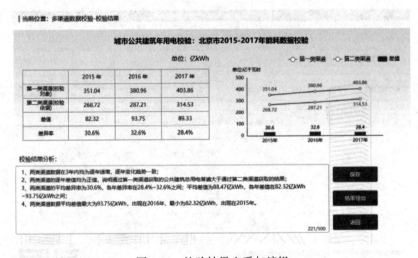

图 3-26　校验结果查看与编辑

3.2　大规模数据修复方法

3.2.1　现状分析

（1）建筑行业大数据现状

大数据在建筑行业中的应用较多体现在节能、绿建、材料及土建工程分析等方面。随着城市化进程的不断推进，高效利用资源、利用大数据等高新技术从历史数据中挖掘出有价值的信息，为未来的建筑行业发展提供方向成为一种趋势。在建材领域，大数据的应用也非常广泛，如预测水泥市场走势，有效化解产能过剩；在企业内部搭建平台，用于监控市场和作出决策；改变传统 B2B 的商业模式，做到线上线下无缝对接；建设高度信息化的绿色建材产业园区，改变传统意义的建筑设计模式等。然而，新技术在建筑建材行业的应用仍然存在一些挑战。

大数据在建筑行业中的挑战如下：首先，数据维度比较复杂，简单来看，既有建筑类的数据，如建筑造价类数据、建筑结构类数据、建筑施工工艺类数据、建筑材料类数据，又有管理类数据等；其次，我国不同地区建筑行业法律法规和对专业的要求存在差异；另外，建筑数据在采集、通信、传输、存储等各个环节容易受到噪声干扰、传感器失效、通信中断等多种因素的影响，产生大量缺失、突变或非正常零值等异常，导致数据质量不高，直接影响建筑大数据挖掘工作的开展。

此外，大数据在建筑行业的应用缺乏统筹管理性。首先，施工单位需要对设计的图纸资料信息进行翻模才可以制定物料需求清单；其次，造价咨询单位审核物料清单时，大部分情况下会缩减施工单位上报的工程款项，而施工单位为了获利则会压缩施工实际投入成本，并以此达到盈利的目的，最终损失的是建筑物的安全、质量及使用年限；最后，实际物料投入使用情况又与预期造价审核阶段的物料清单存在一定的误差，这种信息不对称往往导致物品资料的备品备件的总价提升，施工总体投入增加。这种管理过程的不完备性，致使在对大量历史数据进行相关操作时，必须进行数据清洗和修复，以保证数据的有效性。

（2）数据异常检测研究现状

1）基于关联规则的条件函数依赖异常检测

在大数据时代，数据来源复杂多样，数据质量也存在参差不齐的特点，如数据质量低、不准确、缺失或存在错误。不正确的数据严重影响了数据挖掘的质量，进而给决策造成重大的影响。为了提升数据质量，学者们提出了各种数据修复的方案，其中条件函数依赖就是一个有效的方法。通过数据挖掘得到数据间的关联规则，透过数据的表面特征发现其隐藏的关联关系，因此由关联规则构建的条件函数依赖具有一定的应用价值。

基于关联规则的条件函数依赖发现的原则是，选择较小的支持度、较高的置信度来提高可信关联规则的挖掘数量，进而发现更多的条件函数依赖。换句话说，它可以根据数据异常检测的需要，通过合理地降低支持度的值来发现与目标属性相关的关联规则，即发现相应的条件函数依赖，实现异常值的发现，提高算法的应用范围。

2）基于函数依赖与条件约束的异常检测

以函数依赖来描述数据一致性约束，通过变更数据库中部分元组的属性值（而非增加/删除元组）以满足整个数据库遵循函数依赖集合。从一致性约束描述的角度来看，函数依赖并非唯一的表达方式，还存在其他例如硬约束、数量约束、等值约束、非等值约束等表达方式。然而，随着一致性约束种类的增加，其处理也远比仅有函数依赖的场景要困难。考虑以函数依赖与其他一致性约来共同表述数据库的一致性约束，并在此基础上设计数据异常检测算法，从而完成数据修复，提升数据质量。给定一个函数依赖集合和外部约束集合，如果数据库实例违背了任意一个函数依赖或者其中的任意一个约束条件，则可判断此样本为异常数据。

3）基于清洗规则和主数据的异常检测

为有效地清洗数据，业界此前已经提出了很多的完整性约束规则，例如条件函数依赖、条件包含依赖。这些约束规则虽然可以侦测出错误的存在，但是不能有效地指导用户纠正错误。实际上，基于约束规则的数据异常检测可能最终得不到确定性的异常结果，相反会引入新的错误，因此很大程度上降低了数据修复的效率。针对以上不足，业界提出了一种有效的数据清洗框架：首先基于 Editing Rules 和 Master Data 对数据进行清洗操作，得到确定性的异常数据；然后依据条件函数依赖来修复遗漏的错误。

（3）数据修复研究现状

近年来国内外在该领域有许多相关研究工作，许多机器学习算法被应用于数据修复领域。在交通领域，刘强等[41] 提出了交通状态数据补全的时空增量模型，利用时间和空间的关联性对数据进行补全，结果表明，在计算复杂度较低的情况下，该方法利于提高数据缺失插补的准确率。在医学、医疗领域，陈姿羽等[42] 利用反向传播（BP）算法，搭建了人工神经网络，对临床数据进行修复，结果表明，在缺失数据为 20％的情况下，数据插补的准确率在达到 82％，在 50％缺失的情况下，数据插补的准确率达到了 74％。K Manimekalai[43] 通过基于 kNN 和 BPCA 的算法对医疗数据进行插补，同样取得了较低的误差。使用 kNN、决策树、随机森林、多重插补四种方式对临床数据集进行插补的结果表明[44]，在不同的缺失值和不同的数据类型下，插补的准确率效果不同，其中随机森林表现出更好的效果。在基因工程领域，Olga Troyanskaya[45] 等使用 kNN 算法和 SVD 算法对基因微序列中的缺失值进行插补，结果表明，kNN 插补算法在缺失条目增加的时候有更少的性能衰减。除此之外，kNN 插补算法相比较 SVD 插补算法对于数据类型的变动具有更强的鲁棒性，对非时间序列或者噪声数据表现的更好，并且 kNN 插补算法对于使用参数的准确性也不是那么敏感，然而基于 SVD 的方法当数据缺失率不是最佳的时候性能将快速衰减，刘爱鹏[46] 对这两种方法同样做了详细的原理介绍。在该领域，Pati[47] 提出的基于聚类的分裂合并算法，将样本空间分为很多小的聚类，使用每个聚类的质心对缺失值进行插补，同样得到了很好的效果。

最后，在建筑领域，崔志国[48]、吴蔚沁[49] 等提出了对数据修复的完整体系，利用 K-means 算法对异常数据进行判断与清除，利用 PCA 算法进行数据降维，利用 kNN 算法对缺失数据进行插补，结果表明，经过该体系处理后的数据能够为后续数据挖掘奠定良好的基础。马永军[50] 等对 K-means 算法进行改进，加入了核函数，避免了不同簇相互干扰。郝胜轩[51] 等对 kNN 算法进行改进得到了 enn-kNN 方法，使得 kNN 克服了对噪声点敏感这一缺点，使得算法进一步优化。卿晓霞[52] 等使用 LOF 算法对离群点进行检测，然后使用决策树和 DBSCAN 聚类算法相结合对建筑数据进行处理，由于算法过于复杂，不具备实时性的要求，但是其中的 DBSCAN 算法对于异常点识别很有用处，具有很好的借鉴意义。

3.2.2　数据修复方法研究

数据修复的步骤大致可包括数据的异常检测及修复两步。在本节中，我们将针对包括异常检测及修复在内的几个典型的数据修复方法进行简单介绍。

（1）数据异常检测基础方法

3σ 准则是数据异常检测中常用的一种方法，也称为拉依达准则。首先假设一组检测数据只含有随机误差；接着计算处理得到标准偏差；最后，采用采样概率确定样本区间，若误差超过该区间范围，将其归结为粗大误差，并将含有该误差的数据予以剔除。

3σ 准则的判别处理原理及方法仅局限于对正态或近似正态分布的样本数据处理，它是以测量次数充分大为前提的，测量次数较少的情形用准则剔除粗大误差是不够可靠的。因此，该准则不适用于较少测量次数的数据。

若一组样本数据 X 的分布为正态分布，σ 代表其标准差，μ 代表其均值。$x=\mu$ 即为图像的对称轴。3σ 准则的具体数值为，对任意一个样本数据 x 而言：

$\tilde{x}$ 位于 $(\mu-\sigma, \mu+\sigma)$ 中的概率为 0.6826；

$\tilde{x}$ 位于 $(\mu-2\sigma, \mu+2\sigma)$ 中的概率为 0.9544；

$\tilde{x}$ 位于 $(\mu-3\sigma, \mu+3\sigma)$ 中的概率为 0.9974。

因此，我们可以认为，样本数据 X 的取值几乎全部集中在 $(\mu-3\sigma, \mu+3\sigma)$ 区间内，超出这个范围的可能性仅占不到 0.3%，故若 X 的一个取值超过了这个区间，我们可以认为它是异常值而对其进行剔除。

（2）数据修复基础方法

1）直接填充法

如果数据项存在缺失，我们可以使用数据集中某个数据项的平均数、中位数或众数来对数据集中该数据项缺失的记录进行直接填充，这是一种基础的数据修复方法，填充速度快且方法简单。

① 平均数是指用一组数据之和，除以这组数的个数，所得的结果就是平均数，平均数是表示一组数据集中趋势的量数。

② 中位数是指把一组数据按照从小到大或从大到小的顺序排列，如果这组数据的个数是奇数，那最中间数就是中位数；如果这组数据的个数为偶数，则把中间的两个数之和除以 2，所得的结果就是中位数。

③ 众数是指一组数据中出现次数量多的数，众数可以是一个或多个。

2）线性插值法

填充缺失值的另一种方法为线性插值法。线性插值法是一种较为简单的插值方法，其插值函数为一次多项式，在各插值节点上的误差为 0。

设函数 $y=f(x)$ 在两点 x_0、x_1 上的值分别为 y_0、y_1，求一次多项式 $y=\varphi_1(x)=a_0+a_1 x$，使得 $\varphi_1(x_0)=y_0$，$\varphi_1(x_1)=y_1$，求解可得：

$$y=\varphi_1(x)=y_0+\frac{y_1-y_0}{x_1-x_0}(x-x_0) \tag{3-2}$$

经整理可得

$$\varphi_1(x)=\frac{x-x_1}{x_0-x_1}y_0+\frac{x-x_0}{x_1-x_0}y_1 \tag{3-3}$$

以上述一次多项式 $\varphi_1(x)$ 为插值多项式的方法即为线性插值法。

（3）基于 iForest 和 LOF 的异常记录检测

针对民用建筑大数据采集和传输过程中可能出现的数据异常和缺失问题，我们可以采用一种 iForest 与 LOF 集成的大数据集离群点检测算法。受到异常检测相关工作的启发，我们可以对原始数据集作进行剪枝处理，再输入 LOF 算法，从而大大减少需要处理的数据量。为了解决现有的离群值检测算法仅对全局离群点敏感和时间复杂度高的问题，可以采用基于 Isolation Forest 和 LOF 的集成方法，并采用挖掘-选择-检测框架来提高检测精度和效率。首先，Isolation Forest 用于计算森林中每个数据点的异常得分；然后，将看似正常的数据进行修剪以获得离群值候选集；最后，LOF 用于计算集合中数据对象的 LOF 值，以进一步区分离群值候选集。

图 3-27 显示了该方法的总体工作流程，主要包括以下三个步骤：

① Isolation Forest：基于原始数据集，Isolation Forest 用于构建隔离林。然后遍历森林中的每棵树来计算每个数据点的平均路径长度，并获得异常分数。

② 剪枝：根据修剪阈值修剪一些正常数据点，得到离群值候选集。

③ LOF：计算离群值候选集中每个数据点的 LOF 值，并选择具有高 LOF 值的前 n 个点作为目标离群值。

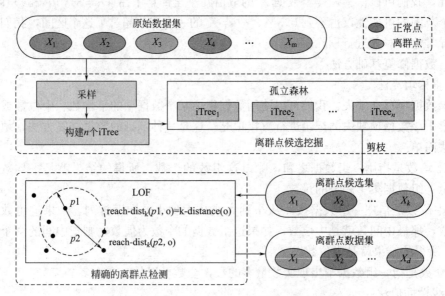

图 3-27　基于 iForest 和 LOF 的异常检测框架

1）孤立森林

孤立森林算法由文献［53］首次提出，这篇论文由澳大利亚莫纳什大学的两位教授 Fei Tony Liu，Kai Ming Ting 和南京大学的周志华教授共同完成，这三人在 2011 年又发表了《Isolation-based Anomaly Detection》，这两篇论文基本确定了这个算法的基础。孤立森林算法纯粹基于孤立概念检测异常，而不依赖于任何距离或密度度量，与所有现有的基本方法不同，放弃了对正常数据建模的过程，通过构建 iTree 树显式地找出异常数据，并通过限制树的深度来提高算法效率。因此，iForest 能够利用子采样来实现低线性时间复杂度和小存储需求，并且有效地处理淹没和遮蔽的影响。

利用孤立森林算法[54]进行异常检测是一个两阶段的过程，第一个训练阶段使用训练集的子样本构建隔离树；第二个测试阶段通过隔离树传递测试实例，以获得每个测试样本的异常值。

① 孤立森林训练阶段

在训练阶段，通过递归地划分给定的训练集，直到实例被孤立或达到一个特定的树高，从而得到部分模型。树的高度限制 I 是随机的，按次抽样大小设置大约是树的平均高度即 $I=ceiling（log2）$，然而我们只对低于平均值的数据点感兴趣，因为这些点更有可能异常。

假设给定一个 N 条数据的数据集，从数据集中无放回抽样得到个数据样本 $X = \{x1, \cdots, xn\}$，并且服从 M 变量分布，构建一棵 iTree 时，在样本中随机选择一个特征值，在其最值区间选择一个属性 q 和一个分割 p，递归地划分 X，直到满足终止条件。

不断循环上述方法，随机选择的不同样本训练得到多个 iTree，训练阶段就完成了，即可对待测数据进行预测。

② 预测阶段

将测试数据 x 从根节点穿过 iTree 进行遍历，直到达到叶子节点，其中遍历过程中的路径长度记作 $h(x)$，即从根节点，穿过中间的节点，最后达到叶子节点，所走过的边的数量。由于 iTree 与二叉树或 BST 有一个等价的结构，因此外部节点终止的平均高度 $h(x)$ 的估计值与在 BST 中搜索失败的值相同，我们可以借鉴 BST 的分析方法来估计其平均路径长度。BST 中不成功搜索的路径长度为：

$$C(n) = 2H(n-1) - \frac{2(n-1)}{n} \tag{3-4}$$

式中，$H(K)$ 是谐波数，可以被一个估计值表示，即 $H(K) = \ln(k) + \xi$，ξ 为欧拉常数，为 0.5772156649。

由于 $c(n)$ 是给定 n 的 $h(x)$ 的平均值，我们用它来规范 $h(x)$，则我们定义测试数据的异常分数为：

$$Score(x) = 2^{-\frac{E(h(x))}{C(w)}} \tag{3-5}$$

s 对 $h(x)$ 是单调的，对于 s 与 $E(h(x))$ 之间的关系，我们应用以下条件进行异常评估：

when $E(h(x)) \rightarrow c(n)$，$s \rightarrow 0.5$；

when $E(h(x)) \rightarrow 0$，$s \rightarrow 1$；

and when $E(h(x)) \rightarrow n-1$，$s \rightarrow 0$。

即分数值越接近 1，其是异常点的可能性越高；如果分数值远小于 0.5，基本可以确定为正常数据；如果所有分数值都在 0.5 附近，那么将无法确定数据是否存在异常。

2）剪枝策略

剪枝策略的目的是通过剪枝去掉明显正常的数据对象，同时保留离群值候选集以供进一步处理。由于异常样本的比例未知，目前的算法无法准确设置阈值来确定是否将某一数据放入候选集。根据实际经验，异常值通常会增加数据集的分散性。因此，可以定义离散系数来度量数据集的离散程度，并通过计算得到剪枝阈值。D 为数据集，d_i 为数据集中某一属性。该属性离群系数为公式（3-6）所示。

$$f(d_i) = \frac{\sqrt{\dfrac{\sum(x_j - \overline{x})^2}{n}}}{\overline{x}} = \sqrt{\frac{\sum(x_j - \overline{x})^2}{n\overline{x}^2}} \tag{3-6}$$

用标准差除以均值，可以得到一个相对值来衡量该属性离散程度。依次计算每个属性离群系数，最终得到数据集的离群系数向量，即为公式（3-7）。

$$D_f = [f(d_1), f(d_2), \cdots, f(d_n)] \tag{3-7}$$

通过离群系数向量计算剪枝阈值，如公式（3-8）所示。

$$\theta_D = \frac{\alpha Top\_m(D_f)}{m} \tag{3-8}$$

式中，$Top\_m()$ 是采用排序算法快速获得离群系数较大的 m 个值；α 为调节因子，α 和 m 的值由数据集的规模和分布综合决定。通过 Isolation Forest 算法可得每个样本的异常分数，由剪枝策略，可以得到每个数据集剪枝阈值，由此将明显正常的样本修剪掉，留下疑似异常的样本，接下来计算其 LOF 值，就可以得到较为准确的异常点。

3）局部异常因子

LOF 算法是经典的基于密度的异常检测算法。由于现实中存在大量非均匀分布的数据集，一些异常检测算法对这些数据集的检测效果可能会很差，而 LOF 算法引入了数据的局部密度概念，将某个数据的局部密度与其周围密度相比，得到该数据的局部异常因子，通过判断局部异常因子是否接近于 1 以判定该数据是否为异常点，异常因子较大的数据被识别为异常点。为了介绍 LOF 算法，首先引入以下概念：

① k 距离：对于数据集中的任意点 q，与 q 点最近的第 k 个距离被称为点 q 的 k 距离，记作 $k\text{-}distance(q)$，这里指的距离为欧式距离。

② k 距离邻域：对于数据集中的任意点 q，把所有距离不大于 q 的 k 距离的数据对象点所形成的邻域称之为 k 距离邻域。

③ 可达距离：设 p、q 为数据集中的任意两个数据点，那么数据点 q 到数据点 p 之间的可达距离定义为：

$$reach-dist_k(p, r) = \max\{k-dist(r), d(q, p)\} \tag{3-9}$$

数据点 p、q 之间的可达距离记作 $reach-dist_k(q, p)$，其中 $d(q, p)$ 表示点 p、q 之间的欧氏距离，而 $k-distance(p)$ 表示数据点 p 的 k 距离。

④ 局部可达密度：数据点 q 的局部可达密度是指 q 点到其邻域内的最大的前 k 个距离平均值的倒数，这是对 q 点局部密度的度量，因此用"密度"表示通常局部可达密度并记为 lrd，定义式如下：

$$lrd(p) = 1\Big/\left(\frac{\sum_{S \in N_k(p)} reachability-dist_k(q, p)}{|N_k(p)|}\right) \tag{3-10}$$

式中，$N_k(p)$ 表示的是距离数据点 q 最近的 k 个点的集合，其中 $N_k(p) = k$。式（3-10）定义的局部可达密度 $lrd(p)$ 衡量了数据点 q 在其前 k 个最近点集合内的稀疏程度，若 $lrd(p)$ 值较大，表明 q 点在 k 个点中的分布较稠密，因此为正常点。反之，当 $lrd(p)$ 值较小时，表明数据点 q 在 k 个点中的分布较稀疏，则数据点 q 为离群点。

⑤ 局部离群因子 LOF：局部离群因子表征了数据点的离群程度，也是衡量一个数据点离群的可能性大小的指标，其定义如公式（3-11）所示。

$$LOF(p) = \frac{\sum_{t \in N_k(p)} \frac{lrd(t)}{lrd(p)}}{|N_k(p)|} \tag{3-11}$$

LOF 表示的是一种密度对比，表示数据点 q 与整体的一种密度差异。大量研究已经表明，若 LOF 值远远大于 1，表示 q 点的密度与数据的整体密度差异较大，则认为 q 点为离群点。假如 LOF 值接近于 1，表示 q 点与整体的差异较小，因此可认为 q 点为正常点。

（4）基于 LSTM 的时序数据修复方法

针对民用建筑能耗检测领域的数据修复问题，主要存在错误数据，即异常数据和缺失数据需要进行修复。我们把异常数据当作缺失数据处理，从而将数据修复方法研究转变成缺失数据填充方法研究。

首先给出一些关键定义。

记 t 个时刻的多维时序数据表示为 $X = x_1, x_2, \cdots, x_t$，其中第 t 个时刻的观测数据 $x_t \in R^D$ 包含 D 个特征 $\{x_t^1, x_t^2, \cdots, x_t^D\}$，但是实际上相邻两个时刻的数据不一定有相邻的时间间隔。同时由于设备故障和通信方面的问题，可能导致不同程度的时序数据缺失，即在 t 时刻的 D 维数据 x_t 中，可能存在空值。为了表达 x_t 中的缺失值，我们用 m_t 来表示：

$$m_t^d = \begin{cases} 0, & \text{if } x_t^d \\ 1 \end{cases}$$

在很多情况下，某些特征可能存在连续时间的数据缺失，比如图 3-28 中的虚线框内区域。我们定义当前时刻 t 在第 d 维特征上，到上一次观测数据的时间间隔为 δ_t^d，具体为：

$$\delta_t^d = \begin{cases} s_t - s_{t-1} + \delta_{t-1}^d, & \text{if } t > 1, \ m_{t-1}^d = 0 \\ s_t - s_{t-1}, & \text{if } t > 1, \ m_{t-1}^d = 1 \\ 0, & \text{if } t = 1 \end{cases}$$

例如图 3-28 表示了多维时序数据存在缺失值的可能情况。$x_1 \sim x_6$ 是 $s_{1 \cdots 6} = 0, 2, 7,$ 9，14，15 时刻独立观测到的数据。比如 x_6 的第 2 个特征，第 2 个特征上一次出现观测数据是 $s_2 = 2$ 时刻，所以 $\delta_6^2 = s_6 - s_2 = 13$。

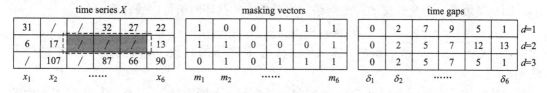

图 3-28　多维时序数据包含缺失值示例

我们结合缺失值的时间序列分类/回归问题进行研究。用 y 表示相应的分类/回归任务的标签。通常，y 可以是标量或矢量。我们的目标是根据给定的时间序列 X 预测 y，同时还可以将 X 中的缺失值尽可能准确地估算出来。换句话说，这是一种可以有效的同时进行分类/回归和缺失值填充的多任务学习算法。

1）问题描述

为了简化问题，考虑不同序列不相关问题，当 $i \neq j$ 时，我们认为 t 时刻的两个数据 x_t^i 和 x_t^j 是不存在相关性的，但是同一个序列不同时刻是存在相关性的。首先介绍单向循环动态填充算法。

在一个单向循环的动态系统里[55]，时序序列中的每一个值都可以通过序列前面的值和一个固定的函数计算得到，所以我们可以通过 RNN 循环动态的填充时间序列里的每一个值。对于第 t 个时刻数据 x_t，如果已经观测得到了，就用这个真实数据来验证我们的填充结果，并且将 x_t 传入下一个循环迭代；否则，如果该数据缺失，由于未来时刻的数据和当前时刻数据存在相关性，我们用填充的方法计算出当前缺失值的估计值，并且用未来的观测数据来验证其有效性。如图 3-29 所示。

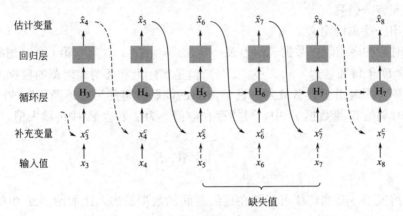

图 3-29　单向循环动态网络填充缺失值

例如我们给定一个时间序列 $X = \{x_1, x_2, \cdots, x_{10}\}$，其中 x_5、x_6 和 x_7 是缺失值。通过循环动态神经网络，基于之前的 $t-1$ 时刻的值，可以得到第 t 时刻的估计值 $\widehat{x_t}$。在开始的 4 个时刻，估计误差可以通过 $\mathcal{L}_e(\widehat{x_t}, x_t)$ 直接计算得到。但是，当 $t=5$、6、7 时，由于数据缺失，无法立即得到估计误差。总之，$\widehat{x_8}$ 的估计值是基于 $\widehat{x_5}$ 到 $\widehat{x_7}$ 的。所以我们可以在第 8 时刻得到 $\widehat{x_{t=5,6,7}}$ 的延迟误差。

2）算法框架

完成填充之前，首先引入循环模块和回归模块。循环模块是通过循环神经网络实现的，回归模块是一个全连接的神经网络。一个标准的循环网络可以表达为：

$$h_t = \sigma(W_h h_{t-1} + U_h x_t + b_h)$$

式中，σ 表示 sigmoid 激活函数；W_h、U_h 和 b_h 是网络的参数；h_t 是前一个时刻的隐含状态。

在缺失值填充问题中，由于 x_t 可能包含缺失值，不能直接把 x_t 作为输入代入上面的公式进行计算。因此我们使用一个补充输入 x_t^c 来代替缺失的 x_t。具体的，首先用全零值初始化隐含状态，并通过下面的公式迭代更新模型。

$$\widehat{x_t} = W_x h_{t-1} + b_x \tag{3-12}$$

$$x_t^c = m_t \odot x_t + (1-m_t) \odot \widehat{x_t} \tag{3-13}$$

$$\gamma_t = \exp[-\max(0, W_\gamma \delta_t + b_\gamma)] \tag{3-14}$$

$$h_t = \sigma[W_h(h_{t-1} \odot \gamma_t) + U_h(x_t^c \circ m_t) + b_h] \tag{3-15}$$

$$h_t = \sigma[W_h(h_{t-1} \odot \gamma_t) + U_h(x_t^c \circ m_t) + b_h] \tag{3-16}$$

其中，公式（3-12）是回归模块，将隐含状态 h_{t-1} 转换成估计向量 $\widehat{x_t}$。在公式（3-13）中，用这个估计向量代替缺失值 $\widehat{x_t}$，从而得到补充向量 x_t^c。同时，由于缺失值缺失的时间长度不是一致的，所以在公式（3-14）中引入一个时间衰减因子 γ_t。这个因子代表缺失值的严重程度。在公式（3-15）中，基于衰减的隐含状态，我们预测了下一个状态 h_t。同时，利用公式（3-16）根据损失函数 $\mathcal{L}_e$ 计算估计误差，具体的是使用平均相对误差。最后，对任务标签预测可以表示为：

$$\hat{y} = f_{\text{out}}\left(\sum_{i=1}^{T} \alpha_i h_i\right)$$

式中，f_{out} 可以根据具体的任务选择全连接层或者 softmax 层；α_i 是注意力机制或者平均池化机制代表的隐含状态的参数，比如 $\alpha_i = \dfrac{1}{T}$。输出误差表示为 $\mathcal{L}_{\text{out}}(y, \hat{y})$。最终模型更新是通过最小化 $\dfrac{1}{T}\sum_{t=1}^{T} l_t + \mathcal{L}_{out}(y, \hat{y})$ 得到。

3）具体实践

在实际应用中，可以选择 LSTM 作为循环模块，从而缓解梯度消失或梯度爆炸的问题。标准的 RNN 模型是将 $\widehat{x_t}$ 当作常量，LSTM 也是如此。通过反向传播，梯度会被 $\widehat{x_t}$ 裁剪截断。这对于误差反向传播更新模型不太有效。比如说，在上文例子中，$\widehat{x_5}$ 到 $\widehat{x_7}$ 时刻的估计误差是在第 8 时刻得到的延迟误差。但是，如果我们将 $\widehat{x_5}$ 到 $\widehat{x_7}$ 视为常量，这样的延迟误差就不能被完全反向传播。为了解决这个问题，可以把 $\widehat{x_t}$ 当作 RNN 的一个变量。从而使得估计误差可以通过 $\widehat{x_t}$ 进行反向传播。图 3-29 展示了该方法。梯度通过实线向相反的方向进行反向更新。所以，延迟误差 l_8 可以通过 5，6 和 7 时刻的数据。

上面介绍的基于 LSTM 的单向无关循环填充方法，在此基础上，我们还可以进行双向不相关递归插补以及相关递归插补等，某些情况下，这些方法有可能取得更好的数据填充效果，限于篇幅，在此不再赘述。

（5）基于用户的协同过滤推荐算法

1）算法原理

协同过滤模型的数据支撑为若干用户及物品的数据，以用户对物品的评分为元素构成的效应矩阵一般为稀疏矩阵，只有部分位置数值是非零的。需用已有的稀疏数据来预测效应矩阵中的空缺值，并找到可能为最高评分的物品推荐给用户。如图 3-30 所示。

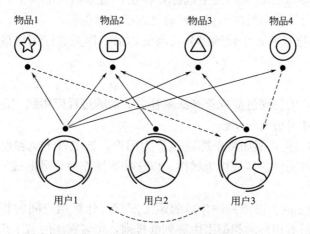

图 3-30　基于用户的协同过滤推荐过程

例如在图 3-30 中，用户 3 为目标用户，基于用户属性（如用户对物品 3 和物品 4 的偏好）和相似性度量，在用户 1 和用户 2 中找到用户 3 的近邻用户为用户 1，在其历史购买记录中选择用户 3 暂未购买的物品（物品 1 和物品 4），将最有可能被用户 3 感兴趣并购买的物品作为推荐。

基于用户的协同过滤推荐算法包含的一个关键步骤为确定近邻用户，需采用合适的相似性度量判断用户间是否相似。常用的相似性度量方法有欧式距离、余弦相似性、Jaccard公式、皮尔逊（Pearson）相关系数等。若有 N 维空间下两个对象 X、Y，其中 $X = (x_1, x_2, \cdots x_N)$，$Y = (y_1, y_2, \cdots y_N)$，则 X、Y 的相似度计算公式分别为：

欧式距离

$$\text{Euclidean Distance}(X, Y) = \sqrt{(x_1 - y_1)^2 + (x_2 - y_2)^2 + \cdots + (x_N - y_N)^2}$$
$$= \sqrt{\sum_{i=1}^{N}(x_i - y_i)^2}$$

余弦相似性

$$\text{Cosine Similarity}(X, Y) = \frac{X \cdot Y}{\|X\|\|Y\|} = \frac{\sum_{i=1}^{N} x_i \cdot y_i}{\sqrt{\sum_{i=1}^{N} x_i^2} \cdot \sqrt{\sum_{i=1}^{N} y_i^2}}$$

Jaccard 公式

$$\text{Jaccard Similarity}(X, Y) = \frac{X \bigcap Y}{X \bigcup Y}$$

皮尔逊相关系数

$$\text{Pearson Correlation Coefficient}(X, Y) = \frac{Cov(X, Y)}{\sigma_X \cdot \sigma_Y}$$
$$= \frac{\sum_{i=1}^{N}(x_i - \overline{x}) \cdot (y_i - \overline{y})}{\sqrt{\sum_{i=1}^{N}(x_i - \overline{x})^2} \cdot \sqrt{\sum_{i=1}^{N}(y_i - \overline{y})^2}}$$

基于用户的协同过滤推荐算法的推荐过程为：

① 首先选择合适的距离度量，计算用户间的相似度；

② 从近邻用户的历史购买列表中选择目标用户暂未购买的物品，计算目标用户对未购买物品的预测得分，从而反映目标用户对其的感兴趣程度；

③ 向目标用户推荐前 k 个预测得分最高的物品，作为目标用户最有可能感兴趣并购买的物品。

2）算法实现

将利用基于用户的协同过滤推荐算法填补空缺值的过程应用到"四节一环保"大数据的数据修复中，具体可分为三步：

① 用户信息的表达。例如将单栋建筑作为用户，选取若干能够反映单栋建筑能耗情况且数据相对准确和完整的特征作为属性，以这些属性作为分量形成的向量称为用户属性向量。

② 近邻用户的生成。选择一种合适的距离度量，计算用户间的相似度。对某一用户而言，将其与其他所有用户的相似度由高到低排列，排名靠前的若干用户将作为该用户的近邻用户。

③ 推荐的生成。针对用户的某缺失指标值，可结合其近邻用户的对应指标值进行填充。

3.2.3　统计类数据清洗修复案例

"四节一环保"大数据是利用政府统计、设备监控、遥感技术等多种方式获取到的多种数据，包括流数据、混合数据、结构化数据与非结构化数据等类型，数据来自于全国各省、市、自治区，涉及众多领域和指标。"四节一环保"大数据能够较为全面地反映我国各地区的建筑业发展水平及民用建筑能耗情况。本节对几个省上报的辖区内民用建筑年度能耗数据进行质量分析和数据修复。

（1）数据描述

现有数据主要为住房和城乡建设部提供的 2015—2017 年吉林、江苏、河南三省各地区单栋建筑的相关能耗数据，这些数据均以 Excel 文件形式保存，具体指标项包括：省、市、县、建筑编码、建筑名称、地址、竣工年度、建筑类型、建筑功能、层数、建筑面积、电、煤炭、天然气、液化石油气、人工煤气等。每一条记录表明某一个单栋民用建筑在特定年度内的电、煤、气等能源的消耗量。

在 2015—2017 年 3 年中单栋建筑能耗数据集中分别有记录 13994 条、4710 条及 3218条，共计 21922 条。

（2）数据质量评估

经过初步分析，这些数据中存在较多的异常记录，其中表 3-29 展示了 2015—2017 年单栋建筑能耗数据的缺失情况，由于采集来源多样性、数据获取软硬件的潜在故障、数据采集人员的人为因素等导致的数据存在缺失、错误、噪声等多种问题，如果不对其进行处理，将会对后续数据操作、分析产生严重影响。

能耗数据缺失情况

表 3-29

年份	原始记录	电		煤炭		天然气		液态石油气		人工煤气	
		缺失记录	缺失率	缺失记录	缺失率	缺失记录	缺失率	缺失记录	缺失率	缺失记录	缺失率
2015	13994	20	0.14%	13539	96.75%	9344	66.77%	13585	97.08%	13761	98.34%
2016	4710	8	0.17%	4537	96.33%	0	0.00%	4698	99.75%	4710	100.00%
2017	3218	0	0.00%	3200	99.44%	2858	88.81%	3144	97.70%	3199	99.41%

此外，表 3-30 反映了记录中存在的相似重复记录现象（对应于同一栋建筑的多条记录），有的相互之间还存在着不一致的冲突现象。由此可见，对这些数据进行清洗和修复是非常有必要的。

相似重复记录

表 3-30

建筑名称	竣工年度	建筑类型	建筑面积(m²)	电(kWh)	煤炭(kg)	天然气	液化石油气	人工煤气	id
东丰欧亚购物中心及钻石铭城	2016	3	45000	8200100	0	0	0	0	2476
东丰欧亚购物中心及钻石铭城	2016	3	45000	8200100	0	0	0	0	2477
东丰县县医院	2012	3	20793	9220000	0	0	0	0	2480

续表

建筑名称	竣工年度	建筑类型	建筑面积(m^2)	电(kWh)	煤炭(kg)	天然气	液化石油气	人工煤气	id
东丰县医院	2012	3	20793	9220000	0	0	0	0	2481
东丰县政府	2005	4	1110	223871	0	0	0	0	2483
东丰县县政府	2005	4	1110	223871	0	0	0	0	2484
东丰县综合执法局	1996	4	5041	125960	0	0	0	0	2486
东丰县检察院	1996	4	5041	125960	0	0	0	0	2487

（3）数据清洗算法设计与实现

结合"四节一环保"大数据的特点，对这些民用建筑能耗数据的清洗主要包括相似重复记录的检测与合并、异常记录的检测与删除等，其中记录异常主要表现为缺失和错误。

清洗过程如下：首先对相似重复记录进行检测与合并，然后删除电力消耗指标为 0 的整条记录及能耗指标全为 0 的整条记录；这两个步骤可以通过基于 Python 的编程等方式通过代码完成，在此不做赘述。在完成了上面的处理之后，考虑到不同建筑之间的单位面积能耗量才具有相互之间的可比性，因此我们再分别用每栋建筑的各类能耗量除以其建筑面积，得到每栋建筑的单位面积平均能耗量；最后可以考虑利用 3σ 准则、DBSCAN 聚类算法或箱线图内限等方法来删除异常记录。

1）方法 1：利用 3σ 准则识别异常记录

利用 3σ 准则的前提为数据服从正态分布，故先进行正态性检验。以数据集中的平均耗电量为例，通过作直方图可发现其显然不服从正态分布。此外，我们还可以尝试对数据进行正态变换，常用变换包括对数变换、平方根变换、倒数变换、平方根反正旋变换、Box-Cox 变换等。

输出结果如图 3-31 所示。

从直方图上可以看出，其正态性并不显著。我们还可借助假设检验的思想，进一步对其进行 K-S 检验。在实践中，我们发现结果显示 p 值为 0，比指定的显著水平（假设为 5％）小，故拒绝变量服从正态分布的原假设。

尝试上述其他正态变换，对得到的新变量进行正态性检验，结果均不显著。因此该数据集不适合用 3σ 准则来识别异常记录。

2）方法 2：利用 DBSCAN 聚类算法识别异常记录

以各民用建筑耗天然气量指标为例，原始记录进行相似重复记录的检测与合并、删除能耗指标全为 0 的记录等初步清洗后，剩余记录 4384 条。结合基于密度的离群点的相关原理，将不属于任何聚类簇的数据点作为异常点处理。将异常记录删除后剩余记录 3922 条。

3）方法 3：利用箱线图内限识别异常记录

数据集中的建筑类型一共有 4 类，对其采用各平均能耗量指标（平均耗电量、平均耗煤炭量、平均耗天然气量、平均耗液化石油气量、平均耗人工煤气量）及建筑类型为 i（$i=$1，2，3，4）的对应数据集的箱线图，记录落在内限外的建筑编码值，将各指标对应的异常记录（建筑编码值）取并集并删除整条记录。

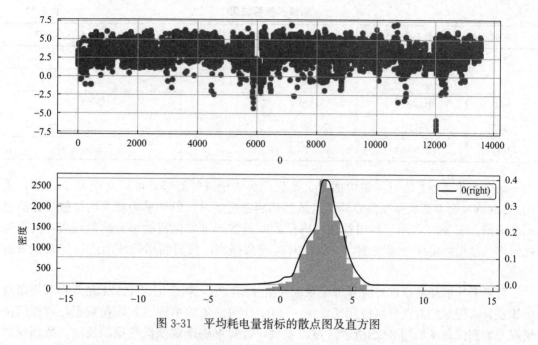

图 3-31　平均耗电量指标的散点图及直方图

以一栋建筑类型为 1（即居住建筑）的建筑为例，其平均耗天然气量可以通过下面的公式求得：

$$平均耗天然气量 = 该建筑耗天然气量 / 建筑面积$$

我们通过计算得到居住建筑平均耗天然气量的下四分位数（$Q1$）为 0.92，上四分位数（$Q3$）为 2.74，从而可计算其四分位距（IQR）：

$$IQR = Q3 - Q1 = 1.82$$

计算内限可得：

$$Q3 + 1.5IQR = 5.46$$
$$Q1 - 1.5IQR = -1.80$$

从而将平均耗电量取值在区间（-1.80，5.46）外的整条记录删除。将异常记录删除后剩余记录为 3872 条。

4）数据清洗结果对比

表 3-31 和表 3-32 分别为利用 DBSCAN 聚类算法和箱线图内限删除异常记录后保留记录的示例。

DBSCAN 聚类算法保留结果　　　　　　　　　　　　　　　　　　　表 3-31

索引	建筑面积（m²）	天然气（m³）	建筑类型	平均耗天然气量（m³/m²）
1390	621.0	56230.0	1	90.55
1415	440.0	32059.0	1	72.86
2766	506.0	40802.0	1	80.64
2976	712.0	56230.0	1	78.97
3405	653.0	54620.0	1	83.64

161

箱线图保留结果

表 3-32

索引	建筑面积(m²)	天然气(m³)	建筑类型	平均耗天然气量(m³/m²)
94	37520.0	204567.0	2	5.45
97	25000.0	120000.0	2	4.80
98	100500.0	537800.0	2	5.35
625	25147.0	78254.0	2	3.11
1025	19500.0	105215.0	2	5.40

结合上述两种方法对异常值的定义及识别异常记录的原理，可以发现表 3-31 中，采用 DBSCAN 聚类算法存在部分异常点虽然达到密度要求，但是平均耗天然气量指标值过高的缺陷。表 3-32 展示了利用箱线图内限删除异常记录后保留的部分示例代表，其平均耗天然气量指标值在合理范围内。故针对当前数据集，我们利用箱线图进行异常记录的检测。

将各平均能耗量指标对应异常记录取并集并删除后，剩余记录 12371 条。将利用箱线图识别异常记录的方法分别应用于 2015—2017 年每一年的单栋建筑能耗数据，数据清洗情况及数据保留率如图 3-32 所示。可以发现，针对单栋建筑能耗数据的清洗，数据保留率在 80%～92%。

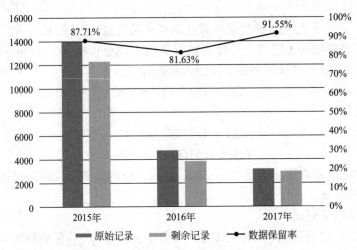

图 3-32　2015—2017 年数据清洗后保留率

（4）数据修复算法设计与实现

对于单栋民用建筑能耗数据的修复主要为填充缺失的数据。具体步骤为：首先采用不同修复方法，填充若干平均能耗量指标；然后用平均能耗量乘以建筑面积即可得到各建筑能耗量指标的填充值。我们将采用多种方法来填补数据集中的缺失记录，如有以前（后）非缺失值、平均值、中位数、众数等数值填充，以线性回归模型预测值填充，以及使用基于用户的协同过滤推荐算法填充等。

1）方法 1：简单填充

填补空缺值的简单方法为以数据集中的数据填充，如前（后）非缺失值、平均值、中位数、众数等。

我们以 2015 年单栋建筑能耗数据为例，并以填补天然气能耗量为目标。将清洗后数据集中的记录按照平均耗电量从小到大的顺利排列，遍历数据集中平均耗天然气量缺失的记录，以前（后）平均耗天然气量非缺失值填充；或计算与该栋建筑相同建筑类型的子集中平均耗天然气量的均值（中位数、众数），作为该栋建筑平均耗天然气量指标的填充值。

2）方法 2：利用线性回归模型预测值填充

以线性回归模型预测值填充的思路为假定建筑能耗量之间存在相关关系，可建立指标间的回归模型，并将模型预测值作为缺失记录的填充值。

如假定单栋建筑平均耗天然气量正比于平均耗电量，我们就可以构建变量间的线性回归模型。针对平均耗天然气量缺失的记录，将平均耗电量代入模型，得到的模型预测值即为平均耗天然气量的估计值。

3）方法 3：利用基于用户的协同过滤推荐算法填充

利用基于用户的协同过滤推荐（user-based CF）算法填补空缺值的过程将分为 3 步：

① 用户信息的表达。将单栋建筑作为用户，选取若干能够反映单栋建筑能耗情况且数据相对准确和完整的特征作为属性，以这些属性作为分量形成的向量称为用户属性向量。

② 近邻用户的生成。选择一种合适的距离度量，计算用户间的相似度。对某一用户而言，将其与其他所有用户的相似度由高到低排列，排名靠前的若干用户将作为该用户的近邻用户。

③ 推荐的生成。针对用户的某缺失指标值，可结合其近邻用户的对应指标值进行填充。

以 2015 年单栋建筑能耗数据修复为例，并以填补天然气能耗量为目标。我们可以选择竣工年度及平均耗电量作为属性变量，选择欧式距离作为相似性度量，计算不同建筑间的相似度。针对某栋建筑的空缺值，将其他建筑按相似度由高到低的顺序排列，并以前 20 栋建筑（相似度最高的 20 栋建筑）的平均耗天然气量指标数据的均值作为该建筑平均耗天然气量指标的填充值。将填补后的各建筑的平均耗天然气量指标数据分别乘以其建筑面积，就可以得到各建筑的天然气能耗量指标的填充值。

4）数据填充结果对比

以单栋建筑平均耗天然气指标填充为例，将平均绝对误差（MAE）作为评估指标，对比几种填充结果。令平均耗天然气量指标的真实值 $y^{(i)}$ 与填充值 $\widehat{y^{(i)}}$ 的差值的绝对值为偏差，并将各记录的偏差求平均值，便得到平均绝对误差，MAE 的计算方法如下所示：

$$MAE = \frac{1}{m}\sum_{i=1}^{m} \mid y^{(i)} - \widehat{y^{(i)}} \mid$$

由表 3-33 可以发现，针对训练集中平均耗天然气量指标的填充，以相同建筑类型的建筑群的平均耗天然气量指标的中位数进行填充的结果与真实值最接近，原因可能是能耗量指标间不存在显著的相关关系，中位数具有一定的抗干扰性，在某种程度上反映了该指标的经验水平。

填充修复结果对比 表 3-33

填充方法	MAE
以前一条非缺失值填充	1.29
以各建筑类型均值填充	0.96
以各建筑类型中位数填充	0.83
用线性回归模型预测值填充	1.18
用 user-based CF 填充	1.11

3.2.4 监测类数据异常检测与修复案例

本节我们对某医院的监测类数据进行清洗修复，主要包括数据预处理、数据异常检测和数据修复几大部分，并进行分析和实验。

（1）数据预处理

1）数据描述

实验数据采用的是"2019/11/01—2020/03/30 时间段内的某医院的电能监测数据"，这些数据均以 Excel 文件形式保存，共有 37 个表，每个表的数据以 20min 为一个时间单位进行计量，样本总数为 10869 个。每条样本包括：表标识、I_a（a 相电流）、I_b（b 相电流）、I_c（c 相电流）、P（有功功率）、WP（累计有功功率）及采集时间这 7 个特征。其中 WP 是一个递增数据，不具有分析价值，因此可以将每个表中除 WP 之外的其余特征组成一个 6 维的数据集。以表 B4-41 为例，表 3-34 为其部分原始数据。

B4-41 电能监测部分原始数据 表 3-34

	I_a	I_b	I_c	P	WP	时间
Ea9a1bd	28	24	27	14.04	1328862	2019/11/1 0:00
Ea9a1bd	28	24	27	14.1	1328867	2019/11/1 0:20
Ea9a1bd	28	25	27	14.16	1328872	2019/11/1 0:40
……	……	……	……	……	……	……
Ea9a1bd	27	24	26	13.44	1402148.4	2020/3/30 23:00
Ea9a1bd	27	24	26	13.5	1402153.1	2020/3/30 23:20
Ea9a1bd	27	25	26	13.5	1402157.6	2020/3/30 23:40

A3-22、A5-32 的 I_a、I_b、I_c 及 P 全为 0。其中数据集中 2000~2200 阶段的数据分布情况如图 3-33 所示。

2）数据打标签

由于原始数据集没有标签，因此通过异常检测方法无法判定检测得到的异常数据是否为真异常。为了解决该问题，我们首先对数据集进行标签预处理。在进行数据集标签化时，我们进行了以下尝试：首先对几个数据集进行图像分析，图像表明数据分布无规律。之后我们从数据各元素的关系进行探索，将电流 I_a、I_b、I_c 组成一个元组作为自变量，功率 P 作为因变量，可以发现数据规律的（舍弃了特征 WP，即累计有功电度，是一个递增的特征，无效特征）。由于医院采集的数据异常情况较少，因此我们采用统计学方法来

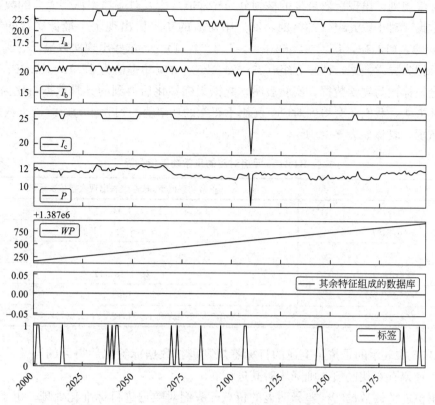

图 3-33 B4-41 电能监测 2000～2200 原始数据分布图

进行标签划分，即对于每一个三元组（I_a、I_b、I_c），选取其中功率值 P 出现次数最少的作为异常值，其余均作为正常值处理。以 B4-41 为例，表 3-35 是经过算法分析得到的部分三元组对应的功率值的分布情况：

B4-41 三元组对应的功率值分布情况统计　　　　　　　　　　　　　　　表 3-35

（I_a、I_b、I_c）	（P、出现次数）
（6，5，8）	[（4.44，2），（4.5，1）]
（6，5，10）	[（4.86，1）]
（6，8，9）	[（5.4，6），（5.34，4），（5.22，3），（5.28，1）]
……	……
（22，21，24）	[（11.28，10），（11.34，3），（11.22，3），（11.46，1）]
（23，24，26）	[（12.3，3），（12.18，1），（12.66，1），（12.24，1）]
（24，24，27）	[（12.6，24），（12.66，16），（12.48，13），（12.54，11），（12.42，7），（12.36，4），（12.72，4），（12.78，3），（12.84，1），（12.3，1）]

观察表 3-35 可以发现，其中三元组（6，5，10）对应的功率值输出唯一，即 [（4.86，1）]，表明在该三元组下，只有一个功率值，在我们的实验中，这种只有一种情况的结果被认为是正常的数据；而当三元组（6，5，8）对应的功率值存在多组输出，即 [（4.44，2），（4.5，1）]，表示功率值为 4.44 出现过 2 次，功率值为 4.5 出现 1 次，按

照上述标签规则，出现次数最少的被划分为异常值，所以对应功率值为 4.5 的数据被标记为异常数据；对于三元组（23，24，26）中对应的功率值出现多个最低次数的情况，即 [（12.3，3），（12.18，1），（12.66，1），（12.24，1）]，这些出现次数最低的所有功率值都会被标记为异常数据，即三元组（23，24，26）对应功率值为 12.18、12.66、12.24 的数据都会被标记为异常数据。实验表明，数据集标签化后得到的异常数据占比为 11.5%。通过上述方法，我们还会得到对应三元组下正常的功率值的列表作为后续进行数据恢复时的参考依据，具体如表 3-36 所示。

B4-41 三元组对应的正常功率值列表
表 3-36

$(I_a、I_b、I_c)$	（正常功率值 P，从左到右出现次数依次递减）
(6,5,8)	[4.44]
(6,8,9)	[5.4,5.34,5.22]
……	……
(22,21,24)	[11.28,11.34,11.22]
(23,24,26)	[12.3]
(24,24,27)	[12.6,12.66,12.48,12.54,12.42,12.36,12.72,12.78]

表 3-36 中表示的是按照上述的打标签规则进行数据标签化后得到的正常功率的参数值列表。如果存在相同值，则降序对其进行展示。

根据电能监测数据特征差异明显的特点，我们对数据进行标准化处理。由于 minmax 可以将标准化结果放入一个指定的范围内，方便后期 DBSCAN 算法调节参数，因此选择 minmax 标准化方法。其部分标准化结果如表 3-37 所示。

B4-41 电能监测部分标准化数据
表 3-37

I_a	I_b	I_c	P
0.396825	0.365079	0.315789	0.350174
0.396825	0.365079	0.315789	0.351916
0.396825	0.380952	0.315789	0.353659
……	……	……	……
0.380952	0.365079	0.302632	0.332753
0.380952	0.365079	0.302632	0.334495
0.380952	0.380952	0.302632	0.334495

3）降维

通过 PCA 将原始数据集降成 2 维数据集，部分数据如表 3-38 所示。

B4-41 电能监测部分降维后的数据
表 3-38

0	1
0.644783	0.251907
0.64304	0.343463

续表

0	1
0.625706	0.162882
……	……
0.824964	0.154937
0.68661	0.008283
0.805887	0.065912

4）噪声数据的识别和去除

将标准化、降维后是数据集输入 DBSCAN 算法进行聚类，表 3-39 所示为 DBSCAN 聚类后的分组统计结果（均值）。估计的聚类个数为 4，轮廓系数为 0.594。轮廓系数（Silhouette Coefficient）结合了聚类的凝聚度（Cohesion）和分离度（Separation），用于评估聚类的效果。该值处于 −1～1 之间，值越大，表示聚类效果越好。

降维 DBSCAN 聚类后的分组统计结果（均值）　　表 3-39

cluster_db	I_a	I_b	I_c	P
−1	35.800000	35.600000	38.000000	21.006000
0	25.280525	23.379608	27.219385	12.960486
1	56.587544	55.147866	59.025915	31.130697
2	8.011136	5.710468	9.002227	5.286949
3	13.101167	10.953307	14.692607	7.499533

之后与未降维数据相比，我们发现不进行数据降维也可以达到较优的聚类效果。图 3-34 显示了仅标准化而未数据降维处理，使用 DBSCAN 进行聚类的结果，以 I_a 和 P 的数据分别作为横纵坐标，黑色的点即为噪声点。估计的聚类个数为 2，轮廓系数为 0.853。通过轮廓系数可知，不降维聚类的结果优于降维聚类结果。产生这种现象的原因可能是，变量

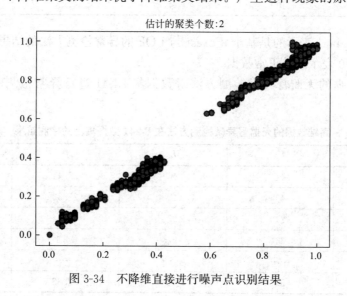

图 3-34　不降维直接进行噪声点识别结果

167

之间不存在相互的依赖关系，即不存在自变量和因变量的关系，所以无法选出最有代表性的几个变量。虽然结果图直观上没有降维后的结果噪声明显，但是其聚类效果更佳是因为原始数据集是4维数据，为了方便可视化，我们仅从中挑了2维，所以无法将样本点的空间位置及特性很好的描述出来，所以难以确定不降维效果是否真的优于降维。但是从不降维的聚类结果中可以看出，B4-41数据集没有噪声样本。另外，我们还对该数据集进行了不降维DBSCAN聚类的分组统计，实验结果如表3-40所示。

不降维 DBSCAN 聚类后的分组统计结果（均值）　　　　表 3-40

cluster_db	I_a	I_b	I_c	P
0	23.540597	21.601212	25.397352	12.185494
1	56.561087	55.123913	58.999130	31.118661

（2）数据异常检测

根据前面章节介绍的基于 iForest 与 LOF 的异常检测方法对数据集 B4-41 进行异常检测的结果如表 3-41 所示。

基于 iForest 与 LOF 的异常检测方法在 B4-41 数据集上的检测结果　　表 3-41

I_a	I_b	I_c	P	pre_label1
43	41	46	25.44	−1
44	43	45	25.32	−1
28	24	27	14.04	0
28	24	27	14.1	0
……	……	……	……	……
60	59	64	32.82	0
61	60	64	32.94	0
13	10	14	7.2	0
13	10	14	7.02	0

其中 pre_label1 表示的是基于 iForest 与 LOF 的异常检测方法的结果，其中−1表示的是异常数据，0表示的是正常数据。

根据高维数据的无监督异常检测方法对数据集 B4-41 进行异常检测的结果如表 3-42 所示。

高维数据的无监督异常检测方法在 B4-41 数据集上的检测结果　　表 3-42

I_a	I_b	I_c	P	pre_label2
43	41	46	25.44	−1
44	43	45	25.32	−1
28	24	27	14.04	0
28	24	27	14.1	0
……	……	……	……	……
60	59	64	32.82	0

续表

I_a	I_b	I_c	P	pre_label2
61	60	64	32.94	0
13	10	14	7.2	−1
13	10	14	7.02	0

其中 pre_label2 表示的是经过高维数据的无监督异常检测方法预测得到的标签值，其中−1 表示异常数据，0 表示正常数据。

因为我们使用了两种异常检测方法对数据集 B4-41 进行了异常检测工作，因此，我们考虑对这两个方法进行集成工作，即把两种方法都检测出来的异常值作为最终的异常值，只有一方检测出异常而另一方没有检测出异常值的都被当作正常数据处理。

异常检测方法在 B4-41 数据集上的精度、召回率和 F_1 分数　　　　表 3-43

检测方法	精度	召回率	F_1 分数
基于 iForest 与 LOF 异常检测方法	0.80	0.77	0.78
高维数据的无监督异常检测方法	0.82	0.76	0.79
集成异常检测方法	0.84	0.79	0.81

根据表 3-43 可知，对两种异常检测方法进行集成，取两种方法都检测出的异常数据当作最终的异常数据可以得到更好的检测性能。

（3）数据修复

在异常检测获取异常点后，我们采用异常点作为缺失值对其进行修复工作。由于数据集为时序序列数据集，我们首先利用单向无关循环填充方法进行修复，在一个单向循环的动态系统里，时序序列中的每一个值都可以通过序列前面的值和一个固定的函数计算得到。根据缺失数据序列前的数据，将缺失值进行修复，如图 3-35 所示就是对数据集 B4-41 中 1900～2000 阶段中的异常数据修复图。

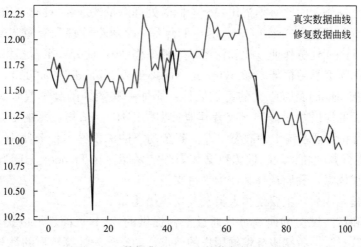

图 3-35　数据集 B4-41 上的修复结果（1）

单向循环无关填充假定同时观察到的特征是互不相关的，但数据集 B4-41 的特征之间是相关的，即观测到的测量值在空间上是相关的。在这种情况下，我们可以根据历史数据和相邻的测量值来估计缺失值。因此结合当前缺失数据前后的功率值考虑，进一步利用相关递归插补进行修复可得到如图 3-36 所示的修复结果，可以看到，结合当前缺失数据的历史数据和它的相邻数据来进行缺失值修复，能够得到比只考虑历史数据来进行缺失值修复更好的修复结果。

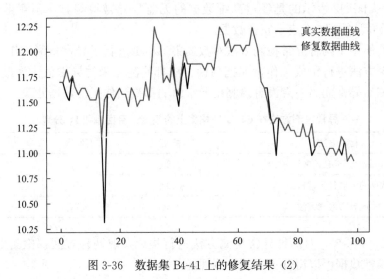

图 3-36　数据集 B4-41 上的修复结果（2）

3.2.5　基于 OpenI-Octopus 的异构计算数据修复平台

（1）平台简介

数据修复涉及海量数据采集、数据预处理、大数据存储等大数据 ETL 流程。此外，在处理大规模计算任务时，由于涉及 CPU、GPU 等异构处理器和大量深度学习/机器学习方法，会使用到各种深度学习框架，如 TensorFlow 框架。然而传统的分布式计算平台难以支撑此类复杂操作，因此必须搭建一个能同时处理海量数据和 AI 计算服务的平台。

开源启智章鱼项目（OpenI-Octopus）平台是一个集群管理和资源调度系统，支持在 GPU 集群中运行 AI 任务作业（比如深度学习任务作业）。此外，平台提供了一系列接口，能够支持主流的深度学习框架，如 pytorch、tensorflow、panddle panddle、mxnet、caffe、cntk 等。这些接口同时具有强大的可扩展性：添加一些额外的脚本或者 Python 代码后，平台即可支持新的深度学习框架（或者其他类型的工作）。值得注意的是，平台利用 Kubernetes 来部署和管理系统中的静态组件。其余动态的深度学习任务使用 Hadoop YARN 和 GPU 强化进行调度和管理。训练数据和训练结果储存在 Hadoop HDFS 或后端集中存储上。基于上述优点，我们选择其作为平台支撑。

此平台搭建完成后，主要使用人员及其用途描述如下：

模型研究和算法试验的研究员，通过平台提供的 Web 页面，可以提交代码和数据，向平台申请计算资源。后端服务根据用户的请求，动态分配计算集群的计算、存储和网络等资源。完成计算后，将计算结果存储在用户空间，供用户下载分析试验结果。

平台运营人员，使用研究员训练好的模型，在线部署和查看数据处理、数据修复等一系列任务。动态配置具体的数据源、模型和计算任务，把修复结果提供给下一阶段的使用者。

平台管理人员，能够管理集群拥有的所有计算资源，同时拥有用户创建和用户权限编辑的能力。通过平台提供的面板工具，实时监控平台负载和其他运行情况。

（2）平台架构

基于 Open-Octopus 的异构计算数据修复平台共架构如图 3-37 所示，以异构硬件平台为算力支撑平台，采用分布式资源调度的方式集成大数据存储和大数据计算为上层应用提供完备的底层服务。

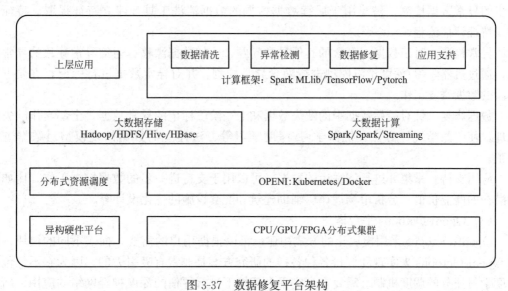

图 3-37　数据修复平台架构

1）异构硬件平台

异构计算（Heterogeneous computing），又译异质运算，主要是指使用不同类型指令集和体系架构的计算单元组成系统的计算方式。常见的计算单元类别包括 CPU、GPU 等协处理器、DSP、ASIC、FPGA 等。目前我们搭建的异构计算硬件平台主要由 CPU、GPU 和 FPGA 组成。GPU 和 FPGA 负责高度并行的计算任务。

2）分布式资源调度

近年来微服务和容器化技术的兴起，以 Docker 为代表的容器化技术有取代 OpenStack 虚拟机方式的趋势。Kubernetes 是 Google 开源的一个容器编排引擎，它支持自动化部署、大规模可伸缩、应用容器化管理。在生产环境中部署一个应用程序时，通常要部署该应用的多个实例，以便对应用请求进行负载均衡。在 Kubernetes 中，我们可以创建多个容器，每个容器里面运行一个应用实例，然后通过内置的负载均衡策略，实现对这一组应用实例的管理、发现、访问，而这些细节都不需要运维人员去进行复杂的手工配置和处理。

3）大数据存储与计算

目前以 Hadoop 为核心的大数据存储与计算的生态逐渐走向成熟，并且还诞生了一批以 Spark 为高性能计算代表的计算核心生态。这也是我们大数据处理平台的选择方案。

Hadoop 是一个由 Apache 基金会开发的分布式系统基础架构。用户可以在不了解分布式底层细节的情况下开发分布式程序。Hadoop 的框架最核心的设计就是 HDFS 和 MapReduce。HDFS 为海量的数据提供了存储，MapReduce 则为海量的数据提供了计算。Apache Spark 是专为大规模数据处理而设计的快速通用的计算引擎。Spark 拥有 Hadoop MapReduce 所具有的优点，但不同于 MapReduce 的是，Job 中间输出结果可以保存在内存中，从而不再需要读写 HDFS，因此 Spark 能更好的适用于数据挖掘与机器学习等需要迭代的 MapReduce 的算法。

4）上层应用

数据清洗。原始数据接入时，建立数据清洗规则，避免明显错误数据入库。同时进行初步的异常数据检测。搭建用于后续数据挖掘的数据清洗工具，建立特征提取、特征分析、特征评估流程。

异常检测。对于数据中隐含的其他异常问题，比如数据漂移、通信异常导致的异常数据，通过机器学习/深度学习模型进行隐含异常检测。并对异常数据进行标记，方便下一阶段的数据修复工作。

数据修复。针对原始数据中的缺失数据和上一阶段标记的异常数据，全部当作缺失值处理，使用数学统计方法、机器学习/深度学习等方法建立的数据修复模型对数据进行矫正。

应用支持。采集并进行清洗后的数据，可以用于支持进一步的数据挖掘工作，比如挖掘潜在的商业价值、分析市场规律、辅助建筑和配套设施的优化设计等。

（3）OpenI-Octopus 平台搭建

OpenI-Octopus 采用模块化的方式构建，可以根据用户的需要，插入不同的模块。使用 OpenI-Octopus 来实现和评价各种各样的研究方案是非常有吸引力的，因为它不仅包括深度学习任务的调度机制、需要在真实平台环境下进行评估的深度神经网络的应用、新的深度学习框架、适用于 AI 的编译技术、适用于 AI 的高性能网络，还包括一些分析工具：如网络、平台和 AI 作业的分析，AI Benchmark 基本套件（包括 FPGA、ASIC 和神经处理器），AI 存储支持等。OpenI-Octopus 平台系统架构如图 3-38 所示。

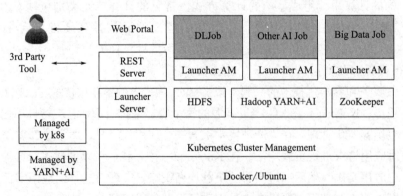

图 3-38　OpenI-Octopus 系统架构

主要需要部署以下四个模块：

1）Kubernetes 部署。该平台利用 Kubernetes（k8s）部署和管理系统服务。

2）Service 部署。部署 Kubernetes 之后，系统将利用内置的 k8s 功能（例如 configmap）来部署系统服务。

3）Job 管理。部署系统服务后，用户可以访问 Web 门户（Web UI）以进行集群管理和作业管理。

4）集群管理。该门户网站还提供用于群集管理的 Web UI。

（4）数据修复流程示例

登录平台后，建立新的计算任务时，需要先配置所需的硬件参数，同时上传数据集和对应代码。

1）数据采集与存储

对于需要修复和评估的原始数据，无论是在第三方服务器中存储，还是采用自研的存储管理机制，在进行数据分析前，都需要存储在本地服务器中。我们需要部署分布式数据库和分布式文件系统等配套服务进行数据管理。

如图 3-39 所示，登录系统后在 Web 页面中填写服务需要的 CPU、内存等设置，并选择提前制作好的 Docker 镜像，提交请求后，平台分配资源并运行服务，从而提供数据存储和查询管理等服务。

图 3-39　提交计算任务

并且由于底层基于 Kubernetes 和 Docker 容器技术，服务能实现动态扩容和容灾，实现弹性计算。

2）算法研究与模型调优

在本地开发完代码完成算法逻辑后，通过 Web 端将代码提交到平台运行，填写运行的计算资源配置后，云平台会根据请求分配资源进行计算，完成数据修复算法的调优，并将计算结果保存在用户空间，供用户下载。

3）服务部署

当研究员完成算法调优后，保存代码逻辑和模型到模型库，供其他开发者选择使用。此阶段就是在线实时进行数据修复，读取"①数据采集与存储节"中数据存储服务的数据，使用"②算法研究与模型调优"中开发的数据修复模型，把修复好的数据再保存到前面的存储中。

4）服务监控

同时，提供了集群监控功能，方便管理员进行集群的监控和问题排查。如图 3-40 所示，管理员登录 Web 系统后，点击"管理员工具"即可查看。

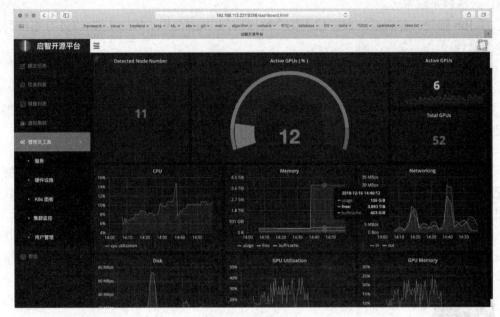

图 3-40 集群监控

3.3 大规模数据误差分析方法

3.3.1 现状分析

（1）建筑能耗数据现状

随着我国建筑数量和规模的日益增长，大数据在建筑节能工作中的重要意义愈发凸显，合理、科学运用不同层面的建筑能耗相关数据，以数据化、信息化手段推进建筑节能工作高质量发展，对实现建筑节能与绿色发展、推动"碳达峰"和"碳中和"进程意义重大。但建筑能耗的相关数据具有数量庞大、多维性、多度量性等特点，目前在数据采集、处理、使用上还存在标准体系欠缺、完整性不够、准确性存疑和应用性不足等问题。

由于居民生活和消费水平的快速提高，导致能源需求量增大，能源环境的健康发展受到挑战。这些问题的解决都依赖于对区域性建筑能耗数据准确的统计和分析。区域性建筑能耗数据的完整性和准确性将直接影响最终的分析结果。针对宏观层面的区域建筑能耗统计数据的缺失问题，需要进行合理的预测研究，对其进行科学的填补。

与区域建筑能耗相对的是单个建筑物的能耗，其主要是由单个建筑内的电力负载消耗组成，而在一般的医疗建筑或居住建筑物中，电脑、照明、空调系统采暖和通风系统都是常用的负载。对于一些不具备能耗分项计量条件的建筑，通过对建筑能耗进行分析并对单个建筑物的能耗进行科学预测，可以对单个建筑物制定更合理的运行计划，以达到节能效果。

单个建筑物由建筑能源管理系统所获得的建筑能耗监测数据，全部来源于测量仪器的测量结果，而由于测量仪器本身的误差所导致的与真实值存在偏差的结果，会对建筑能源管理系统的数据挖掘和分析结果产生影响。

（2）区域建筑能耗预测研究

1）区域建筑能耗数据来源

早在 1970 年左右，西方开始标准和规范的统计建筑能耗数据。从 1976 年开始，英国对建筑能耗展开统计和研究；20 世纪 90 年代，加拿大开始进行建筑能耗统计，并针对建筑能耗得出了其主要的影响因素，包括：能源活动、能源结构、气候条件和能源效能[56]；美国能源信息管理局则依据建筑类型的不同能耗特点，发布美国的建筑能耗数据[57]。

我国建筑能耗统计制度起步较晚。2010 年，住房和城乡建设部公布了《民用建筑能耗和节能信息统计报表制度》[58]。此制度的公布虽然在我国建筑能耗方面是一次重大的突破，但是仍有很大不足，主要表现在对建筑基本信息的反映不全、数据统计格式不统一、数据具有缺失性等问题。因此仅根据《民用建筑能耗和节能信息统计报表制度》的统计数据不能直接计算出区域建筑能耗。

2）区域建筑能耗影响因素相关性研究

国外学者很早展开对于区域建筑能耗影响因素的相关性研究。Hirst[59] 基于 1965—1975 年的美国民用建筑能耗的时间序列数据，构建多元回归，分别从人口数量、人均收入水平、经济发展水平 3 个角度出发，得到其中的驱动关系。随后，一些学者对能源与 GDP 增长之间的关系进行了研究[60,61]。除此以外，Mercan M 等[62] 对经济合作与发展组织（OECD）的成员国家采用了动态面板协整分析法，分析了能源消耗、经济增长和碳排放直接的关系。Huang J 等[63] 研究了气候变化与建筑能耗之间的关系，通过对美国 925 个地点的调查研究发现，在不同气候带的时空尺度下，温暖潮湿（东南）气候区的建筑比其他地区的年能源消耗变化更大，得出气候带内影响的变化可能大于气候带之间的变化。

国内学者在《民用建筑能耗统计报表制度》实行后，才开始大规模对建筑能耗影响因素进行研究。蔡伟光[64] 基于 stirpat 模型分解了民用建筑能耗影响因素，包含了民用消费水平、人口、建筑面积等宏观因素，构建了民用建筑能耗影响效应模型。郭广翠和刘青[65] 利用灰色关联及协整模型对 1995—2014 年的全国数据进行仿真模拟，最终发现经济增长和产业结构为影响建筑能耗增长的主要因素，而建筑节能设计标准与购房首付比例则对建筑能耗减少有关。王云鹏[66] 研究了人口总量、建筑节能水平的发展与民用建筑能耗之间的关系，并分析了不同驱动因素对各个气候区的民用建筑能耗的影响强度。Du T 和 Sun Y[67] 发现北方和南方在气候、建筑类型等方面存在差异，供暖系统也存在着差异，对空气污染和建筑供暖的相关关系和区域差异进行了对比分析。Wang S 等[68] 采用探索性空间数据分析、核密度估计等方法探究了能源消耗与空间之间的关系。

3）区域建筑能耗预测模型

针对区域建筑能耗进行科学预测，国外许多学者构建了相关预测模型。Magoulès F 和 Zhao H[69] 应用人工神经网络对建筑能耗进行预测。Shairf S A 等[70] 提出了一种精确的神经网络（ANN），利用来自基于仿真的多目标优化模型（SBMO）的数据来预测能源消耗。Dac-Khuong B 等[71] 提出了一种新的混合模型，即基于电磁法的萤火虫算法——人工神经网络（EFA-ANN）来预测建筑能耗。Pham A 等[72] 提出了一个基于随机森林（RF）的预测模型来预测建筑的短期能耗。Kim T 和 Cho S[73] 则提出了一种将卷积神经网络（CNN）和长短时记忆（LSTM）相结合的神经网络（CNN-LSTM），它可以有效地提取空间和时间特征，预测住宅能耗。

国内学者 Cui Z[74] 采用自由回归滑动平均模型（ARMA）对城市建筑能耗进行了预测。Ma Z 等[75,76] 提出了支持向量机回归法（SVR）预测我国地区建筑能耗的方法。为了改善建筑能耗预测的可靠性，将多个参数包括气象数据、国内生产总值、居民消费水平等作为输入值。建筑能耗预测方法在建筑能耗基线模型开发和计量检定规程中越来越重要。Dong B 等[77] 提出了一种新的神经网络算法——支持向量机（SVM）来预测热带地区的建筑能耗。侯博文等[78] 采用支持向量机算法对建筑运行能耗进行预测和分析，通过建筑运行能耗相关性分析的结果选取特征向量，并应用特征向量对模型进行优化，优化结果显著。

（3）单体建筑能耗模拟预测

为了分析不同因素对单体建筑能耗的影响，国内外不同学者建立了不同模型对建筑能耗进行科学预测。Al-janabi A 等[79] 对比了 EnergyPlus 和 IES 对复杂建筑能耗预测的能力，发现两者对冷热负荷的预测结果具有高度的一致性。Shabunko V 等[80] 使用 EnergyPlus 模拟工具，通过调查住宅的布局、围护结构材料等资料对住宅能耗进行模拟，以确定每年基于建筑面积的能源使用强度（EUI）。Ilbeigi M 等[81] 为了提出一种可靠的建筑能耗优化方法，以伊朗某研究中心建筑能耗为例，应用 EnergyPlus 软件对其能源消耗进行了预测，并对关键因素进行了数值分析。除此以外，还有学者应用 TRNSYS 模拟软件建立模型，以预测室内冷热负荷的变化情况[82,83]。

国内学者 Yu S 等[84] 利用仿真软件 DesignBuilder 建立了沈阳市农村居民点模型，通过 EnergyPlus 对不同工况下的建筑能耗进行了模拟，以分析围护结构对各种热性能的影响及节能潜力。黄斌[85] 应用 EnergyPlus 模拟软件对广东地区某大型商场进行能耗模拟分析。高昊和党天洁[86] 应用 EnergyPlus 建立了天津市某 CBD 建筑能耗预测模型，应用设计参数的灵敏性分析结果建立了能耗预测回归模型，并进行了准确性验证。Ma H 等[87] 应用 eQUEST 软件对华北地区的公共建筑能耗进行了科学预测，并通过分析得出了影响建筑能耗的最主要因素是空调系统形式、照明和建筑围护结构参数。沈义和顾平道[88] 应用 eQUEST 对上海某医院进行能耗预测，并对医院空调运行时间对能耗的影响进行了分析。杨福等[89] 应用 eQUEST 模拟软件对北京市某商业建筑能耗进行预测，并对商业建筑空调系统进行分析，确定商业建筑最佳的空调系统方案。徐杰[90] 应用 DeST 模拟软件对武汉市某医院进行能耗预测，并评价各用能系统的节能潜力。杨瑞和周建民[91] 以上海某医院门诊综合楼为案例，应用 PKPM-Energy 软件对其能耗进行模拟预测。

（4）建筑能耗直接测量数据误差实验研究

在我国，建筑能耗占总能耗的比重约30%，而建筑能耗主要由供暖、通风、空调运行产生的能耗组成，数据显示，中央空调系统的耗电量在建筑能耗中的占比达到40%～60%[1]。随着我国城镇化水平的快速提升，降低建筑能耗刻不容缓。要实现降低对建筑能耗的目的，就必须在空调系统相关能源运行管理过程中，对冷热量进行准确测量，从而针对性分析存在的问题并采取相应的对策。冷热量准确测量的关键就是对流量和温度测量误差的产生原因进行分析研究。

1）流量测量误差分析研究

① 电磁流量计测量误差分析研究

Salustiano Martim A L S 等[92] 针对流量计因为不恰当的安装可能会扭曲最终结果的

情况展开研究。电磁流量计被安装在四种不同的条件下：安装在下游的一条 90°曲线和下游的两条 90°曲线，均为短半径；下游的闸阀，开口处为 100%和 50%。在研究过程中，获得了流速剖面，以评价剖面畸变对流量计性能的影响。国内也有很多学者从电磁流量计的选型、安装方式等对电磁流量计的测量误差产生原因进行研究[93,94]。

② 超声波流量计测量误差分析研究

国外学者 Gu X 和 Frederic C[95] 针对超声波流量计，研究了管道内壁的粗糙度对其测量结果的影响。文中对超声散射引起的不确定性（与内管粗糙度有关）进行了参数化研究，结果表明，即使不考虑相关的流动扰动，这些影响仍然很大。除此以外，一些国内学者对影响超声波流量计测量精度的原因进行研究和分析，并建立了数学模型[96,97]。袁洪军等[98] 从实际出发，认真分析和查找误差原因，通过对各个因素的修正，得出压力变化对流量计测量管段及附件的影响最终导致了测量误差，以此对流量加以修正，使得流量计精度最终达到国家大流量计站检定要求。

③ 差压式流量计测量误差分析研究

对于差压式流量计测量误差分析主要是国内学者研究较多，一些国内学者分析安装的规范性、管内流动介质的情况等对差压式流量计测量结果的影响[99,100]。Dong J 等[101] 对传统的标准孔板流量计进行了改进，研制出了改进的硬质合金孔板流量计。为了进行现场的对比实验，在四条天然气管道上分别安装了 4 个不锈钢孔板流量计和硬质合金孔板流量计。实验结果表明，他们入口的锐度随着使用时间的增加而增加，但是硬质合金孔板流量计的变化率较小，并且二者的精度会随着使用时间的增加呈现相同的下降趋势。除此之外，文章还研究了下游倾角的影响。

2）温度测量误差分析研究

① 热电阻温度传感器测量误差分析研究

方卫峰[102] 针对铂电阻温度传感器的测量误差进行分析：通过分析铂电阻温度传感器的工作原理，得出影响其精度的主要因素是输出电缆的线阻和各连接点的接触电阻。杨蓉和徐小秋[103] 针对铂电阻温度计在检定和使用过程中出现的不同种误差做了分析，并对不同误差提出了相对应的解决和处理方法。

② 热电偶温度传感器测量误差分析研究

Tarnopolsky M 和 Seginer I[104] 提出了导线热传导是热电偶误差的来源之一，通过实验，确定了导通误差与热电偶类型、导线直径、叶片接触长度的关系。Radajewsk M 等[105] 研究了对于放电等离子烧结/场辅助烧结技术（SPS/FAST），在石墨工具内不同测量位置进行热电偶测量的可行性。三种不同的石墨工具设置和三种不同的热电偶用于温度测量。热电偶被氧化铝管覆盖，并直接放置在钻孔内。结果表明，热电偶的测量误差随着热电偶的长度的增加而急剧变化。国内学者大多从热电偶温度传感器的安装方式、不稳定性、响应时间等方面对其测量误差进行分析[106,108]。

3.3.2　数据误差分析与控制方法研究

（1）区域建筑能耗相关性分析

对建筑能耗进行相关性分析，衡量事物之间或称变量之间线性相关程度的强弱，并用适当的统计指标表示出来，这个过程就是相关性分析。选取建筑能耗数据和相关变量数据进行相关性分析。

根据建筑能耗和相关变量构造相关度模型如下：

$$Y_i = \alpha + \beta X_i + \varepsilon \tag{3-17}$$

式中，Y_i 表示城市建筑能耗，X_i 表示相关变量。Pearson 相关系数：

$$r = \frac{\sum_{i=1}^{n}(X_i - \overline{X}) \cdot (Y_i - \overline{Y})}{\sqrt{\sum_{i=1}^{n}(X_i - \overline{X})^2} \cdot \sqrt{\sum_{i=1}^{n}(Y_i - \overline{Y})}} \tag{3-18}$$

对 Pearson 简单相关系数的统计检验是计算 t 统计量：

$$t = \frac{r\sqrt{n-2}}{\sqrt{1-r^2}} \tag{3-19}$$

其中 t 统计量服从 $n-2$ 个自由度的 t 分布，最终通过相关系数和 t 值，可以得到建筑能耗与相关变量的相关性程度。

（2）区域建筑能耗预测

应用 BP 神经网络对建筑能耗进行预测。BP 神经网络是一种依据误差逆向传播算法而训练的多层前馈神经网络。BP 神经网络模型的拓扑结构可以分为输入层、隐含层和输出层 3 个层次。它是按照给定的（输入、输出）样本进行学习，按照一定的训练标准（如最小均方差），计算网络的实际输出值与期望输出值的误差，不断进行误差反向传播，从而来调整网络的各层权重，使误差达到最小，完成学习的目的。

对输入和输出向量进行设计，确定输入向量为建筑能耗影响因素数据 X_k，期望输出向量为预测的建筑能耗数据 Y_k，由下列公式表示：

$$X_k = [x_1^k, \ x_2^k, \ \cdots, \ x_n^k] \tag{3-20}$$

$$Y_k = [y_1^k, \ y_2^k, \ \cdots, \ y_n^k] \tag{3-21}$$

式中，$k=1, 2, 3, \cdots, m$；m 为学习样本类型数，n 为输入层神经元个数；x_n^k 为第 k 类输入数据第 n 个神经元输入。

隐含层各神经元的激活值 S_j^k，隐含层 j 单元的输出采用 S 型激励函数 $f(x)$，由下列公式表示：

$$S_j^k = \sum_{n=1}^{n}(w_{i, j} \cdot x_i^k) - \theta_j \tag{3-22}$$

$$f(S_j^k) = \frac{1}{1 + \exp(-S_j^k)} \tag{3-23}$$

式中，$j=1, 2, \cdots, p$，p 为隐含层神经元数；$w_{i,j}$ 为输入层与隐含层的连接权值；θ_j 为隐含层单元的阈值。在学习过程中，阈值 θ_j 与权值 $w_{i,j}$ 不断地被修正。

输出层神经元的实际输出值 A_t 表示如下：

$$A_t = f(C_t) \tag{3-24}$$

$$C_t = \sum_{j=1}^{p}(w_{j, t} \cdot x_j^k) - \theta_t \tag{3-25}$$

式中，$t=1, 2, \cdots, q$，q 为输出层神经元数；θ_t 为输出层单元阈值。如果在输出层得不到期望的输出，则转入误差的反向传播阶段。将输出误差以某种形式通过隐含层向输入层反传，并将误差分摊给各层的所有单元，从而获得各层神经元的误差信号并修正各单元权值。输出层到隐藏层误差的校正、隐含层到输入层误差的校正分别见下式：

$$d_t^k = (y_t^k - A_t^k) \cdot f'(C_t^k) \tag{3-26}$$

$$e_j^k = (\sum_{q=1}^q w_{j,\,t} \cdot d_t^k) \cdot f'(S_j^k) \tag{3-27}$$

式中，f' 为对输出函数的导数。

输出层到隐藏层的权值和输出层阈值的校正量分别见下式：

$$\Delta v_{j,\,t} = \alpha \cdot d_t^k \cdot b_j^k \tag{3-28}$$

$$\Delta r_t = \alpha \cdot d_t^k \tag{3-29}$$

式中，b_j^k 是隐含层 j 单元的输出；d_t^k 是输出层的校正误差；α 是输出层至隐含层学习率。隐藏层到输出层的权值和隐藏层阈值的校正量分别见下式：

$$\Delta w_{i,\,j} = \beta \cdot e_j^k \cdot x_i^k \tag{3-30}$$

$$\Delta \theta_j = \beta \cdot e_j^k \tag{3-31}$$

式中，β 为隐含层到输出层的学习率，且 $0 < \beta < 1$。根据校正误差的反向传播，逐层修正各层的权值和阈值。神经网络正向传播与误差反向传播是反复交替进行的，权值不断的调整就是神经网络模型的记忆训练过程。当网络趋向收敛，即输出误差达到要求的标准，训练停止。

（3）单体建筑能耗模拟方法

EnergyPlus 是由多个模块集成到一起同时求解的软件，其主要的功能如图 3-41 所示。从图中可以看出，EnergyPlus 是一个多模块集成的软件，其中主要处理的三个模块为建筑模块、系统模块、设备模块，采用的是集成同步求解。与之前采取顺序求解法的 DOE-2 和 BLAST 相比，当顺序求解法在求解过冷量状态，程序在报告中会显示"过冷"，此类报告可以显示系统或设备是否合适，却无法显示设计人员更想知道的热工区域实际温度变化，而且这种不匹配可能会引起计算的不准确。采用集成求解法的 EnergyPlus 将各模块均由集成求解器（Integer Solution Manager）集成控制，迭代求解。当程序计算出一段时间步长内房间的冷热负荷，将结果传给同一时间步长内的系统模拟模块和设备模拟模块，计算出一级设备的负荷与能耗，同时反馈给下一时间步长的负荷模拟模块，比较设备负荷和房间负荷是否相符，再依据计算结果对室内空气状态进行修正，这样就能反映出系统真实的运行情况。相比顺序求解法，同步求解法求解准确性更高，但也需要花费更多的计算时间。

（4）直接测量误差实验

本实验研究主要围绕流量计和温度传感器的测量误差进行。通过正交实验，得出不同因素对仪器测量结果的影响，并进行误差分析。

实验原理：图 3-42 为流量计和温度传感器动态实验原理图。水箱中流体的流向从水箱 1、2 到水箱 3，水箱 1、2 分别为冷、热水箱，通过调整混合阀可控制管路内流体的温度。其中，对于流量计的真实值，通过水箱 3 水位的变化来计算；温度计 6 为校准过的标准温度计，作为温度真实值，温度计 7 为加入影响因素干扰的测量误差值。

图 3-43 为温度传感器静态实验原理图。铂电阻温度传感器测量恒温水浴锅内温度真实值，加入放入盲管的铂电阻温度传感器测量加入影响因素干扰的测量误差值。

实验步骤：流量计的测量步骤：①按照实验要求依次连接好各个设备，检漏；②打开

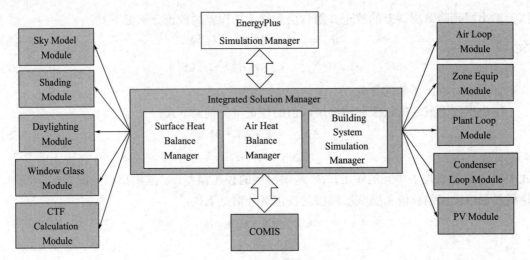

图 3-41　EnergyPlus 程序示意图

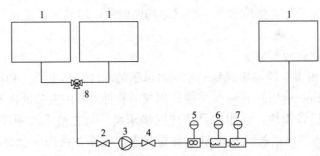

图 3-42　流量计和温度传感器动态实验原理图

1—水箱；2、4—截止阀；3—水泵；5—流量计；6、7—温度计；8—混合

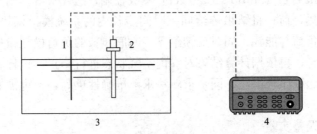

图 3-43　温度传感器静态实验原理图

1—铂电阻温度传感器；2—放入盲管的铂电阻温度传感器；3—恒温水浴锅；4—数据采集仪

冷水水箱混合阀门，打开水泵使水充满整个管路，关闭水泵；③再次开启水泵，并观察流量计的读数；④记录水箱在水泵第二次开启到停止减少的水量、水泵运行时间、流量计数值，并对数据进行处理。

加入的误差变量：流量计与前/后弯头的距离。

测温仪器的测量步骤：温度传感器动态实验测量步骤：①按照实验要求依次连接好仪器，检漏；②打开水泵，开启混合阀门，并观察测温仪器的读数；③记录测温仪器从混合阀门打开至测温仪器达到稳定时的数据及其时间；④对所获得的数据进行处理。温度传感器静态实验测量步骤：①按照实验要求依次连接好仪器；②打开水浴锅，调整至所需温度，并观察数据采集仪的读数；③待数据采集仪的读数稳定，结束测量；④对所获得的数据进行处理。

加入的误差变量：选用导热油，导热硅脂、白油、氧化镁等作为填充到盲管的导热介质。

3.3.3 区域建筑能耗数据误差分析与控制案例

（1）建筑能耗的数据来源

1）建筑能耗区域划分

根据《公共建筑节能设计标准》GB50189—2015中的规定，从四个建筑气候分区内总共选取十二个省、直辖市、自治区。严寒地区为黑龙江省、吉林省和辽宁省；寒冷地区为天津市、山东省和北京市；夏热冬冷地区为上海市、江西省和湖南省；夏热冬暖地区为海南省、广东省和广西壮族自治区。

2）建筑能耗数据来源

由于统计年鉴统计的是上一年的数据，2005—2017年的相关数据来源于各省/直辖市2006—2018年的《中国能源统计年鉴》的能源平衡表数据；2006—2018年各年份的地方统计年鉴能源消费总量、主要能源品种消费量以及相关数据。

建筑运行能耗数据无法通过统计年鉴直接获取，所以应用基于能源平衡表数据的计算方法。建筑运行能耗的计算需要去除非建筑能耗的部分，即第三产业中的交通运输、仓储和邮政业的能耗值。另外，生活消费用能和第三产业除交通外其他行业的交通用能，主要以汽油、煤油等能源项体现；将第三产业除交通外其他行业的柴油消耗取50%作为建筑能耗，去除其余部分。其中，商品能源能耗量需要先转换为标量，再进行计算[109~111]。

3）因素指标

建筑运行能耗主要与人口、经济发展水平以及科学技术有关。基于此，本节选取地区各省/直辖市建筑运行能耗、常住人口数、人均生活用能、万元地区生产总值能耗、万元第三产业产值能耗、地区生产总值能耗、人均地区生产总值、城镇化率、第三产业产值、第三产业年增加值、第三产业贡献率、居民可支配收入、居民消费水平、居民消费性支出、年末全社会房屋竣工面积、居民人均住房建筑面积数据作为对象，分析其与当地建筑运行能耗的关联程度。

（2）建筑能耗数据相关性分析结果

我们一般认为相关性系数绝对值大于0.8的变量间为强相关，基于此，将相关性系数绝对值大于0.8的相关变量确定为建筑运行能耗的影响因素。相关性分析结果如表3-44所示。

相关性分析结果　　　　　　　　　　　　　　　　　　　　　表3-44

	黑龙江省	吉林省	辽宁省	天津市	山东省	北京市
常住人口总量	−0.368	0.228	0.948	0.542	0.228	0.997
人均生活用能	0.878	0.885	0.983	0.939	0.885	0.98
万元地区生产总值能耗	−0.947	−0.403	−0.907	−0.381	−0.403	−0.746
万元第三产业产值能耗	0.258	−0.247	−0.766	−0.127	−0.247	−0.67
地区生产总值	0.973	0.319	0.963	0.511	0.319	0.964

续表

	黑龙江省	吉林省	辽宁省	天津市	山东省	北京市
人均地区生产总值	0.975	0.321	0.963	0.505	0.321	0.986
城镇化率	0.97	0.353	0.959	0.621	0.353	0.868
第三产业产值	0.986	0.352	0.966	0.538	0.352	0.955
第三产业年增加值	0.744	0.524	0.304	0.77	0.346	0.974
第三产业贡献率	0.448	0.304	−0.281	0.573	0.304	−0.151
居民/城镇居民可支配收入	0.981	0.335	0.968	0.529	0.335	0.973
居民消费水平	0.983	0.298	0.959	0.572	0.298	0.977
居民/城镇居民消费性支出	0.984	0.343	0.966	0.56	0.343	0.976
年末全社会房屋竣工面积	0.357	0.602	0.655	−0.056	0.602	0.888

	上海市	江西省	湖南省	海南省	广东省	广西壮族自治区
常住人口总量	0.956	0.954	0.983	0.99	0.93	0.93
人均生活用能	0.965	0.996	0.993	0.998	0.996	0.996
万元地区生产总值能耗	−0.921	−0.922	−0.96	−0.948	−0.909	−0.909
万元第三产业产值能耗	−0.295	−0.877	−0.938	−0.948	−0.374	−0.374
地区生产总值	0.948	0.988	0.954	0.995	0.985	0.985
人均地区生产总值	0.946	0.987	0.955	0.993	0.982	0.982
城镇化率	−0.845	0.963	−0.127	0.997	0.954	0.954
第三产业产值	0.927	0.991	0.911	0.997	0.981	0.981
第三产业年增加值	0.884	0.927	0.873	0.806	0.955	0.955
第三产业贡献率	0.17	0.714	0.583	0.702	0.023	0.023
居民/城镇居民可支配收入	0.936	0.993	0.921	0.996	0.991	0.991
居民消费水平	0.946	0.99	0.921	0.987	0.986	0.986
居民/城镇居民消费性支出	0.946	0.992	0.915	0.993	0.99	0.99
年末全社会房屋竣工面积	0.887	0.714	0.925	0.931	0.916	0.916

　　通过相关性分析结果可得，严寒地区三个省的人均生活用能、万元地区生产总值能耗、第三产业产值与建筑运行能耗相关性较强；寒冷地区三个省/直辖市的人均生活用能、第三产业产值、常住人口总量与建筑运行能耗相关性较强；夏热冬冷地区三个省/直辖市的人均生活用能、常住人口总量、地区生产总值等与建筑运行能耗相关性较强；夏热冬暖地区三个省的人均生活用能、居民/城镇居民可支配收入、居民/城镇居民消费性支出等与建筑运行能耗相关性较强。因而，本文将按照上述获得的相关性关系，对不同的气候分区分别选择相应的影响因素进行能耗预测。

　　（3）BP 神经网络预测及误差分析

　　1）建立 BP 神经网络预测模型

　　以上海市建筑运行能耗预测为例，根据数据指标和相关性分析结果，选取影响建筑运行能耗的人均生活用能、常住人口总量、地区生产总值、人均地区生产总值、居民消费水平、居民可支配收入、居民消费性支出、第三产业产值对建筑运行能耗进行预测。

本研究应用 MATLAB 中的神经网络工具箱，采用 BP 神经网络，大量试验神经网络的训练函数，最终确定误差小且收敛更快的 TRANLM 函数为训练函数，适应性学习函数选取为 LEARNGDM，性能函数选取 MSE，隐藏层使用的转移函数为 TRANSIG。输入层个数为 7，输出层个数为 1，隐藏层个数设置为 10，即架构层次为 7-10-1，网络设计参数界面和运行结果如图 3-44 所示。

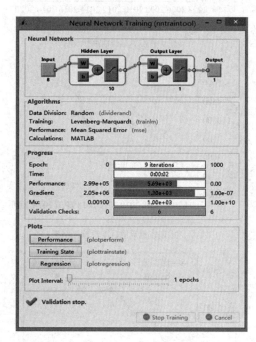

图 3-44　上海市建筑运行能耗预测模型设计参数和仿真结果

2）不同省份建筑运行能耗预测结果及误差分析

应用 BP 神经网络分别预测不同省份 2005—2017 年的建筑运行能耗，并与当年的建筑运行能耗数据同时反映在图 3-45 中。

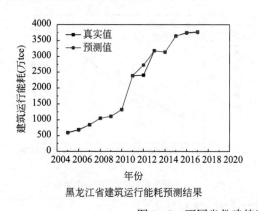
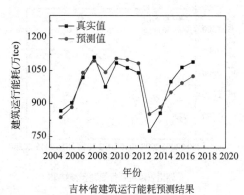

图 3-45　不同省份建筑运行能耗预测结果（一）

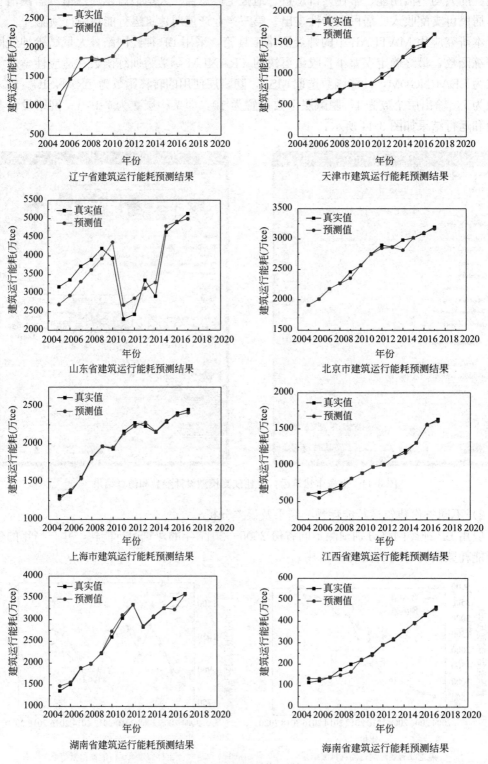

图 3-45 不同省份建筑运行能耗预测结果（二）

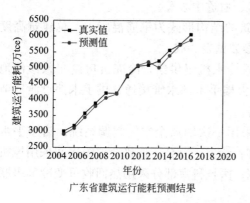

广东省建筑运行能耗预测结果

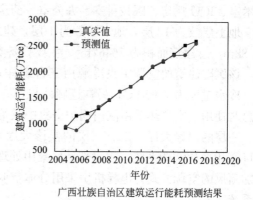

广西壮族自治区建筑运行能耗预测结果

图 3-45　不同省份建筑运行能耗预测结果（三）

应用 BP 神经网络和确定的影响因素对不同省份 2005—2017 年间的建筑运行能耗进行预测，结果如图 3-45 所示。

不同省份建筑运行能耗预测结果误差分析　　　　　　　表 3-45

地区	训练函数	适应性学习函数	隐藏层转移函数	结构层次	相对误差绝对值均值
黑龙江省	TRAINLM	LEARNGDM	TRASIG	9-10-1	1.30%
吉林省	TRAINLM	LEARNGDM	PURELIN	1-10-1	4.30%
辽宁省	TRAINLM	LEARNGDM	TRASIG	10-10-1	2.98%
天津市	TRAINLM	LEARNGDM	TRASIG	1-10-1	2.70%
山东省	TRAINLM	LEARNGDM	PURELIN	1-10-1	9.52%
北京市	TRAINLM	LEARNGDM	TRASIG	12-10-1	1.06%
上海市	TRAINLM	LEARNGDM	PURELIN	9-10-1	1.32%
江西省	TRAINSCG	LEARNGD	PURELIN	11-15-1	2.02%
湖南省	TRAINSCG	LEARNGD	PURELIN	11-15-1	2.25%
海南省	TRAINSCG	LEARNGD	PURELIN	12-15-1	5.22%
广东省	TRAINLM	LEARNGDM	PURELIN	12-10-1	2.25%
广西壮族自治区	TRAINLM	LEARNGD	PURELIN	12-10-1	4.15%

通过训练结果的误差分析可知，不同省份的预测结果与真实值的相对误差绝对值的均值都小于 10%，说明预测结果有较高的准确性。可以看出：①每个地区都存在某一年或某几年的误差波动较大，并且年份越靠前波动越小，但是从总体来看误差比较小；②从结果可以得出，不一定选用相关变量越多，最终的预测结果越准确，当已经存在较多相关性很高的变量时，一些相关性相对较低的变量往往会导致预测误差增大。

3.3.4　单体建筑能耗数据误差分析与控制案例

（1）建筑概况

该单体建筑为医院建筑，位于上海市，建筑中包含成人诊室、儿科诊室、门诊大厅、手术室、ICU病房、医技科室、办公室、药房、血透中心等。

地上层数为12层，地下层数为1层，建筑的结构形式为钢筋混凝土，总建筑高度为57.88m，总建筑面积为26467m²。主要设备参数见表3-46。

该医院建筑的空调中央冷源由三台螺杆式冷水机组供给，冷冻机房设在急诊楼地下室，冷水温度为7～12℃；另在连廊处与外科大楼手术部水管接通，供手术部过渡季节及应急时使用。空调热源由院内锅炉房集中供给。

一层的门诊大厅，二、三层的候诊大厅采用一次回风全空气空调系统；洁净手术及ICU采用净化空调系统，手术部新风集中处理；诊室、办公、值班会议等房间采用风机盘管加新风的空调方式；电梯机房采用分体空调；医技科室部分采用热回收可变冷剂多联空调系统。

单体建筑设备参数表　　　　　　　　　　　　　　　　　　表 3-46

设备名称	制冷量(kW)/冷却水量(m³/h)	额定功率(kW)	数量(台)
螺杆式制冷机组	1050	213	3
冷水机组	205	42.4	2
冷却塔	250×4	7.5	4

（2）单体建筑模型建立

EnergyPlus软件是基于热工区域进行建筑能耗模拟，热工区域将建筑划分为不同的区域，对同一个热工区域计算时，默认相同热工区域建筑空气中的温度和湿度参数是相同的，因此，在建筑热工区域划分时，通常将建筑内热工状态相似或类似的房间划分为同一个区。热工区域房间可以是不相连的，一般分区的最小数目等于建筑空调系统数目。在划分热工区域时，尽量在准确的前提下，减少热工区域和其表面，可加快技术计算速度，也能够让建模难度减低。

根据实际情况，对医院建筑进行部分简化，总共划分为79个热工区域。以建筑第一层热工区域为例，将急救厅、门诊大厅、收费处、门诊检验、体温测量归为一个热区，命名为热区1；将诊室和急诊室归为一个热区，命名热区2；将办公室、值班室归为一个热区，命名为热区3；将机房、楼梯等不制冷/供暖的区域归为一个热区，命名为热区4；将药房归为一个热区，命名为热区5；将电梯厅归为一个热区，命名为热区6；将抽血中心归为一个热区，命名为热区7。

建筑第一层热区分布和单体建筑物理模型如图3-46所示。

（3）室内外参数设定

1）气象参数

建筑的室外气象参数通过EnergyPlus软件官方网站下载，选取上海典型气象年的气象参数，可得到上海市全年气象数据，包括室外干球温度、室外湿球温度、相对湿度、大气压力、风速等。通过图3-48可知，上海地区最高干球温度出现在6月29日，为36.8℃，最低干球温度出现在12月2日，为−4.5℃。

2）室内参数

根据医院建筑的空调施工说明，其室内各个功能参数如表3-47所示。

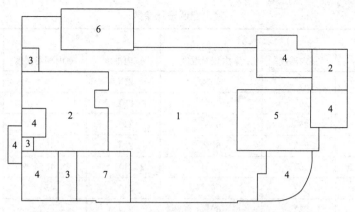

图 3-46　单体建筑一层热区分布图

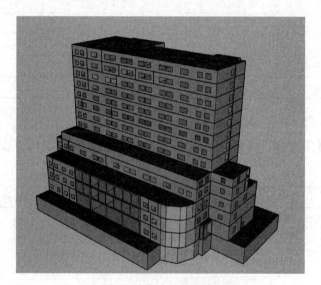

图 3-47　单体建筑物理模型图

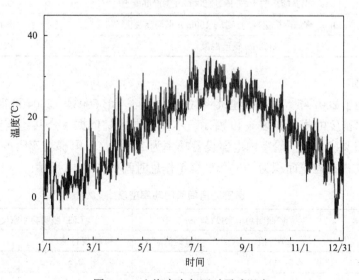

图 3-48　上海市全年逐时干球温度

室内空调设计参数   表 3-47

区域	夏季		冬季		新风量
	室内温度	室内相对湿度	室内温度	室内相对湿度	
成人诊室	25℃	60%	21℃		40m³/(h·p)
儿科诊室	25℃	60%	22℃		40m³/(h·p)
门诊大厅	25℃	60%	21℃		30m³/(h·p)
Ⅲ级手术室	25℃	60%	22℃	40%	≥60m³/(h·p)
手术部附房Ⅲ、Ⅳ级	25℃	60%	21℃	45%	3~4h⁻¹
清洁走廊	27℃	≤65%	21℃	45%	3h⁻¹
ICU	25℃	60%	22℃		≥60m³/(h·p)
医技科室	25℃	60%	20℃		50m³/(h·p)
办公、值班	26℃	60%	20℃		30m³/(h·p)
药房	26℃	60%	21℃		40m³/(h·p)
康复、体检中心	25℃	60%	21℃		40m³/(h·p)
血液透析中心	26℃	60%	22℃		50m³/(h·p)

3）围护结构

围护结构主要包括外墙、内墙、楼板、屋顶、玻璃幕墙等，其具体参数如表 3-48 所示。

围护结构   表 3-48

结构名称	结构类型	平均传热系数[W/(m²·K)]
外墙	75mm 聚氨酯挤塑板(外侧)+150mm 钢筋混凝土	0.304
幕墙	6mm Low-E 玻璃(外侧)+12mm 空气层+6mm 普通玻璃	3.191
外窗	6mm 普通玻璃，铝合金外窗框	6.383
楼板	200mm 钢筋混凝土	2.474
屋顶	100mm 聚氨酯挤塑板(外侧)+200mm 钢筋混凝土	0.231
地板	30mm 聚氨酯挤塑板(外侧)+150mm 钢筋混凝土	0.689
内墙	200mm 钢筋混凝土	3.002

4）内扰设定

由于建筑建于 2007 年，依据《建筑照明设计标准》GB 50034—2004 可得医院建筑各房间内对照明功率密度的规定如表 3-49 所示。本节根据医院依据《公共建筑节能设计标准》GB 50189—2015 要求设定门诊室内电器设备功率为 20W/m²、电梯功率密度为 7W/m²（建筑面积）和人均占有建筑面积为 8m²/p，全年作息时间如图 3-49 所示。

医院各房间照明功率密度   表 3-49

房间或场所	照明功率密度（W/m²）		LED 照明功率密度（W/m²）	
	现行值	目标值	现行值	目标值
治疗室、诊室	11	9	4.5	4
化验室	18	15	7.5	7

续表

房间或场所	照明功率密度(W/m²)		LED 照明功率密度(W/m²)	
	现行值	目标值	现行值	目标值
手术室	30	25	12	11
候诊室、挂号厅	8	7	3.5	3
病房	6	5	2.5	2
护士站	11	9	4.5	4
药房	20	17	8	7
重症监护室	11	9	4.5	4
普通办公室	11	9	4.5	4

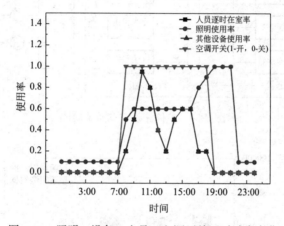

图 3-49　照明、设备、人员、空调开关逐时动态变化

（4）空调系统设定

暖通空调系统是由冷水循环、冷却水循环将空调系统各个设备串联在一起，构成一个完整的空调系统。在 EnergyPlus 中，通过环路来模拟暖通空调系统，包括空气环路、冷水环路和冷却水环路。在环路中，又由两个半环路构成，一端为供给侧，一端为需求侧。空调系统的基本部件如冷水机组、冷却水机组风机等，通过环路连接在一起。为了方便在 EnergyPlus 中构建空调系统，依据设计图构建医院建筑的空调系统简化模型，见图 3-52。

（5）实际数据与模拟结果误差分析

1）原始模拟误差分析

图 3-51 为原始模拟的逐月能耗结果与实测数据的比较，从图中不难发现，通过逐月能耗的对比，原始模拟的能耗结果普遍低于实测数据。逐月模拟能耗的误差最大达到了 −36.5%，平均误差达到了 −29.2%，远远达不到美国联邦管理项目（Ferderal Energy Management Program）规定的 ±15% 的误差限制。

通过观察图 3-52，我们发现模拟逐日数据在供暖季普遍小于实测逐日数据，平均相对误差为 −28.9%，最大误差达到了 −50.2%，远远超过了 FEMP 规定的 ±15% 误差限值标准。通过观察，模拟数据和实测数据的总体趋势基本一致。而总能耗的逐日变化主要是由于室外天气对供暖通风系统的影响，这表明 EnergyPlus 软件官方的上海气象数据比较准确。

189

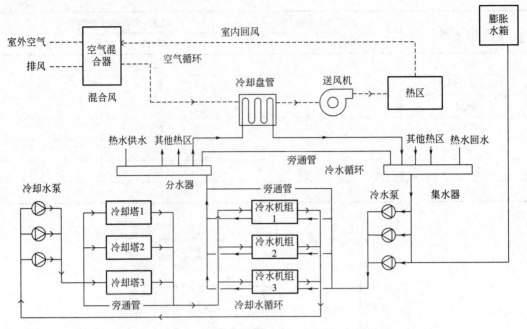

图 3-50 单体建筑空调系统简图

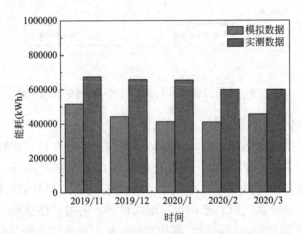

图 3-51 原始模拟的逐月能耗结果与实测数据的比较

2）基于室内内扰修正的模拟误差分析

由于本节模拟分析的医院建筑标准综合门诊楼，其主要结构为前三层为门诊部，四层为手术室，五层为儿童门诊补液，六层成人门诊补液，七层和八层为急诊留观察室，九层为内窥镜室，十层为血透中心，十一层为体检中心。七至八层作为急诊留观察室不应按照门诊楼的设备运行时间和人员在室率，其照明时间、设备运行时间和人员在室率应该24h都处于较高的使用率和在室率，所以其内扰的时间表应该按照住院楼的规定进行修正。依据《公共建筑节能设计标准》GB 50189—2015 规定，住院部室内设备的运行时间或人员在室率如图 3-53 所示。

通过观察基于室内内扰参数修正的模拟数据与实际数据的比较结果（图 3-54），模拟

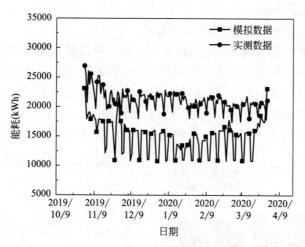

图 3-52　原始模拟的逐日能耗结果与实测数据的比较

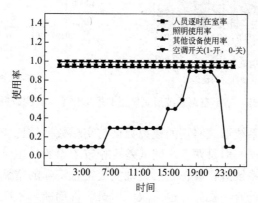

图 3-53　住院部照明、设备、人员、空调开关逐时动态变化

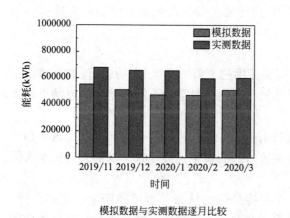

模拟数据与实测数据逐月比较　　　　模拟数据与实测数据逐日比较

图 3-54　基于室内内扰参数修正的模拟数据与实测数据比较

数据和实测数据的差距明显减小了。说明在根据标准和规范进行室内内扰参数的设定时，应该依据建筑实际情况进行修正。通过计算，逐日相对误差平均值为 -20.7%，逐月相对误差平均值为 -21%，相较于原始模拟数据的结果有了很大的改善，但是依然未满足

FEMP 规定的±15％限额内。

3）基于空调系统形式修正的模拟误差分析

我国医院建筑采用的空调系统形式众多，主要有风机盘管加独立新风系统、全空气定风量系统、变风量空调系统、多联空调加新风系统以及特别的医用净化空调系统。通过观察本节中医院建筑的空间分布，前三层作为门诊大厅，楼层高空间大，新风需求量大，相较于风机盘管加新风系统，更适合用全空气定风量系统。在基于对室内内扰修正结果上，将模型中的前三层空调系统修正为一次回风全空气空调系统，模拟结果如图 3-55 所示。

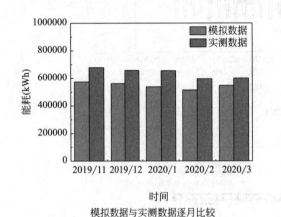
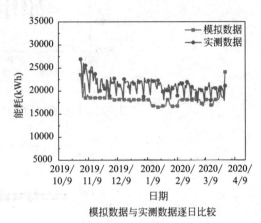

图 3-55　基于空调系统形式修正的模拟数据与实测数据比较

通过观察基于空调系统形式修正的模拟数据与实际数据的比较结果，可以发现模拟数据还是普遍小于实测数据，但是两者之间的差距相较于原始模拟结果有了很大的改善。说明将前三层建筑的空调系统进行改正之后，确实更符合实际的空调系统设置；空调系统形式修正之后，建筑总能耗有所提升，也反映了风机盘管加新风系统比一次回风全空气空调系统更加节能。经过计算，模拟数据与实测数据的逐日相对误差平均值为－13.8％，逐月相对误差平均值为－14.1％，都满足于 FEMP 规定的±15％的限额，说明此次模拟达到了要求。

4）模型无法避免的误差

① 采用的气象参数为 EnergyPlus 官方网站提供的上海气象数据，其反映的上海市全年典型的气象信息与实际的气象参数会有所差异，最终会对空调系统的能耗模拟结果产生影响。

② 在医院建筑的实际运行中，各功能房间的人员在室率和活动情况，以及照明和其他设备的运行情况具有一定的随机性，例如某流行病的发生就会导致医院的人口密度大幅上升，而模型无法反映这种随机性。

③ 空调系统在实际运行中并不一定一直保持最佳的状态，也可能产生一定的故障。并且在建立物理模型时，将相同室内参数的房间合并为一个热区，使得水泵、风机的性能参数与实际情况有一定的差距。

3.3.5　建筑能耗直接测量误差分析与控制案例

在建筑能耗中，空调能耗占有很大的比重，要实现节能目的，降低空调系统能耗刻不容缓。而在空调系统的能源运行管理过程中，冷热量的准确测量是调整空调系统运行方式和节能的关键。本节从建筑空调系统中的冷热量测量源头出发，通过实验对温度传感器和流量计在测量过程中产生的误差进行分析研究。

（1）实验设备和材料（表3-50～表3-52）

温度传感器测量误差实验设备　　　　　　　　　表3-50

设备名称	型号/规格	量程	精度	生产厂家
铂电阻温度传感器	P-M-1/10-M30-100-0-P-3	244～373K	1/10DIN	OMEGA
恒温水浴锅	HH-ZK4	室温至372K	±1K	南京科尔仪器设备有限公司
数据采集仪	34970A	—	—	是德科技
导热盲管	DN15×120mm	—	—	楼尚

温度传感器测量误差实验材料　　　　　　　　　表3-51

材料名称	型号	导热系数（W/m·K）	生产厂家
导热硅脂	RG-ICFN-200G-B1	1	CoolerMaster
石墨粉	G123641-100g	随温度升高而降低	阿拉丁
白油	S26969-500g	0.335	上海源叶生物科技有限公司
联苯-联苯醚混合物/LD-400导热油	01006959-500ml	—	北京偶合科技有限公司
高纯氧化铝粉末 a 相	XFI09	—	南京先丰纳米材料科技有限公司
氧化镁粉末	—	—	河北卡特合金材料

电磁流量计测量误差实验设备　　　　　　　　　表3-52

设备名称	型号/规格	量程	精度	生产厂家
数据采集仪	34970A	—	—	是德科技
水泵	CQB15-15-65F	—	—	上海阳光泵业制造有限公司
电磁流量计	LDTH-10B30255JYLF406E20	2.8m³/h	±0.5%	中环天仪股份有限公司

（2）实验结果与误差分析

1）温度传感器静态测量误差实验

在盲管中分别填充不同的导热介质。分别调整恒温水浴锅至不同温度，将裸露的铂电阻探头和放入盲管的铂电阻探头同时放入恒温水浴锅中，在静态情况下，待数据采集仪显示的温度稳定时，记录数据。所得结果如表3-53所示。

温度传感器静态测量误差实验结果（单位：℃）　　　　　　　　　表3-53

设定温度		15	25	35	45	55	65	75
空气	盲管	15.692	25.475	34.406	43.875	53.445	63.303	72.688
	非盲管	15.692	26.275	35.206	45.093	54.881	65.008	74.153
导热硅脂	盲管	15.543	24.740	34.594	44.322	54.016	63.674	73.095
	非盲管	15.400	25.043	35.277	45.125	54.700	64.411	73.971

续表

设定温度		15	25	35	45	55	65	75
白油	盲管	15.054	25.108	34.891	44.679	54.302	64.073	73.717
	非盲管	15.000	25.264	35.178	45.016	54.683	64.472	74.359
导热油	盲管	15.127	24.986	34.759	44.594	54.124	63.731	72.982
	非盲管	15.050	25.284	35.321	45.201	55.091	64.348	73.946
氧化铝粉末	盲管	15.089	25.192	34.728	44.486	54.024	63.931	73.203
	非盲管	15.026	25.527	35.218	45.052	54.722	64.483	74.177
氧化镁粉末	盲管	15.089	25.192	34.728	44.486	54.024	63.931	73.203
	非盲管	15.026	25.527	35.218	45.052	54.722	64.483	74.177

观察在盲管内分别放入不同的传热介质,在静态情况下,不同的测量温度时,盲管内测量的值与真实值(非盲管测量值)的误差,结果如图3-56所示。

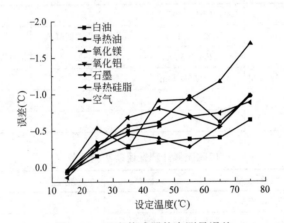

图3-56　温度传感器静态测量误差

观察上图可知,盲管内分别填充的六种介质,在静态情况下,随着设置温度的上升,盲管内测量的值与真实值(非盲管测量值)的误差总体趋势都在逐渐增大。在静态情况下,同一温度时,盲管内填充导热介质不同,盲管内测量的值与真实值(非盲管测量值)的误差也各不相同。其中,当盲管内填充的介质为氧化镁时,较多温度情况下产生的误差最大,但是在35℃情况下,误差很小。当盲管内填充的介质为白油时,各个温度情况下所产生的误差都比较小,并且随温度的升高,误差增大的幅度也较小。通过以上观察和分析可知,静态温度测量所产生的误差不仅与填充介质本身的导热性有关,还与其所存在的状态(液态、固态)、压实程度(粉末)等有着密切的关系。

2)温度传感器动态响应测量误差实验

在盲管中填充不同的导热介质,观察裸露的铂电阻探头和放入盲管的铂电阻探头测量温度20~75℃的变化情况,所得结果如图3-57所示。

根据温度传感器动态响应实验结果,对添加不同导热介质盲管所引起的温度动态响应测量误差和时间误差进行分析(图3-58,表3-54)。

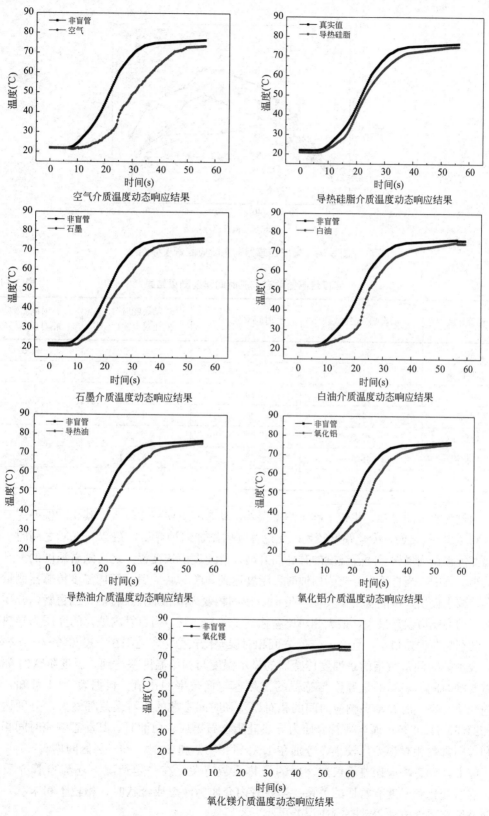

空气介质温度动态响应结果

导热硅脂介质温度动态响应结果

石墨介质温度动态响应结果

白油介质温度动态响应结果

导热油介质温度动态响应结果

氧化铝介质温度动态响应结果

氧化镁介质温度动态响应结果

图 3-57　温度传感器动态响应测量误差实验结果

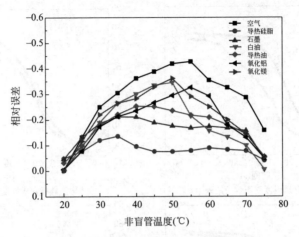

图 3-58　温度传感器动态响应测量误差图

温度传感器动态响应时间误差测量结果　　　　　　表 3-54

盲管介质	动态响应时间(s)	时间常数(s)	动态响应时间相对误差(%)	时间常数相对误差(%)
空气	50.7	25.5	11.92	34.92
导热硅脂	46.5	19.2	2.65	1.59
石墨	45.9	20.7	1.32	9.52
白油	46	20.1	1.55	6.35
导热油	46.8	21.9	3.31	15.87
氧化铝	48.9	23.1	7.95	22.22
氧化镁	48.6	22.9	7.28	21.16

　　通过观察上图可知，相较于静态测量误差，动态响应误差比较大。其相对误差主要分布在－42.8%~0之间，变化幅度较大。无论盲管内添加何种介质，在20~50℃之间时，盲管内温度传感器测量误差随着温度的升高而升高，且速度由快变慢。之后随着温度的上升而缓慢减小。其中，当盲管内介质为白油时，温度达到50℃以后，其盲管内温度传感器测量的相对误差减小较快，可能是由于其在50℃时，由固相变为液相加快了传热。当盲管内介质为空气时，动态响应误差最大，最大相对误差达到了－42.8%。当盲管内填充的介质为导热硅脂时，动态响应误差最小，且20~75℃之间相对误差比较稳定，范围在－13.6%~－4.2%。

　　表中的时间常数指的是温度传感器的显示温度与初始温度差达到总温度阶跃的63.2%所需要的时间，表示的是温度传感器的比热容与换热率的比值。根据表3-54可知，当盲管内介质为空气时，动态响应时间的相对误差和时间常数的相对误差都最大，分别达到了11.92%和34.92%；而当盲管介质为导热硅脂、石墨或者白油时，其动态响应时间相对误差和时间常数相对误差都较小，分别在1.3%~2.6%和1.6%~9.5%区间内。

　　综上，动态响应误差不仅与物质的导热系数有关，在一定情况下还与盲管介质的状态、物态变化和密度有密切的关系。当盲管内介质为液态或膏状时，相较于粉末状，盲管内介质填充更充分使得动态响应误差更小。

3）流量计测量误差实验

首先将流量计上游直管段长度 $L1$ 设定为 $30D$（管径），改变流量计下游直管段 $L2$ 分别为 $10D$、$15D$、$20D$、$25D$ 和 $30D$，并分别改变系统管路内的流量，读取流量计的示数。接着将流量计下游直管长度 $L2$ 设定为 $30D$，改变上游直管 $L1$ 分别为 $10D$、$15D$、$20D$、$25D$ 和 $30D$，重复以上步骤，所得结果如图 3-59 所示。

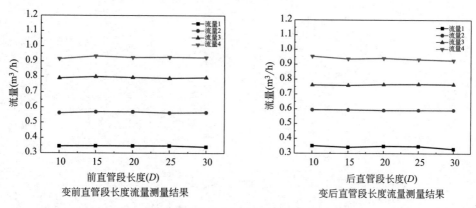

图 3-59　流量计变前/后直管段长度流量测量结果

观察上图，通过在相同流量下对比流量计前/后直管段变化对流量计测量结果的影响，可以发现，当后直管段为 $30D$，前直管段从 $10D$ 变化为 $30D$ 的过程中，同一流量下流量计的测量结果先升后降，之后保持平稳，不同流量下的趋势保持一致；当前直管段为 $30D$，后直管段从 $10D$ 变化为 $30D$ 的过程中，同一流量下流量计的测量结果先下降，之后保持平稳，且不同流量下的趋势大致相同。通过水箱的单位时间水体积变化情况计算实际流量，对流量计的测量结果进行误差分析（图 3-60）。

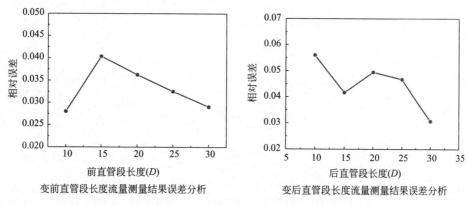

图 3-60　流量计变前/后直管段长度流量测量结果误差分析

图中某管段的相对误差为其管段不同流量的相对误差平均值。观察流量计前/后直管段流量测量结果误差分析，当固定后直管段为 $30D$，变前直管段长度从 $10D$ 到 $30D$ 的过程中，其相对误差先快速增加后慢慢减小，相对误差范围是 $2.8\%\sim4.0\%$；当固定前直管段为 $30D$，变后直管段长度从 $10D$ 到 $30D$ 的过程中，其相对误差先减小后波动再减小，且误差范围是 $3.0\%\sim5.6\%$。通过观察可以发现，当固定后直管段为 $30D$，变前直管段长度时，其相对误差在流量计精度范围内波动；当固定前直管段为 $30D$，变后直管段长度时，当后直管段为 $10D$ 时，流量计的相对误差为 5.6%，大于流量计精度，表明当直管段长度在 $10D \sim 30D$ 范围内时，相对于前直管段对流量计测量的影响，后直管段长度的变化对流量计测量结果的影响更大。

第4章　大数据实况数据库建设应用

构建"四节一环保"实况数据库是支撑国家相关政策制定，推行建筑节约能源、资源重要的基础工作。通过对我国建筑宏观数据的横向和纵向比较及深入分析，可确定影响数据的关键影响因素，发现并总结其变化规律，为制定我国建筑领域相关政策、长远规划路线提供数据参考[112]。本章首先研究了"四节一环保"数据内容、来源以及存在的问题，提出了"四节一环保"数据的管理框架和技术路线，并设计实现了"四节一环"保数据仓库；最后以宏观"四节一环保"数据仓库建设为例，介绍了数据库的建设与应用情况。

4.1　主要背景

基于民用建筑"四节一环保"大数据指标体系构建、多渠道获取方法和机制研究以及质量保障技术研究等内容，研究建立大数据实况数据库，针对数据内容、数据来源以及存在的问题，分析当前数据库建设的主要基础，并针对来源广、种类多、维度复杂的数据情况，本着全局化思路、特征化分类、泛型化设计、高度可扩展性的总体原则，考虑数据安全性、大数据量等非功能性约束因素，结合数据实际使用需求，实现大数据实况数据库建设应用。

4.1.1　数据内容

（1）数据分类情况

数据分类是数据库建立的基础，是将具有某种共同属性或特征的数据归并在一起，通过其类别的属性或特征来对数据进行区别。相同内容、相同性质的信息以及要求统一管理的信息集合在一起，相异的和需要分别管理的信息区分开来，确定各个集合之间的关系，形成一个有条理的分类系统[113]。根据"四节一环保"大规模数据获取情况，将数据类型分为基础信息、规模信息、用地信息、用能信息、用材信息、用水信息、环保信息、综合类信息 8 大类，同时根据数据来源，将数据渠道归纳为各类年鉴、现有平台、采集试验、其他渠道 4 大部分，数据逻辑模型结构如图 4-1 所示。

按照数据分类将数据指标进行梳理，如表 4-1 所示，每类数据下包含多个数据指标，每个数据指标有不同的获取方式，汇总后主要包括各类统计年鉴获取、相关研究报告、构建模型测算、网络爬取、网络下载、试点单位提供、平台对接、第三方数据库、研究获取机制等，针对每种获取方式分析获取数据的格式、结构、频度、来源等，并研究每种数据格式的处理方法，为实况数据库数据采集[114]、数据清洗[115]、数据入库[116]等处理过程的设计提供参考依据。

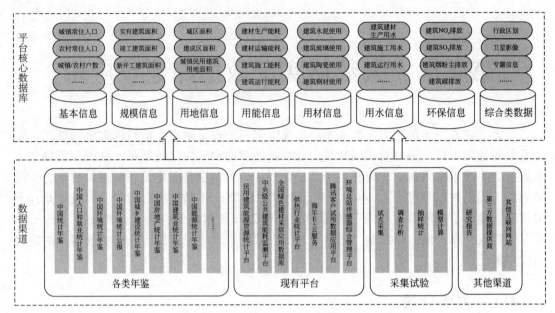

图 4-1 民用建筑"四节一环保"数据逻辑模型结构

民用建筑"四节一环保"数据分类汇总   表 4-1

内容	数据指标		数据获取方式
基本信息	常住人口	城镇常住人口	1. 各类统计年鉴; 2. 网络爬取
		农村常住人口	
	户数	城镇户数	
		农村户数	
	经济信息	城镇化率	
		GDP	
		不变价 GDP	
		GDP 指数(上年=100)	
规模信息	实有建筑面积	实有居住建筑面积	1. 各类统计年鉴; 2. 相关研究报告; 3. 构建模型测算
		实有公共建筑面积	
		北方城镇建筑供暖面积	
		北方城镇集中供暖面积	
		空置面积	
	竣工面积	居住建筑竣工面积	各类统计年鉴
		公共建筑竣工面积	
	新开工面积	居住建筑新开工面积	各类统计年鉴
		公共建筑新开工面积	
	施工面积	居住建筑施工面积	各类统计年鉴
		公共建筑施工面积	

续表

内容	数据指标		数据获取方式
规模信息	拆除面积	居住建筑拆除面积	1. 各类统计年鉴; 2. 相关研究报告; 3. 构建模型推算
		公共建筑拆除面积	
	城乡区划调整面积		研究获取机制
用地信息	城区面积	建成区面积	各类统计年鉴
	城镇民用建筑用地面积	居住区用地面积	各类统计年鉴
		公共管理与公共服务用地面积	
		商业服务业设施用地面积	
用能信息	建材生产能耗总量	建筑水泥生产能耗总量	1. 构建模型推算; 2. 相关研究报告
		建筑玻璃生产能耗总量	
		建筑陶瓷生产能耗总量	
		建筑钢材生产能耗总量	
	建材运输能耗总量	建筑水泥运输能耗总量	研究获取机制
		建筑玻璃运输能耗总量	
		建筑陶瓷运输能耗总量	
		建筑钢材运输能耗总量	
	建筑施工能耗总量		研究获取机制
	建筑运行能耗	居住建筑非供暖能耗总量	1. 各类统计年鉴; 2. 构建模型推算
		公共建筑非供暖能耗总量	
		北方集中供暖能耗总量	
用材信息	建筑水泥使用总量	居住建筑水泥使用量	1. 构建模型推算; 2. 相关研究报告
		公共建筑水泥使用量	
	建筑玻璃使用总量	居住建筑玻璃使用量	1. 构建模型推算; 2. 相关研究报告
		公共建筑玻璃使用量	
	建筑陶瓷使用总量	居住建筑陶瓷使用量	1. 构建模型推算; 2. 相关研究报告
		公共建筑陶瓷使用量	
	建筑钢材使用总量	居住建筑钢材使用量	1. 构建模型推算; 2. 相关研究报告
		公共建筑钢材使用量	
用水信息	建筑建材生产用水总量	建筑水泥生产用水总量	构建模型推算
		建筑玻璃生产用水总量	
		建筑陶瓷生产用水总量	
		建筑钢材生产用水总量	
	建筑施工用水总量		研究获取机制
	建筑运行用水总量	民用建筑用水总量	各类统计年鉴
		公共建筑用水总量	

内容	数据指标		数据获取方式
环保类数据	建筑 NO_x 排放总量	建材生产 NO_x 排放总量	研究获取机制
		建材运输 NO_x 排放总量	
		建筑施工 NO_x 排放总量	
		建筑运行 NO_x 排放总量	各类统计年鉴
	建筑 SO_2 排放总量	建材生产 SO_2 排放总量	研究获取机制
		建材运输 SO_2 排放总量	
		建筑施工 SO_2 排放总量	
		建筑运行 SO_2 排放总量	各类统计年鉴
	建筑烟粉尘排放总量	建材生产烟粉尘排放总量	研究获取机制
		建材运输烟粉尘排放总量	
		建筑施工烟粉尘排放总量	
		建筑运行烟粉尘排放总量	各类统计年鉴
	建筑碳排放总量	建材生产碳排放总量	研究获取机制
		建材运输碳排放总量	
		建筑施工碳排放总量	
		建筑运行碳排放总量	1. 各类统计年鉴; 2. 相关研究报告
综合类数据	行政区划	国界	网络下载或试点单位提供
		省界	
		市界	
		县界	
		海岸线	
		省级行政区划	
		市级行政区划	
		县级行政区划	
		首都	
		省会	
		市级地名	
		县级地名	
		镇级地名	
	遥感影像	试点区域遥感影像	试点单位提供
	专题数据	绿色建材采信应用数据	平台对接
		建筑能耗监测及统计数据	
		供热相关数据	
		试点区域海尔空调能耗	
		试点区域人流信息	
		试点区域空气质量、空气温湿度	
		其他专题研究模型数据	1. 第三方数据库; 2. 网络爬取

（2）数据格式分析

通过对数据内容的分类汇总，针对数据的原始格式种类进行分类，可归纳为纸质材料、表格类统计数据、网络爬取数据、系统接入数据、地理信息数据、非结构化数据等类别。从数据存储格式方面来看，可归纳为关系型数据库形式[117]、时间序列数据库形式[118]、地理信息数据库形式[119]、文件形式[120] 等类别。

1）纸质材料

针对纸质材料数据进行扫描，利用文字识别工具进行 OCR 处理，将扫描后的文件转换生成可编辑的文档或表格[121,122]。OCR 识别处理后会出现异常值和非法值等特殊符号，这种数据违反数据的规范性原则，必须进行数据校验，在数据校验后进行人工修改，待数据完全正确后，再将其准备数据入库。需选用关系型数据库形式进行存储。

2）表格类统计数据

表格类统计数据主要为各类统计年鉴中的表格文件、从第三方机构获取的数据表、从纸质材料以及相关研究报告中数字化处理后的电子表格文件等。将数据按照表格标题、指标名称、数据单位、地区、时间、计算方法、数据来源进行分类汇总，并根据数据分类进行分别存放，从中提取指标元数据内容，为统计类数据存储提供设计依据。为了提高检查的效率和正确性，表格类统计数据文件也要结合数据规范性原则，对数据中存在的异常值进行标记，人工核对修改后，再整理入库。需选用关系型数据库形式进行存储。

3）网络爬取数据

网络爬取数据是利用大数据网络爬虫技术[123]，自主研发爬虫软件，实现部分数据发布机构结构化数据进行自动采集、获取、清洗，形成能源数据采集的自动化流程，通过设定数据获取地址链接，设置抓取指标内容规则，针对反扒机制建立相应的应对机制，定期进行更新维护。需选用关系型数据库形式进行存储。

4）系统接入数据

通过制定数据接口标准方案，与各平台进行对接，根据统一的数据库建设标准与交换标准体系，确定数据推送时间频度、指标内容、数据粒度、接口方式等，建立持续稳定数据接收获取机制。需选用时间序列数据库形式进行存储。

5）地理信息数据

地理信息是地理数据所蕴含和表达的地理含义，是与地理环境要素有关的物质的数量、质量、性质、分布特征、联系和规律的数字、文字、图像和图形等的总称。地理信息属于空间信息，是通过数据进行标识的，这是地理信息系统区别于其他类型信息最显著的标志，是地理信息的定位特征。地理信息数据作为辅助民用建筑大数据获取的基础数据，需选用地理信息数据库形式进行存储。

6）非结构化数据

非结构化数据是数据结构不规则或不完整，没有预定义的数据模型，不方便用数据库二维逻辑表来表现的数据。包括相关研究报告、国家相关标准、文本、图片等各类信息数据。需选用非关系型数据库以文件形式进行存储。

4.1.2 数据来源

（1）数据获取方式

根据第 3 章大规模数据的获取情况现状以及方法分析，民用建筑"四节一环保"大规模数据获取方式可分为 4 种。

1）根据现行的法律、法规、部门规章、统计制度、技术标准等制度体系，以及与已建的各国家级平台和行业平台对接，可直接获取的指标数据。政府层面，包括国家，各省、市、自治区，行业的统计年鉴或报表；行业、协会层面，包括部门、行业、协会年度报告以及各类数据库和数据采集平台；科研机构层面，包括专项研究报告；高新技术层面，包括物联网、互联网、已建国家和行业平台对接；企业层面，包括电力公司、自来水公司、燃气公司、供热公司等数据资源。

2）通过年鉴获取法、产值估算法、逐年递推法、投入产出法、排放因子法等、能源平衡表拆分法、强度测算等方法，间接得到的关键性指标数据以及模型测算过程中所需基础数据的获取。根据建筑规模、建筑用水、建筑用材、建筑用能、环境保护各指标之间的取用关系，通过各类指标范围及定义，获取基础支撑数据。

3）通过专项研究，基于典型区域情况，结合地理信息数据，采用抽样测试、模型推演等计算方法，间接得到的指标数据。利用测算结果数据，推算全国民用建筑"四节一环保"数据情况。

4）通过公开渠道获取不同研究机构发布的相关指标测算数据。例如西南财经大学对于住房空置率的分析；建筑节能协会对于居住面积、建筑运行能耗、公共建筑能耗、住宅建筑能耗、北方集中供暖能耗的分析；清华大学建筑节能研究中心对于居住面积、建筑运行能耗、公共建筑能耗、住宅建筑能耗、北方集中供暖能耗等的分析。

（2）数据获取渠道

根据数据获取现状，将数据来源归纳为各类统计年鉴、现有对接平台、试点采集试验、其他获取渠道四个部分。

1）各类统计年鉴

部分宏观指标数据可通过国家统计部门及其他政府部门编制的统计年鉴获取，该来源数据特点为数据结构标准，有固定的统计报表制度、发布时间频度，每个指标均有指标解释可供参考，数据统计范围清晰、定义明确，并能够持续获取。数据来源包括：《中国统计年鉴》《中国人口与就业统计年鉴》《中国城乡建设统计年鉴》《中国城市建设统计年鉴》《中国环境统计年鉴》《中国建筑能耗研究报告》《中国房地产统计年鉴》《中国建筑业统计年鉴》《中国固定资产投资统计年鉴》《中国能源统计年鉴》《中国人口普查资料》《电力工业统计资料汇编》等统计资料，以及《城市（县城）和村镇建设统计调查制度》《民用建筑能源资源消耗统计报表制度》《城镇保障性安居工程统计快报制度》《房地产市场监管统计报表制度》《建筑业企业主要指标月度快速调查统计报表制度》等报表制度。

2）现有对接平台

根据数据指标需求，与各部门、行业、协会等业务系统实现对接（表 4-2），实现系统间按照指标目录、交换标准、业务服务标准、数据安全标准等进行数据交换，根据各系统情况，进行接口规范性设计。

民用建筑"四节一环保"数据库对接系统情况　　　　　　　　表 4-2

序号	系统名称	主管部门
1	民用建筑能源资源统计平台	住房城乡建设部
2	中央级公共建筑能耗监测平台	住房城乡建设部
3	全国绿色建材采信应用数据库	住房城乡建设部
4	供热行业统计平台	供热协会
5	海尔 E＋云服务	海尔公司
6	腾讯客户试用数据应用平台	腾讯
7	环境总站传感器综合管理平台	生态环境部

3）试点采集试验

依托部分典型地区已有试验采集数据基础，利用试点采集、调查分析、抽样统计、模型计算等方式，开展典型区域关键指标研究。该渠道数据结构复杂、类型多样，包含研究报告、测算模型、区域标准文件、研究结果等。

4）其他获取渠道

除以上获取渠道外，还有模型测算使用到的基础数据获取、网络数据爬取、第三方数据库数据获取、国家相关标准、行业相关标准等其他获取渠道。

4.1.3　存在的问题

（1）数据结构多样，缺乏统一数据标准

民用建筑大数据的多样性使得数据被分为三种数据结构，分别是：①结构化数据，是由二维表结构来逻辑表达和实现的数据；②非结构化数据，是数据结构不规则或不完整，没有预定义的数据模型，不方便用数据库二维逻辑表来表现的数据；③半结构化数据。不同的数据获取渠道有不同的数据结构，数据标准不能完全统一，无法有效避免数据混乱冲突、一数多源、多样多类等问题。

（2）数据来源较多，数据质量参差不齐

民用建筑"四节一环保"数据仓库系统的数据来源较多，数据源质量参差不齐，数据仓库的构建过程中不可避免的会产生数据质量问题，数据冗余、数据缺值、数据冲突等数据质量问题不能被及时发现和有效解决。数据质量管理需贯穿于数据的整个生命周期，是质量评估分析和各种数据清洗方法相结合的不断反复的过程，需要在数据处理的各个环节中进行数据质量管理，以达到获得高质量数据的目的。

4.2　数据管理框架

4.2.1　数据管理概述

民用建筑"四节一环保"大数据的来源分散、种类繁多、结构复杂，对其进行科学高效的管理是建设"四节一环保"大数据实况数据库的前提和基础。数据管理是利用计算机硬件和软件技术对数据进行有效的收集、存储、处理和应用的过程。实现数据有效管理的关键是数据组织[124]。随着计算机技术的发展，数据管理经历了人工管理、文件系统、数据库系统等几个发展阶段。近年来，数据治理正逐渐发展为数据管理领域的热点[125]。

目前业界对数据治理的定义还未完全统一。IBM 对于数据治理的定义是：数据治理是一种质量控制规程，用于在管理、使用、改进和保护组织信息的过程中添加新的严谨性和纪律性[126]。DGI 认为，数据治理是指在企业数据管理中分配决策权和相关职责[127]。《信息技术服务 治理》GB/T 34960 则认为，数据治理是数据资源及其应用过程中相关管控活动、绩效和风险管理的集合[128]。

综合以上描述，数据治理是一个从使用零散数据变为使用统一数据、从缺乏组织流程到综合数据管控、从无序状态到有序状态的持续性的服务，而不是一项一次性的工作，其强调的是一个从混乱到有序的过程。数据治理将数据作为一种特殊的资产，对进入平台的数据进行标准化的规范约束，并以元数据作为驱动，连接数据的标准管理、数据质量管理、数据安全管理的各个阶段，从而实现数据资产价值发掘、业务模式创新和经营风险控制。

数据治理的主要目标是实现更准确的数据分析和更强的法规遵从性。不同部门之间独立的系统由于缺乏统一规范的数据协调机制，通常会形成数据孤岛。数据治理通过协作流程来协调不同独立系统中的数据，从而实现更加准确的数据分析；数据治理通过创建关于数据使用的统一策略，以及监视数据使用情况和持续执行策略，防止将数据风险和错误带入到系统中，并避免有关个人隐私和其他敏感信息被滥用。此外，数据治理所提供的好处还包括改进数据质量、降低数据管理成本和使用成本等。

4.2.2 数据管理框架

（1）ISO 数据管理框架

国际标准组织 ISO 于 2008 年推出第一个 IT 治理的国际标准：ISO 38500。它是第一个 IT 治理国际标准，它的出台不仅标志着 IT 治理从概念模糊的探讨阶段进入了一个正确认识的发展阶段，而且标志着信息化正式进入 IT 治理时代。该标准目前已更新到 ISO 38505-1 版本。ISO 38505-1 标准是我国专家参与编制的具有里程碑意义的国际标准，目前已全面启动[129]。

ISO 38505-1 标准提出了数据治理框架包括目标、原则和模型。数据治理框架如图 4-2 所示。

在目标方面，ISO 38505-1 认为数据治理的目标就是促进组织高效、合理地利用组织数据资源。

在原则方面，ISO 38505-1 定义了数据治理的六个基本原则：职责、策略、采购、绩效、符合和人员行为。这些原则阐述了指导决策的推荐行为，每个原则描述了应该采取的措施，但并未说明如何、何时及由谁来实施这些原则。

在模型方面，ISO38505-1 认为组织的领导者应重点关注三个核心任务：一是明确数据治理的意义、治理主体的职责、数据治理的监督机制；二是对治理准备和实施的基于"价值、风险和约束"数据治理方针和计划指导；三是进一步明确数据治理的"E（评估）-D（指导）-M（监督）"方法论。

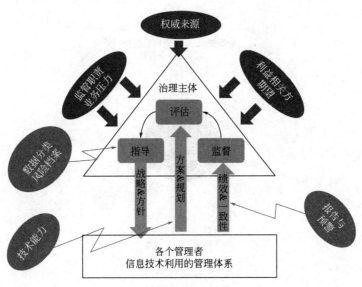

图 4-2　ISO 数据治理框架

ISO 数据管理框架对于"四节一环保"大数据管理具有重要的参考价值，根据 ISO 38505-1 标准，数据治理过程的驱动因素可分为内部需求和外部压力。内部需求是指管理部门需要制定"四节一环保"大数据实况数据库的总体战略，审查数据的潜在用途，根据自身需求，调整战略方向，以支持预期的结果。管理部门围绕制定的战略目标塑造数据文化，以确保数据治理策略达到其总体目标。由于数据与决策一样有价值，因此这种数据文化需要的数据访问、良好数据相关的组织行为处理，依赖于相关环境中的所有的做法和决策过程；外部压力是指管理部门可能需要阶段性调整战略和政策，以确保其符合外部环境，主要包括"四节一环保"在民用建筑领域的发展程度，社会公众、研究机构、监管部门等对数据的可用性、治理和交互的期望，如何收集数据，数据保留和处置要求，以及有关共享或重用数据的自身产权问题等。

（2）DAMA 数据管理框架

国际数据管理协会（DAMA）推出的 DMBOK2（数据管理知识体系）为企业数据治理体系定义了 10 个职能域，用于指导组织的数据管理职能和数据战略的评估工作，并建议和指导刚起步的组织开展数据管理工作[130]。DAMA 数据管理框架如图 4-3 所示。

数据治理：数据资产管理的权威性和控制性活动（规划、监视和强制执行），数据治理是对数据管理的高层计划与控制。

数据架构管理：定义企业的数据需求，并设计蓝图以便满足这一需求。该职能包括在所有企业架构环境中，开发和维护企业数据架构，同时也开发和维护企业数据架构与应用系统解决方案、企业架构实施项目之间的关联。

数据开发：为满足企业的数据需求、设计、实施与维护解决方案，也就是系统开发生命周期（SDLC）中以数据为主的活动，包括数据建模、数据需求分析、设计、实施和维护数据库中数据相关的解决方案。

数据操作管理：对于结构化的数据资产在整个数据生命周期（从数据的产生、获取到存档和清除）进行的规划、控制与支持。

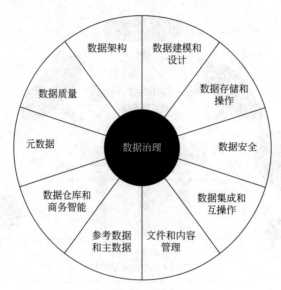

图 4-3　DAMA 数据治理框架

数据安全管理：规划、开发和执行安全政策与措施，提供适当的身份以确认、授权、访问与审计。

参考数据和主数据管理：规划、实施和控制活动，以确保特定环境下的数值的"黄金版本"。

数据仓库和商务智能管理：规划、实施与控制过程，给知识工作者们在报告、查询和分析过程中提供数据和技术支持。

文档和内容管理：规划、实施和控制在电子文件和物理记录（包括文本、图形、图像、声音及音像）中发现的数据储存，保护和访问问题。

元数据管理：为获得高质量的、整合的元数据而进行的规划、实施与控制活动。

数据质量管理：运用质量管理的技术来衡量、访问、提高和确保使用数据适当性的规划、实施与控制活动。

DMBOK2 对"四节一环保"数据管理给出了框架性建议，其优点在于系统性，不会遗漏任何重要的过程，并且重视数据价值发掘，使数据治理最终服务于整个组织战略。功能模块是 DAMA 数据管理框架中的核心议题，这些议题构成了数据治理的主要内容。在进行"四节一环保"数据管理时，可以从目标与原则、组织活动、主要交付物、角色与职责、实践与方法、技术与规范、数据文化等角度出发，按照一定的逻辑结构进行分析，保证数据管理的目标。

（3）DGI 数据管理框架

国际数据治理研究所（DGI）于 2004 年推出了 DGI 数据治理框架，为企业数据做出决策和采取行动的复杂活动提供新方法。DGI 认为，数据治理指的是对数据相关事宜的决策制定与权利控制。具体来说，数据治理是处理信息和实施决策的一个系统，即根据约定模型实施决策，包括实施者、实施步骤、实施时间、实施情境以及实施途径与方法。DGI 从数据治理组织结构、治理规则和治理过程三个维度提出了关于数据治理活动的 10 个关键要素，并在这些要素的基础上构建了数据治理框架，如图 4-4 所示。框架按照职能划分为三组：人员与组织机构、规则与协同工作规范、过程[131]。

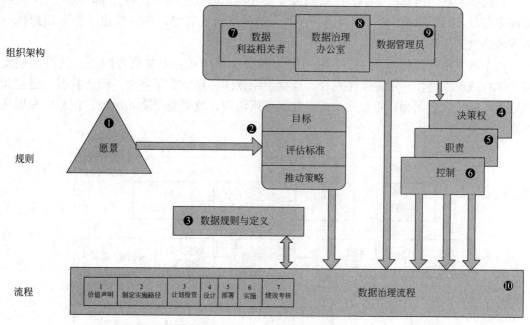

图 4-4　DGI 数据治理框架

　　人员与组织结构是指在数据治理过程中承担执行和控制数据治理规则和规范的组织机构，其中主要从决策层、管理层和执行层三个维度构建数据治理人员与组织结构。决策层是组织内部负责数据治理的最高级别的权威机构。管理层由各业务部门业务高管、项目负责人等组成主要负责业务规则与数据标准定义和维护。执行层由子公司和分支机构等具体的业务专员负责治理维护数据质量。

　　规则和协同工作规范是指制定一套统一的数据治理工作制度和规则，并协调各个不同的业务部门之间的治理工作。包含对企业数据治理的使命、企业数据治理核心业务的关注域（治理目标、度量指标）、数据标准和业务规则的定义、决策权、职责分工、控制六个组件。

　　过程即数据治理流程中的步骤，主要包括主动、被动和正在进行的数据治理过程。

　　DGI 数据治理框架以其简单、明了、目的清晰著称，在实施的过程中以数据治理的价值来判断其实施的效果，并形成关键的管理闭环，是一种可以操作的、实际可行的数据治理框架。应用 DGI 数据管理框架进行"四节一环保"大数据治理，可以遵从 5W1H 法则进行框架设计：首先是为什么需要数据治理（Why），可以从数据治理愿景使命和数据治理目标出发，定义数据治理原因；其次是数据治理治什么（What），可以从数据规则与定义、数据的决策权、数据问责制、数据管控等维度出发，定义数据治理内容；再次是谁参与数据治理（Who），主要包括数据的所有者、使用者、数据治理办公室和数据专员等；再者是什么时候开展数据治理（When），主要包括制定数据治理的实施路径和行动计划等；此外是如何开展数据治理（How），主要是制定数据治理流程，包括治理、监督、检测、评估、反馈等；最后是数据治理位于何处（Where），主要是明确当前组织数据治理的成熟度级别，找到组织与先进标杆的差距。

（4）IBM 数据管理框架

在众多的数据治理框架中，IBM 可能是最先提出数据治理概念的公司，基于其非凡的管理咨询与 IT 咨询的经验，同时也基于其大数据平台的开发，IBM 提出了数据治理统一流程理论（The IBM Data Governance Unified Process）。

这个数据治理流程由图 4-5 中所示的十四个步骤组成：定义商务问题；获取高层支持；执行成熟度评估；制定实施路径；建立组织蓝图；建立数据字典；理解数据；建立元数据库；定义度量指标；主数据治理；数据分析治理；数据安全隐私治理；信息生命周期治理；测量结果[126]。

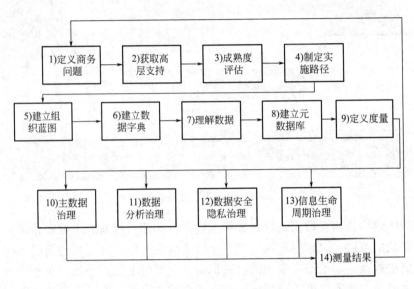

图 4-5　IBM 数据治理框架

1）定义商务问题：围绕一个特定的商务问题定义数据治理计划的初始范围。

2）获取高层支持：获取支持的最佳方式是以业务案例和"快捷区域"的形式建立价值；同时，组织需要任命数据治理的整体负责人，以确保数据治理计划能促进有意义的变化。

3）执行成熟度评估：IBM 数据治理委员会基于 11 种类别（数据风险管理和合规性、价值创建、照管等）开发了一种成熟度模型。数据治理组织需要评估组织当前的成熟度水平和未来想要的成熟度水平。

4）制定实施路径：数据治理组织需要开发一个路线图来填补 11 个数据治理成熟度类别的当前状态与想要的未来状态之间的空白。

5）建立组织蓝图：数据治理组织需要建立一种章程来治理其操作，确保它拥有足够的成熟度以在关键形式下担当决胜者。

6）创建数据字典：数据字典或业务术语库是一个存储库，包含关键词汇的定义，用于在组织的技术和业务端之间实现一致性。

7）理解数据：数据治理团队需要发现整个企业中关键的数据关系。

8）建立元数据库：元数据是关于数据的数据，需要存储在一个存储库中，可以在多个项目之间共享和利用。

9）定义度量指标：数据治理团队挑选一些关键性能指标来度量计划的持续性能。

10）治理主数据：企业内最有价值的信息统称为主数据。治理主数据是一种持续的实践，其中业务领导为实现业务目标而定义准则、策略、流程、业务规则和度量指标，管理他们的主数据的质量。

11）数据分析治理：设置更好地协调业务用户与对分析基础架构地投资的策略和过程。

12）数据安全隐私治理：数据治理组织需要处理围绕数据安全和隐私的问题。

13）信息生命周期治理：信息的生命周期始于数据创建，结束于它从生产环境删除。数据治理组织必须处理与信息生命周期相关的问题。

14）测量结果：数据治理团队依据之前定义的度量指标向来自 IT 和业务部门的高层利益相关者报告进度。

IBM 的数据管理框架为"四节一环保"大数据治理成熟度评估提供了基础，结合组织自身数据管理情况和成熟度模型评价等级定级标准，评估组织当前数据治理成熟度，确定未来期望的成熟度水平，设计演进路线，分别从人员、流程、技术和策略等方面制定管理规则和改进计划。

（5）《信息技术服务 治理》GB/T 34960 数据管理框架

《信息技术服务 治理》GB/T 34960 规定了完整的数据治理框架（图 4-6），从我国企业和政府的组织现状出发，全面、精炼地描述了数据治理框架，包含顶层设计、数据治理环境、数据治理域和数据治理过程[128]。

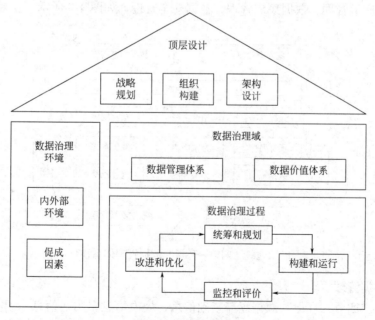

图 4-6　数据治理框架

顶层设计是数据治理实施的基础，是根据组织当前的业务现状、信息化现状和数据现状，设定组织机构的职权利，并定义符合组织战略目标的数据治理目标和可行的行动路径。

数据治理环境是数据治理成功实施的保障，指的是分析领导层、管理层、执行层等利益相关方的需求，识别项目支持力量和阻力，制定相关制度以确保项目的顺利推进。

数据治理域是数据治理实施的对象，是指制定数据质量、数据安全、数据管理体系等相关标准制度，并基于数据价值目标构建数据共享体系、数据服务体系和数据分析体系。

数据治理过程是一个 PDCA（plan-do-check-act）的过程，是数据治理的实际落地过程，包含确定数据治理目标、制定数据治理计划、执行业务梳理、设计数据架构、数据采集清洗、存储核心数据、实施元数据管理和血缘追踪，并检查治理结果与治理目标的匹配程度。

应用《信息服务技术 治理》GB/T 34960 数据管理框架进行"四节一环保"大数据管理。首先，需要明确数据治理目标和任务，营造必要的治理环境，做好数据治理实施的准备；其次，构建数据治理实施的机制和路径，确保数据治理实施的有序运行；再次，监控数据治理的过程，评价数据治理的绩效、风险与合规，保障数据治理目标的实现；最后，要迭代改进数据治理方案，优化数据治理实施策略、方法和流程，促进数据治理体系的完善。

4.2.3 "四节一环保"数据管理架构

数据管理在大数据应用体系中处于承上启下的重要地位。对上支持以价值创造为导向的数据应用开发，对下依托数据库建设实现原始数据管理。根据"四节一环保"大数据实况数据库构建需求，打造以元数据为核心的数据管理体系，主要包括元数据管理、数据规范管理、数据质量管理、数据集成管理、数据安全管理，如图 4-7 所示。

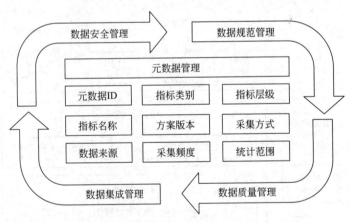

图 4-7　民用建筑"四节一环保"数据管理体系模型示意

（1）元数据管理

民用建筑"四节一环保"数据涵盖基础信息、规模信息、用地信息、用能信息、用材信息、用水信息、环保信息、综合类信息等多种类型，存在数据结构复杂、数据源多样、数据形态多样等情况，针对这些问题，需对数据进行统一标准的管控，即元数据管理。元数据是描述信息资源特征的数据，主要是描述数据属性的信息[132]。其中，核心元数据是描述数据基本属性与特征的最小集合。基于当前民用建筑"四节一环保"数据采集获取情况，设计核心元数据模型，包括元数据 ID、指标类别、指标层级、指标名称、方案版本、采集方式、数据来源、采集频度、统计范围。

（2）数据规范化管理

数据规范化管理是应用集成框架的底层组件，包括数据字典管理和元数据管理，为各个应用系统提供数据字典服务和元数据服务。数据字典是针对元数据的每项属性信息，设计统一编码规范、术语标准，贯穿数据采集、分析、清洗、应用等各个环节，并符合以下原则：

1）一致性原则：指标名称和字典名称等，都采用最简单的统一名称，既能表达出该指标所代表的含义，又能占用最少的字节；

2）精准性原则：在收集、获取数据的过程中会存在非法值或者异常值等现象，必须经过数据校验，将非法值或者异常值修改正确后，才能入库；

3）合理性原则：存储不同维度数据所涉及的表字段存储是不同的，要根据数据本身的情况，对指标和字典进行合理分配，保证不同维度的数据都能够存储到数据库当中；

4）有效性原则：保证入库的所有数据可以按照共同的规则读取。

（3）数据质量管理

数据质量管理是通过建立健全科学、规范的数据质量管理机制，从组织、制度、技术等层面保障对数据的有效监控出发，强化对数据准确性、完整性、及时性、有效性的控制，提供高效的数据管理和数据服务，提升数据使用效率[133]。在数据采集、清洗、处理、入库的整个数据处理流程中，对关键节点数据质量进行监管，对空值、缺失值和不合法值、噪声数据等进行处理，制定异常值判定策略，例如对较常出现的 &、!、N≠A 等符号进行过滤，利用数理统计、数据挖掘等技术，判定数据的准确性，利用半自动化工具，实现异常值的自动标记，方便检查人员快速发现和及时更正。

（4）数据集成管理

数据集成管理是对数据接口进行规范化管理，支持关系型数据库、NoSQL 及大数据（OLAP）等同构数据源或异构数据源间系统对接。制定统一的接口规范，明确系统概况、数据接入内容、接口地址、接口方法等[134]。

（5）数据安全管理

数据安全管理是通过技术手段，保障数据使用安全，设定安全等级，确保数据能够被正当使用。通过数据安全管理，规划、开发、执行安全政策与措施，建立完善的体系化的安全策略措施，全方位进行安全管控，通过多种手段确保数据在"存储、管理、应用"等各个环节中的安全，保护数据信息免受威胁或影响。

（6）可拓展数据指标管理模型设计

以元数据作为数据指标管理基础，考虑"四节一环保"数据指标的可拓展性，对数据指标管理模型进行扩展性模型设计。针对某一个数据指标，在每个指标（度量）中，通过元数据（维度）进行描述定义，包括数据元数据 ID、指标类别、指标层级、指标名称、方案版本、采集方式、数据来源、采集频度、统计范围。

1）指标类别：基础信息、规模信息、用地信息、用材信息、用能信息、用水信息、环保信息、综合信息；

2）指标层级：一级指标、二级指标、三级指标、基础指标；

3）指标名称：每个指标类型下的具体指标名称；

4）方案版本：每个指标可通过不同的获取途径、不同的计算方法，通过模型推算校核得到指标数据；

5）采集方式：直接统计认定指标、直接统计校核指标、间接统计计算指标、间接统计模型推算指标、间接统计抽样测试指标、间接统计方式增补指标；

6）数据来源（渠道）：指标数据的具体来源，以及通过何种途径获取；

7）采集频度：日度、月度、年度等，数据采集更新的时间频度；

8）统计范围：全国、各省、区域、建筑；

并通过对现状数据的分析，针对每个元数据属性进行数据字典设计，如图 4-8 所示，针对采集方式属性字段，设计采集方式数据字典，拓展了采集方式、计算方法、关联元数据 ID、折算系数等多种维度，针对该数据字典中的折算系数，设计数据字典，扩展了该折算系数的分类、类型、系数数值、单位、来源、注释等属性信息，对元数据形成了更完善的描述，实现可扩展指标管理模型设计。

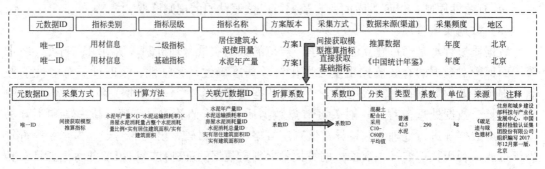

图 4-8　民用建筑"四节一环保"数据指标管理模型示意

4.3　数据库关键技术路线

4.3.1　数据库建设原则

民用建筑"四节一环保"数据指标体系覆盖了建材生产、建材运输、建筑施工、建筑运行、建筑拆除等阶段，涵盖了基础信息、建筑面积规模、用材、用地、用能、用水及环保等七部分内容。"四节一环保"数据库搭建结合其自身特点，考虑和遵循下列数据库设计的基本原则，以建立稳定、安全、可靠的数据库。

（1）一致性原则

"四节一环保"数据来源广泛，渠道众多，在数据库建设过程中需要对数据来源进行统一、系统的分析与设计，协调好各种数据源，保证数据的一致性和有效性。

（2）完整性原则

由于"四节一环保"数据来源广泛，采集渠道各不相同，因此容易在数据入库时发生数据含义不一致、单位不一致等错误。在数据库选型设计时，必须要考虑数据的正确性和相容性。要防止合法用户使用数据库时向数据库加入不合语义的数据。对输入到数据库中的数据要有审核和约束机制。

214

（3）安全性原则

在构建数据仓库需要对接众多第三方系统数据以及后期共享数据，因此需要提高数据库的安全性，防止非法用户使用数据库或合法用户非法使用数据库造成数据泄露、更改或破坏，要有认证和授权机制。

（4）可伸缩性与可扩展性原则

数据仓库不可能一次性考虑、设计完善，需要一步一步的持续构建下去，因此在数据库结构的设计应充分考虑发展的需要、移植的需要，具有良好的可扩展性、可伸缩性和适度冗余。

（5）规范化

数据库的设计应遵循规范化理论。规范化的数据库设计，可以减少数据库插入、删除、修改等操作时的异常和错误，降低数据冗余度。

4.3.2　数据标准化技术

分布在不同系统的海量数据往往存在一定的差异：数据代码标准、数据格式、数据标识都不一样，甚至可能存在错误的数据。这就需要建立一套标准化的体系，对这些存在差异的数据统一标准，符合行业的规范，使得在同样的指标下进行分析，保证数据分析结果的可靠性[135]。例如，对于数据库的属性值而言，可以建立唯一性规则、连续性规则以及空值规则等来对数据进行检验和约束：唯一性规则一般是指为主键或其他属性填写 unique 约束，使得给定属性的每个值与该属性的其他值不同；连续性规则是指属性的最大值和最小值之间没有缺失值，并且每个值也是唯一的，一般用于检验数；空值规则是指使用其他特殊符号来代替空值，以及对于这样的值应该如何处理。

数据的标准化能够提高数据的通用性、共享性、可移植性及数据分析的可靠性。所以，在建立数据规范时要具有通用性，遵循行业的或者国家的标准。

数据标准化方法有：规则处理引擎、标准代码库映射。

（1）规则处理引擎

数据治理为每个数据项制定相关联的数据元标准，并为每个标准数据元定义一定的处理规则，这些处理逻辑包括数据转换、数据校验、数据拼接赋值等。基于机器学习等技术，对数据字段进行认知和识别，通过数据自动对标技术，解决在数据处理过程中遇到的数据不规范的问题。

借助机器学习推荐来简化人工操作，根据语义相似度和采样值域测试，推荐相似度最高的数据项关联数据表字段，并根据数据特点选择适合的转换规则进行自动标准化测试。根据数据项的规则模板自动生成字段的稽核任务。

规则库中的规则可以多层级迭代，形成数据处理的一条规则链。规则链上，以上一条规则的输出作为下一条规则的输入，通过规则的组合，能够灵活地支持各种数据处理逻辑。

（2）标准代码库映射

标准代码库是基于国标或者通用的规范建立的 key-value 字典库，字典库遵循国标值域、公安装备资产分类与代码等标准进行构建。当数据项的命名为×××DM（某某某代码）时，根据字典库的国标或部标代码，通过字典规则关联出与代码数据项对应的代码名称数据项×××DMMC（某某某代码名称）。

使用数据转换规则时查找数据字典，能够将所有不同的表示方式统一成一种表示方式。

构建"四节一环保"大数据实况数据库，需要对基础信息、建筑面积、建筑用地、建筑用材、建筑用水、建筑用能以及环境保护等关键性指标进行标准化设计，包括指标名称、指标细项、指标单位、统计范围、统计边界、统计对象、统计和计算方法等。通过建立统一的标准，来保障大数据实况数据库的权威性和一致性，使得"四节一环保"大数据成果能够得到广泛应用，并为研究人员、管理部门的分析决策活动提供高质量的数据支撑。

4.3.3 数据交换技术

数据交换是将符合一个源模式的数据转换为符合目标模式数据的问题，该目标模式尽可能准确并且以与各种依赖性一致的方式反映源数据[136]。完善合理的数据交换服务建设，关系到大数据平台是否具有高效、稳定的处理数据能力。数据交换主要有以下两种实现模式。

（1）协议式数据交换

协议式数据交换是源系统和目标系统之间定义一个数据交换交互协议，遵循制定的协议，通过将一个系统数据库的数据移植到另一个系统的数据库来完成数据交换。Tyagi 等于 2017 年提出一种通用的交互式通信协议，称为递归数据交换协议（RDE），它可以获得各方观察到的任何数据序列，并提供单独的性能序列保证；并于 2018 年提出了一种新的数据交换交互协议，它可以逐步增加通信数据量，直到任务完成，还导出了基于将数据交换问题与密钥协议问题相关联的最小位数的下限。这种交换模式的优点在于：它无需对底层数据库的应用逻辑和数据结构做任何改变，可以直接用于开发在数据访问层。但是编程人员基于底层数据库进行直接修改也是这种模式的缺点之一，编程人员首先要对双方数据库的底层设计有清楚的了解，需要承担较高的安全风险；其次，编程人员在修改原有的数据访问层时，需要保证数据的完整性和一致性。此外，这种模式的另一个缺点在于系统的可重用性很低，每次对于不同应用的数据交换都需要做不同的设计。

（2）标准化数据交换

标准化数据交换是指在网络环境中建立一个可供多方共享的方法作为统一的标准，使得跨平台应用程序之间实现数据共享和交换。这种交换模式的优点显而易见，系统对于不同的应用只需要提供一个多方共享的标准即可，具有很高的可重用性。

"四节一环保"大数据实况数据库主要采用数据接口服务的方式实现与其他平台的数据交换和接入，中间过程数据采用 JSON 标准格式进行传输。如，通过接口服务的二次开发，实现了与海尔空调能耗数据的交换，接入了自 2020 年 12 月以来 80 余地市的近 300 台海尔中央空调的能耗相关数据。数据内容包括设备编码、所在城市、在线/离线、开关机状态、额定功率、压缩机数量、时间、蒸发器侧进水温度、冷凝器侧进水温度、机组功率、蒸发器侧出水温度、冷凝器侧出水温度等；通过与腾讯公司客户试用"互联网＋"大客流数据应用平台对接，获取上海试验区小时级的人流信息；通过与环境总站监测系统的数据服务接口对接，获取了 CO_2 浓度、VOC 浓度、温度、湿度、PM2.5 和 PM10 的空气质量数据；通过与全国绿色建材采信应用数据库接口对接，实现了绿色建材产品、生产企业、认证机构、示范项目、政策法规、工作动态、采购金额、绿色建材证书编号等数据的交换。

4.3.4　数据集成技术

在信息化建设初期，由于缺乏有效合理的规划和协作，信息孤岛的现象普遍存在，大量的冗余数据和垃圾数据存于信息系统中，数据质量得不到保证，信息的利用效率明显低下。为了解决这个问题，数据集成技术应运而生。数据集成技术是用以协调数据源之间不匹配问题，将异构、分布、自治的数据集成在一起，为用户提供单一视图，使得可以透明地访问数据源。系统数据集成主要指异构数据集成，重点是数据标准化和元数据中心的建立。数据标准化的作用在于提高系统的可移植性、互操作性、可伸缩性、通用性和共享性；数据集成依据的数据标准包括属性数据标准、网络应用标准和系统元数据标准；名词术语词典、数据文件属性字典、菜单词典及各类代码表等为系统公共数据，在此基础上促成系统间的术语、名称、代码的统一，促成属性数据统一的维护管理。元数据中心在建立元数据标准的基础上，统一进行数据抽取、格式转换、重组、储存，实现对各业务系统数据的整合。经处理的数据保存在工作数据库中，库中所有属性数据文件代码及各数据文件中的属性项代码均按标准化要求编制，在整个系统中保持唯一性，可以迅速、准确定位。各属性项的文字值及代码，也都通过词库建设进行标准化处理，实现一词一义[137]。

常用的数据集成方法包括模式集成方法、数据复制方法和基于本体的方法等。

（1）模式集成方法

模式集成方法为用户提供统一的查询接口，通过中介模式访问实时数据，该模式直接从原始数据库检索信息，见图 4-9。该方法的实现共分为 4 个主要步骤：①源数据库的发现；②查询接口模式的抽取；③领域源数据库的分类；④全局查询接口集成。

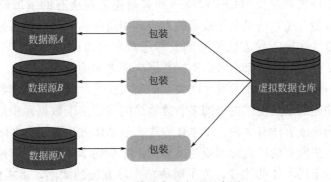

图 4-9　模式集成方法示意图

模式集成方法依赖于中介模式与原始源模式之间的映射，并将查询转换为专用查询，以匹配原始数据库的模式。这种映射可以用两种方式指定：作为从中介模式中的实体到原始数据源中的实体的映射——全局视图（GAV）方法；或者作为从原始源中的实体到中介模式——本地视图（LAV）方法的映射。后一种方法需要更复杂的推理来解析对中介模式的查询，但是可以更容易的将新数据源添加到稳定中介模式中。模式集成方法的优点是为用户提供了统一的访问接口和全局数据视图；缺点是用户使用该方法时经常需要访问多个数据源，存在很大的网络延迟，数据源之间没有进行交互。如果被集成的数据源规模比较大且数据实时性比较高更新频繁，则一般采用模式集成方法。

（2）数据复制方法

数据复制方法是将用户可能用到的其他数据源的数据预先复制到统一的数据源中，用户使用时，仅需访问单一的数据源或少量的数据源，见图4-10。数据复制方法提供了紧密耦合的体系结构，数据已经在单个可查询的存储库中进行物理协调，因此解析查询通常需要很少的时间，系统处理用户请求的效率显著提升。但在使用该方法时，数据复制需要一定的时间，所以数据的实时一致性不易保证。根据数据复制方法的优缺点可以看出：数据源相对稳定或者用户查询模式已知或有限的时候，适合采用数据复制方法。

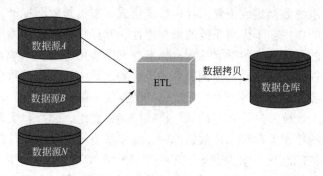

图 4-10　数据复制方法示意图

（3）基于本体的数据集成

根据上述介绍，数据异构有两个方面：前两种方法都是针对解决结构异构而提出的解决方案；而本体技术致力于解决语义性异构问题。语义集成过程中，一般通过冲突检测、真值发现等技术来解决冲突，常见的冲突解决策略包括冲突忽略、冲突避免和冲突消解。冲突忽略是人工干预把冲突留给用户解决；冲突避免是对所有的情形使用统一的约束规则；冲突消解又分为3类：一是基于投票的方法采用简单的少数服从多数策略；二是基于质量的方法，此方法在第1种方法的基础上考虑数据来源的可信度；三是基于关系的方法，此方法在第2种方法的基础上考虑不同数据来源之间的关系。

本体是对某一领域中的概念及其之间关系的显式描述，基于本体的数据集成系统允许用户通过对本体描述的全局模式的查询来有效地访问位于多个数据源中的数据。目前，基于本体技术的数据集成方法有3种：单本体方法、多本体方法和混合本体方法。

由于单本体方法所有的数据源都要与共享词汇库全局本体关联，应用范围很小，且数据源的改变会影响全局本体的改变。为了解决单本体方法的缺陷，多本体方法应运而生。多本体方法的每个数据源都由各自的本体进行描述，它的优点是数据源的改变对本体的影响小，但是由于缺少共享的词汇库，不同的数据源之间难以比较，数据源之间的共享性和交互性相对较差。混合本体方法的每个数据源的语义都由它们各自的本体进行描述，同时混合本体还建立了一个全局共享词汇库，解决了单本体和多本体方法的不足。混合本体方法有效地解决了数据源间的语义异构问题。见图4-11。

由于"四节一环保"大数据的来源分散、结构复杂，因此，"四节一环保"大数据实况数据库采用"模式集成＋数据复制"的混合集成方式。对于与大数据实况数据库归属同

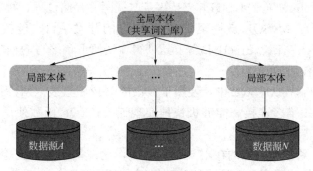

图 4-11　混合本体方法

一管理部门的其他信息化平台，如公共建筑能耗数据分析平台，由于其所属权一致，因此采用模式集成的方式，直接为大数据实况数据库赋予访问其他信息化平台数据库的权限，实现数据集成；对于所属权不一致的其他第三方信息化平台，如海尔空调能耗平台、腾讯的客户试用"互联网＋"大客流数据应用平台、环境总站监测平台、全国绿色建材采信应用数据库等，在上节数据交换技术的基础上，定期进行数据交换，并将获取的数据存储到大数据实况数据库中进行统一管理；对于互联网的公开数据，则通过网络爬虫工具，定期抓取和存储相关的结构化和非结构化数据。

4.3.5　数据存储技术

（1）结构化数据存储方案

民用建筑"四节一环保"中的统计指标类数据均为结构化数据，该种类型数据适合传统的关系型数据库进行数据存储。关系型数据库，是指采用了关系模型来组织数据的数据库。关系模型是 1970 年由 IBM 的研究员 E. F. Codd 博士首先提出的，在之后的几十年中，关系模型的概念得到了充分的发展，并逐渐成为主流数据库结构的主流模型。简单来说，关系模型指的就是二维表格模型，而一个关系型数据库就是由二维表及其之间的联系所组成的一个数据组织[138]。

目前，商业数据库管理系统以关系型数据库为主导产品，技术比较成熟。面向对象的数据库管理系统虽然技术先进，数据库易于开发、维护，但尚未有成熟的产品。国际、国内的主导关系型数据库管理系统有 MySQL、SQL Server、Oracle、PostgreSQL、SQL-Lite 等。

1）MySQL

MySQL 是一款安全的、跨平台的、高效的，并与 PHP、Java 等主流编程语言紧密结合的数据库系统。该数据库系统是由瑞典的 MySQL AB 公司开发、发布并支持，由MySQL 的初始开发人员 David Axmark 和 Michael Monty Widenius 于 1995 年建立的。目前 MySQL 被广泛地应用在 Internet 上的中小型网站中。由于其体积小、速度快、总体拥有成本低，尤其是开放源码这一特点，使得很多公司都采用 MySQL 数据库以降低成本[139]。MySQL 包括以下主要特点：

① 功能强大：MySQL 中提供了多种数据库存储引擎，各引擎各有所长，适用于不同的应用场合，用户可以选择最合适的引擎以得到最高性能，可以处理每天访问量超过数亿

的高强度的搜索 Web 站点。MySQL5 支持事务、视图、存储过程、触发器等。

② 支持跨平台：MySQL 支持至少 20 种以上的开发平台，包括 Linux、Windows、FreeBSD、IBMAIX、AIX、FreeBSD 等。这使得在任何平台编写的程序都可以进行移植，而不需要对程序做任何的修改。

③ 运行速度快：在 MySQL 中，使用了极快的 B 树磁盘表（MyISAM）和索引压缩；通过使用优化的单扫描多连接，能够极快地实现连接；SQL 函数使用高度优化的类库实现，运行速度极快。

④ 安全性高：灵活和安全的权限与密码系统，允许基本主机的验证。连接到服务器时，所有的密码传输均采用加密形式，从而保证了密码的安全。

⑤ 成本低：MySQL 数据库是一种完全免费的产品，用户可以直接通过网络下载。

⑥ 支持各种开发语言：MySQL 为各种流行的程序设计语言提供支持，为它们提供了很多的 API 函数，包括 PHP、ASP. NET、Java、Eiffel、Python、Ruby、Tcl、C、C＋＋、Perl 语言等。

⑦ 数据库存储容量大：MySQL 数据库的最大有效表尺寸通常是由操作系统对文件大小的限制决定的，而不是由 MySQL 内部限制决定的。InnoDB 存储引擎将 InnoDB 表保存在一个表空间内，该表空间可由数个文件创建，表空间的最大容量为 64TB，可以轻松处理拥有上千万条记录的大型数据库。

2）SQL Server

SQL Server 数据库是 Microsoft 开发设计的一个关系数据库智能管理系统（RDBMS），是现在全世界主流数据库之一。SQL Server 数据库具备方便使用、可伸缩性好、相关软件集成程度高等优势，无论是单一的笔记本还是集群的云服务器上都可部署运行[140]。

SQL Server 具备很多明显的优势：便捷性、合适分布式系统的可伸缩性、用以决策支持的数据服务、与很多其他服务器软件密不可分的集成性、优良的性价比等。

尽管 SQL Server 优势诸多，可是它和其他数据库相比也存在一些不足：开放性不够好，只有运行在 Windows 平台时才能获得最大的性能支撑；此外，SQL Server 的并行处理执行和共存模型并不成熟，难以解决日渐增加的用户量和数据信息，伸缩性比较有限；最后，因为 SQL Server 彻底重写了 SQL 语言的底层编码，经历了长期性的检测，不断延迟，很多功能需要时间来证明，并不十分适配早期的产品，在应用上存在一定风险性。

3）Oracle

Oracle 数据库系统是美国 Oracle（甲骨文）公司提供的以分布式数据库为核心的一组软件产品，是目前最流行的客户/服务器（client/server）或 B/S 体系结构的数据库之一，比如 SilverStream 就是基于数据库的一种中间件。Oracle 数据库是目前世界上使用最为广泛的数据库管理系统，作为一个通用的数据库系统，它具有完整的数据管理功能；作为一个关系型数据库，它是一个完备关系的产品；作为分布式数据库，它实现了分布式处理功能[141]。Oracle 数据库产品具有以下优良特性：

① 兼容性：Oracle 的产品采用标准 SQL，并经过美国国家标准技术所（NIST）测试，与 IBM SQL/DS、DB2、INGRES、IDMS/R 等兼容。

② 可移植性：Oracle 的产品可运行于很宽范围的硬件与操作系统平台上。可以安装在 70 种以上不同的大、中、小型机上；可在 VMS、DOS、UNIX、Windows 等多种操作系统下工作。

③ 可联结性：Oracle 能与多种通信网络相连，支持各种协议（TCP/IP、DECnet、LU6.2 等）。

④ 高生产率：Oracle 的产品提供了多种开发工具，能极大的方便用户进行进一步的开发。

⑤ 开放性：Oracle 良好的兼容性、可移植性、可连接性和高生产率使 Oracle RDBMS 具有良好的开放性。

4）PostgreSQL

PostgreSQL 是一个功能强大的开源对象关系型数据库系统，他使用和扩展了 SQL 语言，并结合了许多安全存储和扩展最复杂数据工作负载的功能。PostgreSQL 的起源可以追溯到 1986 年，作为加州大学伯克利分校 POSTGRES 项目的一部分，并且在核心平台上进行了 30 多年的积极开发。PostgresSQL 凭借其经过验证的架构、可靠性、数据完整性、强大的功能集、可扩展性以及软件背后的开源社区的奉献精神赢得了良好的声誉，始终如一地提供高性能和创新的解决方案[142]。

PostgreSQL 提供了许多功能，旨在帮助开发人员构建应用程序，管理员保护数据完整性并且构建容错环境，并帮助管理数据。除了免费和开源之外，PostgreSQL 还具有高度的可扩展性。

5）SQLLite

SQLLite 是一款轻型的数据库，是遵守 ACID 的关系型数据库管理系统，它包含在一个相对小的 C 库中。它是 D. RichardHipp 建立的公有领域项目。其设计目标是嵌入式的，而且已经被很多嵌入式产品所使用。其占用资源非常的少，在嵌入式设备中，不到 1M 的内存即可。它能够支持 Windows、Linux、Unix 等主流的操作系统，同时能够跟很多程序语言相结合，比如 C♯、PHP、Java 等，还有 ODBC 接口。与 MySQL、PostgreSQL 这两款世界著名的开源数据库管理系统相比，它的处理速度更快[143]。

SQLLite 具备如下优势：

① 不需要单独的服务器进程或操作的系统（无服务器的）。

② 不需要配置，这意味着不需要安装或管理。

③ 一个完整的 SQLLite 数据库是存储在一个单一的跨平台的磁盘文件。

④ 是非常小的、轻量级的，完全配置时小于 400KB，省略可选功能配置时小于 250KB。

⑤ 是自给自足的，这意味着不需要任何外部的依赖。

⑥ 事务是完全兼容 ACID 的，允许从多个进程或线程安全访问。

⑦ 支持 SQL92（SQL2）标准的大多数查询语言的功能。

⑧ ANSI-C 编写，并提供了简单和易于使用的 API。

⑨ 可在 UNIX（Linux，Mac OS-X，Android，iOS）和 Windows（Win32，WinCE，WinRT）中运行。

结合民用建筑"四节一环保"数据的存储管理需求，我们采用 MySQL 集群的方式来完成数据仓库建设过程中对关系型数据的存储管理需求。

（2）时间序列数据存储方案

随着物联网（IoT）的不断发展，"四节一环保"领域也出现了大量物联网数据，这些物联网实时监测数据一般具有实时、海量、价值密度低等特点，为高效存储与管理该类型的数据，时序数据库迎来了快速发展。时序数据库是一种针对时间序列数据高度优化的垂直型数据库。在能源、制造业、银行金融、DevOps、社交媒体、卫生保健、智慧家居、网络等行业都有大量适合时序数据库的应用场景。

在物联网以及运维监控领域，存在海量的监控数据需要存储管理。传统关系型数据库很难支撑这么大的数据量以及这么大的写入压力，Hadoop 大数据解决方案以及现有的时序数据库也会面临非常大的挑战。时序数据库主要的特点有以下几个方面：

1）持续高性能写入：监控指标往往以固定的频率采集，部分工业物联网场景传感器的采集频率非常高，有的已经达到 100ns，运维监控场景基本也是秒级采集。时序数据库需要支持 7×24h 不中断的持续高压力写入。

2）高性能查询：时序数据库的价值在于数据分析，而且有较高的实时性要求，典型分析任务如异常检测及预测性维护，这类时序分析任务需要频繁的从数据库中获取大量时序数据，为了保证分析的实时性，时序数据库需要能快速响应海量数据查询请求。

3）低存储成本：IoT 物联网及运维监控场景的数据量曾现指数级增长，数据量是典型的 OLTP 数据库场景的千倍以上，并且对成本非常敏感，需要提供低成本的存储方案。

4）支持海量时间线：在大规模 IoT 物联网及公有云规模的运维场景，需要监控的指标通常在千万级甚至亿级，时序数据库要能支持亿级时间线的管理能力。

5）弹性：监控场景也存在业务突发增长的场景，时序数据库需要提供足够灵敏的弹性伸缩能力，能够快速扩容以应对突发的业务增长。

过去 10 年，随着移动互联网、大数据、人工智能、物联网、机器学习等相关技术的快速应用和发展，涌现出许多时序数据库，因为不同数据库采用的技术和设计初衷不一样，所以在解决上述时序数据需求上，它们之间也表现出较大的差异。

OpenTSDB：基于 HBase 数据库作为底层存储，向上封装自己的逻辑层和对外接口层。这种架构可以充分利用 HBase 的特性实现数据的高可用和较好的写入性能。但相比 Influxdb，OpenTSDB 数据栈较长，在读写性能和数据压缩方面都还有进一步优化的空间[144]。

InfluxDB：业界比较流行的一种时间序列数据库，它拥有自研的数据存储引擎，引入倒排索引增强了多维条件查询的功能，非常适合在时序业务场景中使用。由于时序洞察报表和时序数据聚合分析是时序数据库主要的查询应用场景，每次查询可能需要处理上亿数据的分组聚合运算，所以在这方面，InfluxDB 采用的火山模型对聚合查询性能影响较大[145]。

TimeScale：一种基于传统关系型数据库 PostgreSQL 改造的时间序列数据库，继承了 PostgreSQL 许多优点，比如支持 SQL、支持轨迹数据存储、支持 join 操作、可扩展等，读写性能好。TimeScale 采用固定 schema，数据占用空间大，对于时序业务长期相对固定且对数据存储成本不敏感的业务来说，也是一种选择。

本平台接入了环境总站环境监测传感器的实时数据以及海尔空调能耗数据，这种实时类型数据由于传感器数据格式非常标准统一，同时该类数据属于"读少写多"的类型，非常适合时间序列类数据库进行存储。平台在时序数据库存储方案中选择了 InfluxDB，这里着重进行介绍。

2013 年，Errplane 公司将 InfluxDB 开源，经过不断改进，现已在开源时序数据库中排名第一，在解决这类问题上非常有优势。InfluxDB 是一个开源分布式时序、时间和指标数据库，使用 Go 语言编写，无需外部依赖。其设计目标是实现分布式和水平伸缩扩展，是 InfluxData 的核心产品。和传统数据库相比，Influxdb 在相关概念上有一定不同。在 InfluxDB 中，时序数据支持多值模型，它的一条典型的时间点数据如图 4-12 所示

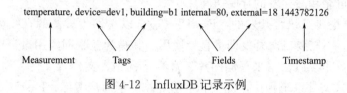

图 4-12 InfluxDB 记录示例

Measurement：指标对象，即一个数据源对象。每个 Measurement 可以拥有一个或多个指标值，即下文所述的 field。在实际运用中，可以把一个现实中被检测的对象（如："cpu"）定义为一个 Measurement。

Tags：概念等同于大多数时序数据库中的 Tags，通常通过 Tags 可以唯一标示数据源。每个 Tag 的 Key 和 Value 必须都是字符串。

Field：数据源记录的具体指标值。每一种指标被称作一个"Field"，指标值就是"Field"对应的"Value"。

Timestamp：数据的时间戳。在 InfluxDB 中，理论上时间戳可以精确到纳秒（ns）级别。

此外，在 InfluxDB 中，Measurement 的概念之上还有一个对标传统 DBMS 的 Database 的概念，逻辑上每个 Database 下面可以有多个 Measurement。在单机版的 InfluxDB 实现中，每个 Database 实际对应了一个文件系统的目录。

（3）文档类数据存储方案

"四节一环保"领域也存在大量的文档类数据，包括相关的政策法规、标准规范、各类原始的统计报表、科研成果报告、相关新闻资讯等。该类数据需要利用文档类专用的存储方案进行存储管理。

目前常见的文档类数据存储方案主要依托于分布式文件系统进行存储，而分布式文件系统是分布式领域的一个基础应用，其中最著名的是 HDFS/GFS。如今该领域已经趋向于成熟，对我们将来面临类似场景或问题时具有借鉴意义。主流的分布式文件系统包括：GFS、HDFS、Lustre、GridFS、TFS、FastDFS 等[146]。

1）GFS（Google File System）是 Google 公司为了满足本公司需求而开发的基于 Linux 的专有分布式文件系统。其成本低，运行在廉价的普通硬件上，但不开源，使用困难。

2）Hadoop 分布式文件系统（HDFS）是指被设计成适合运行在通用硬件上的分布式文件系统。HDFS 有着高容错性的特点，并且设计用来部署在低廉的硬件上。它能够提供高吞吐量的数据访问，适合那些有着超大数据集的应用程序。但其很难满足低延迟，不支

持多用户并发写相同文件。如果是很多小文件，nameNode 压力大。

3）Lustre 是 HP、Intel、Cluster File System 公司联合美国能源部开发的 Linux 集群并行文件系统。系统开源，支持 POSIX，文件会被分割成若干的 Chunk，每个 Chunk 一般为 1～4MB。

4）GridFS 是 MongoDB 的一个内置功能，它提供一组文件操作的 API 以利用 Mon-goDB 存储文件，GridFS 会直接利用已建立的复制或分片机制，所以对于文件存储来说，故障恢复和扩展都容易，且 GridFS 不产生磁盘碎片。

5）TFS（Taobao File System）是一个高可扩展、高可用、高性能、面向互联网服务的分布式文件系统，主要针对海量的非结构化数据。它构筑在普通的 Linux 机器集群上，可为外部提供高可靠和高并发的存储访问。

6）FastDFS 是纯 C 语言开发的，FastDFS 适合以文件为载体的在线服务，且没有对文件做分块存储，不需要二次开发即可直接使用。其是为互联网应用量身定做的一套分布式文件存储系统，非常适合用来存储图片、音频、视频、文档等文件。简洁高效的 Fast-DFS 和其他分布式文件系统相比，优势非常明显。出于简洁考虑，FastDFS 没有对文件做分块存储，因此不太适合分布式计算场景。接下来重点介绍一下 FastDFS。

FastDFS 是一个开源的轻量级分布式文件系统。它解决了大数据量存储和负载均衡等问题，特别适合以中小文件（建议范围：4KB＜file _ size＜500MB）为载体的在线服。其支持 Linux、FreeBSD 等 UNIX 系统类 google FS，不是通用的文件系统，只能通过专有 API 访问，目前提供了 C、Java 和 PHP API 为互联网应用量身定做，解决大容量文件存储问题。

FastDFS 主要特点包括：

① 文件不分块存储，上传的文件和 OS 文件系统中的文件一一对应。

② 支持相同内容的文件只保存一份，节约磁盘空间。

③ 下载文件支持 HTTP 协议，可以使用内置 Web Server，也可以和其他 Web Server 配合使用。

④ 支持在线扩容。

⑤ 支持主从文件。

⑥ 存储服务器上可以保存文件属性（meta-data）。V2.0 版本网络通信采用 libevent 事件通知库，支持高并发访问，整体性能更好。

（4）列式存储方案

随着"四节一环保"领域数据的不断增加，传统的关系系统数据库（行式存储）不能满足海量数据查询需要时，则考虑采用列式存储的方案。列式数据库是以列相关存储架构进行数据存储的数据库，主要适合于批量数据处理和即时查询。相对应的是行式数据库，数据以行相关的存储体系架构进行空间分配，主要适合于小批量的数据处理，常用于联机事务型数据处理[147]。

1）列式存储的特点

① 高效的储存空间利用率

传统的行式数据库由于每个列的长度不一，为了预防更新的时候不至于出现一行数据跳到另一个 block 上去，所以往往会预留一些空间。而面向列的数据库由于一开始就完全为分析而存在，不需要考虑少量的更新问题，所以数据完全是密集储存的。行式数据库为了表明行的 id，往往会有一个伪列 rowid 的存在，而列式数据库一般不会保存 rowid。列式数据库由于其针对不同列的数据特征而发明的不同算法使其往往有比行式数据库高的多的压缩率，普通的行式数据库一般压缩率在 3∶1 到 5∶1 左右，而列式数据库的压缩率一般在 8∶1 到 30∶1 左右。列式数据库由于其特殊的 IO 模型，所以其数据执行引擎一般不需要索引来完成大量的数据过滤任务，这又额外的减少了数据储存的空间消耗。列式数据库不需要物化视图，行式数据库为了减少 IO 一般会有两种物化视图，常用列的不聚合物化视图和聚合的物化视图。列式数据库本身列是分散储存，所以不需要常用列的不聚合物化视图，而由于其他特性使其极为适合做普通聚合操作。

② 不可见索引

列式数据库由于其数据的每一列都按照选择性进行排序，所以并不需要行式数据库里面的索引来减少 IO 和更快的查找值的分布情况。当数据库执行引擎进行 Where 条件过滤的时候，只要它发现任何一列的数据不满足特定条件，整个 block 的数据就都被丢弃。最后初步的过滤只会扫描可能满足条件的数据块。

另外在已经读取了可能的数据块之后，列式数据库并不需要扫描完整个 block，因为数据已经排序了。

③ 数据迭代

现在的多核 CPU 提供的 L2 缓存在短时间执行同一个函数很多次的时候，能更好的利用 CPU 的二级缓存和多核并发的特性。而行式数据库由于其数据混在一起没法对一个数组进行同一个简单函数的调用，所以其执行效率没有列式数据库高。

④ 压缩算法

列式数据库由于其每一列都是分开储存的，所以很容易针对每一列的特征运用不同的压缩算法。常见的列式数据库压缩算法有 Run Length Encoding、Data Dictionary、Delta Compression、BitMap Index、LZO、Null Compression 等。根据不同的特征进行的压缩效率从 100000∶1 到 10∶1 不等，而且数据越大其压缩效率的提升越为明显。

⑤ 延迟物化

列式数据库由于其特殊的执行引擎，在数据中间过程运算的时候一般不需要解压数据，而是以指针代替运算，直到最后需要输出完整的数据。传统的行式数据库运算，在运算的一开始就解压缩所有数据，然后执行后面的过滤、投影、连接、聚合操作。而列式数据库在整个计算过程中，无论过滤、投影、连接、聚合操作，都不解压数据，直到最后才还原原始数据值。这样做的好处有减少 CPU 消耗、减少内存消耗、减少网络传输消耗以及减少最后储存的需要。

⑥ 压缩

在定义表的时候，每一列都是一种数据类型，这样就可以使用针对数据类型的压缩方法将数据压缩，压缩可以达到一个数量级的性能提升。当某一列被排序之后，可以达到更高的压缩比。压缩的意义不仅在于降低磁盘占用，更多在于加速查询，如减少了磁盘 IO，或者直接操作压缩后的数据来降低 CPU 代价。

⑦ 拼接

将数据按列存储是很好，但是有一个必须要解决的问题，那就是一个数据项的多个属性被分开存放在不同地方，一个查询也会同时访问多个属性，并且 JDBC 等接口还是以一行为单位返回结果的。因此，多列数据拼接在列式存储中是一个必不可少的操作。

2）主要的列式数据库

① ClickHouse

俄罗斯学者 Yandex 在 2016 年 6 月 15 日开源了一个数据分析的数据库，名字叫做 ClickHouse。它是面向列的，并允许使用 SQL 查询实时生成分析报告。其主要特点如下：

a. 能够充分利用所有可用的硬件，以尽可能快地处理每个查询。单个查询的峰值处理性能超过每秒 2TB（解压缩后，仅使用的列）。在分布式设置中，运行状况良好的副本之间的读取会自动保持平衡，以避免增加延迟。

b. 支持多主机异步复制，并且可以跨多个数据中心进行部署。所有节点都相等，这可以避免出现单点故障。单个节点或整个数据中心的停机时间不会影响系统的读写可用性。

c. 简单易用，开箱即用。它简化了所有数据处理，将所有结构化数据吸收到系统中，并且可立即用于构建报告。SQL 方言允许表达期望的结果，而无需涉及在某些替代系统中可以找到的任何自定义非标准 API。

d. 可以配置为位于独立节点上的纯分布式系统，而没有任何单点故障。它还包括许多企业级安全功能和针对人为错误的故障安全机制。

② HBase

HBase 是基于 Apache Hadoop 的面向列的 NoSQL 数据库，是 Google 的 BigTable 的开源实现。其是一个针对半结构化数据的开源的、多版本的、可伸缩的、高可靠的、高性能的、分布式的和面向列的动态模式数据库，目标是存储并处理大型的数据，也就是仅用普通的硬件配置，就能够处理上千亿的行和几百万的列所组成的超大型数据库。和传统关系数据库不同，它采用了 BigTable 的数据模型增强的稀疏排序映射表（Key/Value），其中，键由行关键字、列关键字和时间戳构成。HBase 提供了对大规模数据的随机、实时读写访问。

Hadoop 是一个高容错、高延时的分布式文件系统和高并发的批处理系统，不适用于提供实时计算；HBase 是可以提供实时计算的分布式数据库，数据被保存在 HDFS 分布式文件系统上，由 HDFS 保证期高容错性。HBase 上的数据是以 StoreFile（HFile）二进制流的形式存储在 HDFS 上 block 中；但是 HDFS 并不知道 hbase 存的是什么，它只把存储文件视为二进制文件，也就是说，hbase 的存储数据对于 HDFS 文件系统是透明的。HBase 有以下特点：

a. 大：一个表可以有上亿行，上百万列。

b. 面向列：面向列表（簇）的存储和权限控制，列（簇）独立检索。

c. 稀疏：对于为空（NULL）的列，并不占用存储空间，因此，表可以设计的非常稀疏。

d. 无模式：每一行都有一个可以排序的主键和任意多的列，列可以根据需要动态增加，同一张表中，不同的行可以有截然不同的列。

e. 数据多版本：每个单元中的数据可以有多个版本，默认情况下，版本号自动分配，版本号就是单元格插入时的时间戳。

f. 数据类型单一：HBase 中的数据都是字符串，没有类型。

③ Cassandra

Cassandra 是一套开源分布式 NoSQL 数据库系统。它最初由 Facebook 开发，用于储存收件箱等简单格式数据，集 GoogleBigTable 的数据模型与 Amazon Dynamo 的完全分布式的架构于一身。Facebook 于 2008 年将 Cassandra 开源，此后，由于 Cassandra 良好的可扩展性，被 Digg、Twitter 等知名 Web 2.0 网站所采纳，成为了一种流行的分布式结构化数据存储方案。

Cassandra 的主要特点就是它不是一个数据库，而是由一堆数据库节点共同构成的分布式网络服务，对 Cassandra 的一个写操作，会被复制到其他节点上去，对 Cassandra 的读操作，也会被路由到某个节点上面去读取。对于一个 Cassandra 集群来说，扩展性能是比较简单的事情，只需在群集里面添加节点即可。Cassandra 有三个突出特点：

a. 模式灵活

使用 Cassandra，像文档存储，不必提前解决记录中的字段，可以在系统运行时随意的添加或移除字段。这是惊人的效率提升，特别是在大型部署上。

b. 可扩展性

Cassandra 是纯粹意义上的水平扩展。为给集群添加更多容量，可以指向另一台电脑。不必重启任何进程、改变应用查询，或手动迁移任何数据。

c. 多数据中心

可以调整节点布局来避免某一个数据中心起火，一个备用的数据中心将至少有每条记录的完全复制。

④ Druid

Druid 是一个高性能的实时分析数据库，用于大数据集的 OLAP 查询。Druid 通常用作支持实时摄取、快速查询性能和高正常运行时间的用例的数据库。因此，Druid 通常被用于支持分析应用的 GUIs，或者作为需要快速聚合的高并发 APIs 的后端。Druid 最擅长处理面向事件的数据。

Druid 的核心架构结合了数据仓库、时间序列数据库和日志搜索系统的思想。Druid 的一些主要特点是：

a. 列式存储：用面向列的存储，这意味着它只需要加载特定查询所需的精确列。这极大地提高了只访问几列的查询的速度。此外，每个列的存储都针对其特定的数据类型进行了优化，该数据类型支持快速扫描和聚合。

b. 可扩展分布式系统：通常部署在数十到数百台服务器的集群中，可以提供每秒数百万条记录的吞吐率，上万亿条记录的保存率，以及亚秒到秒的查询延迟。

c. 大规模并行处理：可以在整个集群中并行处理一个查询。

d. 实时或批量摄取：可以实时或者批量的获取数据。

e. 自愈，自平衡，操作方便：作为操作员，要减小或扩展集群，只需添加或删除服务器，集群就会在后台自动重新平衡自己，而不会有任何停机时间。如果 Druid 的服务器失败了，系统会自动绕过失败的服务器直到这些服务器可以被替换。Druid 被设计成 24/7 运行，不需要任何原因的停机计划，包括配置变化和软件更新。

f. 云本地的、容错的架构，不会丢失数据：一旦 Druid 摄取了数据，副本就会安全的存储在后端存储器中（通常是云存储，HDFS，或者共享文件系统）。即使是 Druid 的服务器坏掉了，数据也会从后端存储中恢复。对于小部分服务器不可用的情况下，副本机制可以保证服务器恢复时数据仍然可以被查询。

g. 快速过滤索引：用 CONCISE 或 Roaring 的压缩位图索引来创建索引，支持跨多列的快速过滤和搜索。

h. 基于时间的分区：首先按时间分区数据，并且可以根据其他字段进行分区。这意味着基于时间的查询将只访问与查询的时间范围匹配的分区。这将显著提高基于时间的数据的性能。

i. 近似算法：包括近似去重统计、近似排序、近似直方图和分位数的计算算法。这些算法提供有限的内存使用，通常比精确计算快得多。对于精度比速度更重要的情况，也提供精确的去重统计和精确的排名。

j. 自动生成摄取时间：选择性地支持数据自动汇总在摄入的时候。这种汇总在一定程度上预先聚合了数据，可以节省大量成本并提高性能。

（5）地理数据存储技术

民用建筑"四节一环保"涉及全国各个行政区划，需要大量地理数据的支撑。地理数据一般采用地理数据库的方式进行存储。地理数据库是应用计算机数据库技术对地理数据进行科学的组织和管理的硬件与软件系统。地理数据库属于空间数据库，表示地理实体及其特征的数据具有确定的空间坐标，为地理数据提供标准格式、存贮方法和有效的管理，能方便、迅速的进行检索、更新和分析，使所组织的数据达到冗余度最小的要求，为多种应用目的服务[148]。

地理数据一般由矢量数据和栅格数据组成，其中矢量数据由顶点和路径组成。矢量数据的三种基本类型是点、线和多边形（区域）。每个点、线和多边形都有一个空间坐标系，例如经度和纬度。栅格数据由像素或网格单元组成，通常情况下，它们是方形的，并且有规律的间隔；栅格也可以是矩形的；栅格将值与每个像素关联。

地理数据库的目的是存储矢量和栅格。数据库将地理数据存储为一组结构化的数据。例如，Esri Geodatabase 是最常见的地理数据库类型。我们使用地理数据库是因为它是一种将所有数据放在一个容器中的方法。

随着互联网的发展，地理数据已经适应了自己的存储和访问类型。例如，GeoJSON、GeoRSS 和 Web Mapping Services 等都是专门为服务互联网而构建的新型技术。

（6）数据仓库技术

从"四节一环保"领域的数据内容及模型设计来看，各类数据之间内容、格式、频度存在部分差异，同时考虑到数据本身应用需求多样，将采用数据指标体系对各类数据资源进行定义。结合各类数据的特点，配套对应技术路线完成全部数据资源整合与应用，并以具体应用为导向构建数据仓库，设计多层模式的数据仓库：数据存储层（ODS）、明细层（DWS）、主题层（DWM）、汇总层（DWS）。

1）数据存储层（ODS）：主要实现对各类结构化/非结构化源数据的存储，存储模式尽可能和源数据或系统的存储模式保持一致，不做任何转换。在数据存储层会通过快照实现对历史数据进行保留，方便后续应用。另外，如果分析应用过程中需要直接从源数据进行数据查询或者生成报表，也可以由数据存储层来承担，以减少对数据源系统的访问请求。

2）数据明细层（DWS）：主要对数据进行规范化处理，结合数据指标定义情况，对数据进行编码转换、清洗、统一格式等。比如中央建筑能耗监测数据，我们在原始数据的基础上对部分异常数据进行剔除，保证数据质量，并加入数据接入时间等附加属性，完成数据的规范化工作。

3）主题层（DWM）：主要根据数据汇总分析的需求，面向平台分析应用需求，对各类数据进行关联整合，输出分维度、分主题的维度表，简化分析过程对数据的要求。为了能够提升"四节一环保"数据分析应用的性能，使用星型模型进行数据建模，并按照数据分析主题进行数据的组织，每一个主题对应一个数据分析领域。星型架构是一种多维的数据关系，它由一个事实表和一组维表组成。多维数据集的每一个维度都直接与事实表相连接，不存在渐变维度，所以数据有一定的冗余。事实表可以直接支持后续的统计分析，减少或者避免了多表连接，因此分析性能较高。进入 DWM 层的数据需要具有权威性，需要事先进行数据清洗，去除各类脏数据，并进行适当的类型转换、归一化和离散化处理。

4）汇总层（DWS）：也是数据服务层，主要针对通用性的分析需求，如汇总统计、分区统计等，集中设计并构建通用性维度和指标分析结构，降低具体开发过程对数据应用的成本。如计算出更多分析所需的相关指标，如同比指标、环比指标等，并根据原始数据进行处理，提供更多的时间维度数据，如我们将试点范围内的 IoT 数据经抽取处理成天、月级的数据。

最后，各层之间利用 ETL 等技术手段，实现数据采集、存储、分析、应用全流程的清晰管理。我们设计的分层结构会存在部分数据冗余，但是可有效满足"四节一环保"数据分析应用需求的变化，分层结构也使得各类数据处理逻辑变得更简洁和易操作。

4.4　数据仓库架构设计

针对"四节一环保"领域数据来源广、数据异构情况突出等问题，本节推荐采用数据仓库技术进行数据抽取、转换、清洗、加载、应用等。数据仓库架构的发展经历了传统数据仓库架构、离线数据仓库架构、离线大数据架构、Lambda 架构、Kappa 架构以及如今比较流行的基于 Flink 的"流批一体"混合架构。针对民用建筑"四节一环保"业务指标分析要求，同时考虑到数据仓库时间和空间的效率问题，本节从数据加工过程、维度数据存储、事实数据存储以及分层方式四个方面出发，设计了面向民用建筑"四节一环保"的实时数据仓库。

4.4.1　数据仓库架构现状与分析

（1）实时数据仓库架构现状分析及应用

数据仓库是指将异地、异构的数据源或数据库的数据经加工后在数据仓库中存储、提取和维护。传统数据库主要面向业务处理，而数据仓库面向复杂数据分析、高层决策支持，它可以提供来自种类不同的应用系统的集成化和历史化的数据，为有关部门或企业进行全局范围的战略决策和长期趋势分析提供了有效的支持。这样数据仓库使用户拥有任意提取数据的自由，而不干扰业务数据库的正常运行[149]。

　　针对现有主流的数据仓库技术，本节进行了学术界和工业界两方面的分析。他们共同关注实时数据仓库建设工作，而实时数据仓库面临的一个关键挑战就是数据抽取、转换、清洗、加载进入数据仓库的过程。大部分的 ETL 工具和系统，不管是由厂商提供的还是用户编程实现的，基本都是批处理的工作模式。源数据通常按每天、每周、每月这种固定的周期加载进数据仓库，而且加载的过程中数据仓库处于停工的状态，用户不允许访问数据仓库。但是实时数据仓库不允许这种处于停工状态下的批处理的过程，因此往往采用以下几种方案进行数据仓库的建设：①准实时 ETL。不是所有的问题都需要实时的答案，因实时而引起的开销可能超出由实时而带来的收益，因而不考虑采用真正实时的 ETL，对于某些应用只要简单地提高现有的数据加载的频率即可。②流水和跳跃式。把数据连续地注入到阶段存储表，阶段存储表的结构和数据仓库表的结构相同，阶段存储表中的内容会和事实表周期性的进行交换，采用"以视图实现集成的实时分区"这种方法，只需要修改视图的定义，当更新周期为 1 次/min 至 1 次/h 之间时，可以采用该方法。③外部实时缓存。这样做可以避免对数据仓库性能的影响，不用对现有的数据仓库做出修改。外部实时缓存可以是另一个专用的数据库服务器，也可以是一个大的数据库系统的单独的实例，把所有需要实时数据的查询定向到实时数据缓存，或者把某个查询所需要的实时数据临时地、无缝隙地整合到传统的数据仓库中，该方案需要安装和维护一个额外的单独的数据库。

　　对于工业界的数据仓库应用，本节分析整理了一些主流公司的数据仓库应用，如图 4-13所示是部分中小型公司产品线的数据仓库架构图，该图概要地阐明了数据的处理及应用。

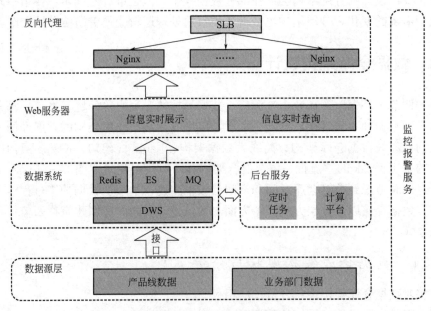

图 4-13　数据仓库架构图

　　同时对于大型公司，其大数据平台解决方案通常采用了数据湖生态架构[150]，如图 4-14所示，该方案通常情况下能满足相关性能指标和业务应用场景需求。

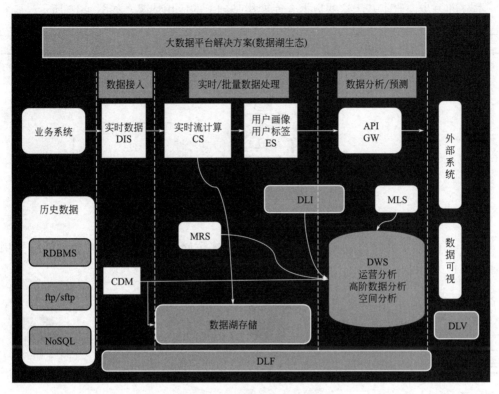

图 4-14　大数据平台解决方案

针对实时数据的处理，如图 4-15 所示，适合于实时数据仓库建设。

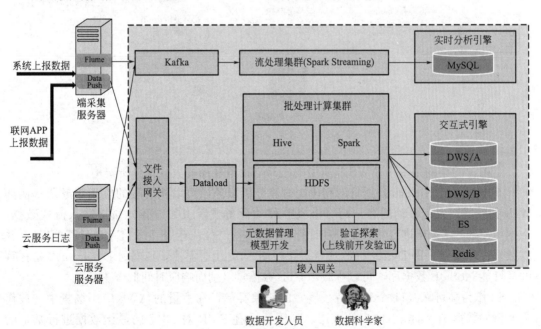

图 4-15　实时数据处理过程

本节进一步调研了基于这些数据仓库架构基础上的应用情况，如图 4-16 所示。

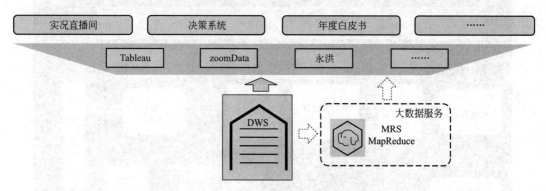

图 4-16　数据仓库架构应用情况

另一家 IT 巨头公司 Amazon，也是大数据发展较好的国际公司，其数据仓库架构大概如图 4-17 所示。

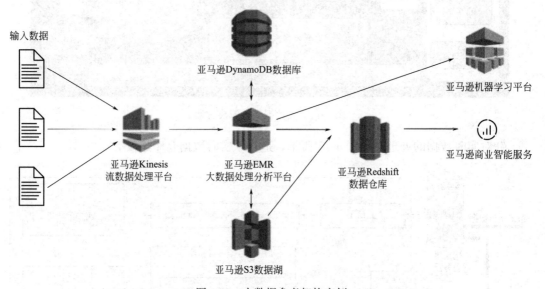

图 4-17　大数据参考架构实例

上图中的架构是基于 AWS 的典型的实时与批量叠加的大数据分析架构。

其中亚马逊 Kinesis 是托管的高速实时流分析服务，可以从前端的应用服务器（例如 Web 服务器）或者移动的客户端（手机等移动设备或者 IoT 设备）直接注入流式数据，数据可以通过 EMR 进行流式处理和计算（例如基于 Spark Stream 的 EMR 计算框架），并将数据存储于亚马逊 DynamoDB 或者对象存储 S3 之上。其中，亚马逊 DynamoDB 是托管的高性能 NoSQL 数据库，可以承载 100TB 数据量级别而响应时间低于 10ms。

S3 作为高可靠（11 个 9 的持久度）的对象存储，在大量的 AWS 应用场景中，被作为典型的数据湖（data lake）的应用。利用亚马逊 EMR 对 S3 上的原始数据进行基本的 ETL 或者结构化操作之后，可以直接从 S3 以 SQL 的拷贝命令复制到亚马逊 Redshift 数据仓库中进行 SQL 的维度计算。

另外，可以利用 AWS 集成的 BI 分析工具（Quick Sight）或者已有的商业套件直接实现对亚马逊 Redshift 上的数据进行分析与展示。

（2）"流批一体"混合的多主题数据仓库架构分析

数据仓库是为企业所有级别的决策制定过程、提供所有类型数据支持的战略集合，是出于分析性报告和决策支持目的而创建，为需要商业智能的企业提供实时产生计算结果、处理和保存大量异构数据。从 1990 年 Inmon 提出数据仓库概念到今天，数据架构的发展经历了传统数据仓库架构、离线数据仓库架构、离线大数据架构、Lambda 架构、Kappa 架构以及如今比较流行的基于 Flink 的"流批一体"混合架构，其目的是让用户以低延时、高可用、低成本完成实时计算，数据仓库的架构演变走向了实时数据仓库。

1）Lambda 数据仓库架构分析

离线数据仓库一般将数据（如业务数据、日志数据）存储在 HDFS 上，如图 4-18 所示，一般分为操作数据层（ODS）、数据仓库明细层（DWD）、数据仓库汇总层（DWS）、数据集市/应用层（DM），其中应用层的数据会导出到 RDS、KV 数据库供业务使用或者直接进行 OLAP 操作。而即席查询的数据来源一般来自 ODS 层和 DW 层，且即席查询的查询引擎一般为 Hive、Spark 等。

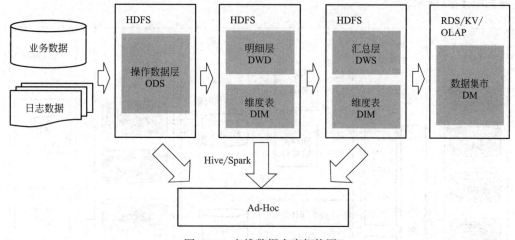

图 4-18 离线数据仓库架构图

2）Kappa 数据仓库架构分析

实时数据仓库架构也是类似结构的分层模型，如图 4-19 所示，不过此时业务数据、日志数据等存储在 Kafka 上，维度数据一般考虑到性能的问题会存储在 HBase 等 KV 数据库上，即席查询的数据同样来自 ODS 层和 DW 层，即席查询的查询引擎一般由 Flink 完成。

4.4.2 "四节一环保"多主题数据仓库架构

针对民用建筑"四节一环保"业务指标分析要求，同时考虑到数据仓库时间和空间的效率问题，我们从数据加工过程、维度数据存储、事实数据存储以及分层方式四个方面出发，设计了面向民用建筑"四节一环保"的实时数据仓库。

"四节一环保"实时数据仓库本质上是离线数仓和实时数仓的结合体，其中一条数据

233

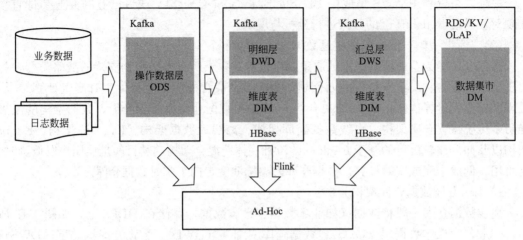

图 4-19 实时数据仓库架构图

通路是通过 Kafka 和 Flink 技术实现实时计算部分，另一条数据通过 Hive、Spark 和 HDFS 技术实现历史数据的批量计算，并结合"四节一环保"计算指标设计主题域，具体实现如图 4-20 所示。

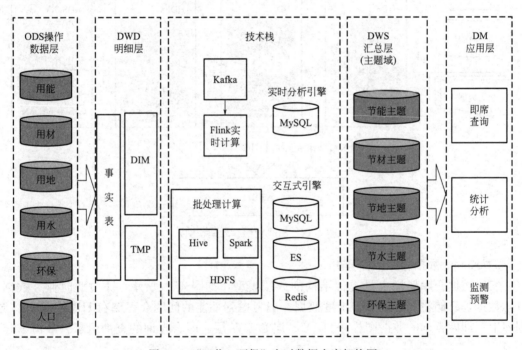

图 4-20 "四节一环保"实时数据仓库架构图

上图中 TMP 是指临时表，在进行表计算的过程中用到。DIM 维度表是基于 ODS 层数据和 DWD 层数据抽象出的公共维度表，如人口基础属性信息表、区域信息表等。首先，"四节一环保"相关部门业务系统数据（ODS 层）通过 Kafka 或 ETL 数据同步到 DWD 层，生成业务事实明细表和维度表；然后根据各业务指标实时消费需求，分别进行实时计算和历史数据跑批处理；最后将结果合并到 DWS 汇总层，即生成节能、节材、节地、节水以及环保五个主题数据仓库，通过实时分析引擎和交互式引擎等技术进一步供 DM 应用层的即席查询、统计分析、监测预警等功能使用。

民用建筑"四节一环保"实时数据仓库的数据处理流程如图 4-21 所示。

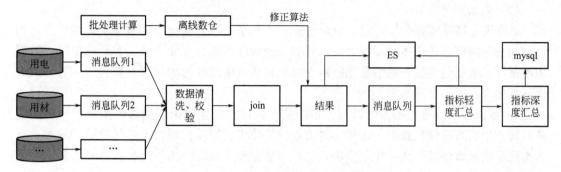

图 4-21　"四节一环保"数据处理流程图

通过消息队列技术获取用电、用材、用能、用地、用水及环保、人口等数据生成数据湖，采用相关技术对数据进行清洗、校验等操作，并结合离线数据仓库批处理后的数据结果，生成"四节一环保"多主题数据仓库，进而生成多业务场景下的数据集市供即席查询、统计分析、监测及预警等应用。

4.4.3　数据仓库安全架构设计

（1）数据安全现状

近年来，云计算、大数据、移动以及社交网络的快速发展给信息系统架构带来了巨大变化，信息安全也随之迎来挑战。例如云计算技术，使得数据中心的基础设施由原来的各业务系统独立建设模式转变为资源池建设模式，服务器、存储、网络设备的部署方式相应改变。基础架构的变化要求信息安全建设能够适应新的 IT 基础架构，从而满足新的安全需求，这同时为信息安全建设带来了新的发展要求。大数据安全虽仍继承传统数据安全保密性、完整性和可用性三个特性，但也有其特殊性，主要表现在大数据安全隐患及挑战。

1）大数据遭受异常流量攻击

大数据所存储的数据量非常巨大，往往采用分布式的方式进行存储，而正是由于这种存储方式，存储的路径视图相对清晰。而数据量过大，导致对数据的保护相对简单，黑客能够较为轻易利用相关漏洞实施不法操作，造成安全问题。

2）大数据传输过程中的安全隐患

伴随着大数据传输技术和应用的快速发展，在大数据传输生命周期的各个阶段、各个环节，越来越多的安全隐患逐渐暴露出来。比如，大数据传输环节，除了存在泄漏、篡改等风险外，还可能被数据流攻击者利用，并且数据在传播中可能出现逐步失真等。又如，大数据传输处理环节，除数据非授权使用和被破坏的风险外，由于大数据传输的异构、多源、关联等特点，即使多个数据集各自脱敏处理，数据集仍然存在因关联分析而造成信息泄漏的风险。

3）大数据的存储管理风险

大数据的数据类型和数据结构是传统数据不能比拟的，在大数据的存储平台上，数据量是非线性甚至是以指数级的速度增长的。在对各种类型和各种结构的数据进行存储时，势必会引发多种应用进程的并发且频繁无序的运行，极易导致数据存储错位和数据管理混乱，为大数据存储和后期的处理带来安全隐患。

（2）数据安全体系

数据安全体系需要分层建设、分级防护，达到平台能力及应用的可成长、可扩充，创造面向数据的安全管理体系系统框架。数据安全管理体系自上而下分为数据分析层、数据防泄漏层、数据脱敏层、敏感数据隔离交换层和数据库监控与加固层，需要组成完善的数据标准体系和安全管理体系。

1）数据分析层是数据安全管理体系的基本条件。数据分析层通过收集和归一各类业务系统产生的海量信息数据，运用实时关联分析技术、智能推理技术和风险管理技术，对各类海量数据事件进行统一加工分析，实现对数据安全风险的统一监控管理和未知风险预警处理。

2）数据防泄漏层针对数据易流动、易复制、难管理的特性，通过深度内容分析和事务安全关联分析来识别、监视和保护静止的数据、移动的数据以及使用中的数据，达到敏感数据利用的事前、事中、事后完整保护，实现数据的合规使用，同时防止主动或意外的数据泄漏，保障数据资产可控、可信、可充分使用。

3）数据脱敏层通过独特的数据抽取方法使用户能够快速创建小容量子集，对敏感信息进行脱敏、变形，由此提高数据管理人员的工作效率，同时规避信息风险，对资产安全、敏感信息提供完善的保护。

4）敏感数据隔离交换层通过数据指纹采集、内容检测和响应处理三个步骤，突破深度内容识别的关键技术，从而解决既可以网络连通，又保证了数据交换的安全性。

5）数据库监控与加固层是保护数据安全的最后一道防线，其核心是让数据变得更加牢固。数据库监控与加固层具有数据库状态监控、数据库审计、数据库风险扫描、访问控制等多种引擎，可提供黑白名单和例外策略、用户登录控制、用户访问权限控制，并且具有实时监控数据库访问行为和灵活的告警功能。

（3）安全保障措施

1）数据采集环节的安全技术措施

在构建"四节一环保"数据库的时候，主要数据来源是各个第三方平台集成的数据以及试验区的数据，因此这里的核心就是保证数据采集的安全。在数据库构建过程中，与各第三方平台参照了 Oauth2.0 的开放标准，进行数据接入工作。

2）数据传输存储环节的安全技术措施

数据传输和存储环节主要通过密码技术保障数据机密性、完整性。在数据传输环节，可以通过 HTTPS、VPN 等技术建立不同安全域间的加密传输链路，也可以直接对数据进行加密，以密文形式传输，保障数据传输过程安全。在数据存储环节，可以采用数据加密、硬盘加密等多种技术方式保障数据存储安全。

3）数据使用环节的安全技术措施

数据使用环节的安全防护目标是保障数据在授权范围内被访问、处理，防止数据遭窃取、泄漏、损毁。为实现这一目标，除了防火墙、入侵检测、防病毒、防 DDos、漏洞检测等网络安全防护技术措施外，数据使用环节还需实现的安全技术能力包括：

① 账号权限管理

建立统一的账号权限管理系统。对各类业务系统、数据库等账号实现统一管理，是保障数据在授权范围内被使用的有效方式，也是落实账号权限管理及审批制度必须的技术支撑手段。账号管理系统的具体实现功能与组织需求有关，除基本的创建或删除账号、权限管理和审批功能外，建议实现的功能还包括：权限控制的颗粒度尽量小，最好做到对数据表列级的访问和操作权限控制；对权限的授予设置有效期，到期自动回收权限；记录账号管理操作日志、权限审批日志，并实现自动化审计，日志和审计功能也可以由独立的系统完成。

② 数据安全域

数据安全域的概念是运用虚拟化技术搭建一个能够访问、操作数据的安全环境，组织内部的用户在不需要将原始数据提取或下载到本地的情况下，即可完成必要的查看和数据分析。原始数据不离开数据安全域，就能够有效防范内部人员盗取数据的风险。

③ 数据脱敏

从保护敏感数据机密性的角度出发，在进行数据展示时，需要对敏感数据进行模糊化处理。业务系统或后台管理系统在展示数据时，需要具备数据脱敏功能，或嵌入专门的数据脱敏工具。数据脱敏工具可以实现对数值和文本类型的数据脱敏，支持多种脱敏方式，包括不可逆加密、区间随机、掩码替换等。

④ 日志管理和审计

日志管理和审计方面的技术能力要求主要是对账号管理操作日志、权限审批日志、数据访问操作日志等进行记录和审计，以辅助相关管理制度的落地执行。技术实现上，可以根据组织内容实际情况，建设统一的日志管理和审计系统，或由相关系统各自实现功能，如账号管理和权限审批系统，实现账号管理操作日志、权限审批日志记录和审计功能。

⑤ 异常行为实时监控与终端数据防泄露

相对于日志记录和安全审计等"事后"追查性质的安全技术措施，异常行为实时监控是实现"事前""事中"环节监测预警和实时处置的必要技术措施。异常行为监控系统应当能够对数据的非授权访问、数据文件的敏感操作等危险行为进行实时监测。同时，终端数据防泄露工具能够在本地监控办公终端设备操作行为，是组织内部异常行为监控体系的主要组成部分，可以有效防范内部人员窃取、泄露数据的风险，同时有助于安全时间发生后的溯源取证。终端数据防泄露工具通过监测终端设备的网络流量、运行的软件、USB接口等，实时发现发送、上传、拷贝、转移数据文件等行为，扫描文件是否包含禁止或批露的数据，进而实时告警或阻断。

4）数据共享环节的安全技术措施

数据共享环节涉及向第三方提供数据、对外披露数据等不同业务场景，在执行数据共享安全相关管理制度规定的同时，可以建设统一数据分发平台，与数据安全域技术结合，作为数据离开数据安全域的唯一出口，进而在满足业务需求的同时，有效管理数据共享行为，防范数据遭窃取、泄漏等安全风险。统一数据分发平台需要整合所有数据共享业务场景。

5）数据销毁环节的安全技术措施

在数据销毁环节，安全目标是保证磁盘中存储数据的永久删除、不可恢复，可以通过软件或物理方式实现。数据销毁软件主要采用多次填充垃圾信息等原理，此外，硬盘消磁机、硬盘粉碎机、硬盘折弯机等硬件设备也可以通过物理方式彻底销毁数据。

4.5 数据仓库建设与应用

4.5.1 数据采集获取

民用建筑"四节一环保"数据仓库主要通过数据填报、数据导入、数据推送、数据抓取、互联网爬取等几种方式进行数据采集。

（1）数据填报

针对分散在各类报告中的指标类数据，通过开发数据填报功能，由后台工作人员进行手工录入，见图 4-22。

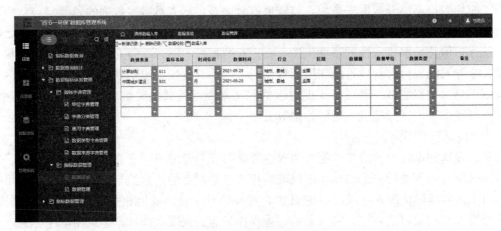

图 4-22　数据填报功能

（2）数据导入

对已有的批量的结构化数据可以开发导入功能，将其导入系统中，见图 4-23。如已整理好的统计类指标数据，即可通过批量导入的方式进行数据采集；供热协会等单位提供的制式报表亦可通过该方法进行入库。

（3）数据接口

第三方平台的数据考虑采用 API 接口的方式进行数据采集。数据接口方式主要分为数据推送和数据抓取两种。

1）数据推送

第三方平台由于数据不开放、无相关开放接口等原因禁止其他平台访问其数据的，宜采用数据推送的方式开展相关工作。首先与第三方平台根据数据内容制定存储结构；然后双方协商数据接口方案，并由数据接收方开发并部署；最后由第三方平台根据接口方案定期推送所需数据到本平台。

平台与"海尔 E＋云服务平台"即采用了该种接口方式。

2）数据抓取

如果第三方平台有完善的数据开放机制及相关接口，本平台可直接通过其开放的接口进行数据抓取。

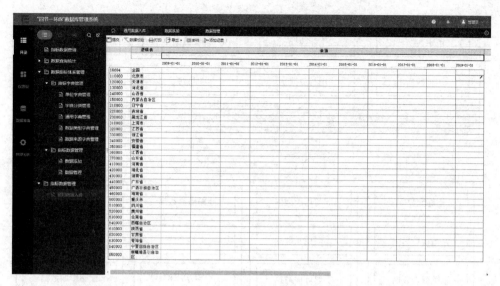

图 4-23　数据批量导入

平台与中国环境监测总站的"传感器综合管理平台"进行了对接，平台定期通过其提供的开放接口抓取相关数据存储到数据仓库。

平台与腾讯公司开发的"客户试用互联网＋大客流数据应用平台"进行了对接，获取试验区的人流信息。由于腾讯公司已有数据接口，平台通过其提供的接口定期抓取相关数据到数据仓库。

平台与"全国绿色建材采信应用数据库"也是采用该种方式进行数据抓取操作。

（4）互联网爬取

该数据采集方式同数据接口中的数据抓取方式类似，不同的是被抓取数据是互联网公开的数据，平台可随时随地进行爬取使用。国家统计局网站中相关的统计指标数据即通过该种方式进行数据采集。

（5）数据库同步

在同一单位建设管理的第三方平台，由于数据产权属于同一业主，所有数据均可作为本平台的数据源，该种情况下，第三方平台创建只读账号提供给本平台，本平台可通过通用 ETL 工具定期到对方数据库进行数据同步。平台与"公共建筑能耗数据分析平台"即通过该种方法进行数据采集。

4.5.2　数据仓库搭建

平台数据仓库的构建主要由数据源、分类数据库、核心数据库三部分构成，如图 4-24 所示。其中数据源包括各类统计年鉴、第三方平台、物联网数据以及其他相关数据构成。分类数据库包括由关系型数据库 MySQL 搭建的统计指标类数据库、由时序数据库 Influx-DB 搭建的实时数据库、由 FastDFS 构建的文档数据库、由 GeoDatabase 构建的地理空间数据库。

（1）统计指标数据库

统计指标主要是从统计部门、年鉴报告、第三方系统等不同渠道构建的以月度、季

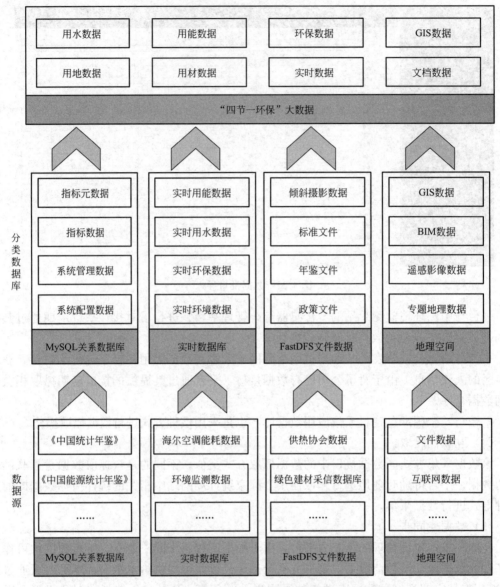

图 4-24　民用建筑 "四节一环保" 大数据存储服务结构

度、年度为主的 "四节一环保" 低频统计类数据。统计指标数据属于 "读多写少" 类的数据，根据设计原则，适合使用 MySQL 等关系型数据库进行存储管理。

统计指标数据主要用于数据查询分析领域，而在此领域，维度和度量则是其中重要的概念，亦是在设计数据仓库过程中需要考虑的，因此平台采用维度度量的方式开展数据仓库构建。维度就是数据的观察角度，即从哪个角度去分析问题、看待问题；指标，即度量，就是从维度的基础上去衡算这个结果的值。维度一般是一个离散的值，比如每一个独立的日期或地域，因此统计时，可以把维度相同记录的聚合在一起，应用聚合函数做累加、均值、最大值、最小值等聚合计算。度量是聚合运算的结果，一般是一个连续的值。

根据度量和维度之间的关系，在数据库设计阶段分为事实表和维度表。事实表是指存储有事实记录的表，如面积信息、环保信息等。事实表的记录是动态增长的，所以体积大于维度表。

维度表也称为查找表，是与事实表相对应的表，这个表保存了维度的属性值，可以跟事实表做关联，相当于将事实表中经常重复的数据抽取、规范出来用一张表管理，常见的有日期表、地区表等，所以维度表的变化通常不会太大。维度表的存在缩小了事实表的大小，便于维度的管理和增删查改维度的属性，不必对事实表的大量记录进行改动，并且可以给多个事实表重用。

根据数据仓库分析理论，平台设计了一套设计合理的数据表对其进行管理。将每个统计类指标进行抽象，每个指标（度量）可以通过几个方面（维度）进行描述，包括数据来源、频度、行业、地区、数据类型、时间、指标渠道、单位等。

比如《中国城乡建设统计年鉴》发布的 2018 年当年北京建制镇住宅竣工面积为 112.63 万 m^2。这段话中，住宅竣工面积为指标（度量）；《中国城乡建设统计年鉴》为数据来源维度；年度为数据的频度维度；建制镇为数据的行业维度；当年为数据类型维护；2018 年为数据的时间维度；万 m^2 为单位维度。

详细的指标数据存储结构设计如图 4-25 所示。

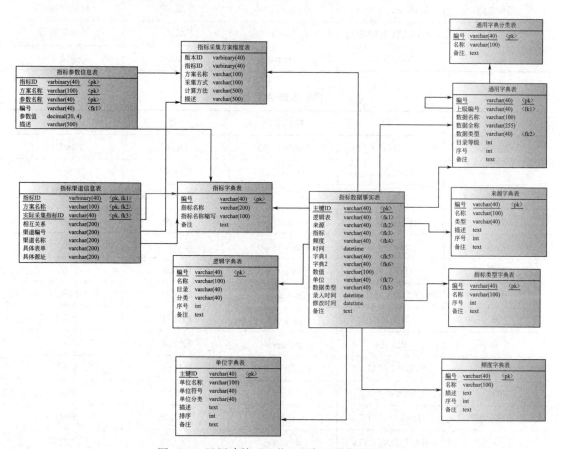

图 4-25 民用建筑"四节一环保"指标表 E-R 图

具体每个表的设计如表 4-3～表 4-12 所示。

单位字典表 表 4-3

名称	代码	数据类型	主键	注释
主键 ID	PU_ID	varchar(40)	TRUE	
单位名称	PU_NAME	varchar(100)	FALSE	
单位符号	PU_SYMBOL	varchar(40)	FALSE	
单位分类	PU_TYPE	varchar(40)	FALSE	
描述	DESCRIPTION	text	FALSE	
排序	ORDERS	int	FALSE	
备注	REMARK	text	FALSE	

指标字典表 表 4-4

名称	代码	数据类型	主键	注释
编号	PARAM_ID	varchar(40)	TRUE	编号
指标名称	PARAM_NAME	varchar(200)	FALSE	指标名称
指标名称缩写	PARAM_NAME2	varchar(100)	FALSE	指标名称缩写
备注	REMARK	text	FALSE	备注

指标数据事实表 表 4-5

名称	代码	数据类型	主键	注释
主键 ID	EVENT_ID	varchar(40)	TRUE	主键 ID
逻辑表	TABLE_ID	varchar(40)	FALSE	逻辑表
来源	SOURCE_ID	varchar(40)	FALSE	编号
版本	EDITION_ID	varchar(40)	FALSE	编号
指标	PARAM_ID	varchar(40)	FALSE	指标
频度	TIMEFLAG_ID	varchar(40)	FALSE	频度
时间	DATA_DATETIME	datetime	FALSE	时间
字典 1	RD_ID1	varchar(40)	FALSE	字典 1
字典 2	RD_ID2	varchar(40)	FALSE	字典 2
数值	PARAM_VALUE	varchar(100)	FALSE	数值
单位	PARAM_UNIT	varchar(40)	FALSE	单位
数据类型	DATA_TYPE	varchar(40)	FALSE	编号
录入时间	INPUT_DATETIME	datetime	FALSE	录入时间
修改时间	LAST_MODIFIED	datetime	FALSE	修改时间
备注	REMARK	text	FALSE	备注

指标类型字典表　　　表 4-6

名称	代码	数据类型	主键	注释
编号	DT_ID	varchar(40)	TRUE	编号
名称	DT_NAME	varchar(100)	FALSE	名称
序号	ORDERS	int	FALSE	序号
备注	REMARK	text	FALSE	备注

指标渠道信息表　　　表 4-7

名称	代码	数据类型	主键	注释
编号	SOURCE_ID	varchar(40)	TRUE	编号
名称	SOURCE_NAME	varchar(100)	FALSE	名称
类型	SOURCE_TYPE	varchar(40)	FALSE	类型
描述	DESCRIPTION	text	FALSE	描述
序号	ORDERS	int	FALSE	序号
备注	REMARK	text	FALSE	备注

指标采集方案维度表　　　表 4-8

名称	代码	数据类型	主键	注释
编号	EDITION_ID	varchar(40)	TRUE	编号
指标	INDEX_ID	varchar(40)	TRUE	指标
方案名称	EDITION_NAME	varchar(100)	TRUE	名称
计算方案	COLLECTIONMODE	text	FALSE	描述
计算方法	CALCMETHOD	text	FALSE	序号
备注	REMARK	text	FALSE	备注

通用字典表　　　表 4-9

名称	代码	数据类型	主键	注释
编号	RD_ID	varchar(40)	TRUE	编号
上级编号	PARENT_ID	varchar(40)	FALSE	上级编号
数据名称	RD_NAME	varchar(100)	FALSE	数据名称
数据全称	RD_NAME_ALL	varchar(255)	FALSE	数据全称
数据类型	RDTYPE_ID	varchar(40)	FALSE	数据类型
目录等级	RD_LEVEL	int	FALSE	目录等级
序号	ORDERS	int	FALSE	序号
备注	REMARK	text	FALSE	备注

通用字典分类表　　　　　　　　　　　　表 4-10

名称	代码	数据类型	主键	注释
编号	RDTYPE_ID	varchar(40)	TRUE	编号
名称	RDTYPE_NAME	varchar(100)	FALSE	名称
备注	REMARK	text	FALSE	备注

逻辑字典表　　　　　　　　　　　　表 4-11

名称	代码	数据类型	主键	注释
编号	TABLE_ID	varchar(40)	TRUE	编号
名称	TABLE_NAME	varchar(100)	FALSE	名称
目录	TABLE_CATALOG	varchar(40)	FALSE	目录
分类	APPLICATION	varchar(40)	FALSE	分类
序号	ORDERS	int	FALSE	序号
备注	REMARK	text	FALSE	备注

频度字典表　　　　　　　　　　　　表 4-12

名称	代码	数据类型	主键	注释
编号	TIMEFLAG_ID	varchar(40)	TRUE	编号
名称	TIMEFLAG_NAME	varchar(100)	FALSE	名称
描述	DESCRIPTION	text	FALSE	描述
序号	ORDERS	int	FALSE	序号
备注	REMARK	text	FALSE	备注

（2）环境及能耗监测实时数据库

平台中接入的环境监测数据以及海尔空调能耗数据属于实时类监测数据，平台为此构建了基于 InfluxDB 的环境及能耗监测实时数据库。

环境监测传感器相关数据主要包括：设备编码、CO_2 浓度、VOC 浓度、温度、湿度、$PM_{2.5}$ 浓度、PM_{10} 浓度等。根据 InfluxDB 的建库规则，环境监测传感器存储方案如表 4-13 所示。

环境及能耗监测实时数据表设计　　　　　　　　　　　　表 4-13

Measurement(表名)	Environment Monitor	环境检测设备表
Tags	SetCode	设备编码
	Address	各个监测设备地址
Fields	CO_2	CO_2 浓度
	VOC	VOC 浓度
	Temperature	温度
	Humidity	湿度
	$PM_{2.5}$	$PM_{2.5}$ 浓度
	PM_{10}	PM_{10} 浓度

海尔空调能耗数据包括 80 余地市的近 300 台中央空调的能耗相关数据。其数据主要包括设备编码、所在城市、在线状态、开关机状态、额定功率、蒸发器侧进水温度、冷凝器侧进水温度、机组功率、蒸发器侧出水温度、冷凝器侧出水温度等。海尔空调能耗数据存储方案如表 4-14 所示。

<table>
<tr><td colspan="2" align="center">空调能耗监测实时数据表设计</td><td align="right">表 4-14</td></tr>
<tr><td>Measurement（表名）</td><td>Haier Monitor</td><td>环境检测设备表</td></tr>
<tr><td rowspan="3">Tags</td><td>SetCode</td><td>设备编码</td></tr>
<tr><td>City</td><td>所在城市</td></tr>
<tr><td>Address</td><td>各个监测设备地址</td></tr>
<tr><td rowspan="8">Fields</td><td>CondSideTempIn</td><td>冷凝器侧进水温度</td></tr>
<tr><td>CondSideTempOut</td><td>冷凝器侧出水温度</td></tr>
<tr><td>EvapSideTempIn</td><td>蒸发器侧进水温度</td></tr>
<tr><td>EvapSideTempOut</td><td>蒸发器侧出水温度</td></tr>
<tr><td>Online</td><td>在线状态</td></tr>
<tr><td>RatedPower</td><td>额定功率</td></tr>
<tr><td>UnitPower</td><td>机组功率</td></tr>
<tr><td>UnitStatus</td><td>开关机状态</td></tr>
</table>

（3）文档数据库

文档管理是"四节一环保"领域数据构建不可缺少的一部分。"四节一环保"文档类数据主要特点是数量多、文件小、随机读取多。开源的分布式文件系统有很多，包括 HDFS、MooseFS、FastDFS 等，每种分布式系统有各自的特点，但大体上的功能包括：文件存储、文件访问、文件同步，并且有些系统会帮我们解决大容量存储和负载均衡的问题。在这繁多的分布式系统中，HDFS 适合存储和管理大文件，不太适合存储海量的小文件、频繁修改的文件以及大量的随机读取，HDFS 经常用于大数据分析领域；而 FastDFS 相反，特别适合存储和管理小型文件。根据"四节一环保"领域文件存储的实际需求，本研究选择了 FastDFS。

FastDFS 是一种开源的高性能分布式文件系统（DFS）。它的主要功能包括：文件存储、文件同步和文件访问，以及高容量和负载平衡。主要解决了海量数据存储问题，特别适合以中小文件为载体的在线服务。

FastDFS 系统有三个角色：跟踪服务器（Tracker Server）、存储服务器（Storage Server）和客户端（Client）。

1）跟踪服务器：主要做调度工作，起到均衡的作用；负责管理所有的 storage server 和 group，每个 storage 在启动后会连接 Tracker，告知自己所属 group 等信息，并保持周期性心跳。

2）存储服务器：主要提供容量和备份服务；以 group 为单位，每个 group 内可以有多台 storage server，数据互为备份。

3）客户端：上传下载数据的服务器，也就是我们自己的项目所部署的服务器。

为了支持大容量，FastDFS 存储节点（服务器）采用了分卷（或分组）的组织方式。

存储系统由一个或多个卷组成，卷与卷之间的文件是相互独立的，所有卷的文件容量累加就是整个存储系统中的文件容量。一个卷可以由一台或多台存储服务器组成，一个卷下的存储服务器中的文件都是相同的，卷中的多台存储服务器起到了冗余备份和负载均衡的作用。

在卷中增加服务器时，同步已有的文件由系统自动完成，同步完成后，系统自动将新增服务器切换到线上提供服务。当存储空间不足或即将耗尽时，可以动态添加卷。只需要增加一台或多台服务器，并将它们配置为一个新的卷，即可扩大存储系统的容量。

FastDFS 向使用者提供基本文件访问接口，比如 upload、download、append、delete 等，以客户端库的方式提供给用户使用。

（4）地理信息数据库

目前互联网地图蓬勃发展，无论高德地图、百度地图还是其他基于地图服务的互联网 Web 地图，都为行业应用提供了大量基础的 GIS 服务，其内置的地理信息数据库较传统的地理信息数据库更新及时、覆盖范围广、使用成本低，因此使用互联网地图服务成为了趋势。

本平台也部分使用了高德地图相关功能，在此基础上叠加了平台试点地区的范围、环境监测点位置等空间信息。采用互联网地图加本地 GeoJSON 格式空间数据的方式搭建地理信息数据库。

4.5.3　数据仓库应用情况

针对上述数据采集获取情况，我们通过数据导入、数据接口、ETL 工具、网络爬虫等多种手段，完成了民用建筑"四节一环保"数据仓库的建库工作，数据仓库现阶段的建设成果显著，完成了全国及各省范围内共 58 个一级指标、178 个二级指标的数据仓库建设，并开发了相应的管理功能。

数据概览：主要针对全国民用建筑"四节一环保"数据中的重要指标数据，利用地图、柱状图、饼图等形式进行数据统计分析，见图 4-26。

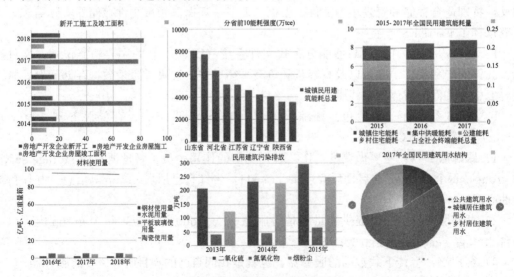

图 4-26　数据统计分析界面

指标通用查询：平台根据指标分类情况构建了统一的数据指标查询功能，见图 4-27、图 4-28。首先选择指标分类，平台会查询出该指标分类下的所有指标列表；如果某个指标含有多个计算方案，通过点击"指标详情"，可以查看该指标引用其他指标情况；通过点击"查看数据"，可查看该指标的详细数据信息。

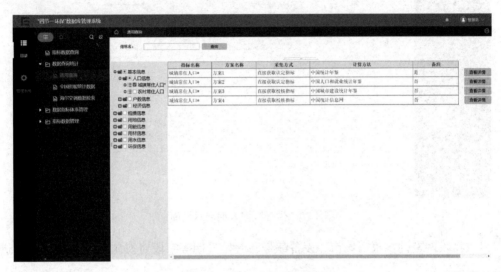

图 4-27　指标通用查询界面

指标名称：	城镇常住人口*					
指标单位：	万人					

地区	省份	2014-01-01	2015-01-01	2016-01-01	2017-01-01	2018-01-01
城镇	全国	74916.00	77116.00	79298.00	81347.00	83137.00
	北京	1858.00	1878.00	1880.00	1878.00	1863.00
	天津	1248.00	1278.00	1295.00	1291.00	1297.00
	河北	3642.00	3811.00	3983.00	4136.00	4264.00
	山西	1962.00	2016.00	2070.00	2123.00	2172.00
	内蒙古	1491.00	1514.00	1542.00	1568.00	1589.00
	辽宁	2944.00	2952.00	2949.00	2949.00	2968.00
	吉林	1509.00	1523.00	1530.00	1539.00	1556.00
	黑龙江	2224.00	2241.00	2249.00	2250.00	2268.00
	上海	2173.00	2116.00	2127.00	2121.00	2136.00
	江苏	5191.00	5306.00	5417.00	5521.00	5604.00
	浙江	3573.00	3645.00	3745.00	3847.00	3953.00
	安徽	2990.00	3103.00	3221.00	3346.00	3459.00
	福建	2352.00	2403.00	2464.00	2534.00	2594.00
	江西	2281.00	2357.00	2438.00	2524.00	2604.00
	山东	5385.00	5614.00	5871.00	6062.00	6147.00
	河南	4265.00	4441.00	4623.00	4795.00	4967.00
	湖北	3238.00	3327.00	3419.00	3500.00	3568.00
	湖南	3320.00	3452.00	3599.00	3747.00	3865.00
	广东	7292.00	7454.00	7611.00	7802.00	8022.00
	广西	2187.00	2257.00	2326.00	2404.00	2474.00
	海南	486.00	502.00	521.00	537.00	552.00
	重庆	1783.00	1838.00	1908.00	1971.00	2032.00
	四川	3769.00	3913.00	4066.00	4217.00	4362.00
	贵州	1404.00	1483.00	1570.00	1648.00	1711.00
	云南	1967.00	2055.00	2148.00	2241.00	2309.00
	西藏	82.00	90.00	98.00	104.00	107.00
	陕西	1985.00	2045.00	2110.00	2178.00	2246.00
	甘肃	1080.00	1123.00	1166.00	1218.00	1258.00
	青海	290.00	296.00	306.00	317.00	328.00
	宁夏	355.00	369.00	380.00	395.00	405.00
	新疆	1059.00	1115.00	1159.00	1207.00	1266.00

图 4-28　数据指标查询展示界面

民用建筑"四节一环保"大数据及数据获取机制研究与实践

全国供暖统计数据查询：通过选择供暖季，查询全国各个省的供暖情况，见图 4-29。

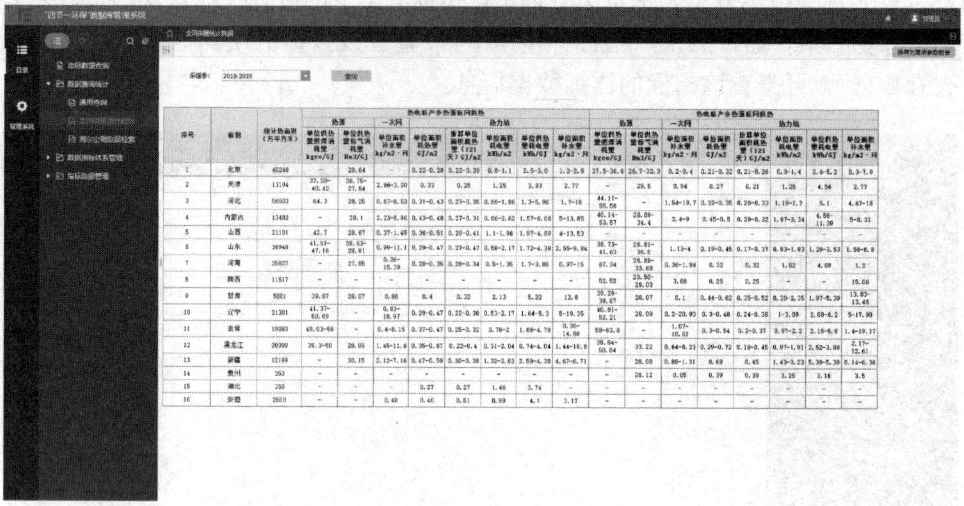

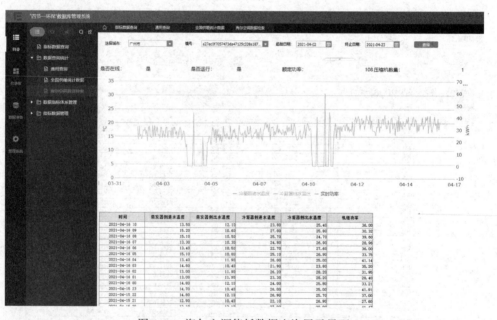

图 4-29　供暖数据查询展示界面

海尔物联网查询：根据城市、设备编号、起始日期等字段对海尔空调的能耗数据进行查询，见图 4-30。

图 4-30　海尔空调能耗数据查询展示界面

数据指标体系管理：可根据指标分类、数据来源、单位进行配置与维护，见图 4-31。

权限与安全：可配置不同用户对数据的读写权限、访问权限，保证用户访问安全。能设置不同类型数据的可访问性。同时对数据库使用情况进行记录，包括用户、IP、访问类型等。

248

图 4-31 数据指标维护管理界面

第 5 章　大数据分析挖掘技术

大数据的真正价值在于对其进行有效分析后从中得出有指导性的结论，来辅助人们的各项决策和行为。因此，在有了海量的基础数据之后，如何分析、用什么方法和工具来分析，就变得非常重要。大数据分析挖掘是一门新兴且又非常专业的技术，同时也是一个与待分析领域关联非常密切的数据分析处理过程，这对从事大数据分析的技术人员提出了较高的要求。本章首先将对大数据技术的相关进展、民用建筑领域的大数据发展现状、分析需求和总体思路进行概述，然后对大数据分析挖掘方法本身和一些重要工具进行简要介绍，让读者对相关领域的基础知识有所了解，最后通过大数据分析挖掘的若干案例来比较详细地说明在民用建筑领域如何利用大数据分析挖掘技术来逐步分析并得到一些有参考意义的结论的过程。

5.1　民用建筑大数据分析挖掘概述

5.1.1　民用建筑大数据发展现状

目前，我国在民用建筑的能耗方面，已经建立了相关统计报表制度，同时通过众多行业协会的日常工作和长期积累，可以收集到民用建筑领域内的大量重要数据。但是，在以应用为导向、涵盖民用建筑"四节一环保"多领域的大数据关联、融合、挖掘技术研究的方向上，所开展的工作不是很多。目前来看，结合民用建筑"四节一环保"领域中数据的特点，对该领域中的海量异构数据进行持续的综合分析，并得出有助于支撑行业决策所需要的重要信息，为解决我国民用建筑"四节一环保"大数据应用性不足问题提供支撑，促进管理工作的科学化、精细化，是非常有意义的。

大数据分析技术当前已经在互联网、金融、医疗、交通等众多领域中得到应用，并发挥了具体的效用。例如互联网领域中的用户商品推荐，可以通过大数据发掘用户行为，找到用户的个性化需求，帮助用户发现那些自己感兴趣的信息；金融领域中的网络征信，可以通过依法收集到的目标自然人或法人的信用信息，利用大数据快速计算得到目标的信用得分，并对外提供信用报告、信用评估、信用信息咨询等服务，帮助金融机构判断和控制信用风险，并进行信用管理；医疗领域的疾病预测管理，可以根据海量病患的历史数据以及特定病人的当前症状数据，预测哪些病人需要选择手术，哪些病人做手术无效，以及每个病人的治疗并发症风险等；交通领域的客流量分析，在集成公交车的通行信息、人流的刷卡记录、视频数据等海量异构数据之后，可以对城市公共交通的线路设置是否科学、运力分发是否合理等问题进行精准分析，并提供中长期的公共交通优化解决方案。

由于大数据分析挖掘技术的普适性，很多在其他领域中发挥效果的技术和方法同样可以被应用到民用建筑行业中来。

目前已经有不少专家学者就大数据分析挖掘技术在民用建筑行业中的应用开展了研究。如付彩凤等[151] 提出了一种基于互联网思维的建筑能耗大数据在线节能诊断技术，根据建筑功能区面积和分项能耗大数据采用多元回归分析方法进行拟合，以此来判断建筑节能潜力。陈永攀等[152] 开发了建筑运行能耗监测数据采集服务器程序与客户端查询分析程序，帮助建筑用户实现能源系统由粗放型管理转变为精细型、科学化管理。王宇[153] 对公共建筑能耗大数据的特征进行了分析，并阐述了大数据公共建筑能耗监测系统的设计思考与实施策略。罗亮等[154] 提出了一种精确度高的能耗模型来预测云计算数据中心单台服务器的能耗状况，通过分析总结不同参数和方法对服务器能耗建模的影响，提出了适合云计算数据中心基础架构的服务器能耗模型。赵亚飞等[155] 从大数据的架构和技术入手，协同分析应用于建筑节能领域的架构，用信息技术时代的大数据手段为传统建筑的发展提供了参考。杨常清[156] 针对我国节能减排的现状，使用大数据技术设计了基于大数据的节能减排管控系统，并创建大数据技术下的节能减排管控系统，有效提高了能源再使用的效率。杨俊宴等[157] 通过大数据采集、人机互动技术及谷地软件等方法，构建了城市多源大数据全信息复合数据库，通过 ArcGIS 平台将空间形态数据库与复合数据库进行空间耦合，形成基于统一空间坐标系的城市空间大数据信息图谱的基础模型；根据城市规划、城市设计与管理需要进行多对象的大数据组合与相关性分析，获得多源数据融合特征综合信息，进而优化规划和设计的科学决策。

特别的，在民用建筑"四节一环保"领域，也有很多研究成果，例如：

在节能方面，苏宇川等[158] 通过数理统计分析的方法，以节能、节水、节材、节地为目标，分析总结了绿色建筑技术的各项使用状况，得出相对适宜寒冷地区使用的建筑节能技术。

在节水方面，李可柏[161] 研究了城市生活用水投入的动态优化问题，通过资本和劳动的动态协调投入，使城市供水动态满足生活用水需求，且供水投入实现动态最优配置。

在节地方面，秦萧等[160] 在梳理传统城市空间规划存在问题的基础上，重点从方法论和编制方法两个层面对智慧城市空间规划方法进行探讨，并强调了大数据应用在规划转型中的重要作用。

在节材方面，贺清哲[161] 构建了时间序列的 BP 神经网络预测模型，通过对钢材价格的实证研究，对钢材价格变化的预测得到了良好的效果；田驹琦[162] 利用岭回归分析法，得到了生铁产量、建筑业总产值及国内生产总值这 3 个影响成品钢材产量的主要因素，这一结论有助于制造业部门对成品钢材产量进行合理的预测，提高资源的利用率，对于防止资源的浪费、进行绿色生产也有重要意义。

在环保方面，郑跃君等[163] 对我国环保大数据在环境污染防治管理创新当中的关键点进行了详细的阐述，并在此基础上提出了环保大数据的发展方向建议。

总体来说，充分利用大数据技术对民用建筑行业中的海量异构数据进行分析和挖掘，能够对行业中的重要问题，特别是"四节一环保"所关注的节能、节水、节地、节材及环境保护问题起到很好的解决或改善效果，通过科学化、精准化及前瞻性的分析结论来为行业内决策者、从业者及普通用户的各项决策及操作提供有力支持。

5.1.2 大数据分析挖掘总体思路

大数据已经在众多领域中得到了应用，且在部分场景中发挥了非常重要的作用。与此同时，大数据分析挖掘是一个专业性要求较高的复杂过程，要达到较好的程度并不容易，这也是大数据技术目前主要只在图像分析、自然语言处理及其衍生的人脸识别、机器翻译和围棋对弈等为数不多的若干领域中取得真正成功的重要原因。

目前来看，要针对特定问题进行有效的大数据分析挖掘，参与其中的人、所遵循的方法论以及具体的分析技术等是需要充分考虑的重要因素。

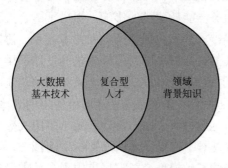

图 5-1　复合型人才示意图

（1）参与人

考虑到大数据分析挖掘比较复杂，对具体从事此项工作的"参与人"就提出了更高的要求。一般而言，这样的人员应该至少同时对大数据的基本算法和技术，以及特定领域的背景知识都比较熟悉，如此才能较好地解决特定领域所关注的问题。这其中表现优秀的人员就是同时擅长上述多个领域的复合型、交叉型人才（图 5-1）。

首先，考虑到要用大数据的相关理论和技术来进行数据的分析和价值的挖掘，那么就需要对大数据的基本算法有所了解，即使不知道每种算法内部的具体步骤，至少也需要知道这些算法的大致用途。与此同时，因为大数据分析总是针对一个特定的问题或场景，而这样的问题往往都带有行业的特殊背景，那么了解这个行业或领域的基础知识就变得非常有必要。正如进行金融大数据分析或医疗大数据分析时，需要掌握金融或医疗领域的相关基本常识那样，我们在对民用建筑行业进行大数据分析挖掘的时候，同样需要对民用建筑行业有所认识，对它的发展历史、现状特点、关键问题等都有所掌握。

当然，由于每个人所学专业以及从事工作的差异及限制，这样的复合型人才往往并不容易出现，或者需要较长时间的培养。因此，很多时候我们会采用组建项目组或工作团队的形式，对问题进行联合攻关。让来自不同领域的专家学者通过内部的充分交流和相互学习，使工作团队具备针对特定行业大数据分析挖掘的能力，这在实践中是非常重要和有效的做法。

（2）方法论

鉴于大数据分析挖掘的专业性以及针对不同行业、不同场景时的差异性，我们需要一种适用范围较广、应用效果较好的处理方法和流程，即所谓的方法论，以此来指导具体的大数据分析挖掘工作。在方法论的指引下，我们就可以明确大数据分析的工作流程，对具体的工作环节进行妥善的安排和分工，从而快速地实现从数据到价值的转换。民用建筑行业作为一个专业性很强的领域，对其开展大数据分析同样需要方法论的指引。

根据前期的研究以及一些行业实践[164]，简单来说，我们认为一个由明确问题、数据收集和预处理、数据分析与效果评价三个环节所组成的过程是一套较为有效和普适，且适用于民用建筑行业的大数据分析挖掘方法。这几个环节的关系如图 5-2 所示：

1）明确问题

在对行业数据进行分析之前，首先需要对问题进行明确。一般来说，利用大数据技术对数据进行分析挖掘的目的，通常是需要满足用户"掌握现状"或"预测未来"的需求。

其中"掌握现状"意味着用户需要掌握某个问题过去以及现在的情形，这种时候往往需要我们对已有的（或能收集到的）数据进行梳理和整理，然后通过图、表等多种形式来进行可视化展示。这一般需要我们利用领域知识对数据进行时间、空间、行业等不同维度的切片或细分，从不同的角度把数据展示给用户，使之能够多方位地观察和了解问题

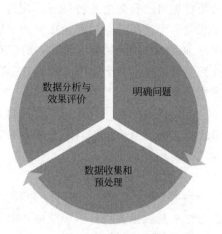

图 5-2 大数据分析挖掘方法论示意图

的现状或此前的变化过程等。例如，"当前全国各省民用建筑单位面积能耗排名""过去 3 年全国民用建筑实有建筑面积变化"等可归为此类问题。

而"预测未来"的含义是用户需要去预测一个问题将会如何演变或判断一个未知事物的某种属性等，这种时候我们就需要从已有数据出发，利用各种大数据算法，来计算一个变量在未来某个时候（如 1 天或 1 年后）的预计值或一个对象的属性类别，让用户能够较为准确地对某个未知的问题进行预判，以便其做出相应决策。例如"预计明年我国民用建筑钢材使用量是多少""判断某栋建筑的单位面积用电量与行业同水平相比是高还是低"等可归为此类问题。

由此可见，大数据技术所适用的问题，其类别和特点的差异较大，因此用户在提问题的时候一定需要明确希望解决的问题是什么，毕竟不同的用户、不同部门的人关注的问题是千差万别的。

此外，所提出的问题一定要细化和具体，不能含糊或笼统，否则就会导致问题过大或过于空洞而无法下手。而且，从专业领域出发的问题，还应该能够较好地转化为某种数学问题，以便于大数据技术的分析和处理，这实际上对提问题的人有了一个很高的要求，这也是我们在前面强调"参与人"这一因素的主要原因所在。

2）数据收集和预处理

问题明确之后，接下来需要做的是收集足够多与问题相关的数据。这里有两个需要注意的地方，一是数据要"与问题相关"，这实际上需要通过专业知识来进行判断，所以了解行业的背景知识或听取行业专家的经验是极为必要的。二是数据要"足够多"，在计算机处理能力可达的情况下，理论上数据当然越多越好，但在实践中，往往还需要考虑数据收集的（人力、财力、时间）成本、数据的时效性以及计算机处理所需时间等客观因素，在综合考量之后，收集适量的能够满足解决问题需要的数据。

有了足够多的数据之后，对数据进行预处理将是一项非常重要的工作。数据的预处理主要包括两方面：一是如何确保数据的质量。例如可以通过数据校验过程来丢弃异常或错误的数据，也可以通过数据修复过程来填充数据中的缺失值，并对数据的整体质量进行误差分析等。显然数据的预处理会用到很多大数据的处理方法。二是需要针对后续的大数据

分析挖掘对已有数据的特征（即属性）进行抽取或变换，这就是所谓"特征工程"。特征工程是一个使用专业的背景知识和技巧来处理数据，使得数据的特征能够在大数据算法中更好地发挥作用的过程。例如，可以对数据特征进行无量纲化以及归一化变换，或将一个连续型特征根据某个阈值离散为"是"与"否"的二值型特征等，还有的时候需要构造一些组合特征等。

需要说明的是，对于很多实际的大数据分析挖掘工作而言，数据的收集与处理这一环节占据了整个分析工作时间和成本的70%左右，并且对分析结果起着至关重要的作用，因此需要对此特别重视。

3）数据分析与效果评价

数据分析是根据所要研究的问题，利用前面已经收集并处理好的数据，采用科学的分析方法来对数据进行分析和挖掘并得出有意义的结论的过程。

这里所说的科学分析方法有很多，在后面的小结会分类别介绍一些比较常用的分析方法。由于这些大数据分析方法的普适性，事实上它们不仅可以用在民用建筑行业，还能够在大多数领域和行业中发挥作用。

与此同时，在实践中针对一个具体的问题，我们往往会用到多种数据分析方法来对数据进行处理，并观察所得到的分析结果，然后从中选择出最佳或最适合该问题的分析方法。

对于现状分析类的问题来说，一般对于分析方法的效果评价在于它是否比较全面充分地展示了问题的发展历史及现状，以及是否能从某个角度的深入分析中发现问题的关键所在等。而对于预测未来类的问题来说，则需要利用所选的最佳方法来对用户所关心的问题的未来或未知的事物进行判断，并从其判断的准确程度来评价该方法的效果。针对不同的分析方法，这种准确程度多数时候会采用 RMSE（Root Mean Square Error，均方根误差）、MAE（Mean Absolute Error，平均绝对误差）或 AUC（Area Under Curve，曲线下面积）等方式来评估，有的时候还会采用行业中通用的评判标准。

可见，数据分析效果的评价事实上与一开始的明确问题环节是息息相关的，这也构成了大数据分析挖掘的一个闭环，即从实际问题出发，又回归到实际问题。事实上，大数据的分析方法有很多，但只有与实际问题相结合，才能真正地发挥其价值。

5.1.3　大数据分析挖掘方法与工具

大数据分析挖掘方法有很多，除了初步的数据探索方法外，根据应用的场景和算法的特点，大致可以将其分为回归、分类、聚类、关联等几类方法。针对民用建筑"四节一环保"大数据进行分析挖掘时，以及在实际的工作中，上述分析挖掘方法不一定全部应用，在实践中具体使用何种方法进行分析挖掘，取决于两个方面：一是所获得数据的类型、特点，是数值型数据还是类别型数据，是来自传感器的高频实时数据还是来自建筑统计年鉴的低频统计数据等；二是需要解决的问题是什么，是对一组目标对象如基于用能特点对若干建筑物进行分类，还是对未来的某项数据如某地区明年的建筑面积进行预测等。

在进行大数据分析时，使用高效的分析工具是至关重要的。业界较为常用的分析工具有 Python、R、Matlab、SPSS、Excel 等。其中 Python 作为一种支持互动模式的可移植、可扩展、可嵌入的高级程序设计语言，具有易于学习、阅读及维护的优势，还提供了所有主要的商业数据库的接口，并支持 GUI（Graphical User Interface，图形用户界面）创建，可移植到许多系统调用，因此成为众多大数据分析挖掘工具中的佼佼者，我们也将对它进行简单介绍，让读者能够有一个初步的了解。

（1）数据探索

一般来说，进行数据探索的目的，是在对数据进行深入分析之前，通过一些直观的方法对数据进行一个比较感性的了解和认识，或设想数据的一些分布形式，以便于对数据作进一步的处理。这在很多时候都是开展数据分析挖掘时非常重要的一项前期试探性工作。

1）散点图

散点图是数据点在二维平面上的分布图。在数据初步分析中，可以利用散点图展示自变量与因变量的关系，通过散点图可以展示因变量随自变量变化的大致趋势，为后续选择合适的拟合函数提供参考。

散点图可以展示数据变化的大致趋势，可以看出所绘的自变量与因变量是否存在关系。如果存在关系，可以通过散点图自变量与因变量的大致关系，判断是否具有线性关系，或判断这种关系是线性的还是曲线的。另外，通过散点图还可以观察到偏离大部分点的离群值。绘制散点图是数据分析中的重要手段，是研究人员把握数据属性直观的方法。如图 5-3 所示为一组数据的散点图示意，从图中大致可以看出，因变量随着自变量的增大而增大。

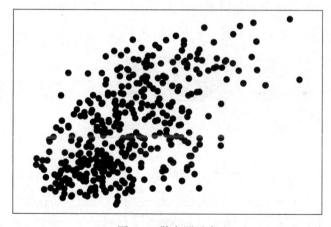

图 5-3　散点图示意

2）直方图

直方图不同于散点图，散点图表示了两个变量的关联关系，直方图重点是研究数据变量的分布特性。

直方图是由一系列高度不等的纵向条纹组成的图，这些高度不等的纵向条纹或线段显示了数据分布的情况。通过直方图，可以观察到数据大致的分布情况，从而把握数据集的属性。直方图的纵轴表示对应的横轴的频率、频数或者概率，横轴表示数据的分段，分段区间由绘制者自行决定。通常构建直方图的步骤如下：首先对数据取值范围进行分段，分成许多连续的、不重叠的分段区间，然后计算每个分段区间内取值的个数。根据数据取值情况，分段区间的大小可以不相等，但一定要保证分段区间的不重叠性。图 5-4 为一组数据的直方图示意，从图中可以看出该数据大致服从正态分布。

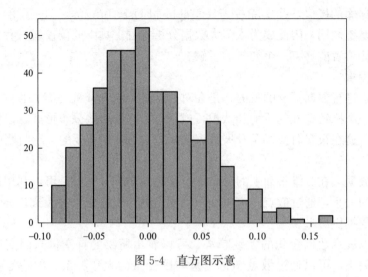

图 5-4　直方图示意

3）箱形图

箱形图（Box-plot）是一种用来表达数据基本统计情况，并将数据分布特性等重要度量进行展示的统计图。它不仅用于反映原始数据分布的特征，还可以进行多组数据分布特征的比较。箱形图将上四分位数、中位数、下四分位数以及数据应该存在的上下界都显示在图中，原始数据也以点的形式在图中进行表示。

图 5-5 是箱形图的示意，其中有几个重要定义：

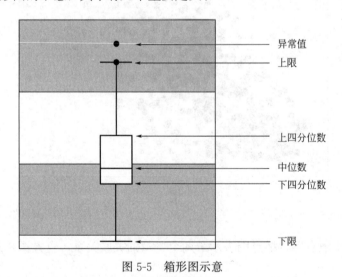

图 5-5　箱形图示意

Q_1 被定义为下四分位数，是将数据按照由大到小的顺序排列，位于前 75% 位置的数据；

Q_2 被定义为中位数，是将数据按照由大到小的顺序排列，位于前 50% 位置的数据；

Q_3 被定义为上四分位数，是将数据按照由大到小的顺序排列，位于前 25% 位置的数据；

数据间隔，四分位距，也就是图中长方形的宽，$IQR = Q_3 - Q_1$；

下限定义为下四分位数与 1.5 倍四分位距的差，即 $Q_1 - 1.5IQR$；

上限定义为上四分位数与 1.5 倍四分位距的和，即 $Q_3+1.5IQR$；

异常值被定义为在下限与上限之外的点，也就是那些小于 $Q_1-1.5IQR$ 或大于 $Q_3+1.5IQR$ 的值。

箱形图的实用范围广，适用性强，不仅能够直观地反映原始数据分布的特征，还能够用来识别异常值。箱形图为我们提供了识别异常值的一个原则：在箱形图上界和下界之外的数据点即被视为异常点。

利用箱形图来发现异常值时，对原始数据服从的分布没有要求，也就是说无论原始数据是否服从标准正态分布，都可以使用箱形图进行数据异常值的发现[165]。此外，利用箱形图进行异常值发现时具有一定的鲁棒性，能够稳定地描绘出数据的分布情况，不受异常值的影响，这样也利于后续的数据处理和分析工作。箱形图异常值筛选主要是需要计算上、下四分位数，从而确定四分位距和数据集的上、下限。经验表明，四分位数具有耐抗性的特点，多达 25% 的数据可以变得任意远而不会对四分位数造成很大扰动，所以异常值不会影响箱形图的数据形状[166]。

（2）回归分析方法

回归分析指利用数据统计原理，对大量统计数据进行数学处理，并确定两种或两种以上变量间相互依赖的定量关系的一种分析方法。根据因变量和自变量的多少，可以分为一元回归分析和多元回归分析；根据因变量和自变量之间的关系类型，还可以分为线性回归分析和非线性回归分析。

一旦通过回归分析建立起一个相关性较好的回归方程（函数表达式），就可以加以外推，从而能够用于预测之后自变量和因变量的变化情况，对事物发展的预判提供很好的支撑。

回归分析的具体方法有很多，这里简单介绍一下最小二乘回归法以及逻辑回归法。

1）最小二乘回归法

最小二乘回归法是一种线性回归方法，我们假设因变量和自变量之间具有线性相关关系，因此可以构建线性回归模型 $f(x)=w \cdot x$，使用最小二乘法进行模型的拟合，令曲线拟合的 $f(x)$ 与真实的因变量 y 的残差平方和最小化。文献［167］中提到，最小二乘法的目标是：

$$\min \sum_{i=1}^{n} (y_i - w \cdot x_i)^2 \tag{5-1}$$

令上述目标函数的导数等于 0，就可以求得 w 的解析解 $\hat{w}$：

$$\hat{w} = \frac{\sum_{i=1}^{n} y_i \cdot x_i}{\sum_{i=1}^{n} x_i^2} \tag{5-2}$$

最终数据可以表示为 $y = \hat{w} \cdot x + err$，$err$ 是最小二乘回归拟合的误差。

图 5-6 为最小二乘法的示意图，点为数据样本点，线为使用最小二乘法拟合的直线。

需要注意的是，该方法要求两个变量之间具有一定的线性相关关系，这个关系我们通常使用相关系数 r 来表示，其定义如式（5-3）所示：

$$r(x,y) = \frac{S_{xy}}{S_x \cdot S_y} \tag{5-3}$$

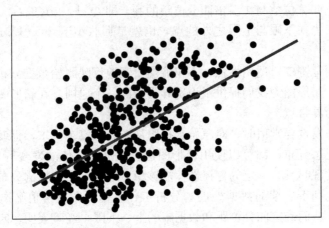

图 5-6　最小二乘法示意图

式中，$r(x，y)$ 表示样本的相关系数；S_{xy} 表示样本 x 和 y 的协方差；S_x 和 S_y 分别表示样本 x 和 y 的标准差，其计算公式如下：

$$S_{xy} = \frac{\sum_{i=1}^{n}(x_i - \overline{x})(y_i - \overline{y})}{n-1}$$

$$S_x = \sqrt{\frac{\sum_{i=1}^{n}(x_i - \overline{x})^2}{n-1}}, S_y = \sqrt{\frac{\sum_{i=1}^{n}(y_i - \overline{y})^2}{n-1}}$$

根据相关系数 r 的定义和特点可以知道，$|r|$ 总是 $\leqslant 1$ 的。一般来说，相关系数 $|r| < 0.3$ 时，可以认为变量 x 与 y 不具有相关性；当相关系数 $0.3 \leqslant |r| < 0.8$ 时，可以认为变量 x 与 y 具有弱相关性；当 $|r| \geqslant 0.8$ 时，变量 x 与 y 高度线性相关。

最小二乘回归法除了用来进行回归分析，也可以通过反向的使用，来进行异常值的发现，即当具有线性相关关系的变量得到的拟合误差 err 越大，该数据点是异常值的可能性就越大。在实践中我们可以对 err 的集合确定一个误差上限，超过误差上限的异常误差值对应的原始数据点偏离了相关性与误差容忍，可以视为异常点。当然，基于最小二乘回归法的异常值发现具有一定的局限性，当变量之间的相关性不显著或者不具备线性相关性时，此方法无效。

2）逻辑回归法

逻辑回归法是利用回归的思路解决二分类问题的一种方法，很多时候它也被归入分类分析方法当中。在逻辑回归法中会引入一个 Logistic 函数 $\sigma(x)$，可以将线性回归法的连续型输出映射到(0，1)之间：

$$\sigma(x) = \frac{1}{1 + \exp^{-x}} \tag{5-4}$$

逻辑回归法的输出表示二分类问题的概率，即：

$$P(y=1|x) = \frac{\exp(w^{\mathrm{T}}x)}{1 + \exp(w^{\mathrm{T}}x)}$$

$$P(y=0|x) = \frac{1}{1 + \exp(w^{\mathrm{T}}x)}$$

根据逻辑回归法输出的概率值是否高于某个阈值，我们可以得到对输入 x 进行分类的标签。通常来说标签 0 表示负类，标签 1 表示正类，从而实现对特定事物的分类。

对逻辑回归法而言，计算输出 $y=1$ 的对数几率：

$$\log\frac{P(y=1|x)}{1-P(y=1|x)}=w^{\mathrm{T}}x \tag{5-5}$$

$y=1$ 的对数几率是输入 x 的线性函数，因此从这个意义上说，逻辑回归法也是线性回归法的一种。

逻辑回归法模型参数估计采用最大似然估计，逻辑回归法的似然函数为：

$$\prod_{i=1}^{N}\left[\pi(x_i)\right]^{y_i}\left[1-\pi(x_i)\right]^{1-y_i} \tag{5-6}$$

式中，i 表示样本编号，共 N 个样本，且有

$$P(y=1|x)=\pi(x)$$
$$P(y=0|x)=1-\pi(x)$$

对数似然估计为：

$$
\begin{aligned}
L(w) &= \sum_{i=1}^{N}\left[y_i\log\pi(x_i)+(1-y_i)\log(1-\pi(x_i))\right]\\
&= \sum_{i=1}^{N}\left[y_i\log\frac{\pi(x_i)}{1-\pi(x_i)}+\log(1-\pi(x_i))\right]\\
&= \sum_{i=1}^{N}\left[y_i(w^{\mathrm{T}}x_i)-\log(1-\exp(w^{\mathrm{T}}x_i))\right]
\end{aligned} \tag{5-7}
$$

通过对 $L(w)$ 求极大值，就可以得到 w 的估计值，通常采用梯度下降法及拟牛顿法来学习。

（3）分类分析方法

分类是人类认识客观世界、区分客观事物的一种思维活动，而分类分析是基于一组已知类别的对象，以此为基础来识别新对象所属类别的一个过程。实现分类分析的算法，在具体实现中常被称为分类器。一般来说，分类器是指由分类算法实现的数学函数，可以将输入数据映射到某一个类别。

分类分析方法同样有很多，这里简单介绍一下支持向量机法及朴素贝叶斯法。

1）支持向量机法

支持向量机（Support Vector Machine，SVM）的早期工作来自苏联学者 Vladimir N. Vapnik 和 Alexander Y. Lerner 在 1963 年发表的研究成果。支持向量机的基本思想是在样本空间寻找最优的划分超平面，将不同类别的样本分开。划分超平面的线性方程为：

$$w^{\mathrm{T}}x+b=0 \tag{5-8}$$

分类决策函数为 $f(x)=\mathrm{sign}(w^{\mathrm{T}}x+b)$。样本空间每个样本点到划分超平面的函数间隔为 $y_i(w\cdot x_i+b)$，不过函数间隔会随着 w 的变化而成倍变化，因此需要规范化 w，来得到确定的几何间隔 $y_i\left(\dfrac{w}{\|w\|}\cdot x_i+\dfrac{b}{\|w\|}\right)$。每个样本点的函数（几何）间隔表示样本距离超平面的远近，也表示分类样本的置信度，函数（几何）间隔的正负表示分类样本的正确性，因此如果具有最小几何间隔的样本分类正确，则所有样本均能正确分类；另外最小几何间隔越大，则分类结果的置信度越高。因此寻找最优划分超平面的过程可以转化为

259

最大化最小几何间隔，即：

$$\max_{w,b} r$$

$$\text{s. t. } y_i\left(\frac{w}{\|w\|} \cdot x_i + \frac{b}{\|w\|}\right) \geqslant r, \ i=1, 2, \cdots, N$$

式中，r 表示几何间隔，利用几何间隔与函数间隔的数值关系 $r = \dfrac{\hat{r}}{\|w\|}$，另外 $\hat{r}$ 的取值对超平面法向量 w 无影响，因此线性可分支持向量机的优化目标为：

$$\min_{w, b} \frac{1}{2}\|w\|^2$$

$$\text{s. t. } y_i(w \cdot x_i + b) - 1 \geqslant 0, \ i=1, 2, \cdots, N$$

利用拉格朗日函数求解上述凸优化问题，可以得到线性可分超平面的参数 w^* 和 b^*。如图 5-7 所示是支持向量机法的一个示意图。

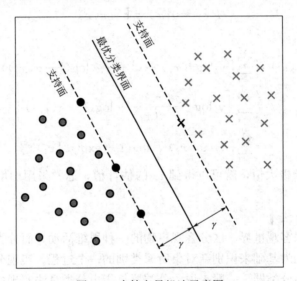

图 5-7　支持向量机法示意图

2）朴素贝叶斯法

朴素贝叶斯法是以贝叶斯原理为基础，使用概率统计的知识对样本数据集进行分类。朴素贝叶斯模型是基于贝叶斯公式和条件独立性假设的模型。贝叶斯公式为：

$$P(Y|X) = \frac{P(Y)P(X|Y)}{P(X)} = \frac{P(Y=c_k)P(X=x|Y=c_k)}{\sum_{k=1}^{K} P(Y=c_k)P(X=x|Y=c_k)} \tag{5-9}$$

式中，先验概率 $P(Y)$ 表示样本空间中各类样本所占的比例；后验概率 $P(Y|X)$ 表示在给定样本 x 的情况下，y 取值的概率，是贝叶斯模型用来预测的依据，即预测标签 $y = \mathrm{argmax}\ P(Y|X)$；$k$ 为类别编号，共 K 个类别。

朴素贝叶斯模型在朴素贝叶斯法的基础上进行了简化，其具有条件独立性假设，即在类别 y 确定的条件下，所有特征相互独立。因此上式的条件概率可以重写为：

$$P(X=x|Y=c_k) = \prod_{m=1}^{M} P(X^{(m)}=x^{(m)}|Y=c_k)$$

式中，m 表示特征编号，共 M 个特征。

因此在给定训练数据集 $T = \{(x_1, y_1), \cdots, (x_N, y_N)\}$ 后，朴素贝叶斯的预测过程为：

① 计算先验概率：$P(Y = c_k) = \dfrac{\sum_{i=1}^{N} I(y_i = c_k)}{N}$，$k = 1, 2, \cdots, K$；

② 计算条件概率：$P(X^{(m)} = z_m^j \mid Y = c_k) = \dfrac{\sum_{i=1}^{N} I(x_i^{(m)} = z_m^j, y_i = c_k)}{\sum_{i=1}^{N} I(y_i = c_k)}$，其中 z_m^j 表示第 m 个特征的第 j 个取值；

③ 预测：$y = \mathrm{argmax}\, P(Y = c_k) \prod_{m=1}^{M} P(X^{(m)} = x^{(m)} \mid Y = c_k)$。

朴素贝叶斯模型框架简单，无须进行超参数调整，更适用于离散的数据特征。对于连续型数据特征，可以首先进行离散化，用落入对应离散区间的概率来计算特征的条件概率。

（4）聚类分析方法

聚类分析是一种探索性的分析，在分类的过程中，人们不必事先给出一个分类的标准，聚类分析能够从样本数据出发，自动进行分类。聚类分析所使用方法的不同，常常会得到不同的结论。不同研究者对于同一组数据进行聚类分析，所得到的聚类数未必一致。从实际应用的角度看，聚类分析是数据分析挖掘的主要任务之一，聚类分析的方法同样有很多，这里主要对 K-means 聚类法及 DBSCAN 聚类法进行简单介绍。

1）K-means 聚类法

基于距离的 K-means 聚类法是最著名的、最常用的一种聚类方法。K-means 聚类法采用距离对数据点之间的相似性进行刻画。两个数据点若距离越近，相似度就越大，其属于同一个簇类的可能性也越大；反之，距离越远，则其相似度就越小。

给定数据集 $\{x_1, \cdots, x_N\}$，K-means 聚类法的计算过程为：

① 随机选取 K 个对象作为初始的簇类中心；

② 计算每个对象与选取的簇类中心之间的距离，把每个对象分配给距离它最近的簇类中心；

③ 根据新的聚类划分更新簇类中心的位置；

④ 不断迭代②和③，直到簇类中心不再变化时停止。

算法终止后会输出每个数据点所属的簇类标签 r_i（i 表示数据点下标）以及每个簇类中心的位置 c_k（$k = 1, \cdots, K$）。图 5-8 为对随机数据进行 K-means 聚类的结果示意图。

由于特点类似的对象（即数据点）相互之间的距离较短，因此利用 K-means 聚类法，就可以基于对象的特点来实现对多个对象的分类，然后对同一类对象进行相互对比、评分等后续处理。

此外，K-means 聚类法也能用于异常值筛选，即当某个数据点与大多数数据点的距离很远时，其被标记为异常值的可能性就越大。因此可以根据聚类结果检测异常值。这时候，就需要将数据点的聚类结果转化成对其异常程度的描述。

现进行如下定义：

a. 绝对距离：数据点与所属簇类的簇类中心的距离，记为 $d(c_{r_i}, x_i)$；

b. 簇内平均距离：每个簇类内所有数据点与该簇类的簇类中心距离的中位数，记为 $\overline{d}_k$，表示为：

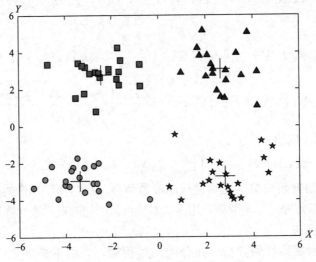

图 5-8　K-means 聚类结果示意图

$$\overline{d}_k = \underset{i \in \{n \,|\, r_n = k\}}{\mathrm{median}} d(c_k, \ x_i)$$

c. 相对距离：数据点绝对距离与簇内平均距离的比值，记为 $\tilde{d}_i$，表示为：

$$\tilde{d}_i = \frac{d(c_{r_i}, \ x_i)}{\overline{d}_{r_i}}.$$

一般簇内平均距离采用平均值作为表征，但平均值易受异常值的影响导致筛选不够准确。由于中位数具有一定的耐抗性，不易受异常值的影响，所以很多时候也可以选择中位数进行簇内平均距离的表征。

如果数据点相对距离大于预先设定的阈值，该数据点被标记为异常数据。这样做的缺点是预先设定的阈值具有局限性，不能适应动态数据。为解决这个问题，在实践中可以配合利用箱形图的上界来确定数据点相对距离的上界，并以此来作为阈值。

需要说明的是，K-means 作为一种聚类方法，应用的场景很多，并不是只能用于异常值筛选，而且它用于异常值筛选的结果会严重依赖于聚类的结果，选择不同聚类数目 K，聚类结果不同。此外，K-means 聚类结果容易受到随机初始聚类中心的影响，不同的初始化会导致聚类结果的不同，因此将其应用于异常值筛选上，会具有一定的随机性。

2) DBSCAN 聚类法

DBSCAN 是一种基于密度的聚类算法，它定义某对象的密度为该对象指定距离 d 内对象的个数。描述样本集紧密程度的关键参数为 (ε，MinPts)，其中，ε 表示以样本点 p 为邻域中心对应的领域半径，MinPts 表示样本点 p 以 ε 为半径的邻域中包含样本个数的最小值。

记样本集为 $D = (x_1, \ x_2, \ \cdots, \ x_m)$，相关概念[168] 定义如下：

① ε-邻域：样本点 $x_i \in D$ 的 ε-邻域记为 $N_\varepsilon(x_i)$，是指与样本点 x_i 的距离不超过 ε 的子样本集，即 $N_\varepsilon(x_i) = \{x_j \in D \mid \mathrm{dist}(x_i, \ x_j) \leqslant \varepsilon\}$。本文 $\mathrm{dist}(x_i, \ x_j)$ 表示样本点 x_i

与 x_j 的欧式距离，n 维样本空间下的具体表示为 $\text{dist}(x_i,\ x_j)=\sqrt{\sum_{k=1}^{n}(x_{ik}-x_{jk})^2}$。

② 核心对象：样本点 $x_j\in D$，若其 ε-邻域 $N_\varepsilon(x_j)$ 中至少包含 MinPts 个样本，即 $\|N_\varepsilon(x_j)\|\geqslant$ MinPts，则 x_j 为核心对象。这里 $\|\cdot\|$ 表示集合的势，对于有限集合，是指集合中包含元素的个数。

③ 密度直达：对于样本点 $x_i,\ x_j\in D$，若满足 $x_i\in N_\varepsilon(x_j)$ 以及 $\|N_\varepsilon(x_j)\|\geqslant$ MinPts，则称 x_i 由 x_j 密度直达。

④ 密度可达：若存在样本序列 $P_1=x_i,\ P_2,\ \cdots,\ P_n=x_j$，满足 P_i 可由 P_{i+1} 密度直达，则称 x_i 由 x_j 密度可达。

⑤ 密度相连：对于样本点 $x_i,\ x_j\in D$，若存在核心对象 x_k，使得 x_i 和 x_j 均由 x_k 密度可达，则称 x_i 与 x_j 密度相连。

DBSCAN 聚类法将聚类簇理解为密度相连的数据点组成的最大集合，并可形成任意形状的聚类。其具体的流程如下：

① 输入：样本集 $D=(x_1,\ x_2,\ \cdots,\ x_m)$，邻域半径 ε，给定点成为核心对象在邻域内最小需包含样本点数：MinPts。

② 初始化核心对象集合 $T=\varnothing$，聚类个数 $k=0$，未访问样本集合 $P=D$，聚类簇集合 $C=\varnothing$。

③ 对于样本集中的元素，以下述方法更新核心对象集合 T：以一种合适的距离度量（例如欧氏距离），确定任意样本点 $x_i\in D$ 的 ε-邻域 $N_\varepsilon(x_i)$；若 x_i 的 ε-邻域 $N_\varepsilon(x_i)$ 中至少包含 MinPts 个样本，即 $\|N_\varepsilon(x_j)\|\geqslant$ MinPts，则将样本点 x_i 加入核心对象集合，即 $T=T\bigcup(x_i)$。

④ 若核心对象集合 $T=\varnothing$，则算法结束，返回聚类簇集合 C，否则转入步骤⑤。

⑤ 从核心对象集合 T 中随机选择一个核心对象 o，初始化 P_old 为未访问样本集合 P，初始化一个队列 Q 并加入该核心对象 o，即 $Q=Q\bigcup\{o\}$。若队列 $Q=\varnothing$，则当前聚类簇 Ck 生成完毕，将当前聚类簇 Ck 更新为 P_old 与 P 的差集并将 Ck 加入聚类簇集合 C，之后将聚类个数 k 加 1，并在核心对象集合 T 中将 Ck 中的元素移除，转入步骤④；否则转入步骤⑥。

⑥ 若队列 Q 非空，从队列 Q 中选择第一个元素记为 q（显然，初次循环时 q 为核心对象 o），计算 q 的 ε-邻域 Nq，若 q 为核心对象，则将其密度直达的样本点加入队列 Q，并将这些样本点从未访问集合 P 中移除，最后将核心对象 o 从队列 Q 中移除。重复操作直到队列 Q 为空。

⑦ 输出：聚类簇集合 $C=\{C1,\ C2,\ \cdots,\ Ck\}$。

DBSCAN 聚类法在能够有效的对目标对象进行聚类分析之外，也可用于异常值检测，从 DBSCAN 的观点来看，异常点就是那些低密度区域中的对象，因此我们可以将不属于任何聚类簇的数据点标记为异常点。

（5）关联分析方法

关联分析又称关联挖掘，就是在关系数据、交易数据或其他信息载体中，查找存在于项目集合或对象集合之间的频繁模式、相关关系或因果结构。

关联分析是一种简单实用的分析技术，可以用来发现存在于大量数据集中的关联性或相关性，从而描述了一个事物中某些属性同时出现的规律和模式。

Apriori 法是关联分析中非常经典的关联规则分析挖掘方法，通过该方法可以发现数据之间的关系，这些关系包括频繁项集和关联规则。其中，频繁项集是经常出现在一起的对象的集合，而关联规则表明两个对象之间可能存在很强的关系。Apriori 法就是通过找出所有的频繁项集，然后由频繁项集来产生强关联规则。

Apriori 法的主要思路是依据"频繁项集的所有非空子集一定是频繁的"这一先验性质，运用宽度优先搜索的策略，从 k 项集中挖掘 $(k+1)$ 项集，这样迭代的进行，直到找到所有的频繁项集。该算法需要由 k 项集产生 $(k+1)$ 项集的候选项，并根据先验性质通过支持度来对候选项集进行剪枝。

Apriori 法的具体流程如下：

① 输入事务数据集 D 以及预先设定的最小支持度阈值 min_sup，其中事务数据集 D 是一组事务的集合，即 $D=\{D_1，D_2\cdots，D_m\}$，每个事务 D_i 也是一个集合，包含一个或多个对象，即 $D_i=\{d_{i1}，d_{i2}，\cdots，d_{in}\}$。

② 令 C 为在 D_i 中出现过的所有互不相同的单个对象的集合，且令频繁项集 $L_1=C$；从 $k=1$ 开始，循环执行步骤③和步骤④，直至 k 为包含对象最多的事务的对象个数，即 $k=\max(count(D_i))$，其中 $count(*)$ 表示集合中对象的个数。

③ 将 L_k 中的元素与 C 中元素的取并集，并检查它是否是某个事务 D_i 的子集，如果是，则将该并集放入候选项集 C_k。

④ 将 C_k 中满足最小支持度阈值约束的项放入新的频繁项集 L_{k+1}。

⑤ 循环结束后，输出最后得到的频繁项集 L。

（6）深度学习方法

深度学习是机器学习的一种，而机器学习是实现人工智能的必经路径。深度学习的概念源于对人工神经网络的研究，含多个隐藏层的多层感知器就是一种深度学习结构。深度学习通过组合低层特征形成更加抽象的高层表示属性的类别或特征，以发现数据的分布式特征表示。

在介绍深度学习之前，需要先了解神经网络。神经网络是由具有适应性的简单单元组成的广泛并行互连的网络，它的组织能够模拟生物神经系统（图 5-9）对真实世界物体所做出的交互反应。深层的神经网络就是典型的深度学习模型。

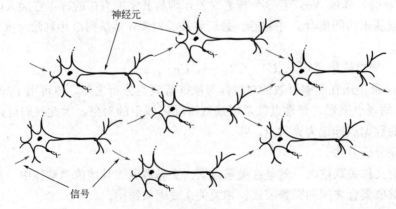

图 5-9 生物神经系统示意图

神经网络（或深度学习）的目标是近似某个函数 f^*。例如，对于学习器，$y=f^*(x)$ 将输入 x 映射到一个输出 y。神经网络定义了一个映射 $y=f(x,\vartheta)$，并且学习参数 ϑ 的值，使它能够得到最佳的函数近似，如果在模型的输出和模型本身之间没有反馈连接，则这种网络称为前馈神经网络（图 5-10）。当前馈神经网络被扩展成包含反馈连接时，它们被称为循环神经网络（图 5-11）。

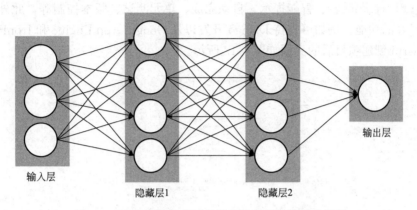

图 5-10　具有两层隐藏层的前馈神经网络的结构示例

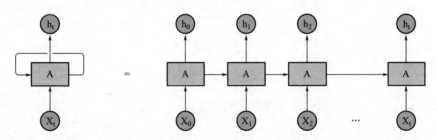

图 5-11　循环神经网络：同一层之间存在连接

前馈神经网络之所以被称为网络，是因为它们通常用许多不同函数复合在一起来表示。该模型与一个有向无环图相关联，而图描述了函数是如何复合在一起的。例如，我们有三个函数 $g(x)$、$h(x)$ 和 $k(x)$ 连接在一个链上以形成 $f(x)=k\{h[g(x)]\}$。这些链式结构是神经网络中最常用的结构。在这种情况下，$g(x)$ 被称为网络的第一层，$h(x)$ 被称为第二层，以此类推。链的全长称为模型的深度。正是因为这个术语才出现了"深度学习"这个名字。

（7）基于 Python 的分析方法

Python 是当前大数据分析领域中最常用的几种工具之一，它是一种高层次的结合了解释性、编译性、互动性和面向对象等特点的脚本语言。Python 的设计具有很强的可读性，并具有很多特色的语法结构。Python 的应用面非常广泛，能够被用于 Web 和 Internet 开发、科学计算和统计、人工智能、桌面界面开发、软件开发、后端开发及网络爬虫等众多领域。

Python 由 Guido van Rossum 于 1989 年发明，它的第一个公开发行版于 1991 年面世。Python 源代码遵循 GPL（GNU General Public License，通用性公开许可证）协议，即需

要确保软件自始至终都以开放源代码形式发布，这为更多的人员使用和学习 Python 提供了便利。目前业界常用的 Python 版本为 Python 3.0＋版本。

① PyCharm

PyCharm 是由 JetBrains 公司打造的一款 Python IDE（Integrated Development Environment，集成开发环境）。PyCharm 具备一般 Python IDE 的功能，包括调试、语法高亮、项目管理、代码跳转、智能提示、自动完成、单元测试、版本控制等，此外，它还提供了一些很好的功能，例如可支持 Django 开发以及 Google App Engine 和 IronPython 等。利用 PyCharm 创建项目后的界面如图 5-12 所示。

图 5-12　PyCharm 运行界面示意图

② Anaconda

Anaconda 是一个非常好的开源 Python 发行版本，它包含了 Python 相关 180 多个科学包及其依赖项，并自带 Python 编辑器。新版的 Anaconda 可以从其官方网站（使用搜索引擎搜索"Anaconda"可以进入其官方网站）下载，如图 5-13 所示。

Python 及 Anaconda 可以在多种操作系统中运行，用户可以根据自己的实际情况选择相应的版本下载。下载完成之后，一般按照缺省设置安装即可。安装完成后，就得到了 Python 的开发环境。Anaconda 的具体使用方法可以参考相关书籍或资料。

③ Jupyter Notebook

Jupyter Notebook 也是 Python 的一个集成开发环境，它是基于网页的用于交互计算的应用程序，可用于全过程计算，包括开发、文档编写、运行代码和展示结果等。Jupyter Notebook 以网页的形式打开，可以在网页页面中直接编写和运行代码，代码的运行结果也会直接在窗口下方显示。如在编程过程中需要编写说明文档，可在同一个页面中直接编写，便于作及时的说明和解释。我们可通过 Anaconda 来解决 Jupyter Notebook 的安装问题，Anaconda 作为一个非常好的 Python 开源发行版本，事实上已经自带了 Jupter Note-

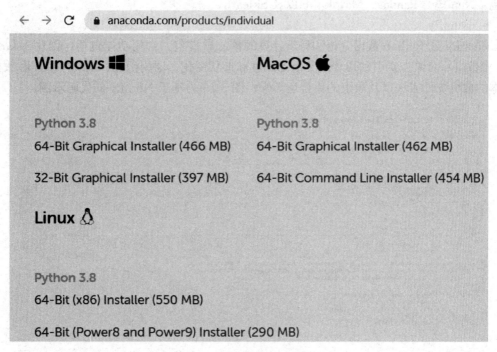

图 5-13　下载和安装 Anaconda

book 及其他工具，并包含了 Python 中超过 180 个科学包及其依赖项。Jupyter Notebook 的运行界面如图 5-14 所示。

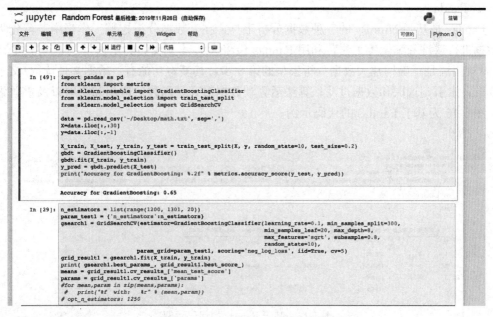

图 5-14　Jupyter Notebook 运行界面

④ Python 工具包
接下来简单介绍几个在使用 Python 编写代码时非常重要且经常会用到的科学计算工

267

具包：NumPy、Pandas、Matplotlib 以及 Sklearn。

a. NumPy

NumPy 是 Python 数据分析和科学计算的核心软件包。常用功能包括：创建 Ndarray（N 维数组）对象、索引和切片、数组的维度和形状变化、通用函数、从文件中读取数据、基本的数组统计方法以及数组的集合运算等。图 5-15 为基于 NumPy 的代码示例。

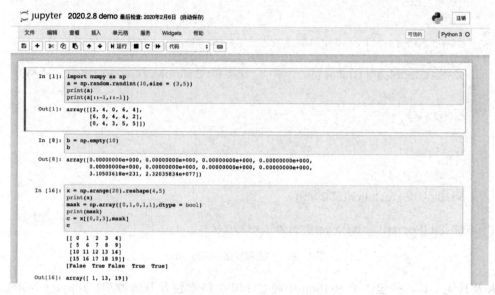

图 5-15　基于 Numpy 的代码示例

b. Pandas

Pandas 是基于 NumPy 的一种数据分析工具，在大数据分析挖掘工作当中，首先需要对数据进行清洗和编辑等工作，利用 Pandas 包将大大减少我们的工作量。熟练掌握 Pandas 常规用法是正确构建大数据分析模型的第一步，其基本功能有：数据文件读取/文本数据读取；索引、选取和数据过滤；算法运算和数据对齐；函数的应用和映射以及重置索引等。图 5-16 为基于 Pandas 的代码示例。

```
In [1]: import pandas as pd
        import numpy as np
        import matplotlib.pyplot as plt
        df = pd.read_csv('/Users/shenhongyi/Desktop/四节一环保/课题进展/20200314数据分析/0314.csv',sep = ',',encoding = 'gb18030')
        print(len(df))
        df.head()

        361
```

Out[1]:

	建筑编码	电消费量(千瓦时)	天然气消费量(立方米)	柴油	建筑总能耗(kgce)	单位能耗(kgce/m2)
0	1	89276	3850	0	30715.4	13.4
1	2	631840	0	0	181969.9	18.9
2	3	123530	11418	0	50416.7	21.8
3	4	143398	0	0	41298.6	10.5
4	6	20472	0	0	5895.9	6.6

图 5-16　基于 Pandas 的代码示例

c. Matplotlib

Matplotlib 是 Python 中最常用的 2D 图形绘图包，它可以帮助我们在数据分析中更灵活地展示各种数据的状态，实现数据的可视化。通过 Matplotlib，我们仅通过几行代码便可以生成散点图、直方图、条形图及功率谱等多种图形。图 5-17 为基于 Matplotlib 的代码示例。

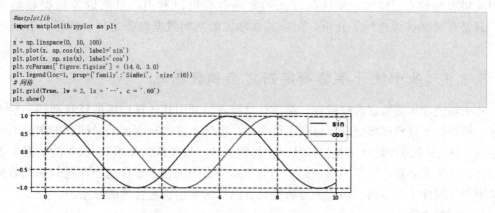

图 5-17　基于 Matplotlib 的代码示例

d. Sklearn

Sklearn 是利用 Python 进行大数据分析挖掘时最常用的工具包之一，它可针对数据完成分类、回归、聚类、降维、模型选择及预处理等多种处理任务，而且基本上都只需通过调用函数的命令即可实现。

其中，分类任务包括 kNN（k 近邻）算法、支持向量机、朴素贝叶斯、决策树、集成方法和神经网络等；回归任务包括多项式回归、逻辑回归、岭回归、Lasso 回归、弹性网络、最小角回归和贝叶斯回归等；聚类任务包括 K-means、DBSCAN、AP 聚类、均值漂移、层次聚类、BIRCH 和谱聚类等；降维任务包括 PCA（主成分分析）、截断 SVD、字典学习、因子分析、独立成分分析、非负矩阵分解和 LDA（Latent Dirichlet Allocation，一种文档主题生成模型）等。图 5-18 为基于 Sklearn 调用 k 近邻算法命令的代码示例。

```
k近邻法

In [182]:   from sklearn.neighbors import KNeighborsClassifier
            clf_sk = KNeighborsClassifier(n_neighbors=1)   # 最近邻法
            clf_sk.fit(X_train, y_train)

Out[182]:   KNeighborsClassifier(algorithm='auto', leaf_size=30, metric='minkowski',
                            metric_params=None, n_jobs=None, n_neighbors=1, p=2,
                            weights='uniform')

In [183]:   clf_sk.score(X_test, y_test)

Out[183]:   1.0
```

图 5-18　基于 Sklearn 的代码示例

5.2　民用建筑建筑规模数据分析挖掘应用

民用建筑的建筑规模是建筑业的关键指标之一，也是"四节一环保"领域中非常重要的问题。建筑规模数据的用途非常广泛，例如可以用于对地区或城市的能源消耗、房地产价格等进行估算和预测等。在本节中，首先从统计年鉴出发，对地区建筑规模进行测算时所需要解决或明确的几个问题，如不同统计年鉴的数据源如何确定、建筑拆除率如何计算等，利用一些数据分析挖掘方法进行探讨；随后，利用一些行业统计报表、互联网大数据等，探讨用一些新方法来对建筑规模进行测算，这些新方法可以与从统计年鉴出发的方法相互借鉴与参考。同时，从这些方法的处理过程可以看出，虽然因为数据收集等原因，只是在局部区域进行了分析，但在其他地区的基础数据具备之后，同样具有较好的推广性。

5.2.1　基于统计年鉴确定新建面积数据源

考虑到统计年鉴数据的权威性、简洁性等特点，利用其计算地区的建筑面积非常快速高效。但是对于建模规模而言，目前主要在 3 个统计年鉴中有所涉及，即《中国建筑业统计年鉴》《中国房地产统计年鉴》以及《中国固定资产投资统计年鉴》，其中的数据由于统计口径、方法等因素，结果不尽相同。如何选择合适的统计年鉴作为本课题的基础数据源非常重要，因此本小节将利用相关分析挖掘方法探讨如何确定合适的数据源。

（1）数据来源

施工面积指标包括施工面积 1 个一级指标，居住建筑施工面积、公共建筑施工面积 2 个二级指标。其中，施工面积有 3 个直接获取渠道，居住建筑施工面积有 2 个直接获取渠道，公共建筑施工面积有 1 个直接获取渠道。获取颗粒度均为分省地区，时间序列为年鉴数据，频次为年度。

施工面积指报告期内施工的全部房屋建筑面积，包括本期新开工的房屋建筑面积、上期跨入本期继续施工的房屋建筑面积、上期停/缓建在本期恢复施工的房屋建筑面积、本期竣工的房屋建筑面积以及本期施工后又停，缓建的房屋建筑面积。多层建筑应填各层建筑面积之和，即：

施工面积＝新开面积＋竣工面积＋上期跨入本期面积＋本期施工又停缓建面积

施工面积＝居住建筑施工面积＋公共建筑施工面积

公共建筑＝办公楼＋商业营业用房＋其他用途房屋

竣工面积也来自三个统计年鉴，其结构类似，一般包括居住建筑竣工面积。获取颗粒度均为分省地区，时间序列为年鉴数据，频次为年度。

《中国建筑业统计年鉴》的划分：住宅房屋，商业及服务用房屋，办公用房屋，科研、教育和医疗用房屋，文化、体育和娱乐用房屋，厂房及建筑物，仓库，其他。

《中国房地产统计年鉴》的划分：住宅房屋，办公楼，商业营业用房，其他。

《中国固定资产投资年鉴》的划分：住宅房屋，其他。

我们收集了 2003—2017 年 15 年间的 GDP、常住人口、出生率、第三产业生产值、房地产生产值、建筑业生产值、人均收入、城市化率、人均消费指出等指标。获取颗粒度均为分省地区，时间序列为年鉴数据，频次为年度。

（2）数据选取方法

现在我们已有的数据为竣工面积、施工面积和各个省份的经济、人口等基础数据。故我们采取对各省的施工面积和竣工面积进行回归分析。我们假设施工面积与 GDP、常住人口、出生率、第三产业生产值、房地产生产值、建筑业生产值、人均收入、城市化率、人均消费等指标线性相关。为了简单起见，我们将施工面积记作 V，将指标记为 A^1，

A^2，$\cdots$，A^k，即假设如下的关系：

$$V = \alpha_1 A^1 + \alpha_2 A^2 + \cdots + \alpha_k A^k + \alpha_0$$

同理，我们将这一方法应用到竣工面积中，将竣工面积记作 C，将指标记为 A^1，A^2，$\cdots$，A^k，则：

$$C = \beta_1 A^1 + \beta_2 A^2 + \cdots + \beta_k A^k + \beta_0$$

我们将最终利用不同年鉴的数据计算出拟合的相应的系数 α_0，$\cdots$，α_k 与 β_0，$\cdots$，β_k，并对这些结果进行相应的分析，主要通过比较其误差与决定系数的好坏来选取合适的数据源。

（3）数据选取结果与分析

从数据总体规模来看，即比较各个年份全国的竣工面积数据，我们整理了 2005—2012 年这 8 年间三种来源的居住建筑竣工面积数据进行对比，结果见表 5-1。

不同数据源竣工总面积对比 （单位：亿 m²）　　　　　　　　　　　　　表 5-1

	2005	2006	2007	2008	2009	2010	2011	2012
《中国固定资产投资统计年鉴》	13.28	13.14	14.63	15.94	18.42	18.32	19.75	19.51
《中国房地产统计年鉴》	4.37	4.55	4.98	5.43	5.96	6.34	7.43	7.90
《中国建筑业统计年鉴》	8.95	10.29	11.93	13.39	15.19	17.25	20.07	23.42

1）不同数据源施工面积的回归分析

可以看出，《中国固定资产投资统计年鉴》和《中国建筑业统计年鉴》的数据相差较小，一定程度可反映这两种数据来源的可靠性。其次，根据不同数据来源的统计口径差异分析，《中国房地产统计年鉴》的统计口径相对不全面，数据结果也只有《中国固定资产投资统计年鉴》（或《中国建筑业统计年鉴》）的 1/3 到 1/2。因此，我们首先排除《中国房地产统计年鉴》的数据，以下实验中论证《中国固定资产投资统计年鉴》和《中国建筑业统计年鉴》数据的选取。

基于回归模型，为了选取出合适的指标，我们按照 cross-validation，即将数据随机分为训练集和校验集，在训练集上分别对两种数据源的数据进行线性回归，最终计算在校验集合上误差，即

$$\text{建筑施工面积误差} = \sqrt{\frac{\sum w_{ij}(V_{ij} - \alpha_1 A_{ij}^1 - \alpha_2 A_{ij}^2 - \cdots - \alpha_k A_{ij}^k - \alpha_0)^2}{\sum w_{ij} V_{ij}^2}}$$

式中，下标 i 表示省份；下标 j 表示年份；w_{ij} 表示该年该省份的人口占全国人口的比重。在 cross-validation 之后，我们依照 R^2 值再一次对变量进行删减。

最终我们得到：

①《中国固定资产投资统计年鉴》的建筑施工面积与 GDP、第三产业生产值、人均收入、城市化率和农村人均收入相关；

②《中国建筑业统计年鉴》的建筑施工面积与 GDP、人口、人均收入、城市化率、城镇人均消费和农村人均消费相关。

计算线性回归的误差和决定系数（R^2 越接近 1 越好），可以得到如下结果（表 5-2）：

不同数据源施工面积回归结果 表 5-2

	固定资产投资	建筑业
误差	17.2%	42.2%
R^2	0.902	0.695

固定资产的决定系数更接近 1 且误差更小，我们认为拟合效果更好。

2）不同数据源竣工面积的回归分析

类似的，我们基于回归模型和 cross-validation，将两种数据源的竣工面积进行线性回归，并最终计算在校验集合上的误差：

$$竣工面积误差 = \sqrt{\frac{\sum w_{ij}(C_{ij} - \beta_1 A_{ij}^1 - \beta_2 A_{ij}^2 - \cdots - \beta_k A_{ij}^k - \beta_0)^2}{\sum w_{ij} C_{ij}^2}}$$

我们将不考虑施工面积的因素。类似的，在利用 cross-validation 之后，我们依照 R^2 值再一次对变量进行删减。

最终我们得到：

①《中国固定资产投资统计年鉴》的竣工面积与 GDP、第三产业生产值、人均收入、城市化率、农村人均消费和城镇人均消费相关；

②《中国建筑业统计年鉴》的竣工面积与 GDP、人口、人均收入、城市化率、农村人均消费和城镇人均消费相关。

这里我们可以看到在前一小节得到的施工的指标和本节得到的竣工面积的指标基本一致，并且《中国建筑业统计年鉴》得到的指标完全一致，我们通过计算得出，建筑业的竣工面积和施工面积基本呈现线性关系。

计算线性回归的误差和决定系数（R^2 越接近 1 越好），可以得到如下结果（表 5-3）：

不同数据源竣工面积回归结果 表 5-3

	固定资产投资	建筑业
误差	23.8%	44.3%
R^2	0.787	0.635

可以看到，固定资产投资年鉴的决定系数更高，选择它作为数据源更好。

综上所述，从拟合的好坏程度和指标选取的好坏来看，我们认为《中国固定资产投资统计年鉴》更加合理。

5.2.2 基于统计年鉴计算建筑拆除率

拆除率对于计算地区建筑面积同样非常重要，而不同地区根据自身经济发展的需要、城市规划的调整、人口变动的情况等，拆除率不尽相同。本节将以上海为例，探讨如何利用相关分析挖掘方法计算民用建筑的拆除率，并将该方法应用到了全国各省级区域。

（1）数据来源

《上海统计年鉴》数据包括每年的实有公共建筑面积和实有居住建筑面积，此外由 5.2.1 的分析，选取《中国固定资产投资统计年鉴》的竣工数据作为新建数据。此外，收集了上海从 2003—2017 年 15 年间的 GDP、常住人口、出生率、第三产业生产值、房地产生产值、建筑业生产值、人均收入、城市化率、人均消费指出等指标。

另一个数据来源是根据人口普查数据测算得到的十年间总计的拆除面积，获取颗粒度均为分省地区。此外，收集了各省从 2003—2017 年 15 年间的 GDP、常住人口、出生率、第三产业生产值、房地产生产值、建筑业生产值、人均收入、城市化率、人均消费指出等指标。

（2）拆除率的估计与预测

首先修正竣工率，使得竣工面积为年鉴上的竣工面积加上修正率施工面积。为了简便，用符号来指代数据：

数据	记号
实有公共/居住建筑面积	P_t/L_t
公共/居住建筑施工面积	VP_t/VL_t
公共/居住建筑竣工面积	CP_t/CL_t
公共/居住建筑拆除率	$r_{P,t}/r_{L,t}$
公共/居住建筑修正率	$\rho_{P,t}/\rho_{L,t}$

其中 t 代表年份。

我们假设建筑规模数据有如下关系，即本年实有面积−去年实有面积＝修正后的竣工面积−拆除面积：

$$P_t - P_{t-1} = CP_t + \rho_{P,t} VP_t - r_{P,t} P_{t-1}$$
$$L_t - L_{t-1} = CL_t + \rho_{L,t} VL_t - r_{L,t} L_{t-1}$$

对拆除率和修正率进行非线性回归，其数学表达式为：

$$r_{P,t}(\gamma) = \min[\max(\sigma(\gamma_1 A_t^1 + \gamma_2 A_t^2 + \cdots + \gamma_k A_t^k + \gamma_0),\ 10^{-3}),\ ub_P]$$
$$\rho_{P,t}(\lambda) = \sigma(\lambda_1 A_t^1 + \lambda_2 A_t^2 + \cdots + \lambda_k A_t^k + \lambda_0)$$
$$r_{L,t}(\eta) = \min[\max(\sigma(\eta_1 A_t^1 + \eta_2 A_t^2 + \cdots + \eta_k A_t^k + \eta_0),\ 10^{-3}),\ ub_L]$$
$$\rho_{L,t}(\theta) = \sigma(\theta_1 A_t^1 + \theta_2 A_t^2 + \cdots + \theta_k A_t^k + \theta_0)$$

式中，$(A_t^1, \cdots, A_t^k)$ 为上海第 t 年的 GDP、常住人口、出生率、第三产业生产总值、房地产生产总值、建筑业生产总值、人均收入、城市化率、人均消费指出等指标。非线性 $\sigma(x) = 1/(1 + e^{-x})$ 将输出一个 0～1 之间的小数，常用的非线性函数还有 arctan 函数，ub_P 与 ub_L 分别为公共建筑和居住建筑拆除率的上限。故对于公共建筑面积我们得到以下的优化问题：

$$\min_{\gamma,\ \lambda} \sum_{t=2003}^{2018} (P_t - P_{t-1} - CP_t - \rho_{P,t}(\gamma) \cdot VP_t + r_{P,t}(\lambda) \cdot P_{t-1})^2$$

对居住建筑面积，我们有如下的优化问题：

$$\min_{\eta,\ \theta} \sum_{t=2003}^{2018} (L_t - L_{t-1} - CL_t - \rho_{L,t}(\theta) \cdot VL_t + r_{L,t}(\eta) \cdot L_{t-1})^2$$

为了进一步提升效果，我们将拟合的模型修改为多层的神经网络，引入两层隐藏层，并使用 $\text{ReLu}(x) := \max(x, 0)$ 激活函数，其结构如下：

$$r_{P,t}(W_1, W_2, v_1) = \min[\max(\sigma(v_1^T \text{ReLu}(W_2 \text{ReLu}(W_1 A_t))),\ 10^{-3}),\ ub_P],$$

$$\rho_{P,t}(W_1, W_2, v_2) = \sigma(v_2^T ReLu(W_2 ReLu(W_1 A_t)))$$

式中，$A_t = [A_t^1, \cdots, A_t^k]$、$W_1$、$W_2$、$v_1$、$v_2$ 为训练变量，这两层的神经网络分别有 16 个神经元。最终得到我们需要求解的优化问题：

$$\min_{W_1, W_2, v_1, v_2} \sum_{t=2003}^{2018} (P_t - P_{t-1} - CP_t - \rho_{P,t}(W_1, W_2, v_2) \cdot VP_t + r_{P,t}(W_1, W_2, v_1) \cdot P_{t-1})^2$$

同理可以对居住建筑也做如下处理：

$$r_{L,t}(W_3, W_4, v_3) = \min[\max(\sigma(v_3^T ReLu(W_4 ReLu(W_3 A_t))), 10^{-3}), ub_L]$$

$$\rho_{L,t}(W_3, W_4, v_4) = \sigma(v_4^T ReLu(W_4 ReLu(W_3 A_t)))$$

并得到如下的优化问题：

$$\min_{W_3, W_4, v_3, v_4} \sum_{t=2003}^{2018} (L_t - L_{t-1} - CL_t - \rho_{L,t}(W_3, W_4, v_4) \cdot VL_t + r_{L,t}(W_3, W_4, v_3) \cdot L_{t-1})^2$$

这一方法不仅可以用于计算上海的拆除率，也可以用于推测其他省份的拆除率，无需知晓这些省份的实有面积数据，只需要该省份各个指标的数据，即可估计该省份的拆除率或未来的拆除率。

（3）拆除面积细分

假设拆除面积与 GDP、竣工面积、城市化率等因素有关，并且有 10 年累计拆除面积。为了简单，将拆除面积记作 Y，将指标记为 A^1, A^2, $\cdots$, A^k，即假设如下的关系：

$$Y \propto A^1 \theta_1 + A^2 \theta_2 + \cdots + A^k \theta_k + \theta_0$$

并且记 $\overline{Y}$ 为累计拆除面积，故需要求解问题：

$$\min_{Y, \theta} \sum_{i, j} (Y_{ij} - A_{ij}^1 \theta_1 - A_{ij}^2 \theta_2 - \cdots - A_{ij}^k \theta_k - \theta_0)^2, \quad \text{s. t.} \sum_j Y_{ij} = \overline{Y}$$

式中，下标 i 代表省份；下标 j 代表年份。计算拆除面积后，结合竣工面积可以计算实有面积，从而得到拆除率：

$$r_{ij} = \frac{Y_{ij}}{[M_i + \sum_{k<j}(C_{ik} - Y_{ik})]},$$

式中，M_i 为初始的实有面积；C_{ik} 为竣工面积。

（4）对上海拆除率的估算

选择《中国固定资产投资统计年鉴》的数据作为竣工面积数据源，并利用上海 2003—2018 年的实有面积进行实验。

具体而言，基于（2）中的神经网络模型，取 $ub_P = 0.04$，$ub_L = 0.04$，对上海市的公共面积、居住面积的数据进行拟合，并优化出相关的模型参数。最终得到公共面积、居住面积的拟合结果如图 5-19 所示。

为了更加直观的给出拟合的优劣，还计算出了拟合误差的数值：

$$误差_P = \sqrt{\frac{\sum_{t=2003}^{2018}(P_t - P_{t-1} - CP_t - \rho_{P,t}VP_t + r_{P,t}P_t)^2}{\sum_{t=2003}^{2018} P_t^2}} = 2.49 \times 10^{-2}$$

$$误差_L = \sqrt{\frac{\sum_{t=2003}^{2018}(L_t - L_{t-1} - CL_t - \rho_{L,t}VL_t + r_{L,t}L_t)^2}{\sum_{t=2003}^{2018} L_t^2}} = 1.74 \times 10^{-3}$$

在得出模型参数后，根据拆除率的表达式，可以计算出公共建筑和居住建筑不同年份

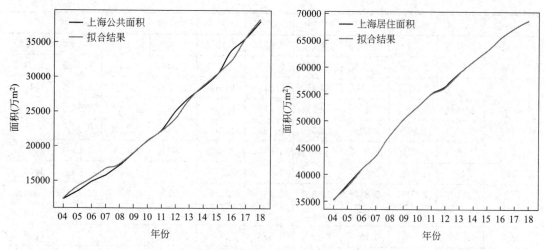

图 5-19 上海公共建筑面积与居住建筑面积拟合结果

的拆除率：

$$r_{P, t} = \min\left[\max(\sigma(v_1^T \mathrm{ReLu}(W_2 \mathrm{ReLu}(W_1 A_t))), 10^{-3}), ub_P\right]$$

$$r_{L, t} = \min\left[\max(\sigma(v_3^T \mathrm{ReLu}(W_4 \mathrm{ReLu}(W_3 A_t))), 10^{-3}), ub_L\right]$$

具体结果见表 5-4。

上海市 2003—2017 年拆除率估计（单位：%）   表 5-4

年份(年)	2003	2004	2005	2006	2007	2008	2009	2010	2011	2012	2013	2014	2015	2016	2017
r_P	1.17	1.55	1.31	1.13	0.90	0.85	0.58	0.45	0.30	0.22	0.16	0.14	0.10	0.10	0.10
r_L	1.00	1.00	1.00	1.00	1.00	1.00	1.00	1.00	1.00	1.00	1.00	1.00	0.37	0.16	0.58

（5）拆除面积细分结果

根据项目合作单位提供的十年拆除总面积，求解模型最后计算得到如下的结果（表 5-5）。

各地 2001—2010 年细分拆除率结果   表 5-5

	2001 年	2002 年	2003 年	2004 年	2005 年	2006 年	2007 年	2008 年	2009 年	2010 年
北京	1.90%	1.89%	1.91%	1.46%	1.30%	1.06%	1.17%	1.14%	1.14%	1.10%
天津	0.04%	0.04%	0.04%	0.03%	0.03%	0.03%	0.03%	0.02%	0.05%	0.19%
河北	0.31%	0.30%	0.32%	0.24%	0.27%	0.32%	0.39%	0.52%	0.61%	0.56%
山西	0.12%	0.12%	0.14%	0.16%	0.23%	0.30%	0.25%	0.34%	0.50%	0.44%
内蒙古	0.78%	0.81%	0.82%	1.02%	1.17%	1.23%	1.19%	1.27%	1.22%	1.16%
辽宁	0.32%	0.33%	0.37%	0.50%	0.53%	0.62%	0.60%	0.64%	0.75%	0.73%
吉林	1.14%	0.87%	1.10%	1.24%	1.45%	1.57%	1.53%	1.64%	1.46%	1.32%
黑龙江	0.13%	0.14%	0.15%	0.14%	0.16%	0.24%	0.35%	0.45%	0.52%	0.46%
上海	0.07%	0.10%	0.08%	0.07%	0.06%	0.04%	0.03%	0.06%	0.15%	0.18%
江苏	2.20%	2.24%	2.62%	2.10%	2.14%	2.14%	2.06%	1.98%	1.86%	1.88%
浙江	2.92%	2.80%	3.02%	2.46%	2.32%	2.17%	1.96%	1.91%	1.79%	1.63%

续表

	2001 年	2002 年	2003 年	2004 年	2005 年	2006 年	2007 年	2008 年	2009 年	2010 年
安徽	4.83%	5.00%	4.40%	3.52%	2.94%	2.73%	2.78%	2.45%	2.10%	1.92%
福建	1.84%	2.28%	2.27%	1.99%	2.07%	1.95%	1.50%	1.33%	1.35%	1.23%
江西	2.10%	2.31%	2.37%	1.86%	1.81%	1.76%	1.62%	1.55%	1.37%	1.44%
山东	2.62%	2.53%	2.42%	1.92%	1.71%	1.63%	1.63%	1.58%	1.76%	1.72%
河南	1.50%	1.88%	2.00%	1.53%	1.49%	1.30%	1.24%	1.11%	0.97%	0.80%
湖北	2.00%	2.01%	2.03%	1.70%	1.68%	1.62%	1.66%	1.62%	1.69%	1.57%
湖南	3.14%	3.15%	2.99%	2.37%	2.17%	2.10%	1.97%	1.84%	1.76%	1.68%
广东	2.80%	2.79%	2.84%	2.68%	2.49%	2.49%	2.28%	2.34%	2.14%	1.96%
广西	1.99%	2.17%	2.67%	1.48%	1.37%	1.19%	1.29%	1.23%	1.21%	1.09%
海南	1.95%	1.83%	2.19%	1.49%	1.58%	1.55%	2.10%	2.02%	2.05%	2.39%
重庆	4.09%	3.28%	3.19%	2.36%	2.01%	1.84%	1.76%	1.71%	2.93%	1.51%
四川	2.34%	1.97%	1.74%	1.58%	1.41%	1.36%	2.60%	1.73%	1.43%	1.11%
贵州	0.32%	0.30%	0.35%	0.20%	0.27%	0.29%	0.47%	0.51%	0.49%	0.45%
云南	0.28%	0.30%	0.28%	0.17%	0.24%	0.32%	0.23%	0.28%	0.27%	0.32%
西藏	1.79%	2.21%	2.40%	4.88%	5.74%	3.19%	4.14%	2.33%	1.97%	1.72%
陕西	0.75%	0.51%	0.53%	0.40%	0.53%	0.66%	0.60%	0.58%	0.76%	0.86%
甘肃	0.55%	0.14%	0.16%	0.07%	0.09%	0.68%	0.63%	0.21%	0.18%	0.21%
青海	4.74%	4.55%	4.40%	4.14%	4.14%	3.86%	4.34%	5.82%	7.38%	5.14%
宁夏	3.96%	3.38%	3.51%	2.82%	2.51%	2.47%	2.42%	2.41%	2.24%	2.21%
新疆	4.66%	4.48%	5.54%	4.83%	4.71%	3.65%	2.68%	2.23%	2.36%	2.68%

5.2.3　基于互联网大数据的民用建筑面积分析挖掘

随着智慧城市研究的深入，我国传统领域的信息化建设向着智慧城市的大方向快速推进，建筑信息化持续升温，物联网技术、云计算、大数据技术也纷纷崭露头角。

然而，在大数据时代背景下，随着建筑行业的发展、智慧城市的推进，建筑信息量每天也在呈现"指数级"的增长，这些数据与人们的工作、学习和生活息息相关，在给人们带来便利的同时，也因大量的数据包含着的巨量的信息而给数据分析和展示带来了挑战。长年累积的建筑大数据蕴含着丰富的信息和不可估量的价值，因此，如何利用建筑数据高效、精准、直观地获取特定分析结果以支持决策，是人们在享受大数据带给我们方便的同时不得不面对的问题。

本小节以网络爬取的数据为例进行建筑面积等的分析，展示了互联网数据的挖掘和分析过程，为大数据挖掘提供参考案例。

（1）数据获取及说明

根据前面的背景介绍和工作思路，首先需要获取的就是北京市已竣工建筑的面积。考虑到传统获取手段的困难，在此我们考虑使用网络爬虫的形式来获取相关数据。

建筑面积爬虫的总体策略是：先用爬虫获得建筑名称，再基于建筑名称爬取建筑面积。这两步策略具有先后顺序，且依赖的场景不同。其中北京住宅小区基于解析 CSDN 网站中相关研究人员提供的 SQL 数据文件获得，该文件包含建筑名称以及部分建筑面积信息，这些建筑名称的获取基本不调用百度地图服务，但没有建筑面积数据或数据不合理的，则使用上述的建筑面积爬取策略。

1）建筑名称获取

① 百度地图 API 服务调用

百度地图提供了多种公共服务，比如定位、地图、搜索、鹰眼轨迹等。百度地图 Web 服务 API 为开发者提供了 Http/Https 接口，开发者通过 Http/Https 形式发起检索请求，可以获取返回 Json 或 XML 格式的检索数据。用户可以基于此开发 Python、JavaScript、C#、C++、Java 等语言的地图应用。

考虑到本案例的建筑数据获取任务，可以使用百度地图 API 提供的地点检索服务。该地点检索服务可以提供多种场景的地点（POI，Point of Information）检索功能，包括行政区划检索、圆形区域检索、矩形区域检索等。

开发者可通过接口获取地点（POI）的基础或详细地理信息，其中行政区划区域检索可通过该功能检索某一行政区划内（目前最细到城市级别）的地点信息；圆形区域检索可设置圆心和半径，检索圆形区域内的地点信息（常用于周边检索场景）；矩形区域检索可设置检索区域左下角和右上角坐标，检索坐标对应矩形内的地点信息（常用于手机或 PC 端地图视野内检索）。

如果有进一步的需要，还可以利用地点详情检索，针对指定 POI 检索其相关的详情信息。开发者可以通过三种区域检索（或其他服务）功能，获取 POI 的 ID。使用"地点详情检索"功能，传入 ID，即可检索 POI 详情信息，如评分、营业时间等（不同类型 POI 对应不同类别详情数据）。表 5-6 展示了百度地图 API 服务能够查询到的行业分类信息。

百度地图 API 服务查询分类　　　　　　　　　　　　　　　表 5-6

一级行业分类	二级行业分类
酒店	星级酒店、快捷酒店、公寓式酒店
购物	购物中心、百货商场、超市、便利店、家居建材、家电数码、商铺、集市
医疗	综合医院、专科医院、诊所、药店、体检机构、疗养院、急救中心、疾控中心
房地产	写字楼、住宅区、宿舍
政府机构	中央机构、各级政府、行政单位、公检法机构、涉外机构、党派团体、福利机构、政治教育机构
教育培训	高等院校、中学、小学、幼儿园、成人教育、亲子教育、特殊教育学校、留学中介机构、科研机构、培训机构、图书馆、科技馆
公司企业	公司、园区、农林园艺、厂矿

② 利用 QGIS 软件导出 .shp 文件中的数据

QGIS（Quantum GIS）是一个桌面 GIS 软件，它能够提供地理信息数据的显示、编辑和分析功能。QGIS 可运行在 Windows、Linux 及 Mac OSX 等平台之上，是基于 Qt、使用 C++开发的用户界面友好、跨平台的开源版桌面地理信息系统。

清华大学建筑学院龙瀛老师的开放课程《大数据与城市规划》提供了部分北京市老城区（二环内）的数据，数据类型为 .shp 文件，可在 QGIS 软件中打开。显示形式类似于地图，还可以通过增加图层来直观地显示地理信息，如图 5-20 所示。

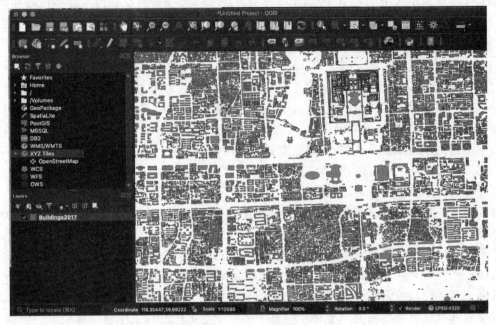

图 5-20　QGIS 软件示例 1

此外，还可以从 .shp 文件中导出数值型数据，如图 5-21 所示。

图 5-21　QGIS 软件示例 2

需要注意的是，QGIS 数据集存在一些缺陷：

a. 数据仅为北京市二环内数据，利用其进行全北京市建筑面积的估算会存在偏差；

b. 大多数文件中的 key 指标采用地理信息（经纬度值），与本案例中所关注的建筑名称不符。

c. 部分数据集记录的是机构名称（以企业、单位命名），如"北京＊＊保洁服务有限公司"，而本案例更关注建筑本身的名称，如"远洋大厦"等。

　　综上考虑，在具体的实践中，我们以百度 API 服务调用为主，以 QGIS 数据进行二环内数据的核准，以此获得北京市辖区内已竣工建筑的名称。

　　2）建筑面积获取

　　根据前面已获取的建筑名称信息，可以利用网络大数据爬取技术、搜索引擎页面排序算法的结果、相关专家标注信息等多种手段，进行相应的建筑面积的爬取。建筑面积获取的任务不但爬取了海量的网络数据，还使用了百度百科知识库中的数据，该数据是由相关专家、业主等所添加，具有较高的权威性。

　　① 百度百科词条信息

　　利用百度百科的 Infobox 信息，可以直接进行建筑面积的提取，这是优先采取的建筑面积获取方式。如图 5-22 所示为利用百度百科进行建筑面积获取的示例。

图 5-22　百度百科获取建筑面积示例

　　② 百度搜索

　　其次，可以利用百度搜索引擎返回的结果来提取对应信息，如图 5-23 所示为利用百度搜索进行建筑面积获取的示例。

　　③ Bing 搜索

　　此外，还可以利用 Bing 搜索引擎返回的结果提取对应信息，如图 5-24 所示为利用 Bing 搜索进行建筑面积获取的示例。

　　因此，根据得到的建筑名称的信息，综合利用搜索引擎的搜索功能和网络数据爬取技术，就得到建筑面积。一栋建筑的面积有占地面积及建筑面积等，本案例关注的是建筑面积，因此获取时的模板需表述明确且一致，不同的表达对应的面积含义也不同。建筑面积获取模块的流程图如图 5-25 所示。

图 5-23　百度搜索获取建筑面积示例

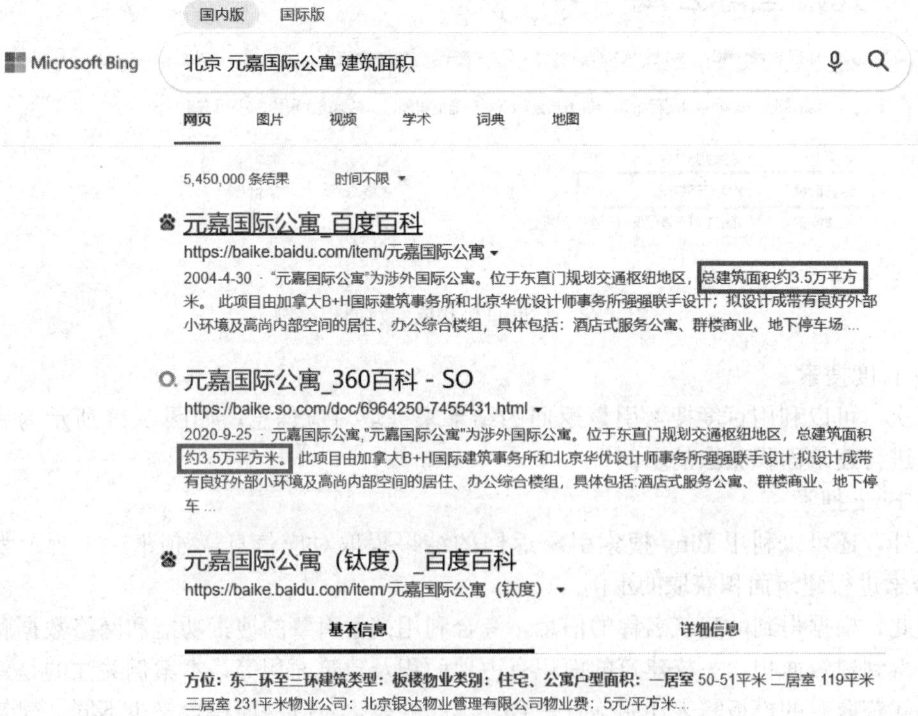

图 5-24　Bing 搜索获取建筑面积示例

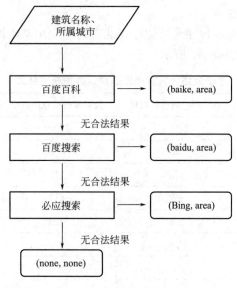

图 5-25　建筑面积获取流程

3）建成时间获取

一栋建筑物的建成时间不像建筑面积那样表述一致，比如"竣工时间""建成时间""建成年代"等都对应着该栋建筑物的建成时间；对于相同的时间，其表述也不一致，比如"2020 年 1 月 1 日""2020-01-01""2020/01/01"等。因此在实践中需要基于已知的建成时间，挖掘出统一的建成时间表述模板。根据得到的建成时间模板，采用与建筑面积获取模块相同的执行策略，先查询百度百科信息页，再查询百度搜索、谷歌搜索，最终得到建成时间。

基于半监督学习的模板提取能通过有限的标记数据，对大量的未标记数据进行学习。自举法是半监督学习的一种，采用少量的种子数据，轮流发现学习。

利用自举法进行建成时间模板提取的思路是，先使用少量的已知建成时间与建筑名称去搜索引擎返回结果的网页中回标句子。首先从网页中下载一些北京住宅小区的详细信息，这些数据来源于专有的房屋信息网站，准确率高。利用搜索引擎内置的 PageRank 算法，匹配度更高、更优质的网页会优先返回，因此我们只取前 5 条结果。另外，百度搜索的响应结果会将命中字段标红，利用这样的特点，可以将大量不相关文本筛除，只统计年份字段前后的信息。

从已知建成时间的数据中随机采样 300 个样本，利用自举法反查模板，除去表述与时间无关的项，根据查询结果的前置信息得到的模板信息如下：竣工时间、建筑年代、建造年代、建成时间。根据查询结果的后置信息发现年份的后字符有"年""-"等字符，以此来指导爬虫获取建成时间时的数据清洗规则。

（2）数据分析

基于百度地图以及 QGIS 软件获取的建筑名称，由于数据来源不同导致获取的建筑名称的描述不同。由于网络数据内容丰富，关于建筑面积的描述具有多种形式。另外建筑名称的获取与建筑面积的获取是两个具有先后顺序的子任务，且各自的数据源不同，导致建筑面积获取与建筑名称描述直接存在着偏差与歧义性，因此对基于网络大数据爬取的建筑

281

面积获取具有一定的挑战性。

根据前面章节中定义的 8 种建筑功能，在北京地区应用基于网络大数据爬取的建筑数据获取算法，该算法结果如表 5-7 所示。

基于网络大数据爬取的建筑数据获取结果 表 5-7

建筑类型	建筑数目	含有面积信息的数目	含有年份信息的数目	含有面积与年份信息的数目
住宅	13253	11996	12903	11725
写字楼	1477	1357	1057	1007
政府机关	956	534	113	89
商场	1380	983	513	451
宾馆饭店	631	358	126	91
医院	645	406	128	103
学校	434	311	163	141
其他	511	262	53	40
总计	19287	16207	15056	13647

通过表 5-7，可以看到所爬取的北京市建筑数据中，不同功能的建筑数量在全部建筑数量中的比例，这其中绝大部分是住宅建筑，占比 86%；其次是写字楼，占比 7%。

使用箱形图算法对建筑面积数据进行初步清洗，整理《北京统计年鉴》的 2005—2018 年的房屋竣工面积数据，与基于互联网爬取的大数据进行对比，即可得到相对于真实数据的统计数据而言，爬取数据获取比例。

此外，还可以针对不同年份和行政区划，分析爬取的已竣工建筑面积情况。例如可以发现，北京市的已竣工建筑面积中，有相当多一部分是在 2000 年竣工的，而在这一年当中，又属海淀区的竣工建筑面积最多，其次是宣武区和西城区。

（3）北京地区年鉴数据回归分析

1）北京地区概况

如何准确地预测下一年度特定地区内的建筑竣工面积是民用建筑领域一个非常受关注的问题。本案例决定选取北京市作为试验区，这是因为北京市地处中纬度地带，是国家的政治、科技、文化中心，是京津冀地区城市群的核心城市。20 世纪末以来，北京城市化进程大大加速，城市空间布局在原有中心城区基础上向东、南、西、北 4 个方向拓展，城市建成区规模迅速扩张，是中国快速城市化区域的一个典型代表，可为其他类似大型城市的建筑竣工面积预测研究提供一定的参考借鉴。

2）指标选择及数据来源

参考已有文献，结合城市发展规律，我们以北京市 2007—2018 年的序列资料为数据基础，构建影响北京市建筑竣工面积的经济社会因子体系。经过分析，我们认为竣工面积主要与 5 个影响因子相关，即地区生产总值（X_1）、地方财政一般预算收入（X_2）、地方财政税收收入（X_3）、全社会固定资产投资（X_4）以及非农业人口（X_5）。

在整理北京地区统计年鉴和国家统计局发布的数据之后，首先使用插值方法对缺失值进行填补；随后，为了消除不同因子之间量纲和数值大小等差异造成的拟合误差，对各个因子数据进行了极差标准化处理，处理过程如式（5-10）所示：

$$X' = \frac{X - x_{min}}{x_{max} - x_{min}} \qquad (5\text{-}10)$$

式中，x_{min} 为因子 X 的最小值；x_{max} 为因子 X 的最大值；X' 为标准化后的因子 X。可以看出，极差标准化是对原始数据的一种线性变换，能使得变换后的结果值落入到 $[0，1]$ 区间内。

3）数据回归分析

以北京市建筑竣工面积 Y 为因变量，以影响因子 $X_1 \sim X_5$ 分别构建建筑竣工面积和 5 个影响因子的一元线性回归预测方程，拟合方程的结果如表 5-8 所示，通过图的形式来看，拟合结果如图 5-26～图 5-30 所示。可以看出，一元线性回归预测方程的拟合优度都不理想，考虑实际建筑竣工面积受多方面经济因素影响，出现这种结果是符合实际的。

竣工面积与各影响因子的一元线性回归方程　　　　　　　　表 5-8

自变量	因变量	拟合方程
北京市地区生产总值（X_1）		$Y = 0.039X_1 + 1503.193$
北京市地方财政一般预算收入（X_2）		$Y = 0.430X_2 + 755.294$
北京市地方财政税收收入（X_3）	北京市建筑竣工面积 Y	$Y = -0.099X_3 + 2420.133$
北京市全社会固定资产投资（X_4）		$Y = 0.272X_4 + 721.488$
北京市非农业人口（X_5）		$Y = -0.251X_5 + 2667.501$

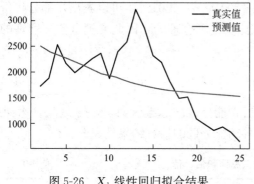

图 5-26　X_1 线性回归拟合结果

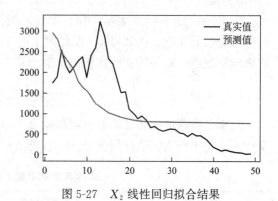

图 5-27　X_2 线性回归拟合结果

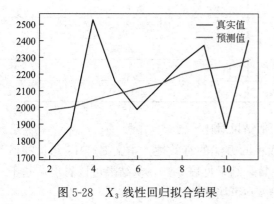

图 5-28　X_3 线性回归拟合结果

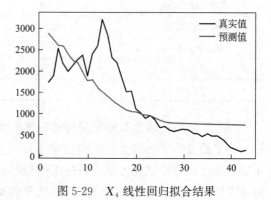

图 5-29　X_4 线性回归拟合结果

以北京市建筑竣工面积 Y 为因变量，以影响因子 $X_1 \sim X_5$ 构建建筑竣工面积和 5 个影响因子的多元线性回归预测方程，得到最终的拟合方程为：

$$Y = -0.076X_1 - 1.856X_2 + 1.704X_3 + 0.491X_4 - 1.925X_5 + 4057.768$$

拟合结果如图 5-31 所示，可以看出多元线性回归的拟合结果比一元线性回归更好，这也说明地区建筑竣工面积受多因素影响。

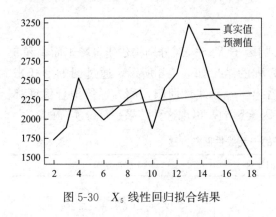

图 5-30　X_5 线性回归拟合结果

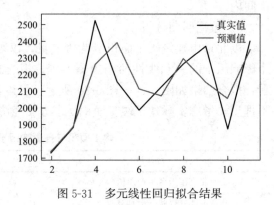

图 5-31　多元线性回归拟合结果

（4）基于网络大数据的面积预估

我们可以充分利用网络大数据的相关结果，对北京市 2019 年的建筑竣工总面积进行估计，根据前面获取到的北京市各功能区网络数据获取比例，设数据获取比例为 r_i^j，其中 i 的取值范围为 $\{0, 1, 2, 3\}$，分别表示首都功能核心区、城市功能拓展区、城市发展新区、生态涵养发展区；j 表示年份，取值范围为 $\{2005, \cdots, 2018\}$。可以看出，部分年份部分功能区的获取比例超过 1，而超过 1 的获取比例是不合理的，因此要把这些不合理的获取比例删掉，则平均获取比例的计算公式为：

$$\bar{r}_i = \frac{1}{14} \sum_{j=2005}^{2018} r_i^j, \ r_i^j < 1 \tag{5-11}$$

利用平均获取比例及爬取数据集中 2019 年各功能分区的总建筑面积，得到 2019 年北京市建筑竣工面积的估计值为 2511.09 万 m^2，各功能分区的估算结果见表 5-9。

2019 年北京市建筑竣工总面积估计值　　　　　　　　　　　表 5-9

功能分区	平均获取比例	2019 年竣工面积估算（万 m^2）
首都功能核心区	0.641	154.55
城市功能拓展区	0.345	1139.29
城市发展新区	0.361	824.69
生态涵养发展区	0.269	824.69
北京市	—	2511.09

（5）不同方法的北京地区房屋竣工面积预估结果对比

为了验证基于网络大数据爬虫估算竣工面积的方法的有效性，本文对 2017 年、2018 年数据使用同样的估算方法进行竣工面积的估算，结果见表 5-10。从结果可以看出，基于网络大数据的北京地区房屋竣工面积估算的误差在可接受范围内。

2017 年、2018 年北京市房屋竣工总面积估计值及误差　　　　表 5-10

年份	竣工面积估算(万 m²)	RMSE
2017	2101.63	160.18
2018	2444.57	

我们将传统方法与基于网络大数据的方法在 2017 年、2018 年建筑面积数据估算的 RMSE 误差进行对比。从对比结果表 5-11 中可以看出，传统方法和基于网络大数据的方法误差相差不大，这两种方法都可以有效的估计北京市房屋竣工总面积。但从运行时间角度来看，基于网络大数据的方法需要更多的时间。因此，在年鉴数据齐全的情况下，可以使用传统方法估计竣工面积；当年鉴数据不完整时，可以使用基于网络大数据的方法，构建相关数据，并对竣工面积进行合理有效的估计。

不同方法 RMSE 对比　　　　表 5-11

模型	RMSE
偏最小二乘回归	260.56
LASSO 回归	232.79
RBF 神经网络	162.39
基于网络大数据	160.18

5.2.4　基于地图轮廓数据的建筑面积测算

随着遥感遥测以及互联网地图等技术和应用的发展，很多城市都有了其辖区内建筑的影像或轮廓数据，虽然建筑的高度、层高等方面的数据还没有充分体现，但是利用建筑轮廓来估算建筑规模依然是一种可以尝试的方法。

本小节选取北京市为实验区，使用两个不同来源的地图建筑轮廓数据分别对建筑面积进行测算，并结合其他方式获取的结果进行对比验证。以住建部提供的北京地区各类型单栋建筑信息数据（截至 2007）年为基准，我们对比了地图数据集一计算得到的单栋建筑面积，衡量了计算方法的有效性以及其数据的准确性。此外，我们还结合遥感、年鉴测算结果对建筑面积进行了对比分析。

（1）数据来源

1）地图数据集一

地图数据集一来自于全国 62 城市建筑物轮廓矢量数据（2018 年 3 月 31 日）。以北京市为例，该数据集包含了北京市核心城区中约 30 万个建筑的数据。其中每个建筑轮廓由一列点的经纬度坐标围成的多边形指定，同时数据中提供了该建筑的层数字段。该数据集以单栋建筑为最小数据粒度。

该数据集使用 WGS84 坐标系统，格林尼治零初子午线作为经度原点。

2）地图数据集二

此数据集来源于龙瀛等[169] 针对全国多个城市的城市形态分析所建立使用的中国 63 城市街区数据 DT41（2017 年）。该数据集使用 2010 年遥感影像图提取出的各城市最大建设用地斑块作为城市的中心城范围，同时受获取的建筑物数据约束排除了没有建筑物数据和数据不完整的区域，其中建筑物数据由 2017 年某互联网地图抓取并矢量化。该文章中利用 2011 年 63 个城市中心城区的街道路网数据进行城市内部街区的生成。

该数据集共包含全国 63 个城市共 141375 个街区的建筑统计数据。对每个街区给出了其轮廓坐标，以及所属城市、内部建筑物数量、建筑平均层数、建筑密度、建筑容积率、街区面积等信息。该数据集以街区为最小数据粒度。

该数据集使用兰勃特方位等积（Lambert azimuthal equal area）投影将地理坐标系统投影到平面，选取东经 110°、北纬 45°作为坐标原点，东伪偏移量和北伪偏移量均设为 0，单位为米（m）。该投影方法能够保留各多边形的面积。

3）住建部数据

该数据集包含了北京市截至 2007 年竣工的居住建筑、中小型公共建筑、大型公共建筑和国家机关办公建筑共计 1348 条数据，每条数据给出了对应的建筑名称、地址、建筑层数和建筑面积。该数据集以单栋建筑为最小数据粒度。

以北京市为例，各数据集基础信息见表 5-12。

各数据集基础信息（北京市）　　　　表 5-12

数据集	数据量	范围	坐标、投影	字段
地图数据集一	297211（296105）	核心城区	WGS84，Greenwich 0°	建筑轮廓点列、层数
地图数据集二	19860（19860）	全市	兰勃特方位等积，东经 110°、北纬 45°为原点	街区轮廓点列、街区面积、容积率、平均层数、建筑密度、建筑物数量
住建部数据	1348（1347）	全市	—	建筑名称、地址、层数、建筑面积

（2）建筑面积计算方法

1）利用建筑轮廓计算基底面积

对每组点列数据构成的建筑轮廓，首先以其最小外接矩形的左下点为原点，计算其他点的相对经纬度。然后将相对经纬度投影到平面直角坐标系（以米为单位）。将地球近似看作球体，由于建筑物相对地球来说尺度很小，在建筑物尺度上我们可以近似认为原来的经纬度坐标是平面直角坐标，因此我们可以通过一个线性变换将相对经纬度变换到以米为单位的平面直角坐标系中，变换系数由地球半径和原点的纬度值确定。具体的，记选定原点为 $O(x_0, y_0)$，某点 P 对 O 点的相对经纬度为 (x, y)，地球半径取 $R = 6378137.0\text{m}$，则 P 点在投影后的坐标 $(\hat{x}, \hat{y})$ 为：

$$\hat{x} = \frac{x}{180}\pi \times R\cos\left(\frac{y_0}{180}\pi\right), \quad \hat{y} = \frac{y}{180}\pi \times R$$

对由点列 $\{A_i(\hat{x_i}, \hat{y_i})\}_{i=1}^{n}$ 按逆时针方向围成的多边形，我们可以利用向量外积计算其面积，如图 5-32 所示，计算公式为：

$$S = \left| \frac{1}{2}\left(\sum_{i=1}^{n-1} \overrightarrow{OA_i} \times \overrightarrow{OA_{i+1}} + \overrightarrow{OA_n} \times \overrightarrow{OA_1} \right) \right|$$

式中，$\overrightarrow{OA} \times \overrightarrow{OB} = a_x b_y - a_y b_x$ 表示向量外积。由上述公式计算得到建筑的基底面积。

对地图数据集一使用公式

建筑面积＝基底面积×层数

得到其单栋建筑面积，于是可以进行后续的测算。

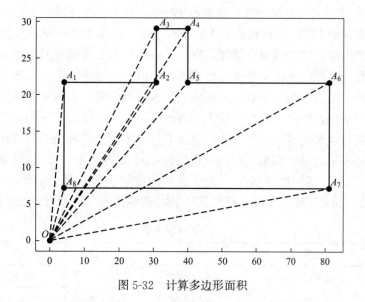

图 5-32　计算多边形面积

对地图数据集二，根据龙瀛等文章中对建筑密度、容积率、平均层数的计算方式，可以利用已有数据反算出各街区的基底面积、建筑面积和建筑物总层数。

具体的，对每个街区，利用街区面积和建筑密度计算基底面积：

$$基底面积＝街区面积×建筑密度$$

利用街区面积和容积率计算建筑面积：

$$建筑面积＝街区面积×容积率$$

每个街区的建筑物总层数：

$$总层数＝建筑物数量×平均层数$$

对住建部数据则只需要计算基底面积：

$$基底面积＝建筑面积÷层数$$

2）地图数据集缺失数据补全方法

对上海市，我们发现地图数据集二中街区存在一些明显的缺失，我们对这些部分进行了补全。首先在开源软件 QGIS 中打开上海市对应的街区矢量数据，在新建 Shapefile 图层中添加面图元，框出需要补全的街区范围。QGIS 会根据原始数据中指定的投影、坐标系等信息计算添加图元的顶点的经纬度坐标。对每个新加入的街区，我们利用其周围街区的平均建筑密度和平均层数估计该街区的对应指标，并保存到图元相应字段中。将新图层的数据保存到新的 Shapefile 文件中。

对每个补充的街区，我们可以使用 1）所述方法计算街区面积，进而通过

$$基底面积＝街区面积×建筑密度$$
$$建筑面积＝基底面积×平均层数$$

计算得到该街区的基底面积与建筑面积。

（3）基于地图轮廓数据计算方法和其他方法的校验

以住建部数据作为标准，我们选取了其中一些建筑对地图数据集一的结果进行校验。

由于地图数据集一中并不包含建筑名称，需要首先根据住建部数据中的建筑名称调用

百度 API 查询获取该建筑的经纬度百度坐标 BD09，为了后续计算的方便，我们对数据集进行处理，将原来的 BD09 坐标转换为 WGS84 坐标，进而逐项判断转换后的坐标是否在某个建筑物轮廓内部，以找到对应的建筑物。计算比较两个数据集对应的基底面积。这里通过射线法判断一个点是否在一个多边形内部，即以多边形外给定一点为起点引一条水平射线，若射线穿过多边形的边奇数次，则该点在多边形内部，否则在外部。

我们对比了项目合作单位北京交通大学方面通过年鉴数据使用不同方法整理得到的全国各省市分年实有建筑面积。此外，我们增加了与遥感数据测算结果的对比分析。由于只有 2016 年和 2019 年的遥感数据，我们使用线性插值来估计 2017 年的测算值，并与地图数据集一（表 5-13）、地图数据集二（表 5-14）的结果进行对比。上海市 2016 年、2019 年和插值得到的 2017 年建筑规模遥感测算结果如表 5-15 所示，对比结果见表 5-16。

上海市建筑面积　　　　　　　　　　　　　　　　　　　　表 5-13

数据集	测算指标	总计	平均值	最小值	最大值
地图数据集一	建筑面积(m^2)	$1338.5×10^6$	2520.0	1.04	1028908.1
	基底面积(m^2)	$253.83×10^6$	477.9	0.52	67203.5
	层数	2552436.00	4.8	1.00	118.0
	数据量	533207	有效数据	531148	
地图数据集二	建筑面积(m^2)	$726.6×10^6$	61629.9	16.6	1322007.8
	基底面积(m^2)	$120.6×10^6$	10229.5	8.3	273733.09
	街区面积(m^2)	$424.9×10^6$	36043.5	89.3	946725.8
	层数	1147118.21	97.30	1.00	2581.13
	建筑数量	195012.00	16.54	1.00	881.00
	街区数量	11789			

地图数据集二上海市补全部分建筑规模（单位：hm^2）　　　　　表 5-14

测算指标	总计	平均值	最小值	最大值
建筑面积	20575.8	447.3	0.27	4349.3
基底面积	3631.7	79.0	0.04	684.9
街区面积	13735.9	298.6	0.12	3261.6
街区数量	46			

上海市 2016 年、2019 年及插值 2017 年建筑规模遥感数据（单位：hm^2）　　表 5-15

年份	用地面积			建筑面积		
	居住建筑	公共建筑	总计	居住建筑	公共建筑	总计
2016	27710.52	8034.79	35745.31	53633.71	32139.14	85772.85
2019	27408.00	9640.13	37048.13	53048.18	38560.50	91608.68
2017	27609.68	8569.90	36179.58	53438.53	34279.59	87718.13

年鉴、遥感数据 2017 年上海市建筑面积及误差对比（单位：hm²） 表 5-16

指标	对比源	面积总计	误差（数据集一）	误差（数据集二）	误差（补全数据集二）
用地面积①	遥感	36179.58	−29.85%	−66.67%	−55.63%
建筑面积	遥感	87718.13	+52.59%	−17.17%	+6.28%
	渠道一②	86338.73	+55.03%	−15.85%	+7.98%
	渠道二③	111465.00	+20.08%	−34.82%	−16.36%

在与遥感用地面积的比较中，我们发现两个地图数据集均与遥感结果有较大差异，却与地图数据集二的街区面积更为接近。由此我们认为遥感用地面积并不直接对应于建筑的基底面积，其结果中应当还包含了建筑周围的一些服务设施的面积（绿化区、道路等），比实际的基底面积偏大；而地图数据集二的街区面积则包含了不同建筑用地之间的间隔区域，结果比遥感用地面积偏大。

在建筑面积的对比中，我们发现补全后的地图数据集二结果与遥感、年鉴渠道一的结果接近，而地图数据集一的结果则差异都很大。

1）北京市测算结果

对于北京市，三个数据集计算得到的建筑面积结果如表 5-17 所示。从表中可以看到，地图数据集一、二总体结果较为相近，而与住建部数据的结果差异较大。这主要是由于数据集范围和完整程度不同导致的，数据集三包含的数据量过少，计算得到的结果自然显著小于另外两个数据集的结果。

北京市建筑面积 表 5-17

数据集	测算指标	总计	平均值	最小值	最大值
地图数据集一	建筑面积（m²）	$736.27×10^6$	2486.2	0.83	330576.9
	基底面积（m²）	$166.9×10^6$	563.6	0.42	48793.8
	层数	1066089.0	3.6	1.00	108.0
	数据量	297211	有效数据	296105	
地图数据集二	建筑面积（m²）	$897.6×10^6$	45196.3	0.11	1365210.1
	基底面积（m²）	$195.0×10^6$	9817.2	0.07	298864.0
	街区面积（m²）	$881.1×10^6$	44363.8	0.54	993800.1
	层数	1084868.4	54.6	1.00	2038.4
	建筑数量	260257.0	13.1	1.00	530.0
	街区数量	19860	有效数据	19860	

---

① 使用基底面积与遥感数据中用地面积进行对比。

② 年末城镇实有居住建筑面积＝上年年末城市、县城实有居住建筑面积＋本年城市、县城居住建筑竣工面积－本年城市、县城居住建筑拆除面积＋本年建制镇居住建筑面积；年末城镇实有公共建筑面积＝年末城市、县城实有房屋建筑面积－年末城市、县城实有住宅建筑面积－城市、县城实有住宅建筑面积－城市、县城生产性建筑面积＋年末镇实有公共建筑面积。数据来源为《中国统计年鉴》《中国城乡建设统计年鉴》。

③ 两项数据均来自《中国建筑能耗研究报告》。

数据集	测算指标	总计	平均值	最小值	最大值
住建部数据	建筑面积(m²)	28.3×10^6	20981.72	28.00	524000.00
	基底面积(m²)	3.1×10^6	2308.64	14.00	113686.00
	层数	11335.00	8.41	1.00	101.00
	建筑数量	1348	有效数据	1347	

与北京交通大学获取的年鉴数据的对比结果如表 5-18 所示。地图数据集一的误差分别为-10.1%、-23.46%；地图数据集二的误差分别为 9.61%、-6.68%。地图数据集二与年鉴数据的结果较为相近。

2017 年北京市建筑面积及误差对比年鉴数据（单位：hm²） 表 5-18

渠道	城镇实有居住建筑面积	实有公共建筑面积	总计	误差(数据集一)	误差(数据集二)
渠道一①	49358.78	32531.43	81890.21	-10.10%	+9.61%
渠道二②	58596.22	37592.30	96188.52	-23.46%	-6.68%

2）计算方法与数据校验

我们选取了北京大方饭店、北京饭店和北京建国饭店三个地点进行验证。这三个地点在地图数据集一和住房城乡建设部数据中的建筑基底面积如表 5-19 所示。图 5-33 展示了对应数据集中的建筑轮廓。

北京市部分饭店基底面积（单位：m²） 表 5-19

	北京大方饭店	北京饭店	北京建国饭店
地图数据集一	1907.56	4320.23	5787.19(4035.03+1752.16)
住建部数据	4362.12	8000.00	4285.71

对地图数据集一，只有北京建国饭店的结果与住房和城乡建设部数据较为接近，而北京饭店则只有住房和城乡建设部数据的一半。经过与百度地图对比，发现这是因为通过上面方法找到的北京饭店轮廓只是北京饭店的右半部分建筑。而对于北京大方饭店，经过与百度地图对比，认为结果差异大的原因在于建筑轮廓本身的不准确。考虑到这些情况，可以认为关于基底面积的计算方法是可靠的，结果的准确性更多受数据本身质量的影响。

综合两个城市的测算结果和对比分析，我们认为两个地图数据集中，地图数据集二的建筑面积结果较为可靠；年鉴不同渠道测算结果中渠道一更为可靠。

---

① 数据来源为《中国统计年鉴》。
② 数据来源为《中国建筑能耗研究报告》。

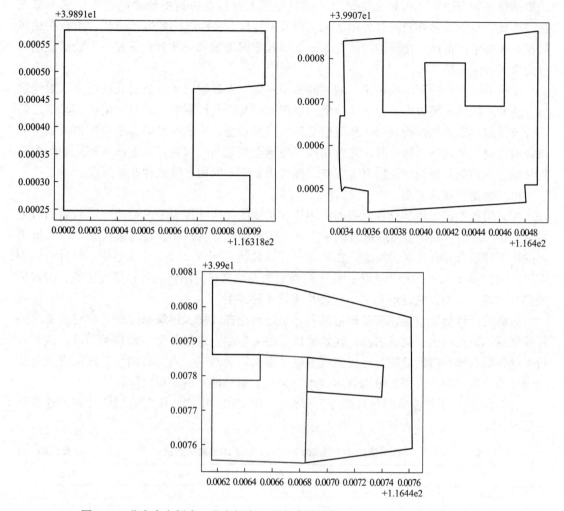

图 5-33 北京大方饭店、北京饭店、北京建国饭店（从左至右），地图数据集一

5.3 民用建筑运行消耗数据分析挖掘应用

随着社会和经济的发展，人们对于能源的需求也随之变化。建筑作为能源消费的主要领域，建筑节能也将是我国实现 2030 年碳减排目标的关键领域。本节通过若干大数据方法在民用建筑运行消耗分析中的应用，表明了大数据技术在处理民用建筑相关的多源异构数据及对关键指标进行预测的能力。前面章节中介绍的很多分析挖掘方法也都蕴含问题处理的过程当中，表明这些大数据技术在民用建筑领域具有较强的推广性。

5.3.1 基于行业统计报表的民用建筑现状分析挖掘

关于宏观层面的建筑能耗数据，目前我国民用建筑"四节一环保"的相关要求主要是通过国家住建行业主管部门的民用建筑统计报表制度来落实，但对各级建筑管理单位所统计的海量数据的综合分析开展的并不算多，以应用为导向，涵盖多领域之间关联、融合、挖掘的技术和应用研究相对来说更少，进而导致支撑行业决策所需要的重要信息不够充足。为此，我们需要开展针对民用建筑"四节—环保"多源异构数据的分析，重点在建筑规模、建材生产消耗、建筑运行能耗等方面展开数据挖掘和交叉分析研究，为数据应用和行业决策提供支持。

本小节将基于国家民用建筑领域"四节—环保"大数据交叉分析研究的需要，对建筑能耗领域的统计上报数据进行交叉分析。根据数据交叉分析需求，针对已清洗和筛选过的部分省份的建筑能耗监测数据，从时空交叉、建筑功能、建筑类型等多个角度进行数据分析，给出建筑能耗与时间空间、建筑功能、建筑类型之间的关系，并生成可视化的图表分析结果，为数据分析报告提供有力支持，并可服务于不同用户的多种业务需求。

（1）数据获取及说明

本案例的数据集由部分省上报的民用建筑年度能耗统计报表汇总而成，汇总后的数据集以 Excel 表格存储，里面的每条记录代表一座单栋建筑的情况。在地理位置上，数据集内的民用建筑分布在吉林、河南、江苏 3 个省，共计 41 个市、263 个区县中；统计时间为 2015—2017 年，时间粒度为 1 年；从建筑类型来看，这些民用建筑包括居住建筑、国家机关办公建筑、大型公共建筑和中小型公共建筑 4 种类型。

数据的具体指标包括建筑基础信息和建筑运行能耗数据。建筑基础信息有建筑所属的行政区域、建筑编码、建筑名称、建筑地址、竣工年度、建筑类型、建筑面积等。建筑运行能耗数据有统计时段内建筑运行消耗的电、煤炭、天然气、液化石油气、人工煤气等数据以及供热量、制冷量等。数据具体到单个企业、单栋楼宇的微观层面。

表 5-20 列出了数据集内包含的 3 个省在 2015—2017 年这 3 年内分别统计到的建筑数量情况。

数据集内 3 个省 2015—2017 年统计的建筑数量　　　　　　　　　　　　表 5-20

	2015 年	2016 年	2017 年	总计
吉林省	3165	579	622	4366
河南省	5810	2197	1167	9174
江苏省	5019	1934	1429	8382
总计	13994	4710	3218	21922

表 5-21 列出了这些建筑在这 3 年的统计时间内各项能耗指标的总量情况。

数据集内建筑各项能耗指标的总量　　　　　　　　　　　　表 5-21

	2015 年	2016 年	2017 年	总计
建筑面积（km²）	196.60	62.71	32.00	291.31
电力（万 kWh）	994511	266586	180786	1441883
煤炭（万 kg）	4689	908	87	5684
天然气（万 m³）	18644	6846	824	36314
液化石油气（万 kg）	575	199	35	809
人工煤气（万 m³）	1266	0	23	1289

进行数据挖掘分析的前提和基础是要有高质量的数据，本案例中所使用的数据通过前期的数据质量保障处理（包括前期清洗、修复和整理等），已基本具备挖掘分析的条件，质量保障处理的过程可以参考前面的相关章节。

基于这些处理后的高质量数据，本案例将开展数据的交叉分析，包括时空与建筑类型交叉分析和时空与建筑功能交叉分析等。在后期的实践中，考虑到行业用户的广泛性，我们还以数据交叉分析方法为核心，开发了相应的可视化数据分析软件工具，这对数据交叉分析方法在民用建筑行业中的推广应用提供了便利。

（2）建筑运行能耗数据的时空分析

时空数据是带有时间属性、空间属性的多维数据，如 GPS 数据、交通数据、社交网络数据等。由于一般的时空数据会带有二维位置属性及时序属性，因此传统的二维表格统计方法无法对其进行全面有效的分析。而时空可视化技术在分析复杂数据中具有一定的优势，因此时空数据的可视化交叉分析逐渐成为时空数据处理的有效分析手段。

可视化分析可以通过用户最容易理解的分析方式来清晰直观地展示数据。最常见的数据可视化形式是折线图、直方图、散点图等，这些基础的图形工具能够非常直观地展示各种信息。当然，对于高维复杂数据集的分析来说，一般的可视化分析难以满足其需求，因此在实践中我们需要针对不同复杂度的数据集采用不同的分析方法，以获得较好的分析效果。

建筑能耗时空分析的一个主要目的是寻找空间或时间上建筑能耗的一些差异化区域，如能耗明显偏高的地区，或者有明显增高趋势的地区，从而有助于节能措施的重点推进。本案例对建筑能耗进行的时空分析包含空间聚集分析和时空扫描分析，主要发掘建筑能耗与建筑地理空间分布（省级）之间的相关性、建筑耗能在时间上的变化趋势和地域之间的差异，为有关部门针对性地提出节能措施提供参考。

针对具体的民用建筑"四节一环保"建筑运行能耗统计数据，我们可以选择自变量为统计时间和地域空间。在时间尺度上，分别统计 2015 年、2016 年、2017 年以及 3 年累计的数据；在空间尺度上，通过识别建筑行政编码将数据以省为单位划分为 3 组数据。分析建筑运行过程中消耗的电、煤炭、天然气、液化石油气、人工煤气能耗等数据，通过运行自动可视化软件得到时空分析结果，如图 5-34～图 5-38 所示。

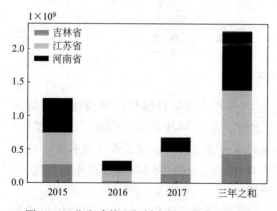

图 5-34 分省建筑运行耗电量（单位：kWh）

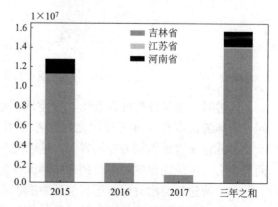

图 5-35 分省建筑运行耗煤量（单位：t）

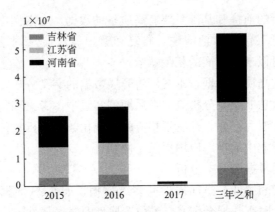

图 5-36　分省建筑运行耗天然气量（单位：m³）

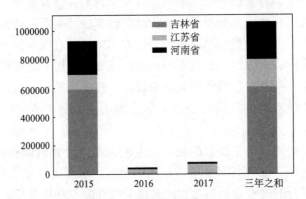

图 5-37　分省建筑运行耗液化石油气量（单位：m³）

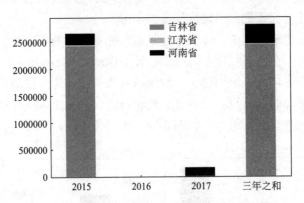

图 5-38　分省建筑运行耗人工煤气量（单位：m³）

　　通过时空交叉分析可以看出，在空间尺度上，各省建筑运行能耗的能源比例有所不同，吉林省最靠北，河南省次之，江苏省属于南方，故在传统能源（煤炭、人工煤气）上，吉林省所占比例较另外两省大，这可能与东北地区属于传统的重工业区域有关；在时间尺度上，传统能源的使用比例逐年降低；整体而言，3 个省的能源结构都在不断优化。

　　（3）按建筑类型对建筑运行能耗数据进行分析

　　我们可以选取建筑类型和统计年份作为两个分析维度来进行交叉分析，可以得出建筑各类耗能在不同建筑类型之间的差异情况，以及不同类型建筑之间差异随时间的变化趋势，此结果可以为针对建筑类型的节能措施提供参考。

具体的，针对本节使用的民用建筑"四节一环保"数据，选取待分析的若干维度（如时间、空间、建筑类型等），统计待分析的指标（如建筑运行过程中消耗的煤炭、电、天然气等数据），可视化后得出交叉分析结论。

分析过程为：首先确定需要分析的建筑运行能耗指标，如建筑运行耗电量、建筑运行耗煤量等。然后识别数据中"建筑类型"一列的代码，按 4 类建筑类型分别统计 2015—2017 年每年 3 个省各项能源消耗的数据，在可视化展示后对其进行分析，如图 5-39～图 5-43 所示。

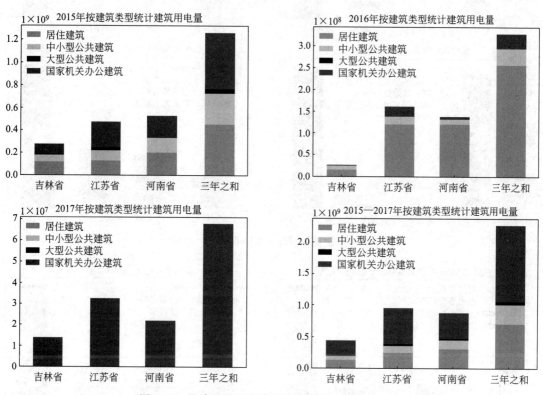

图 5-39　按建筑类型分建筑用电情况（单位：kWh）

通过观察这些图可以看出，2017 年统计的建筑类型只有国家机关办公建筑；2015—2017 年人工煤气的统计情况不全面，参考意义不大；对于用电和用煤情况，可以看到 2016 年居住建筑用电量所占比例较 2015 年有所上升；对于天然气使用情况，可以发现居民建筑一直占绝大比例。从这些数据的分析结果来看，为节约能源，重点针对居住建筑开展节能工作是有效的方式。

（4）建筑功能与时间交叉分析

在原始的数据集中，对建筑数据按照建筑类型特征分为了 4 类，分别是居住建筑、中小型公共建筑、大型公共建筑、国家机关办公建筑，分类粒度大，不利于针对具体类别（如住宅）分析其建筑耗能情况。为了更大地发挥建筑类型分类对建筑耗能的分析效果，我们参考已有的 4 类建筑类型，通过对数据中建筑名称进行自然语言处理分析和正则化处理，尝试将建筑按其功能分为了 8 类建筑。新的分类结果包含住宅、政府机关、写字楼、商场、宾馆饭店、医院、学校和其他。

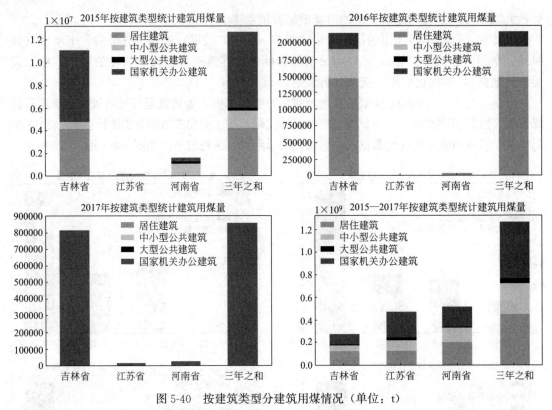

图 5-40 按建筑类型分建筑用煤情况（单位：t）

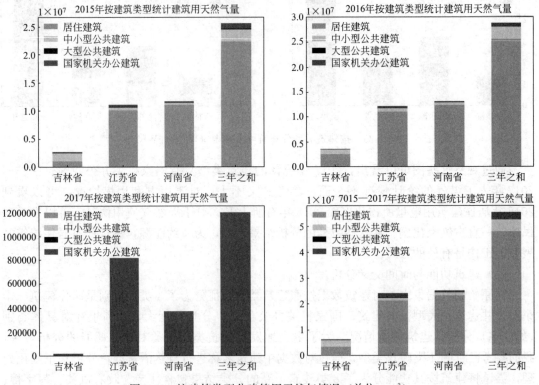

图 5-41 按建筑类型分建筑用天然气情况（单位：m³）

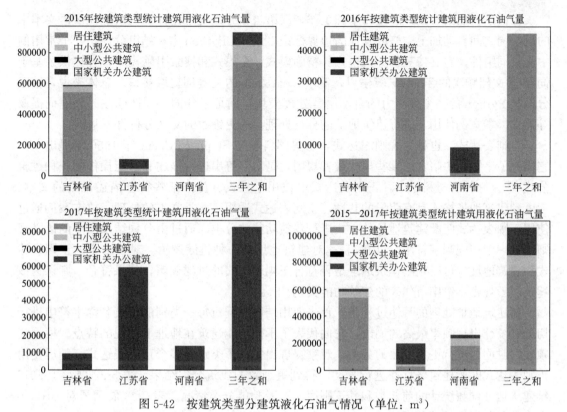

图 5-42　按建筑类型分建筑液化石油气情况（单位：m³）

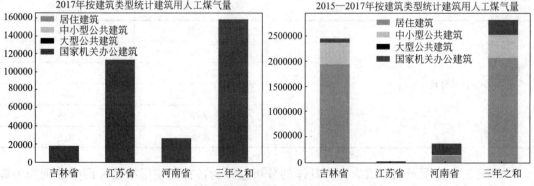

图 5-43　按建筑类型分建筑人工煤气情况（单位：m³）

分词是自然语言处理的重要基础工作，汉语自动分词就是让计算机系统在汉语文本中的词与词之间自动加上空格或其他的边界标记[170]。在 Python 中，结巴分词是一个常用的中文分词组件，它支持三种分词模式：精确模式、全模式和搜索引擎模式，并提供了基于词频-逆文档频次的 TF-IDF 算法以及基于 TextRank 的关键词提取接口。总体来说，结巴分词是 Python 的一个强有力的自然语言处理模块，满足了分词、词性标注、关键词提取等需求。本案例使用它进行建筑地址的分词处理，为更细致的交叉分析打下基础。

正则表达式，也称为规则表达式，由美国科学家 Stephen Kleene 于 1956 年提出[171]。它描述了字符串中暗含的某些模式或者规则，是对字符串进行描述和通配操作的一种逻辑公式[172]。在计算机科学中，正则表达式也被用于检索、替换某些符合描述规则的文本。考虑到建筑地址格式具有明显的共性，正则表达式适用于此类文本的处理，故本案例通过使用正则表达式匹配建筑地址的方式进行建筑功能的分类。通过由分词结果产生的语义规则组成一个"规则字符串"，用来表达对建筑地址的一种过滤逻辑。对于给定的正则表达式和建筑地址，可以判断建筑地址是否符合正则表达式的过滤逻辑，如果符合，则认为该建筑属于规则字符串所代表的建筑功能类别。

对建筑地址处理的具体过程是，首先使用结巴分词对每一类别的建筑名称字符串进行切分，统计出现频率最高的词语，它们代表了不同功能建筑在地址上体现的特点。根据词频顺序对词语进行更加细致的分类，观察提炼出每一子类别的多个正则表达式。随后使用正则表达式匹配建筑名称并进行分类，得到更细致的建筑分类结果。表 5-22 展示了 2015 年建筑地址词频统计的前 5 类和其正则表达式及功能分类情况。表 5-23 展示了对 2015 年中小型公共建筑的再分类情况。

2015 年建筑地址词频统计　　　　　　　　　　　　　　　　表 5-22

词频	词	正则表达式	归类
3123	"楼"	r'\d+[#号楼栋]'	住宅
2853	"号"	r'\d+[#号楼栋]'	住宅
2231	"栋"	r'\d+[#号楼栋]'	住宅
73	"酒店"	r'\S酒店\S'	宾馆饭店
92	"宾馆"	r'\S宾馆\S'	宾馆饭店

2015 年中小型公共建筑再分类情况　　　　　　　　　　　　表 5-23

建筑类型	建筑数目	建筑功能	建筑数目
中小型公共建筑	1890	写字楼	144
		商场	227
		宾馆饭店	162
		医院	359
		学校	626
		其他	372

以表 5-23 中提及的词语为例，具体的分析过程为：首先使用结巴分词中分词和关键词提取接口，将建筑地址进行切分和提取，按词频顺序排列形成词频表，保存每个词语与

地址的对应关系；接下来考虑到建筑地址的规范性，用词频高的词语代表建筑的分类特点；再根据分词结果写出正则表达式，使用正则表达式匹配所有地址；最后将匹配地址成功的建筑功能标记为正则表达式代表的建筑功能，至此就完成了分类工作。

分类完成后，我们可以选取建筑功能和统计年份两个分析维度，进行交叉分析。可以得出建筑各类耗能在具有不同功能建筑之间的差异分析，以及不同功能建筑的耗能数据差异随时间的变化趋势。此结果可以为有关部门针对不同功能的建筑分别选择节能措施提供参考。

使用前述分词和正则表达式匹配的自然语言处理方法，处理民用建筑"四节一环保"建筑运行能耗统计数据中"建筑名称"字段，相较于具有四个类别的建筑类型而言，就能够获得粒度更小的建筑功能特征。建筑功能分为 8 类，包括住宅、政府机关、写字楼、商场、宾馆饭店、医院、学校和其他。使用前述的交叉分析方法，选择建筑功能、统计时间和建筑空间位置为交叉尺度。在时间尺度上，分别统计 2015 年、2016 年、2017 年以及 3年累计的数据。空间尺度上，通过识别建筑行政编码将数据划分为 3 省的数据。分析建筑运行过程中消耗的电、煤炭、天然气、液化石油气、人工煤气能耗数据，可以得到时空分析结果，其中建筑用电的分析情况如图 5-44 所示。

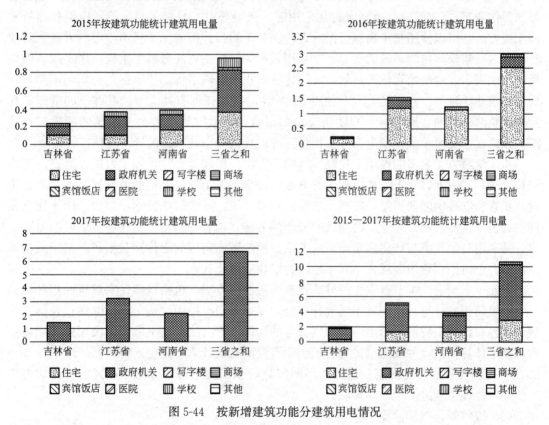

图 5-44　按新增建筑功能分建筑用电情况

5.3.2　民用建筑能耗强度及总用能量估算

建筑能耗强度，也就是单位面积的能源消费量，直接反映了建筑能耗节能政策的实施效果[173]。建筑能耗强度的计算需要建筑面积和建筑能耗。本小节对建筑面积的计算方法进行了研究，并利用《民用建筑能源资源消耗统计调查制度》的抽样数据，计算建筑能耗强度。

部分研究者采用回归分析、机器学习的方法，或利用遥感影像等技术，研究建筑面积的估算方法。那威等[174] 使用《北京统计年鉴》中经济发展水平、城镇用地需求、住宅建筑发展水平等相关指标，利用最小二乘法确定指标之间的关系，并使用泰勒级数神经网络方法，估算北京市城镇住宅面积。匡文慧等[175] 使用遥感影像和空间网格技术，建立城市建筑用地面积所含的阴影面积比例与容积率，进而估算城市用地建筑面积。

此外，建筑面积还可以根据统计年鉴中的相关数据，扣掉拆除面积得到。刘贵文等[176] 使用 Logistic 模型对重庆市江北区 7 个街道的拆除建筑的影响因素进行分析发现，建筑物拆除不仅与建筑的内部因素有关，还与经济发展水平、建筑物所在位置、建筑物的土地类型等外部因素有很大关系。黄禹等[177] 使用"年末住房实有建筑面积"和"当年住房减少建筑面积"数据来计算拆除率，并对拆除率的影响因素进行分析。

建筑能耗的准确计算影响着建筑能耗强度的结果。江亿等[178] 综合考虑建筑属性、能源类型等因素，将建筑能耗分为城镇住宅用能、公共建筑用能（以上两种能耗均不包含北方城镇供暖）、北方城镇供暖和农村住宅用能。张涛等[179] 总结了建筑能耗模拟预测技术的主要方法，可以使用基于物理模拟的方法、基于回归分析或基于机器学习的方法，对建筑能耗进行建模和预测。蒲清平等[180] 采用偏相关分析的方法分析了重庆市居民建筑能耗量的影响因素，并使用常住人口数、人均建筑面积等影响指标，建立回归分析的模型，对居住建筑能耗预测。李嘉玲等[181] 使用 BP 神经网络对江苏省某大型公共建筑的电能消耗量实现精准的预测。周峰等[182] 使用支持向量机，对武汉地区某公共建筑的能耗进行预测，预测误差在可接受范围内；并根据预测的能耗值对空调系统的异常能耗进行诊断。

机器学习方法更多的应用于建筑领域的估算中。田玮等[183] 使用了自助多元自适应回归样条法、随机森林法等六种机器学习方法，对全国五个气候区中的典型城市的公共建筑建立供暖和制冷的能耗模型，取得了良好的预测效果，这说明机器学习方法适用于建筑能耗的建模和预测。寇月等[184] 使用回归分析的方法，拟合并预测了夏热冬暖地区的城镇化率，并利用城镇化率与居住建筑面积的关系，预测了该地区的居住建筑面积；基于最小二乘法拟合单位面积建筑能耗，估算该地区的居住建筑能耗。

基于以上研究，本节首先介绍城镇建筑面积计算方法，包括城镇住宅建筑面积和城镇公共建筑面积的计算，由于《中国统计年鉴》没有专门对民用建筑年度拆除面积及拆除率做出统计和计算，我们将给出一种可供参考的具体计算方法；接下来介绍民用建筑能耗强度的基本计算方法，并利用《民用建筑能源资源消耗统计调查制度》的数据，计算2016—2018年全国各省的能耗强度；最后利用回归分析和机器学习的方法，对其中统计缺失省份的建筑能耗强度进行拟合和预测。

（1）城镇建筑面积计算

我们首先参考住房和城乡建设部科技发展促进中心的相关工作报告[185]，使用年鉴数据对城镇住宅建筑面积及公共建筑面积做出估算。

1）城镇住宅建筑面积计算方法

利用城镇居民人均住房建筑面积计算城镇住宅建筑面积的方法存在缺陷。一方面，原始数据不完整，城镇居民人均住宅建筑面积指标只统计到 2012 年，部分年份数据缺失；另一方面，人均住宅建筑面积指标统计有偏，样本户选择时会排除集体户，同时尽可能避开流动性较大的租房住户，因此计算的建筑面积不够准确。

我们以 2016 年城镇住宅建筑面积作为初始值，使用逐年递推法计算 2017—2018 年全国各省城镇住宅建筑面积，使用指标均来自《中国统计年鉴》及《中国城乡建设统计年鉴》，计算公式为：

$$S_h = S'_h + S_n - S_d \qquad (5\text{-}12)$$

式中，S_h 为年末城镇住宅建筑面积；S'_h 为去年年末城镇住宅建筑面积；S_n 指年末城镇住宅竣工面积；S_d 为年末城镇住宅拆除面积。

由于各统计年鉴对建筑面积的统计范围不同，年末城镇住宅建筑面积可进一步拆分为城市、县年末实有住宅建筑面积（S_{h1}）及镇年末实有住宅建筑面积（S_{h2}）。其中，镇年末实有住宅建筑面积来自《中国城乡建设统计年鉴》，城市、县年末实有住宅建筑面积通过迭代计算，具体公式如下：

$$S_{h1} = S'_{h1} + S_{n1} - S_{d1} \qquad (5\text{-}13)$$

$$S_{n1} = S_n - S_{n2} \qquad (5\text{-}14)$$

$$S_{d1} = S'_{h1} \times \gamma \qquad (5\text{-}15)$$

式中，S_{h1} 为城市、县年末实有住宅建筑面积；S'_{h1} 为城市、县去年年末实有住宅建筑面积；S_{n1} 为城市、县年末住宅竣工面积；S_{d1} 为城市、县年末住宅拆除面积；S_{n2} 为镇年末住宅竣工面积；γ 指拆除率。

各年鉴提供了年末城镇住宅竣工面积的多种选择，其中固定资产投资（不含农户）住宅竣工面积等指标只统计到 2016 年，而建筑业企业住宅竣工面积采用法人单位注册地原则进行核算，导致注册地的建筑面积统计数值偏大，建筑所在地的面积统计数值偏小。因此本节计算采用房地产开发企业住宅竣工面积作为城镇年末住宅竣工面积，将其减去《中国城乡建设统计年鉴》提供的镇年末住宅竣工面积，得到城市、县年末住宅竣工面积。

统计年鉴没有专门统计年拆除建筑面积，根据专家建议，将 0.5% 作为城市（县）居住建筑年均拆除率，计算得到市、县本年住宅拆除面积，并代入式（5-13），计算得到城市、县年末实有住宅建筑面积。

最后根据

$$S_h = S_{h1} + S_{h2} \qquad (5\text{-}16)$$

计算得到 2017—2018 年全国各省城镇住宅建筑面积。

2）城镇住宅建筑面积计算结果

根据前面所述方法，可以计算得到 2017 年和 2018 年各省城镇住宅建筑面积结果，分别如图 5-45、图 5-46 所示。

3）城镇公共建筑面积计算方法

由于城镇实有房屋包括城镇公共建筑、住宅建筑、生产性建筑，城镇公共建筑面积是城镇年末实有房屋建筑面积的一部分，可以使用下式进行计算：

$$S_g = S_{all} - S_h - S_p \qquad (5\text{-}17)$$

式中，S_g 为城镇公共建筑面积；S_{all} 为城镇年末实有房屋建筑面积；S_h 为城镇年末住宅建

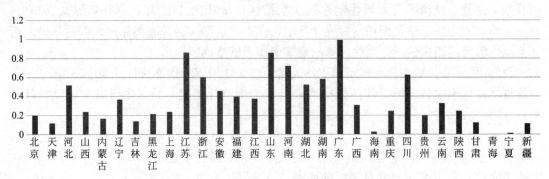

图 5-45 2017 年不同省份城镇住宅建筑面积相对值

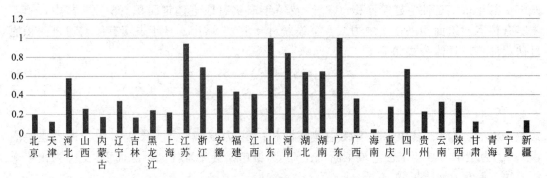

图 5-46 2018 年不同省份城镇住宅建筑面积相对值

筑面积（采用前一节计算结果）；S_p 为生产性建筑面积。为计算 S_g，首先需要计算 S_{all}、S_p。

虽然城镇年末实有房屋建筑面积只统计到 2006 年，但每年的房屋建筑竣工面积时间统计范围是 1995 年至今，所以可采用逐年递推法进行逐年累计计算，即：

$$S_{all} = S'_{all} + S_{new} - S_c \tag{5-18}$$

式中，S'_{all} 为去年城镇年末实有房屋建筑面积；S_{new} 为今年房屋建筑竣工面积；S_c 为今年房屋建筑拆除面积。由于年鉴中没有建筑拆除面积数据，故通过下式进行估计：

$$S_c = 0.5\% \times S'_h + 1\% \times S'_g \tag{5-19}$$

式中，S'_h 为去年年末城镇住宅建筑面积；S'_g 为去年年末城镇公共建筑面积。至此，可以估算出城镇年末实有房屋建筑面积 S_{all}。

S_p 可以由下式进行估计：

$$S_p = S_p^{all} \times \alpha \tag{5-20}$$

生产性建筑用地面积 S_p^{all} 可从《中国统计年鉴》获得，而容积率 α 没有直接获取途径，需要估算。根据国务院发展研究中心农村经济研究部的研究结果：工业用地项目容积率为 $0.3 \sim 0.6$。因此，我们采用等比例折算法，α 取各省工业产值与工业用地面积的比值。由此可以计算得城镇公共建筑面积 S_g。

4）城镇公共建筑面积计算结果

根据以上方法，计算得到 2017 年（图 5-47）和 2018 年（图 5-48）各地公共建筑面积结果。

（2）民用建筑面积估算

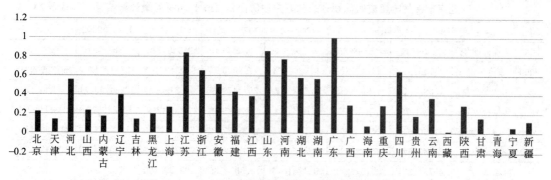

图 5-47   2017 年不同省份城镇公共建筑面积相对值

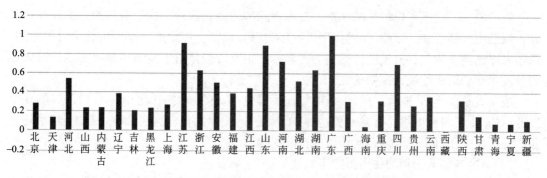

图 5-48   2018 年不同省份城镇公共建筑面积相对值

1）复合年均住房拆除率计算

前面提到，《中国统计年鉴》没有专门对民用建筑年度拆除面积及拆除率做出统计和计算。为进一步得到更准确的计算结果，我们在黄敬婷等[186] 的方法上做出改进，对全国各省在 2000—2010 年的复合年均住房拆除率做出估算。

本节计算使用的数据来自中国 2000 年及 2010 年人口普查资料，具体指标为全国各省、自治区、直辖市家庭户按住房建成时间划分的建筑面积。我们假设城镇与乡村住房拆除率相同，利用抽样住房面积估算当年实际住房总量，并进一步计算 2000—2010 年的住房拆除量及拆除率。

以全国数据为例，在 2000 年人口普查数据中，将家庭户人数乘以人均住房建筑面积得到全国家庭户住房面积估计值，约为 268 亿 m²；在长表数据中，全国各地区家庭户抽样计算的住房面积合计约为 27 亿 m²，由此可计算出 2000 年采样比约为 10.1%。我们用该比例及各地区建成时间划分的抽样住房面积估算各建成年份的实有家庭户住房面积，如建成时间在 1990—2000 年抽样面积合计 12 亿 m²，可估算出实有家庭户住房在该建成时间的面积约为 127 亿 m²。

考虑到住房空置情况，进一步对该结果进行调整。我们参考刘洪玉等[20] 的测算结果，将 2000 年及 2010 年的住房空置率分别设定为 4% 和 5%，计算得到 2000 年全国实有住房总量约为 279 亿 m²，同理可计算出 2010 年实有住房总量约 247 亿 m²。

2000 年实有住房总量与 2010 年实有住房总量之差即为 2000—2010 年的拆除量，可进一步计算出按住宅建成时间划分的拆除率，计算结果如表 5-24 所示。

民用建筑"四节一环保"大数据及数据获取机制研究与实践

北京市按住宅建成时间划分的家庭户住房面积（m²）与拆除量计算结果　　表 5-24

	1949 年以前	1950—1959	1960—1969	1970—1979	1980—1989	1990—2000	合计
2000 年抽样面积	71830346	45188583	98909461	282297046	919451723	1286154372	2703831531
2000 年家庭户面积	711191545	447411713	979301594	2795020257	9103482406	12734201703	26770609218
2000 年住房总量	740824526	466053868	1020105827	2911479435	9482794173	13264793441	27886051269
2010 年抽样面积	32314176	24907040	67670582	217793239	715854259	1338265997	2396805293
2010 年家庭户面积	316805647	244186667	663437078	2135227833	7018179010	13120254873	23498091108
2010 年住房总量	333479628	257038596	698354819	2247608246	7387556852	13810794603	24734832745
拆除量	407344897	209015271	321751008	663871189	2095237320	−546001162	3151218523
拆除率	54.99%	44.85%	31.54%	22.80%	22.10%	−4.12%	11.30%

我们发现，建成年份越早的建筑，对应拆除率较高，这符合建筑的自然寿命规律。此外，我们注意到 1990—2000 年的住房拆除率为 −4.12%。拆除量（率）出现负值的原因，除了采样比例不均匀、人工统计偏差等因素外，很有可能是由于建筑用途改变或行政区域划分发生变动造成的统计范围改变。

根据表 5-24 结果显示，在 2000 年实有面积为 279 亿 m² 的住房中，约 11.3% 的住房在此后的 10 年内被拆除，拆除面积达到 31.5 亿 m²。因此，全国在 2000—2010 年平均每年拆除住房 3.15 亿 m²，复合年均住房拆除率为 2.35%。

2）全国各省复合年均住房拆除率对比

按照上述方法，可以计算不同省份住房的十年累计拆除量及复合年均拆除率，结果如图 5-49 所示。

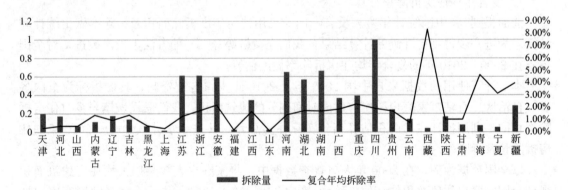

图 5-49　不同省份住房累计拆除量相对值及复合年均拆除率

众多研究[176-177,187-188]　表明，影响建筑寿命的因素大体可分为两类：一是由建筑自身特性决定的内部因素，如建筑质量、建筑功能适用性、建筑结构、建筑层数等；二是由建筑所处环境带来的外部因素，如经济增长因素、城市规划变更、法律法规等。结果显示，东部省份在 2000—2010 年的住房累计拆除量要普遍高于西部省份。四川省的拆除量为全国最高值，达到 404km²，这主要是由于 2008 年汶川发生了 8.0 级大地震，造成了大量的房屋破坏，尤其是村镇房屋的严重破坏。西藏、青海、新疆等西部省份的复合年均拆除率显著高于其他省份，这主要是由于其住房存量基数较小，如西藏的拆除量为 20km²，在全国范围内属于较低值，但其 2000 年的家庭户住房估计值仅 36km²，因此其拆除率达到

58.03%，复合年均拆除率为 8.32%，为全国各地区的最高值。

3）城镇住宅建筑面积修正

我们使用前面计算出的全国各地区住宅的复合年均拆除率对 2017 年和 2018 年不同省份城镇住宅建筑面积结果（见图 5-50、图 5-51）进行修正。

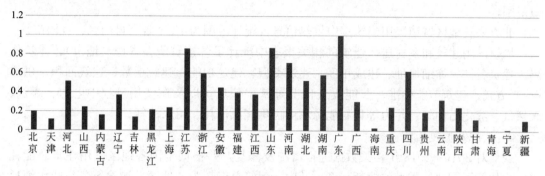

图 5-50　2017 年不同省份城镇住宅建筑面积相对值

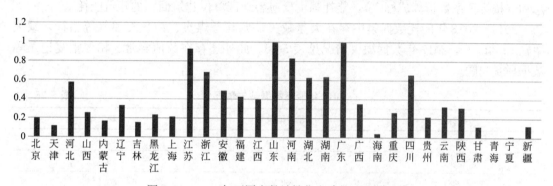

图 5-51　2018 年不同省份城镇住宅建筑面积相对值

与相关资料对比显示，本节计算出的 2017 年全国各地区城镇住宅建筑面积（实线）与官方公布结果（虚线）较为接近（图 5-52），验证了该方法的合理性。

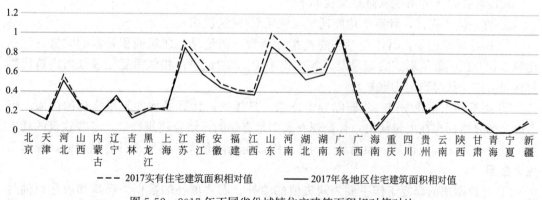

- - - 2017实有住宅建筑面积相对值　——2017年各地区住宅建筑面积相对值

图 5-52　2017 年不同省份城镇住宅建筑面积相对值对比

（3）民用建筑能耗强度计算

1）数据说明

本节使用的原始数据来自《民用建筑能源资源消耗统计调查制度》，针对不同统计内容，分别在全国不同范围内组织实施。该制度的统计内容及范围具体如下：

居住建筑和中小型公共建筑的基本信息和能源资源消耗信息，统计范围为全国 106 个城市；

大型公共建筑和国家机关办公建筑基本信息和能源资源消耗信息，统计范围为全国城镇范围；

北方采暖地区城镇民用建筑集中供热信息，统计范围为 15 个省（自治区、直辖市）。

城镇民用建筑和乡村居住建筑的相关报表中统计了各建筑所在省份（地市）、建筑代码、建筑名称、详细地址、建成年度、建筑类型、建筑功能、建筑层数、建筑面积、供热（冷）方式、建筑节能标准、节能改造情况等基本信息，以及在使用过程中电力、煤炭、天然气、液化石油气、热力等化石能源和可再生能源消耗、用水消耗。

2）清洗及修复流程

我们对 2016—2018 年相关数据进行清洗及修复，并根据全国各地区民用建筑总能耗进一步估算不同建筑类型的能耗强度。其中，建筑总能耗为各地区监测建筑各类能源消耗总和（按折算系数折算成标煤），能耗强度反应各地区单位建筑面积的建筑能耗。

2016—2018 年能耗数据集中存在大量缺失，尤其是煤炭、液化石油气等指标，缺失率在 97％以上，2017 年数据缺失情况见表 5-25。此外还存在数值异常、相似重复记录等数据质量问题。

<table>
<tr><td colspan="3" style="text-align:center">2017 年能耗数据缺失情况　　　　　　　　　　　　表 5-25</td></tr>
<tr><th>指标</th><th>非零记录数</th><th>缺失率</th></tr>
<tr><td>电</td><td>171013</td><td>1.0%</td></tr>
<tr><td>煤炭</td><td>1367</td><td>99.2%</td></tr>
<tr><td>天然气</td><td>63030</td><td>63.5%</td></tr>
<tr><td>液化石油气</td><td>4388</td><td>97.5%</td></tr>
<tr><td>人工煤气</td><td>1604</td><td>99.1%</td></tr>
</table>

对能耗数据集的清洗及修复流程如下：

① 首先读入文件，计算平均能耗量（能耗量/建筑面积）。

② 删除异常记录，具体包括：能耗指标全为 0 的记录；建筑面积异常的数据，包括建筑面积非正确数值形式的记录及建筑面积小于 20 的记录；相似重复记录（当建筑代码与建筑名称一致时判定为重复）。

③ 接着利用箱线图进一步删除异常记录。具体的，计算平均能耗量指标的内限，但考虑到部分指标存在大量缺失，怀疑现有数据是有偏的；结合建筑特性，有些建筑的耗电量的确显著高于其他建筑，如商场。因此最终设定上限是大于箱线图计算结果的，保留了更多数据。

④ 对数据集的修复工作主要为缺失值的填补。需要填补的数据为煤炭和液化石油气中取值为非正确数值形式的记录，利用现有数据集计算合理的缺失记录填补值。以煤炭消耗量为例，在当前数据集中取出平均耗煤炭量大于 0 的记录，计算该子集中不同建筑类型的建筑平均耗煤炭量的均值 $\{a_1, a_2, a_3, a_4\}$；在填补时，将取值为非正确数值形式的记录填充为对应建筑类型的 a_i，再乘以建筑面积作为煤炭消耗量的填充值。

⑤ 最后，结合建筑特性对特殊记录进行填补。考虑到特殊建筑的能耗情况，如加气站主要消耗的能源为天然气，筛选出建筑名称中含有"加气"字符的建筑，填充其天然气消耗量。同理，筛选出建筑名称中含有"锅炉房"的建筑，填充其煤炭消耗量。

3）民用建筑能耗强度计算

在清洗及修复后的数据集中重新计算各个建筑的能耗总量，并进一步计算各个省的能耗强度，具体计算公式如下，其中 i 为 p 省中建筑类型为 $j(j \in \{1, 2, 3, 4\})$ 的建筑，e_i 为与 a_i 分别表示建筑 i 的能耗总量及面积，则 E_{pj} 为 p 省建筑类型为 $j(j \in \{1, 2, 3, 4\})$ 的建筑的能耗强度。

$$E_{pj} = \frac{\sum_{i \in P_j} e_i}{\sum_{i \in P_j} a_i} \tag{5-21}$$

式中，$j=1$ 代表居住建筑；$j=2$ 代表中小型公共建筑；$j=3$ 代表大型公共建筑；$j=4$ 代表国家机关办公建筑。

4）不同省份民用建筑能耗强度计算结果（表 5-26）

不同省份民用建筑能耗强度计算结果（相对值）　　　　表 5-26

年份	2016	2017	2018	2016	2017	2018
建筑类别	居住建筑	居住建筑	居住建筑	公共建筑	公共建筑	公共建筑
北京市	0.2570	0.9672	0.9672	1.0000	0.8680	0.8680
天津市	0.3763	0.3310	0.3310	0.7697	0.5009	0.5009
河北省	0.0294	0.1337	0.1337	0.0042	0.2541	0.2541
山西省	0.2476	0.2007	0.2007	0.1818	0.1955	0.1955
内蒙古自治区	0.0659	0.2664	0.2664	0.2977	0.1327	0.1327
辽宁省	0.0283	0.2553	0.2553	0.5248	0.2779	0.2779
吉林省	0.1948	0.9664	0.9664	0.4478	0.4149	0.4149
黑龙江省	0.3183	0.2740	0.2740	0.4788	0.2545	0.2545
上海市	0.2250	1.0000	1.0000	0.9781	1.0000	1.0000
江苏省	0.3051	0.3667	0.3667	0.4962	0.3611	0.3611
浙江省	0.0328	0.0991	0.0991	0.5228	0.3416	0.3416
安徽省	0.2376	0.2780	0.2780	0.6300	0.2976	0.2976
福建省	0.2991	0.3382	0.3382	0.6291	0.4179	0.4179
江西省	0.0853	0.1286	0.1286	0.5248	0.2513	0.2513
山东省	0.0712	0.2569	0.2569	0.4371	0.2389	0.2389
河南省	0.1678	0.2579	0.2579	0.6601	0.4683	0.4683
湖北省	0.0023	0.2227	0.2227	0.3390	0.2310	0.2310
湖南省	0.3078	0.4690	0.4690	0.5537	0.3446	0.3446
广东省	0.5542	0.4154	0.4154	0.8259	0.5123	0.5123
广西壮族自治区	0.1119	0.2847	0.2847	0.2977	0.2198	0.2198
海南省	0.4975	0.5632	0.5632	0.1818	0.1607	0.1607
重庆市	0.4411	0.8907	0.8907	0.6342	0.4268	0.4268

年份	2016	2017	2018	2016	2017	2018
建筑类别	居住建筑	居住建筑	居住建筑	公共建筑	公共建筑	公共建筑
四川省	0.3382	0.1954	0.1954	0.3272	0.1994	0.1994
贵州省	0.9457	0.7441	0.7441	0.2502	0.1607	0.1607
云南省	0.0000	0.0000	0.0000	0.2158	0.0292	0.0292
西藏自治区	0.7048	0.3841	0.3841	0.2925	0.1327	0.1327
陕西省	0.0812	0.1480	0.1480	0.3460	0.0717	0.0717
甘肃省	0.7036	0.2156	0.2156	0.2925	0.1457	0.1457
青海省	0.1888	0.2200	0.2200	0.4390	0.2268	0.2268
宁夏回族自治区	1.0000	0.3841	0.3841	0.3811	0.1327	0.1327
新疆维吾尔自治区	0.3251	0.4081	0.4081	0.0000	0.0000	0.0000

(4) 分省建筑能耗强度预测

能耗强度指地区内建筑单位面积的能耗大小（标煤）。由于完全统计各省建筑及对应能耗难以实现，往往在省内各地区抽取部分建筑进行长期监测，得到以年为时间跨度的建筑能耗量统计，以抽样建筑的能耗强度代表地区能耗强度。但由于部分省份由于技术或数据处理困难，建筑能耗信息丢失，导致无法计算地区建筑能耗强度，需要对数据缺失的省份进行建筑能耗强度预测。

政府每年公布的年鉴中会提供本行政区经济、人口、行业的综合数据。建筑能耗强度受到城市经济、社会、环境等多方面因素的综合影响，它们之间不是线性关系，而是一种更复杂的非线性关系。为结合多种社会经济因素的影响，本节使用年鉴提供的多种影响因子，运用统计学方法，对建筑能耗强度进行预测，并对结果进行了综合对比分析。

1) 指标选择及数据来源

结合城市发展规律，构建地区能耗强度的经济社会因子体系。从宏观层面理解，地区建筑能耗强度的影响因素有房地产行业发展水平、城市能源供应情况及社会发展水平，其中社会发展水平包括经济发展水平及人民生活水平。从国家统计年鉴上选取若干指标（表5-27），分析地区能耗强度影响因素。

影响因素及指标　　　　　　　　表 5-27

影响因素	影响因子（指标）
房地产行业发展水平	建筑业总产值（亿元）
	房地产住宅投资（亿元）
	房地产开发投资（亿元）
城市能源供应情况	城市液化石油气供气总量（万 t）
	城市天然气供气总量（亿 m^3）
社会发展水平	地区生产总值（亿元）
	居民人均可支配收入（元）
	地方财政税收收入（亿元）
	地方财政一般预算收入（亿元）
	年末常住人口（万人）

续表

影响因素	影响因子(指标)
被解释变量	地区居住建筑能耗强度
	地区公共建筑能耗强度

2）回归分析

① 初步分析

以各省建筑能耗强度 Y 为因变量，选择部分影响因子构建建筑能耗强度与各影响因子的一元线性回归预测方程，表 5-28 和图 5-53 分别展示了各方程拟合结果。可以看出，线性回归预测方程的拟合优度均不理想，这进一步说明建能耗强度是受多方面因素综合影响的。

部分影响因子线性回归结果　　　　　　　　　　　　　　　　　　　　　　表 5-28

自变量	因变量
建筑业总产值(亿元)	
城市液化石油气供气总量(万 t)	居住建筑能耗强度 Y
地区生产总值(亿元)	

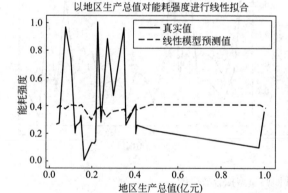
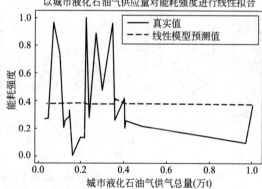
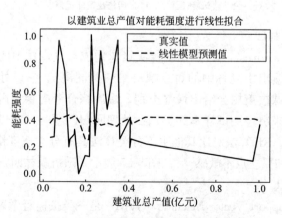

图 5-53　部分影响因子一元回归拟合结果

② 拟合与预测

本小节使用的数据集为表 5-27 中各个变量在 2016 年补全后的指标值。模型拟合前首先进行数据的标准化处理，从而消除各个指标的量纲影响。选择 24 个省份作为训练集；3 个省份作为验证集，以便模型选择；建筑能耗数据缺失的 3 个省份作为预测集，本节将给出缺失省份的能耗强度预测结果。建立偏最小二乘回归模型、随机森林回归模型和支持向量机回归模型拟合能耗强度及各个解释变量间的关系。

a. 模型一：偏最小二乘回归

偏最小二乘回归（Partial Least Squares Regression，PLS）方法是近年来应实际需要而产生和发展的一种具有广泛适用性的多元统计分析方法，由 S. Wold 和 C. Albano 等在 1983 年提出[189]，偏最小二乘回归方法具有主成分分析、典型相关分析和线性回归分析等方法的特点，能有效解决变量存在多重共线性的问题[190]。偏最小二乘回归分析使用成分提取的方法，对输入特征进行重组而不是剔除，既考虑了因变量与自变量之间的线性关系，又选择了对自变量、因变量解释性最强的综合变量，排除噪声干扰，因此既保证了多重共线性问题的消除，又保证了模型的稳定，是回归问题的重要解决方案。图 5-54 展示了偏最小二乘回归模型的拟合效果。

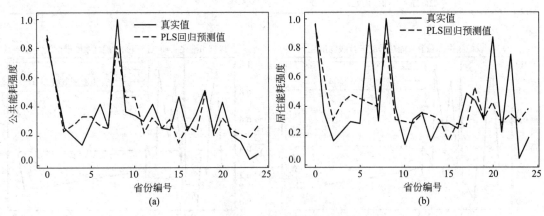

图 5-54　偏最小二乘回归模型拟合效果图
(a) 公共建筑能耗强度；(b) 居住建筑能耗强度

b. 模型二：随机森林回归

随机森林（Random Forest，RF）由多棵决策树构成，且森林中的每一棵决策树之间没有关联，模型的最终输出由森林中的每一棵决策树共同决定[191]。处理分类问题时，对于测试样本，森林中每棵决策树会给出最终类别，最后综合考虑森林内每一棵决策树的输出类别，以投票的方式来决定测试样本的类别；处理回归问题时，则以每棵决策树输出的均值为最终结果。此外，RF 算法对比其他主流分类算法具有分类速度快和能够处理高维数据等特点，而且对噪声和孤立点不敏感[192]。图 5-55 展示了随机森林回归模型的拟合效果。

c. 模型三：支持向量机

支持向量机[193]（Support Vector Machine，SVM）是一类按监督学习方式对数据进行二元分类的广义线性分类器，也可以进行回归，其决策边界是对学习样本求解的最大边距超平面。SVM 是一种广泛应用于信号处理、最优控制和系统中建模的统计学习方法，适用于有

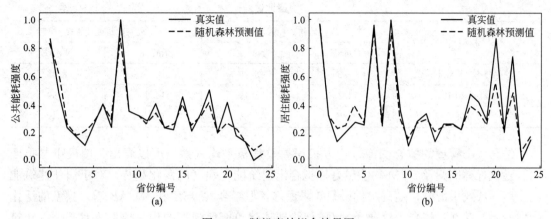

图 5-55　随机森林拟合效果图

（a）公共建筑能耗强度；（b）居住建筑能耗强度

限样本回归，具有良好的回归泛化能力。SVM 的思想是选择适当的非线性映射函数，映射输入变量的低维空间到高维特征空间[194]。图 5-56 展示了支持向量机模型的拟合效果。

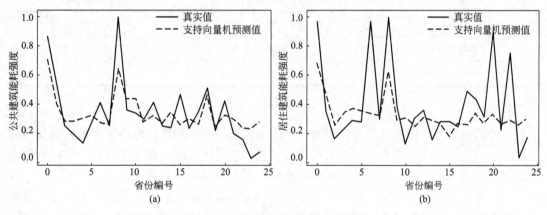

图 5-56　SVM 神经网络拟合效果图

（a）公共建筑能耗强度；（b）住宅建筑能耗强度

3）模型预测及评估

选择均方根误差（RMSE）和规范平均误差（NMAE）作为模型评估指标。其中，RMSE 的计算过程为：求真实值与填充值的差值的绝对值为偏差，将各记录偏差的平方取平均值，再将其开平方即可得到均方根误差，体现误差的实际平均值；NMAE 的计算过程为：求偏差与真实值比例的均值，再将其开平方，得到误差相比于真实值的占比。具体公式如下：

$$RMSE = \sqrt{\frac{1}{m}\sum_{i=1}^{m}(y^{(i)} - \widehat{y^{(i)}})^2} \tag{5-22}$$

$$NMAE = \sqrt{\frac{1}{m}\sum_{i=1}^{m}\frac{[y^{(i)} - \widehat{y^{(i)}}]}{y^{(i)}}} \tag{5-23}$$

计算标准化还原后预测值与真实值的 RMSE 和 NMAE，结果如表 5-29 所示。

模型评估

表 5-29

模型	居住建筑能耗强度		公共建筑能耗强度	
	RMSE	NMAE	RMSE	NMAE
偏最小二乘回归	10.36	6.29	18.70	8.43
随机森林回归	14.15	7.19	16.96	7.99
SVM	8.26	5.64	18.95	8.49

结合各个模型的拟合图像、均方根误差及规范平均误差，可以看出，偏最小二乘回归、随机森林回归及 SVM 均能较好地拟合出建筑能耗强度的变化趋势。对于居住建筑能耗强度，从效果图看，随机森林回归效果最好，但结合 RMSE 和 NMAE 看，模型的泛化能力较差，存在过拟合，故选择 SVM 作为居住建筑能耗强度的预测模型。对于公共建筑能耗强度，随机森林回归的表现最好，选择其作为预测模型。据此给出缺失三个省份的居住建筑能耗强度和公共建筑能耗强的预测值（表 5-30）。

预测结果

表 5-30

省份	居住建筑能耗强度	公共建筑能耗强度
海南省	8.48	26.18
西藏自治区	8.34	20.64
宁夏回族自治区	8.89	23.53

（5）结论

本小节通过《中国统计年鉴》以及《中国城乡建设统计年鉴》取得历年的城镇住宅建筑面积、城镇住宅竣工面积、城镇公共建筑面积、房屋建筑竣工面积等指标，使用逐年递推法计算得到 2017 年和 2018 年的城镇住宅建筑面积和城镇公共建筑面积。

由于统计年鉴没有对民用建筑年度拆除面积及拆除率做出统计，我们从人口普查资料中取得各省份家庭户按住房建成时间的住房面积指标，以此计算住房拆除面积及拆除率，并对之前的建筑面积计算结果进行了修正。

民用建筑能耗强度计算的原始数据来自于《民用建筑能源资源消耗统计调查制度》，里面的相关报表统计了各建筑的基本信息，以及在使用过程中化石能源和可再生能源消耗情况。我们使用箱线图等异常值检测方法对 2016—2018 年相关数据进行了清洗，再对不同建筑类型的不同能源的缺失值采用均值法进行了修复，计算得到 2016—2018 年的全国各省民用建筑能耗强度计算结果。

但其中部分省份建筑能耗信息丢失，导致无法计算该地区建筑能耗强度，需要对数据缺失的省份进行建筑能耗强度预测。我们从国家统计年鉴上选取了建筑业产值、能源供应量、地区生产总值等影响因子，先后使用一元回归、偏最小二乘回归、随机森林、支持向量机等方法对居住建筑能耗强度和公共建筑能耗强度进行了拟合与预测。最终经过对比评估，支持向量机模型在居住建筑能耗强度的预测上表现最好，而对于公共建筑能耗强度，随机森林回归模型的表现最好。据此，使用相应模型预测得到了数据缺失省份的建筑能耗强度结果。

5.3.3　基于遥感大数据的民用建筑用电量分析挖掘

用电量是衡量一个城市经济、电力发展状况的基本指标之一，它能够客观地反映出城市经济运行状况，体现产业结构变化和能源消费水平，在社会发展和国民经济中扮演着重要的角色。因此快速获取准确的地区内电力消费信息，对于促进经济更快发展、辅助政府科学决策具有重要的意义。

近年来，随着夜光遥感技术的飞速发展，以其直观、便捷等特点而被广泛应用于能源、气象、经济等领域中。由于夜光遥感卫星能够捕捉到城镇的夜间灯光，直接反映出城市经济消费活动的密集程度，从而为用电量消费空间化提供依据[194-196]。本小节将利用长三角地区 NPP/VIIRS 夜光遥感影像数据、用电量消费数据和社会经济数据作为数据源，结合 ArcGIS 和 ENVI 软件进行影像数据预处理操作，同时采用 Z-Score 标准化方法对各数据进行标准化处理，并进行相关性指标分析。结合夜光遥感影像、人口、经济以及用电量等数据进行多元线性回归用电量预测模型构建，从而实现对城市用电量的准确预测。

（1）数据获取及预处理

1）夜光遥感数据获取与预处理

① 夜光遥感数据下载

首先选取 2012—2018 年 VIIRS（Visible Infrared Imaging Radiometer，可见光红外成像辐射仪）夜间灯光遥感数据作为研究数据，该数据可以从美国国家海洋和大气管理局（NOAA）的官方网站进行免费下载，下载网址是 https：//ngdc. noaa. gov/eog/download. html。VIIRS 原始数据主要包含三种数据类型："avg_rade9"数据包含浮点辐射值；"cf_cvg"数据是无云覆盖数据量的整数计数或观测值的整数计数；而"cvg"数据是所有观测数或无云覆盖数据的整数计数。本案例选用"avg_rade9"数据进行具体操作。下载过程如图 5-57 所示。

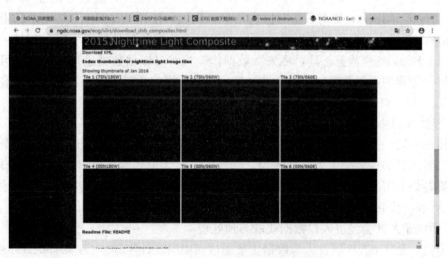

图 5-57　NOAA 夜光遥感数据获取

② 夜光遥感数据预处理

ENVI (The Environment for Visualizing Images) 是由美国著名的 Exelis Visual Information Solutions 公司所研制的一个完整的遥感图像处理平台，它是快速、便捷、准确地从遥感影像中提取信息的软件解决方案。

结合 ENVI 平台中的 Layer Stacking 工具，将 1~12 月的数据进行图层整合，生成包含年平均数据的多波段影像图。使用 Band Math 工具进行波段平均计算，$b1 \sim b12$ 分别对应合成图像中全年各月份所代表的波段数据，在工具中输入公式 $(b1 + b2 + \cdots + b12)/12$，可以生成年平均遥感影像图，生成过程如图 5-58 所示。

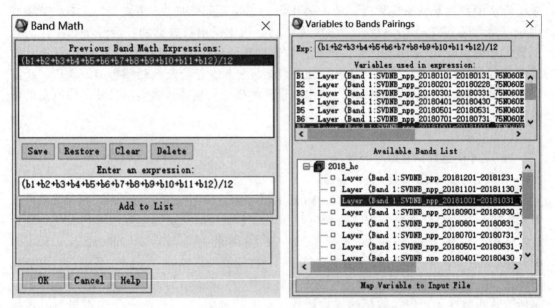

图 5-58 利用 Band Math 工具进行平均值计算

同时，由于 VIIRS 影像的坐标系为 WGS1984，研究区矢量数据的坐标系为 Krasovsky_1940_Albers，要对矢量数据进行坐标转换。使用 ArcGIS 工具箱中的坐标转换工具 Project 转换矢量数据的坐标系，可以使得影像数据和矢量数据坐标系相统一。采用 Extract by Mask 掩模裁剪工具，将矢量数据作掩模，对影像数据进行裁剪，就可以得到以研究区为边界的影像数据。经过上述处理后，即可得到长三角地区江苏、浙江和上海在 2015—2017 年的灯光遥感影像图。

③ 夜光遥感影像像元亮度值 (DN) 提取

选用 ArcGIS 的 Zonal Statistics as Table 工具对裁剪完成后的影像数据进行分析，选用各市、各区县矢量数据作为区域掩模，选择 Name 字段作为关键导出字段，选取 SUM 值来计算各划分市、区的 DN 值，为影像数据构建出属性表并进行转换到 Excel 表格，如图 5-59 所示，其中 SUM 字段即为各个城市的夜光遥感影像 DN 值。

2) 用电量及社会经济人口数据获取与预处理

电力值、地区 GDP 以及人口数据主要通过《中国统计年鉴》《江苏省统计年鉴》《浙江省统计年鉴》以及《上海市统计年鉴》等进行获取。通过对相关指标数据进行下载整理，整合所需数据如表 5-31 所示。

OID	NAME	ZONE_CODE	COUNT	AREA	SUM
0	连云港市	1	41610	0.722395845	53108.59284
	东海县	18	13443	0.23338542	11458.87397
	灌云县	19	10121	0.175711808	4975.316057
	灌南县	20	5835	0.101302085	4383.432572
1	徐州市	2	62344	1.082361128	89977.29229
	丰县	3	8065	0.140017363	4686.149277
	沛县	4	6871	0.119288196	7563.246131
	睢宁县	5	9924	0.172291669	7016.259504
	新沂市	6	8914	0.154756947	8261.672599
	邳州市	7	11511	0.199843753	8939.508889
2	盐城市	3	83855	1.455815996	82612.78015
	响水县	25	7632	0.132500002	9759.603254
	滨海县	26	10567	0.183454864	4339.016615
	阜宁县	27	8114	0.140868058	5643.044032
	射阳县	28	14289	0.248072921	4486.094467
	建湖县	29	6409	0.111267363	9802.95048
	东台市	30	12469	0.216475698	6142.686799
3	宿迁市	4	47846	0.830659736	41794.06422
	沭阳县	40	12962	0.225034726	8831.666707
	泗阳县	41	7749	0.134531252	4557.670377

(a)

OID	NAME	ZONE_CODE	COUNT	AREA	SUM
0	杭州市	1	90900	1.578125025	189897.6864
	萧山区	1	7633	0.132517363	48356.86403
	余杭区	2	6650	0.115451391	37511.63219
	桐庐县	3	9922	0.172256947	8495.69881
	淳安县	4	23808	0.41333334	2981.939759
	建德市	5	12393	0.215156253	3648.213327
	富阳区	6	9862	0.171215281	13922.49286
	临安区	7	16791	0.291510421	5930.408457
1	宁波市	2	49189	0.853975708	230234.9668
	鄞州区	8	7156	0.124236113	38841.27059
	象山县	9	5985	0.103906252	8332.141293
	宁海县	10	8802	0.152812502	6345.67381
	余姚市	11	8372	0.145347225	32821.37633
	慈溪市	12	6618	0.114895835	49316.30151
	奉化区	13	6509	0.113003474	9253.814107
2	温州市	3	60275	1.046440989	98013.59745
	洞头区	14	541	0.009392361	706.0937706
	永嘉县	15	14117	0.245086809	6975.983901
	平阳县	16	5018	0.087118057	7597.158278
	苍南县	17	6009	0.104322918	10598.3789

(b)

OID	NAME	SUM
0	上海市市辖区	559631.823946
1	上海市市辖县	35029.64831

(c)

图 5-59　长三角地区 2015 年 DN 值

(a) 2015 年江苏省部分市区县 DN 值；(b) 2015 年浙江省部分市区县 DN 值；(c) 2015 年上海市 DN 值

	数据获取相关信息		表 5-31
序号	来源	主要内容	统计年份
1	《中国统计年鉴》	上海市全年用电量；全市人口数量；地区生产总值(全市)	2015—2017 年
2	《江苏省统计年鉴》	江苏省各市、区县用电量；各市、区县人口数量；地区生产总值	2015—2017 年
3	《浙江省统计年鉴》	浙江省各市、区县用电量；各市、区县人口数量；地区生产总值	2015—2017 年

（2）数据分析与模型构建

1）标准化处理

在多指标评价体系中，由于各评价指标的性质不同，通常具有不同的量纲和数量级。当各指标间的水平相差很大时，如果直接用原始指标值进行分析，就会突出数值较大的指标在综合分析中的作用，相对削弱数值水平较低指标的作用。因此，为了保证结果的可靠性，需要对原始指标数据进行标准化处理。

在数据分析之前，我们通常需要先将数据标准化（normalization），然后利用标准化后的数据进行数据分析。数据标准化也就是统计数据的指数化。数据标准化处理主要包括数据同趋化处理和无量纲化处理两个方面：数据同趋化处理主要解决不同性质数据问题，对不同性质指标直接加总不能正确反映不同作用力的综合结果，须先考虑改变逆指标数据性质，使所有指标对测评方案的作用力同趋化，再加总才能得出正确结果；数据无量纲化处理主要解决数据的可比性。经过上述标准化处理，原始数据均转换为无量纲化指标测评值，即各指标值都处于同一个数量级别上，可以进行综合测评分析，处理结果如图 5-60 所示。

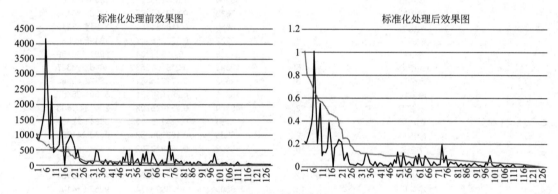

图 5-60　标准化处理前后对比图

最常用的标准化方法是极差标准化和 Z-score 标准化。极差标准化的处理过程在前面的章节中通过式（5-10）已有说明，在此不再赘述，而 Z-score 标准化是根据原始数据的均值（mean）和标准差（standard deviation）来进行数据的标准化。经过处理的数据符合标准正态分布，即均值为 0，标准差为 1，变换后的结果值落入在（−1，1）区间内。其处理过程如式（5-24）所示：

$$x^* = \frac{x - \mu}{\sigma}$$

（5-24）

式中，μ 为所有样本数据的均值；σ 为所有样本数据的标准差。

这里我们选用 Z-score 标准化方法分别对 GDP、DN 值、人口等数据进行标准化处理，标准化后的变量值围绕 0 上下波动，大于 0 说明高于平均水平，小于 0 说明低于平均水平。

2）相关性指标分析

相关系数（Correlation coefficient）是反应变量之间关系密切程度的统计指标，相关系数的取值区间在 1～−1 之间。1 表示两个变量完全线性相关，−1 表示两个变量完全负相关，0 表示两个变量不相关。数据越趋近于 0 表示相关关系越弱。相关系数的计算在前面的章节中通过式（5-3）已有说明，在此不再赘述。

通过分别对用电量消耗量和 VIIRS 的 DN 值、GDP、人口等作相关性分析，可以得出各自之间的相关性：用电量和 DN 值之间相关性系数为 0.889，用电量和 GDP 之间相关性系数为 0.852，人口和用电量之间相关性系数为 0.762，均为强相关。同时，根据长三角地区的样本数计算，得到的显著性系数通过了 0.001 的显著性检验，因此可以得出 DN 值、GDP 以及人口数量和用电量之间有着极强的相关性，可以用来作为预测电量消耗的影响因素。

3）夜光遥感城市用电量预测模型构建

选择 GDP、VIIRS、人口等相关因素作为输入参数，构建多元线性回归模型，其一般形式是：

$$y = \alpha + \beta_1 x_1 + \beta_2 x_2 + \cdots + \beta_n x_n$$

利用梯度下降法对模型数据进行训练，其具体步骤如图 5-61 所示。

令 $r_i = y_i - ax_i - b$，即有

$$\text{记 } r_i = y_i - ax_i - b, \; y = \begin{bmatrix} y_1 \\ y_2 \\ \vdots \\ y_n \end{bmatrix}, \; x = \begin{bmatrix} x_1 \\ x_2 \\ \vdots \\ x_n \end{bmatrix}, \; r = \begin{bmatrix} r_1 \\ r_2 \\ \vdots \\ r_n \end{bmatrix} = \begin{bmatrix} y_1 - ax_1 - b \\ y_2 - ax_2 - b \\ \vdots \\ y_n - ax_n - b \end{bmatrix} = y - (ax + b1_{n\times1})$$

$$L(a,\, b) = \frac{1}{2}\sum_{i=1}^{N}(y_i - ax_i - b)^2 = \frac{1}{2}\sum_{i=1}^{N}r_i^2 = \frac{1}{2}r^T r \qquad \text{梯度下降法}$$

$$\begin{cases} \dfrac{\partial L}{\partial a} = \sum_{i=1}^{N}(y_i - ax_i - b)\bullet -x_i = \sum_{i=1}^{N} -r_i x_i \\ \dfrac{\partial L}{\partial b} = \sum_{i=1}^{N}(y_i - ax_i - b)\bullet -1 = \sum_{i=1}^{N} -r_i \end{cases} \xRightarrow{\text{负梯度}} \begin{cases} -\dfrac{\partial L}{\partial a} = \sum_{i=1}^{N} r_i x_i \\ -\dfrac{\partial L}{\partial b} = \sum_{i=1}^{N} r_i \end{cases} \xRightarrow{\text{代入迭代公式}} \begin{cases} a_{n+1} = a_n + \eta\left.\dfrac{\partial L}{\partial a}\right|_{a_n} \\ b_{n+1} = b_n + \eta\left.\dfrac{\partial L}{\partial b}\right|_{b_n} \end{cases}$$

图 5-61　梯度下降法步骤图

训练完成后，得到用电量关于 GDP、人口数量 P、夜光遥感 DN 值之间的多元回归函数：

$$Y = 0.224 \times GDP + 0.621 \times DN + 0.002 \times P + 0.014 \qquad (5\text{-}25)$$

（3）精度评定与分析

在当前利用夜间灯光数据模拟电力消费量的研究中，主要采用两种精度评价的方法：一种是通过检验模拟值和统计值相对误差的方式对精度进行直观的判断；另一种是通过回归的方式验证模拟值和统计值之间的相关系数。考虑到用于评价的统计数据的完备情况，本案例以长三角地区数据作为样本，随机抽取 80% 的数据作为训练样本进行模拟训练，模型整体相关系数 $R_2 = 0.8522$，通过了 0.001 的显著性检验，这说明本研究的模拟结果还是基本可信的。

采用随机抽取检核的方式，对 50 个样本数据进行模拟验证，并将预测结果按照相对误差定义为：0～25% 为高精度结果，25%～50% 为中等精度结果，而大于 50% 为低等精度。其验证结果如图 5-62 所示。

	NAME	VIIRS	Electri city	Populat ion	GDP	VIIRS(归一化)	Population(归一化)	GDP(归一化)	预测	实际电量	误差
2	诸暨市	14728.77	68.3443	107.9358	1026.61	0.033797033	0.098130065	0.067925619	0.050668	0.050952	0.56%
3	镇江市	67485.75	216.27	271.67	3502.48	0.160449687	0.258504407	0.239151874	0.16799	0.163861	2.52%
4	长兴县	10845.52	59.6708	62.9430	462.26	0.024474593	0.054060527	0.028896293	0.036045	0.044332	18.69%
5	玉环市	9019.024	36.6871	43.0228	436.59	0.020089771	0.034549093	0.027121007	0.032879	0.026788	22.73%
6	余姚市	32821.38	73.6492	83.6530	826.21	0.077231605	0.074345553	0.054066353	0.074483	0.055001	35.42%
7	永康市	9325.766	38.6407	59.7003	483.31	0.020826161	0.050884367	0.03035207	0.034098	0.02828	20.57%
8	宜兴市	25870.62	85.21	108.29	1285.66	0.060545063	0.098476997	0.085841003	0.071285	0.063825	11.69%
9	仪征市	12156.17	41.27	56.46	408.19	0.027621053	0.047710559	0.02515692	0.037148	0.030286	22.65%
10	扬州市	69327.9	211.5	461.12	4016.84	0.164872004	0.444066855	0.27472399	0.179136	0.16022	11.81%
11	盐城市	82612.78	280.58	828.03	4212.5	0.196764839	0.803447788	0.288255448	0.202828	0.212948	4.75%
12	徐州市	89977.29	344.19	1028.7	5319.88	0.214444677	1	0.36483965	0.231404	0.2615	11.51%
13	宿迁市	41794.06	151.24	586.28	2126.1	0.098772159	0.566658547	0.143970389	0.109144	0.114225	4.45%
14	兴化市	7389.241	58.81	158.16	667.4	0.016177183	0.147323655	0.043083369	0.034289	0.043674	21.49%
15	新沂市	8261.673	40.47	112.66	507.63	0.018271613	0.102757324	0.032033993	0.033012	0.029676	11.24%
16	萧山区	48356.86	214.2462	126.3307	1812.79	0.114527342	0.116147498	0.122296267	0.113001	0.162316	30.38%
17	象山县	8332.141	19.7419	54.9655	410.2	0.018440786	0.046246726	0.025295927	0.031474	0.013854	127.18%
18	响水县	9759.603	48.11	62.37	244.3	0.021867665	0.053499285	0.013822612	0.031054	0.035507	12.54%
19	无锡市	160299	600.5	480.9	8518.26	0.38326462	0.463440965	0.586033262	0.384414	0.457138	15.91%
20	桐乡市	17247.41	81.6422	68.9006	653.12	0.039834491	0.059895875	0.042095792	0.048555	0.061102	20.54%
21	泰州市	68423.58	227.46	507.85	3687.9	0.162701108	0.489837946	0.251975153	0.17281	0.172402	0.24%
22	泰兴市	13793.63	51.94	119.53	740.77	0.03155207	0.10948635	0.048157492	0.04488	0.038431	16.78%
23	太仓市	38405.98	90.97	47.96	1100.08	0.090638452	0.039384981	0.073006659	0.08696	0.068222	27.47%
24	睢宁县	7016.26	22.69	144.28	451.89	0.015281774	0.133728475	0.028179125	0.030367	0.016105	88.56%
25	苏州市	417199.3	1311.72	667.01	14504.07	1	0.645731951	1	0.860401	1	13.96%

	A	B	C	D	E	F	G	H	I	J	K
26	泗阳县	4557.67	21.04	106.76	362.24	0.009379488	0.096978393	0.021979109	0.025228	0.014845	69.94%
27	沭阳县	8831.667	41.7	195.37	630.13	0.019639986	0.183770098	0.040505849	0.03595	0.030615	17.43%
28	绍兴市	82619.17	253.1170	443.1052	2648.66	0.196780171	0.426421722	0.180103377	0.177749	0.191986	7.42%
29	上虞区	16644.87	47.3602	77.9803	725.75	0.038396999	0.068789258	0.047118739	0.048801	0.034935	39.69%
30	瑞安市	14082.74	61.3032	122.8841	720.51	0.032246135	0.112771623	0.046756351	0.045006	0.045577	1.25%
31	如东县	5834.312	45.49	103.96	672.69	0.012444298	0.09423585	0.043449215	0.031925	0.033508	4.72%
32	衢州市	18463.01	73.5490	256.3791	489.39	0.042761756	0.243527279	0.03077255	0.048275	0.054925	12.11%
33	浦江县	5408.997	17.1737	39.8181	196.44	0.011423252	0.031410154	0.01051271	0.023779	0.011894	99.89%
34	平湖市	15286.21	64.3020	49.1479	483.64	0.035135284	0.040548505	0.030374892	0.042963	0.047866	10.24%
35	沛县	7563.246	32.53	130.92	605.84	0.016594914	0.120642625	0.038826001	0.033532	0.023615	41.99%
36	南通市	135967.1	349.19	766.77	6148.4	0.324851608	0.743444856	0.422138449	0.312162	0.265317	17.66%
37	南京市	167759.2	495.18	653.4	9720.77	0.401174102	0.632401231	0.669196467	0.414538	0.376748	10.03%
38	龙游县	2744.086	19.7190	40.5138	195.86	0.005025604	0.032091578	0.010472598	0.019795	0.013837	43.06%
39	临安区	5930.408	29.9047	52.9447	467.57	0.012674993	0.044267394	0.029263522	0.028777	0.021612	33.15%
40	连云港市	53108.59	166.68	530.56	2160.64	0.125934723	0.512081932	0.146352883	0.126413	0.12601	0.32%
41	溧阳市	8912.906	68.12	79.6	738.15	0.019835015	0.070375722	0.047976298	0.03747	0.050781	26.21%
42	乐清市	13735.44	49.7099	128.0385	774.6	0.031412373	0.117820254	0.050497108	0.045337	0.036729	23.44%
43	兰溪市	5586.019	38.9919	66.3341	285.36	0.011848225	0.057382041	0.016662241	0.025477	0.028548	10.76%
44	昆山市	76349.05	200.5	78.7	3080.01	0.181727616	0.06949419	0.209934687	0.174217	0.151824	14.75%
45	开化县	2031.703	6.6293	35.9868	101.56	0.003315449	0.027657473	0.003950997	0.017264	0.003846	348.91%
46	句容市	8529.324	23.25	59.13	468.5	0.018914159	0.05032577	0.029327839	0.03268	0.016532	97.67%
47	江阴市	43228.25	235.6	124.1	2880.86	0.102215181	0.113962573	0.196161868	0.121868	0.178615	31.77%
48	建德市	3648.213	27.7293	50.8673	318.75	0.007196173	0.042232622	0.018971427	0.023068	0.019951	15.62%
49	嘉善县	7899.249	47.1127	38.7506	423.09	0.01740155	0.030364559	0.026187374	0.03099	0.034746	10.81%
50	淮安市	54794.25	156.54	564.45	2745.09	0.129981448	0.545276503	0.186772285	0.138044	0.11827	16.72%
51	杭州市	189897.7	559.5438	723.5545	8722	0.454321581	0.701116147	0.600123516	0.432259	0.425876	1.50%

图 5-62　抽样验证结果图

通过分析比较可知：50 个城市模拟预测结果平均相对误差为 31.21%，其中 70% 的预测结果位于高精度区间内，16% 的预测结果位于中等精度区间内，而仅 14% 的预测结果位于低精度区间内部。同时，城市化水平高、经济发达地区，其预测结果相对精确，而城市化水平低、经济欠发达地区，其预测结果容易产生较大的随机跳跃误差。

第6章 "四节一环保"大数据平台建设

民用建筑"四节一环保"数据资源的持续采集与更新需要大数据管理平台的保障，通过平台能够为政府、企业、社会机构、社会公众等提供稳定可靠的"四节一环保"大数据服务，有力支撑我国发展低碳经济，推进环保工作。本章主要聚焦"四节一环保"大数据多维信息处理与实时展现关键技术，研究大数据平台架构与相关技术路线，详细介绍了平台开发所需的微服务、数据可视化、计算框架等技术及选型，阐述了平台总体框架、功能架构、服务对象及部署情况，并就平台主要功能及相关成果进行了介绍。

6.1 平台建设背景

6.1.1 主要背景

民用建筑作为城市的重要载体，在其建造和使用过程中切实做到"四节一环保"，对我国新型城镇化发展道路以及推动经济社会绿色低碳发展具有深远意义。发现并获取建筑数据是支撑国家相关政策制定，推行建筑节约能源、资源最重要的基础工作，通过对我国建筑宏观数据的横向和纵向比较及深入分析，可确定影响数据的关键影响因素，发现并总结其变化规律，为制定我国建筑领域相关政策、长远规划路线提供数据参考。

住建领域国家层面现有相关数据管理平台主要有规划卫星遥感监测数据填报系统、民用建筑年开竣工面积统计系统、供热行业统计平台、中央级公共建筑能耗监测平台等。

规划卫星遥感监测数据填报系统由住房和城乡建设部规划管理中心运营，为了对城乡空间利用的动态监测和城乡规划实施情况的监督，实现城乡空间资源的合理利用，通过实时监测的方式对城市用地相关指标进行分析和管理。

民用建筑年开竣工面积统计系统由住房和城乡建设部运营，统计每年民用建筑的开竣工面积，对民用建筑建设进行监管，为相关部门制定政策提供服务。由各城市住建委及相关单位一年一次将居住建筑开工面积、居住建筑竣工面积、公共建筑开工面积、公共建筑竣工面积等统计指标报送住房和城乡建设部。

供热行业统计平台由住房和城乡建设部主管，城镇供热协会通过填报系统向协会会员单位收集有关城市供热能力、管道长度、供热面积等方面的数据。

中央级公共建筑能耗监测平台由住房和城乡建设部运营。从建筑功能、建筑结构、建筑外墙形式、建筑空调供热形式、气候带、时间段、节能改造措施等多种角度对各下级平台上传的能耗数据进行比较分析，评估各类型建筑节能潜力，为制订用能定额标准和各项管理政策提供依据；跟踪各重点关注建筑的动态能耗数据，初步掌握标杆建筑节能特点，并与民用建筑能耗统计系统对应数据进行校验，总结节能改造和节能运行经验等作用。相关部门通过实时报送的方式将关于电能的指标上传系统。

319

现阶段关于 "四节一环保" 的各类信息平台多集中在某一建设项目或建筑施工过程的某一环节，而针对宏观层面的研究较为薄弱，这大大影响了我国相关管理部门的行业监管效率和科学决策效果，制约了我国节能环保工作的推进。因此，亟需开展民用建筑 "四节一环保" 大数据平台建设与应用研究，借助现有的互联网、大数据和地理信息等先进技术，构建 "四节一环保" 大数据平台，实现数据的持续采集、存储、更新、统计、分析和共享，支持宏观分析决策工作。

6.1.2 建设思路与目标

（1）主要定位

紧贴 "四节一环保" 大数据用需求，重点聚焦 "四节一环保" 大数据多维信息处理与实时展现关键技术，围绕可持续采集和统计的重点应用目标，打造一个与国家建筑节能主管部门数据平台互联互通的大数据平台，以全国宏观 "四节一环保" 数据为核心，重点开展节地、节能、节水、节材、环保及试点应用，为国家政府主管部门的科学决策及行业管理工作提供全面常态化技术支撑。

（2）建设思路

考虑到本平台建设内容丰富、涉及业务内容广泛，建议统筹考虑、重点突出。平台本期目标是围绕 "四节一环保" 数据指标体系及现有数据渠道，构建一个持续采集和统计的数据平台，实现基础数据的持续更新和共享。并基于 "四节一环保" 大数据平台数据库、大数据分析结果，重点挖掘服务于宏观决策分析研究领域的应用场景，并提供服务。

系统建设初期主要围绕数据指标体系与数据采集渠道，落实平台数据来源，并从系统对接方式、对接内容等方面入手，研究并实现与国家建筑节能主管部门数据平台的互联互通。同时在系统建设运行期间，研究并构建完善、全面的 "四节一环保" 大数据平台的运营管理模式，确保平台持续稳定运行。

6.2 平台关键技术路线

6.2.1 技术路线选型原则

随着大数据应用的全面推广，近几年涌现出了大量新的数据及平台开发技术，如数据中台以及与数据采集、数据存储、数据建模和数据挖掘等大数据相关的技术。这些技术解决业务问题的能力越来越强，技术架构更加灵活，但同时也增加了技术实现的复杂度，本平台属于民用建筑 "四节一环保" 领域，涉及的应用与在进行技术路线选项的过程中，必须彻底地实行开放策略，选取适合 "四节一环保" 数据分析应用所需的技术栈。

同时在系统建设的各个方面，都必须考虑到安全性要求，以保证硬件和网络设备的可靠性、软件系统的稳定性、数据库内容的保密性。整个系统应具备优良的反病毒和反黑客攻击能力，防止信息的泄漏和被窃取。安全体系是系统运行的重要基础性保障。

最后，在考虑满足系统建设要求的网络环境、硬件配置和各类支撑软件平台的配备，以形成稳定的、容量略有冗余的、具备扩展能力的信息化基础设施。在本平台建设中，主要利用混合云的模式针对平台相关节能、节地、节水、节材、环保各类应用需求，初步形成能够满足海量数据存取、实现高并发访问、支持分布式应用的软硬件及网络环境。

6.2.2 计算框架技术

计算框架是平台运行的基础性支撑，本平台基于 Hadoop 构建基础支撑计算框架，Hadoop 实现了一个分布式文件系统 HDFS（Hadoop Distributed File System）。HDFS 有高容错性的特点，并且设计用来部署在普通的硬件上，它能够提供高吞吐量的数据访问，适合那些有着超大数据集的应用程序。HDFS 放宽了 POSIX 的要求，可以以流的形式访问文件系统中的数据。Hadoop 的框架最核心的设计就是 HDFS 和 MapReduce。HDFS 为海量的数据提供了存储，MapReduce 则为海量的数据提供了高性能计算[197]。

Hadoop 在大数据处理中的广泛应用得益于其自身在数据提取、转换和加载方面的天然优势，非常适合本平台这种跨多行业、数据类型多样的分析应用。Hadoop 的分布式架构，将大数据处理引擎尽可能的靠近存储，对例如像 ETL 这样的批处理操作相对合适，因为类似这样操作的批处理结果可以直接走向存储。Hadoop 的 MapReduce 功能实现了将单个任务打碎，并将碎片任务发送到多个节点上，之后再以单个数据集的形式加载到数据仓库里，以一种可靠、高效、可伸缩的方式进行数据处理。

Hadoop 具有以下特性：

可靠性：假设计算元素和存储会失败，因此维护多个工作数据副本，确保能够针对失败的节点重新分布处理。

扩展性：在可用的计算机集簇间分配数据并完成计算任务，这些集簇可以方便地扩展到数以千计的节点中。

高效性：以并行的方式工作，通过并行处理加快处理速度，能够在节点之间动态地移动数据，并保证各个节点的动态平衡，因此处理速度非常快。

伸缩性：能够处理 PB 级数据。

容错性：能够自动保存数据的多个副本，并且能够自动将失败的任务重新分配。

成本低：开源特性，使用成本极低。

Hadoop 分布式计算框架最核心的内容包括分布式存储技术 HDFS、分布式文件系统 HDFS、MapReduce 处理过程，以及数据仓库工具 Hive 和分布式数据库 Hbase 等，下文对各领域技术内容展开简述。

（1）分布式存储技术

分布式文件系统 HDFS 是 Hadoop 的核心项目，为云平台提供数据存储与管理功能。分布式文件系统是单机文件系统的发展，可有效解决数据的存储和管理难题化，整个分布式文件系统对用户是透明的，所有的数据访问和文件管理如同在本地文件系统中一样，用户不需要关心读取的数据具体存储在哪个节点或是从哪个节点传输而来，HDFS 的架构如图 6-1 所示。

HDFS 总体上采用主/从（Master/Slave）架构，主要组件包括几下几部分：客户端（Client）、名字节点（NameNode）、次名字节点（SecondaryNameNode）、数据节点（DataNode）和数据块（Block）[198]。

1）Client：客户端是用户和 HDFS 进行交互的"桥梁"。HDFS 包含多种客户端以供用户选择，如命令行工具、Java API、C 语言库等。其中，命令行工具提供了访问 HDFS

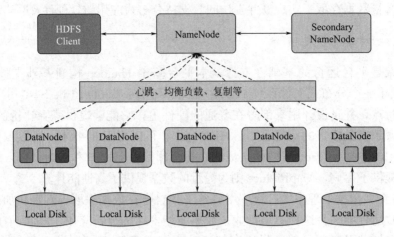

图 6-1　HDFS 核心架构图

的基本能力，适用于简单的文件操作，如读取文件、新建文件、移动文件、删除文件、上传文件等；而通过 Java API 接口，用户可以实现所有的访问 HDFS 的操作。

2）NameNode：在整个 Hadoop 集群中只有一个名字节点，运行在 HDFS 的主节点上。名字节点是整个系统的"总负责人"，负责维护整个文件系统中文件的目录树、元信息和数据块索引。这些信息以"fsimage"（File System Image，文件系统镜像）和"editlog"（Edit Log，编辑日志）两种形式存储在本地磁盘，并且随着 HDFS 的重启而被重新生成。此外，名字节点还负责指导数据节点执行低层的 I/O 任务，监控各数据节点的运行状态，当某个数据节点发生异常时，则重新备份其上面的数据，并将其移出 HDFS。

3）SecondaryNameNode：和名字节点一样，每个集群中都会配置一个次名字节点。次名字节点是名字节点这个"总负责人"的"秘书"，它的主要作用是缓解名字节点的工作压力，配合名字节点工作。当编辑日志过大时，会导致名字节点启动时间过长，需要对编辑日志进行合并压缩。HDFS 的设计中名字节点本身不进行 fsimage 和 editlog 文件的合并工作，合并工作统一由次名字节点完成。次名字节点定期合并 fsimage 和 editlog 文件，并传输给名字节点，替换原有的镜像和日志文件。

4）DataNode：数据节点是系统中的"办事员"，负责实际的数据存储，同时，将自身的数据信息定期汇报给名字节点。一般而言，在主/从结构中，每个从节点安装一个数据节点。数据节点以数据块为基本单位组织文件内容，数据块的默认大小为 64MB。将一个较大的文件上传到 HDFS 上时，该文件会被划分成若干个数据块，分别存储在不同的数据节点中；同时，会将同一数据块复制到若干个（默认为 3 个）不同的数据节点上以保证数据可靠。文件的划分和复制过程对用户是透明的。

5）Block：数据块是 HDFS 的存储单元，默认大小为 64MB。数据块作为独立的存储单元，以普通文件的形式保存在 Linux 文件系统上。这种分块存储设计使得 HDFS 不会受制于磁盘大小，可以存储超过磁盘容量的大数据文件，同时，也更加方便数据的备份，有利于提高系统的容错性。

HDFS 的读文件流程如图 6-2 所示，整个流程包含文件的打开和文件的读取两个步骤。

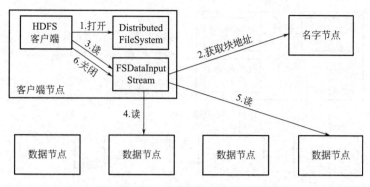

图 6-2　HDFS客户端读数据流程图

1) 文件的打开：Hadoop 定义 org. apache. hadoop. fs. FileSystem 类为整个平台的抽象文件系统，满足不同应用的各种数据访问需求，HDFS 是该抽象系统的一个具体文件系统，其实现类为 DistributedFileSystem。在 HDFS 中，DistributedFileSystem 作为 HDFS 的实现类，提供了处理 HDFS 文件和目录的相关事务。读取数据时，首先通过 FileSystem. get () 函数获取一个 DistributedFileSystem 对象。然后，DistributedFileSystem 类实例通过 open () 函数来创建输入流 FSDataInputStream。与 Java I/O 读取本地文件类似，HDFS 的输入流类结构也是装饰器模式，FSDataInputStream 内部封装了 DFSInputStream，并通过 DFSInputStream 来完成具体的数据读取工作。在 DFSInputStream 的构造函数中，输入流通过调用远程方法 ClientProtocol. getBlockLocations ()，从名字节点中获取文件起始部分数据块的保存位置，即上图中步骤 2。至此，文件的打开工作完成，待读取数据的起始数据块位置完成定位。

2) 文件的读取：客户端通过 FSDataInputStream 对象的 read () 函数进行文件的读取，其实质调用的是其内部封装的 DFSInputStream 类。DFSInputStream 对象采用的 Socket 方式，通过数据节点的"读数据"流接口，和最近的数据节点建立联系，即上图中步骤 4。数据通过数据节点和 DFSInputStream 连接上的数据包返回客户端。当读取到数据块末端时，DFSInputStream 会关闭和当前数据节点间的连接通道，并调用 getBlockLocations () 远程方法来获得保存着下一个数据块的数据节点信息，定位完成后继续通过数据节点的读数据接口，进行数据的读取，即上图中步骤 5。这些定位和读取过程都是在一个连续的数据流中完成的，因此，对于客户端来说，整个数据读取过程都是一个连续透明的过程。当整个文件读取完成后，通过 FSDataInputStream. close () 函数关闭输入流，即上图中步骤 6。此时，整个文件读取任务结束。

HDFS 的写文件流程如图 6-3 所示，整个流程包含创建文件和写入数据两个步骤。

1) 创建文件：同 HDFS 读文件类似，客户端通过 FileSystem. get () 函数获取一个 DistributedFileSystem 对象。通过调用 DistributedFileSystem 的 create () 方法来创建 FSDataOutputStream 对象，FSDataOutputStream 同样采用装饰器模式，其内部封装了 DFSOutputStream。在生成 DFSOutputStream 的过程中，通过远程调用名字节点的 create () 方法，在 HDFS 中按照指定路径创建一个新的文件。在创建新文件时，名字节点会进行各种各样的检查，如名字节点是否处于正常工作状态、被创建的文件是否存在、客户端是否有写文件权限等。新文件创建完成后，将结果返回到客户端。

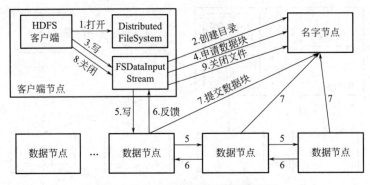

图6-3　HDFS客户端写数据流程图

2）写入数据：新文件创建成功以后，接下来就是获得保存文件的数据块的数据节点的信息，然后建立数据流管道向数据节点中写入文件数据。由于 create（）方法创建的是一个空文件，所以首先 DFSOutputStream 实例调用 addBlock（）函数向名字节点申请数据块（步骤4），执行成功后返回一个 LocatedBlock 对象。通过 LocatedBlock 中的属性信息，利用写数据接口建立 DFSOutputStream 和数据节点之间的数据流管道。客户端写入 FSDataOutputStream 流中的数据被划分为一个一个的文件包（chunk，默认大小为512Byte），放入 DFSOutputStream 对象的内部队列，最终打包为数据包（pocket，默认大小为64KB），发往数据流管道并写入数据节点。需要注意的是，在这个数据流管道中通常有不止一个数据节点（数据节点的数目与备份数相同，默认为3个），逻辑上这些数据节点线性排列，组成一条队列。在数据写入时，首先将数据通过数据管道写入一号数据节点并持久化，然后一号数据节点将接收到的数据推送到二号数据节点，随后依次进行，直到数据到达最后一个数据节点，如步骤5所示。最后一个数据节点保存数据后，向前一个数据节点发送确认信息，收到确认信息的节点再向它的上一个数据节点发送确认信息，送样逆流而上，最后第一个数据节点将确认信息发送给客户端（步骤6），客户端获取到确认信息后，将对应的数据包从内部队列中移除。当数据块的存储空间被写满后，数据流管道上的数据节点会调用远程接口的 blockReceived（）函数，向名字节点提交数据块（步骤7）。若数据队列中还有待传出的数据，DFSOutputStream 实例将会再次调用 addBlock（）方法来请求写入数据块。当所有的写操作完成后，客户端调用 FSDataOutputStream 对象的 close（）函数来关闭输出流（步骤8），并远程调用名字节点的 complete（）函数来关闭文件（步骤9）。至此，完成了一次正常的写文件流程。

（2）并行计算技术

为了在短时间内完成对海量数据的处理工作，一个基本思路是将计算任务分布在成百上千的计算机上，通过对任务进行分解和并行计算，来提高运算效率。Google 提出的 Ma-pReduce 编程模型是如今最流行的云环境下的并行计算技术。当前几乎所有云平台中的并行计算框架都是基于 MapReduce 思想。Hadoop MapReduce 是对 Google MapReduce 的开源实现，其主要由两个阶段组成：Map 和 Reduce。开发人员只需要针对 Map（）函数Reduce（）函数进行编程，就可以完成分布式程序的设计[199]。

图6-4为 MapReduce 的工作示意图，具体流程如下：

1）作业的提交：用户将编写好的 MapReduce 程序打包 jar 文件，然后使用 Hadoop

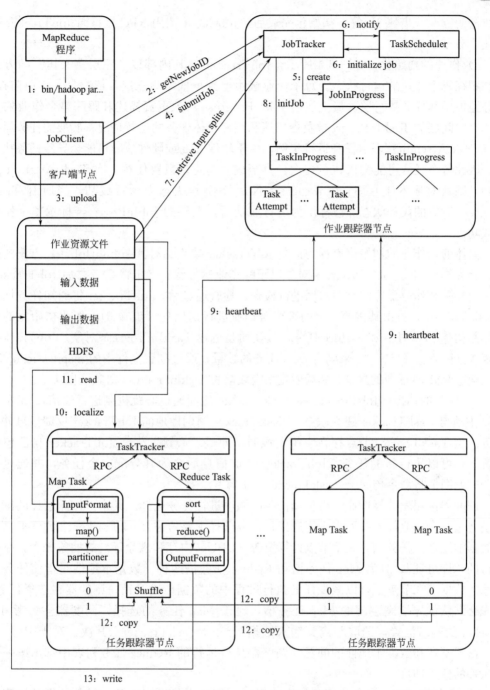

图 6-4 MapReduce 工作流程图

提供的 Shell 命令 "/bin/hadoop jar ×××.jar…" 提交 MapReduce 程序, 如步骤 1 所示。程序提交后 Hadoop 通过工具类 RunJar 解压缩 jar 文件并设置环境变量, 运行 MapReduce 程序, 用户的 MapReduce 程序最终在 main 函数中调用 JobClient.runJob () 函数提交作业。在 JobClient 将作业提交到 JobTracker 端之前, 需要进行一些初始化工作, 包括: 向 JobTracker 请求新的作业 ID (步骤 2), 创建 HDFS 目录, 生成分片文件以及上传运行作业所需的资源（步骤 3）等。初始化完成后，JobClient 调用 RPC 接口向 JobTracker 提交作业，参见步骤 4。

2）作业的初始化：如图 6-4 所示，JobTracker 在其内部以"三层多叉树"的方式描述和跟踪每个作业的运行状态。每个作业被由上到下抽象为三层，依次是：作业监控层、任务监控层和任务执行层。最上层的 JobInProgress 对象负责描述和跟踪整个作业的运行状态；中间层的 TaskInProgress 负责描述和跟踪具体任务的运行情况；底层的任务运行尝试（Task Attempt）表示任务运行实例，由于软件 bug 或硬件故障可能会导致任务执行失败，因此每个任务可能尝试执行多次，直至成功为止。只要任意一次 Task Attempt 运行成功，则其对应的上层 TaskInProgress 标示该任务状态为运行成功，当所有 TaskInProgress 对应的任务状态都被标示为运行成功后，上层的 JobInProgress 标示整个作业运行成功。

具体的，作业的初始化流程为：当 JobTracker 接收到对其 submitJob（）方法的调用后，会为作业创建 JobInProgress 对象以跟踪作业运行状态（步骤 5）。之后 JobTracker 会对用户权限和作业配置的资源占用进行检查。检查通过后，JobTracker 将通知任务调度器（TaskScheduler），由其按照一定的策略对作业进行初始化（步骤 6）。作业初始化的主要工作是构建 Map 任务和 Reduce 任务，其实质是创建 TaskInProgress 对象。JobTracker 通过获取分片信息（步骤 7）来确定 Map 任务的数量，通过配置文件中的 mapred.reduce.task 属性确定 Reduce 任务的数量，然后创建相应数量的 TaskInProgress 对象（步骤 8）。

3）任务的选择：JobTracker 和 TaskTracker 之间通过心跳机制进行通信，JobTracker 不主动与 TaskTracker 建立联系，TaskTracker 周期性地向 JobTracker 反馈信息并领取任务。当 TaskTracker 节点存在空闲资源时，通过"心跳"告知 JobTracker 自己包含空闲资源，可以执行新的任务，JobTracker 获取信息后会为其分配一个任务，并通过"心跳"的返回值将命令传递给 TaskTracker（步骤 9）。

调度器按照先选择作业、再选择任务的顺序进行任务选择。其中，作业选择的默认方法是通过一个作业优先级列表进行选择；任务选择主要考虑 TaskTracker 上的任务槽数量和数据本地性。任务槽是表示节点计算资源（CPU、内存和磁盘等）的抽象概念，是任务运行的"许可证"，分为 Map 任务槽和 Reduce 任务槽两种。数据本地性是指使任务运行在输入数据所在节点上，以减少任务执行过程中的数据传输开销。调度器在选择任务时，首先会默认优先填满空闲的 Map 任务槽，对于 Map 任务的选择，调度器会参考 TaskTracker 的网络位置，选取距离其输入数据最近的 TaskTracker；其次，对于 Reduce 任务，由于不存在数据本地性的问题，调度器从待运行的 Reduce 任务列表中选出第一个满足条件的任务即可。

4）任务的启动：任务分配工作完成以后，下一步是运行任务。任务的启动过程大体包括两步：作业本地化和任务启动。

若该任务是第一个在 TaskTracker 上处理的任务，首先需要进行作业本地化工作。从 HDFS 上下载运行任务所需的相关文件（如程序包 jar 文件、字典文件等），参见步骤 10。同时，为该任务在 TaskTracker 上新建一个本地工作目录，并将 jar 文件的内容解压缩到工作目录中。

TaskTracker 通过 TaskRunner.run（）方法来完成任务启动。任务启动时，为进行资源隔离，TaskTracker 会为每个任务启动独立的 Java 虚拟机（JVM）。此外，Task-Tracker 会启动一个额外的内存监控进程 TaskMemoryManager 来监管任务，防止滥用内存资源。

5）任务的执行：在 MapReduce 计算框架中，任务分为 Map 任务和 Reduce 任务两类，都通过 RPC 机制与 TaskTracker 进行通信。每个 Map 任务处理输入数据的一个数据分片（InputSplit），并将产生的若干中间数据写到本地磁盘，Reduce 任务从每个 Map 任务上拷贝相应的中间数据，经过分组聚集和排序后，进行处理，并将最终结果写在 HDFS 上作为输出结果。

Map 任务执行主要包含五个步骤：首先是 Read 步骤，Map 任务读取输入数据（步骤 11），通过 InputFormat 将对应的数据分片解析出一个个键值对<key，value>；解析完成后，进入 Map 步骤，将解析出的<key，value>作为输入参数交给 Map（）函数处理，产生一系列中间数据<key，value>；当 Map（）函数处理完数据后，进入 Collect 步骤，此时会调用 OutputCollector.collect（）函数将输出结果写入一个环形内存缓冲区，数据输出时，会调用 Partitioner，按照 Reduce 任务的数量对生成的<key，value>进行分区；当环形缓冲区满后，进入 Spill 步骤，Map 任务会对数据进行一次本地排序，写到本地磁盘上，生成临时文件；当所有数据处理完后，进入最后的 Combine 步骤，Map 任务以分区为单位对所有的临时文件进行合并，确保最终只会生成一个数据文件。

Reduce 任务同样需要五个步骤来完成任务：首先是 Shuffle 步骤，Reduce 任务获取已完成 Map 任务列表，同时为防止出现网络热点，将此列表进行"混洗"以打乱数据拷贝顺序，然后同时启用多个线程从各个 Map 任务上远程拷贝数据，并按照拷贝数据的大小，写入磁盘或内存中（步骤 12）；Merge 步骤与 Shuffle 步骤并行进行，在拷贝数据的同时，Reduce 任务启用两个后台线程 InMemFSMergeThread 和 LocalFSMerge 分别对内存和磁盘上的文件进行合并，以防止内存使用过度或磁盘上文件过多；数据拷贝和合并工作完成后，进入 Sort 步骤，此时 Reduce 任务以 key 为关键字对所有数据进行排序，并将 key 相同的数据聚集在一起，得到<key，valueList>；排序完成后，进入 Reduce 步骤，将上一步骤得到的<key，valueList>作为输入参数代入 Reduce（）函数中处理；最后进入 Write 步骤，通过 OutputFormat 将 Reduce 函数的处理结果按照指定格式写到 HDFS 上作为最终的输出结果（步骤 13）。

6）作业的完成：当任务执行完成后，其通过 RPC 汇报给 TaskTracker，再由 Task-Tracker 汇报给 JobTracker。当所有的任务都执行完成后，JobTracker 便把作业的状态设置为"成功"。JobClient 查询作业状态得知已经成功完成，将此消息告知用户，并从 run-Job（）函数返回。至此，整个 MapReduce 的工作流程完成。

6.2.3 微服务技术

微服务技术是当前各类大数据分析平台开发的基础支撑之一，微服务是指开发一个单个小型的但有业务功能的服务，每个服务都有自己的处理和轻量通信机制，可以部署在单个或多个服务器上。微服务也指一种松耦合的、有一定的有界上下文的面向服务架构。微服务是系统架构上的一种设计风格，主旨是将一个原本独立的系统拆分成多个小型服务，这些小型服务都在各自独立的进程中运行，服务之间通过基于 HTTP/HTTPS 协议的

RESTful API 进行通信协作，也可以通过 RPC 协议进行通信协作[200]。

（1）微服务的优点

① 每个微服务都很小，这样能够聚焦一个指定的业务功能或业务需求。

② 微服务是松耦合的、有功能意义的服务，无论是在开发阶段或部署阶段都是独立的。

③ 通过 Jenkins、Travis CI 等工具，微服务能够实现持续集成与自动化部署。

④ 一个团队的新成员能够更快投入生产。

⑤ 微服务易于被开发人员理解、修改和维护，这样小团队能够更关注自己的工作成果，无需通过合作才能体现价值。

⑥ 微服务方便融合最新技术。

⑦ 微服务能够即时被要求扩展。

⑧ 微服务能部署在中低端配置的服务器上。

⑨ 易于和第三方应用系统集成。

⑩ 每个微服务都有自己的存储能力，可以有自己的数据库，也可以有统一数据库。

（2）微服务技术选型

本平台的应用领域涉及节能、节水、节地、节材、环保等领域，在各领域中还包括宏观、微观的数据分析，非常适合利用微服务的技术将平台功能进行微服务化。具体而言，本平台采用基于当前应用最广泛的 SpringBoot 方案技术路线。

构建一套微服务，最基本的是需要搭建网关注册中心，开发具体实现业务功能的服务。对于各个微服务之间的通信，可通过 Feign 方案处理。具体搭建一套微服务技术选型方案如下：

网关：本平台直接使用 Spring Gateway 做网关。注册中心：Spring 体系下可直接用 Spring Eureka。微服务搭建：可参考 Spring boot 方案搭建微服务。Spring Boot 项目构建：采用 Spring Boot 模式搭建微服务项目时，对于 Maven 项目 pom. xml 配置文件的使用需注意 pom 文件配置单项目模式和项目聚合模式的区别。

① Spring Boot

Spring Boot 是由 Pivotal 团队提供的全新框架，其设计目的是用来简化新 Spring 应用的初始搭建以及开发过程。该框架使用了特定的方式来进行配置，从而使开发人员不再需要定义样板化的配置。

Spring Boot 的核心思想就是约定大于配置，一切自动完成。采用 Spring Boot 可以大大的简化开发模式，通过组件的模式集成常用的框架。

② Spring Cloud

Spring Cloud 是一系列框架的有序集合。它利用 Spring Boot 的开发便利性巧妙地简化了分布式系统基础设施的开发，如服务发现注册、配置中心、消息总线、负载均衡、断路器、数据监控等，都可以用 Spring Boot 的开发风格做到一键启动和部署。Spring 并没有重复制造轮子，它只是将目前各家公司开发的比较成熟、经得起实际考验的服务框架组合起来，通过 Spring Boot 风格进行再封装，屏蔽掉了复杂的配置和实现原理，最终给开发者留出了一套简单易懂、易部署和易维护的分布式系统开发工具包。

微服务是可以独立部署、水平扩展、独立访问（或者有独立的数据库）的服务单元，

Spring Cloud 就是这些微服务的大管家。采用了微服务架构之后，项目的数量会非常多，Spring Cloud 作为大管家就需要提供各种方案来维护整个生态。

Spring Cloud 是一套分布式服务治理的框架，它本身不会提供具体功能性的操作，而是更专注于服务之间的通信、熔断、监控等。因此需要很多的组件来支持一套功能。

Spring Cloud 的子项目大致可分成两类：一类是对现有成熟框架 "Spring Boot 化" 的封装和抽象，也是数量最多的项目；第二类是开发了一部分分布式系统的基础设施的实现，如 Spring Cloud Stream 扮演的就是 kafka、ActiveMQ 这样的角色。

③ Spring Cloud Eureka

Spring Cloud Eureka 是 Spring Cloud Netflix 项目下的服务治理模块。而 Spring Cloud Netflix 项目是 Spring Cloud 的子项目之一，主要内容是对 Netflix 公司一系列开源产品的包装，它为 Spring Boot 应用提供了自配置的 Netflix OSS 整合。通过一些简单的注解，开发者可以快速的在应用中配置常用模块，并构建庞大的分布式系统。它主要提供的模块包括：服务发现（Eureka）、断路器（Hystrix）、智能路由（Zuul）、客户端负载均衡（Ribbon）等。

④ Spring Cloud Gateway

Spring Cloud Gateway 是 Spring 官方基于 Spring 5.0、Spring Boot 2.0 和 Project Reactor 等技术开发的网关，旨在为微服务架构提供一种简单而有效的统一的 API 路由管理方式。Spring Cloud Gateway 作为 Spring Cloud 生态系中的网关，目标是替代 Netflix ZUUL，其不仅提供统一的路由方式，并且基于 Filter 链的方式提供了网关基本的功能，例如：安全、监控/埋点、限流等。

⑤ Spring Cloud Feign

Feign 是一个伪客户端，即它不做任何的请求处理。Feign 通过处理注解生成 request，从而实现简化 HTTP API 开发的目的，即开发人员可以使用注解的方式定制 request API 模板，在发送 http request 请求之前，feign 通过处理注解的方式替换掉 request 模板中的参数，这种实现方式显得更为直接、可理解。

Feign 封装了 Http 调用流程，更适合面向接口化的变成习惯。在服务调用的场景中，我们经常调用基于 Http 协议的服务，而我们经常使用到的框架可能有 HttpURLConnection、Apache HttpComponnets、OkHttp3 、Netty 等，这些框架基于自身的专注点提供了自身特性。而从角色划分上来看，它们的职能是一致的提供 Http 调用服务。

6.2.4　应用前端技术路线

Vue.js 是一套用于构建用户界面的渐进式框架，主要用于快速的构建前端界面，与其他大型的前端框架不同，Vue 被设计为可以自底向上逐层应用。Vue.js 是一个用于构建用户界面的前端库，本身就具有响应式编程和组件化的诸多优点。所谓响应式编程，即是一种面向数据流和变化传播的编程范式，可以在编程语言中很方便地表达静态或动态的数据流，而相关的计算模型会自动将变化的值通过数据流进行传播[201]。

响应式编程在前端开发中得到了大量的应用，在大多数前端 MVVM 框架都可以看到它的影子。相比较于 Angular.js 和 React.js 而言，Vue.js 并没有引入太多的新概念，只是对已有的概念进行了精简。并且，Vue.js 很好的借鉴了 React.js 的组件化思想，使应用开发起来更加容易，真正实现了模块化开发的目的。Vue.js一直以轻量级、易上手而被人称道。MVVM的开发模式也使前端从传统的DOM操作中释放出来，开发者不需要再把时间浪费在视图和数据的维护上，只需要关注data的变化即可。并且，Vue的渲染层基于轻量级的virtual-DOM实现，在大多数的场景下，初始化速度和内存消耗都提高2～4倍。

本平台在具体前端应用开发过程中采用以下技术方案：

npm：node.js的包管理工具，用于同一管理本前端项目中需要用到的包、插件、工具、命令等，便于开发和维护。

ES6：Javascript的新版本，ECMAScript6的简称。利用ES6我们可以简化本项目的JS代码，同时利用其提供的强大功能来快速实现JS逻辑。

Babel：一款将ES6代码转化为浏览器兼容的ES5代码的插件。

vue-cli：Vue的脚手架工具，用于自动生成Vue项目的目录及文件。

vue-router：Vue提供的前端路由工具，利用其实现页面的路由控制、局部刷新及按需加载，构建单页应用，实现前后端分离。

vuex：Vue提供的状态管理工具，用于同一管理本项目中各种数据的交互和重用，存储需要用到数据对象。

webpack：一款强大的文件打包工具，可以将本项目的前端项目文件统一打包压缩至js中，并且可以通过vue-loader等加载器实现语法转化与加载。

6.2.5 数据可视化技术

大数据可视化是利用计算机图形学和图像处理技术将数据转换成显示在屏幕上的图形或图像，并进行各种交互处理的理论、方法和技术。大数据可视分析是指在大数据自动分析挖掘的同时，利用支持信息可视化的用户界面以及支持分析过程的人机交互方式与技术，有效融合计算机的计算能力和人的认知能力，以获取对于大规模复杂数据集的洞察力。平台的数据中心集成了海量多源异构的"四节—环保"数据，为了更加直观清晰的展示数据和高效深入的挖掘数据，使用大数据可视化技术进行展示与分析[202]。

从数据到可视化图形再到信息感知的循环处理过程被称为可视化信息模型。这个模型包含了原始数据，数据表，可视化、结构化数据和最终显示视图四个阶段和阶段间的三个处理过程：

（1）数据格式化过程，原生数据经过解析后形成符合一定规则的结构化数据类型；

（2）数据映射过程，将结构化的数据与一种合适于展现这些数据并且能够说明数据特性的可视化模型进行映射；

（3）数据展示过程，通过选取的数据可视化模型将数据展现到研究人员的面前，供使用者发现数据中蕴含的信息。

民用建筑"四节—环保"数据涉及众多地理信息数据，关于地理信息相关数据的可视化展现也是本平台的重点内容。GIS数据可视化是运用地图学、计算机图形图像技术，将地学信息输入、查询、分析、处理，采用图形、图像，结合图表、文字、报表，以可视化的形式，实现交互处理和显示的理论、技术和方法。

栅格数据与矢量数据是地理信息系统中空间数据组织的两种最基本的方式。栅格数据是以二维矩阵的形式来表示空间地物或现象分布的数据组织方式。每个矩阵单位称为一个栅格单元（cell）。栅格的每个数据表示地物或现象的属性数据，因此栅格数据有属性明显、定位隐含的特点。而矢量数据结构是利用点、线、面的形式来表达现实世界，具有定位明显、属性隐含的特点。随着 Web GIS 的发展，栅格数据由于数据结构简单、真实感强等优势，使得其在信息共享方面更为实用；而矢量图像的数学特性使得基于矢量的绘图与分辨率无关，其往往可以应用在需要按最高分辨率进行显示的场景，同时，还具备良好的空间分析能力。

平台将矢量数据和栅格数据融合，进行展示与分析。根据两类数据的不同特点，使用栅格数据，通过地图服务的形式进行空间数据的高效展示；使用矢量数据进行空间定位、查询、分析等高精度的操作。

6.3 平台总体框架

6.3.1 总体原则

为实现本平台的设计目标，在整个平台的建设中，除遵循软件工程的相关规范，做好用户需求分析、总体设计和详细设计，并逐步实施、测试和完善外，还应以"实用、稳定"为基本准则。具体而言，为确保总体目标和建设任务的顺利实现，在技术路线选项与后续建设过程中应遵循如下准则：

（1）统一标准，保障安全

尽可能降低系统集成和数据操作管理服务等带来的技术复杂性，在软件配置、硬件配置、数据生产和管理、软件开发等方面，依据相关规定和服务要求，制定完备、统一的数据标准、技术标准。

系统安全性是一个优秀系统的必要特征。系统应遵循安全性原则，充分考虑分级权限的设定、数据保密等情况，提供比较完善的数据库维护和管理工具，定期进行系统数据备份，以防止数据的丢失。

（2）技术先进，开放扩展

考虑到信息技术发展迅速和数据库的数据内容随着系统的运行而动态变化的特点，在技术选择上应具有较强的开放性和可扩展性，为技术更新和功能升级留有余地。最大限度地保护已有数据资源、保证系统运行的稳定，在系统上增加功能模块和扩充数据库结构不会使系统作大的改动或影响整个系统的运行，应能够适应动态修改、扩充等。

系统在运行环境的软、硬件平台选择上要符合工业标准，具有良好的兼容性和可扩充性，能够较为容易地实现系统的升级和扩充。在设计时还要考虑预留扩充接口，以适应新类型的图形和属性数据管理要求。

（3）方便实用，界面友好

系统的应用和维护应方便、灵活、易用。例如，复杂功能尽可能通过向导方式引导用户使用；查询分析结果尽可能通过图表的形式直观反映给用户。

（4）海量容纳，服务高效

系统需管理的数据种类多、数量大，而且随着系统的运行还会不断扩充，所以系统必须支持海量数据的存储管理，支持大规模的数据应用。同时，必须保证系统的运行速度，满足系统提出的性能要求。

6.3.2 总体框架设计

平台总体架构如图6-5所示。

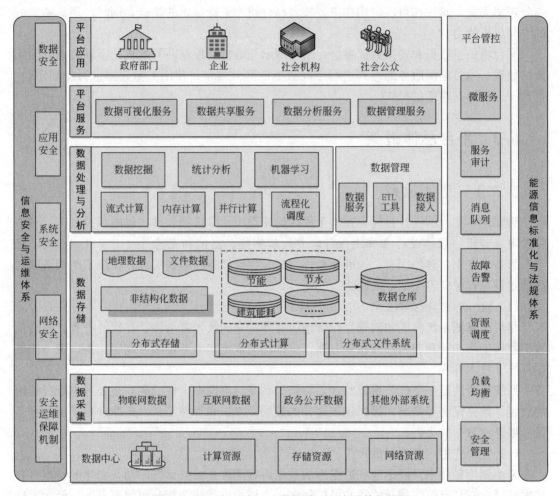

图6-5 "四节一环保"大数据管理平台总体架构图

（1）表现层：主要通过前端渲染技术、分析工具提供用户操作界面，以基于Html、JavaScript为基础，以可组件化的MVVM库的Vue为主要语言，封装成一个可配置、可扩展、易上手的前端框架工具。采用三层逻辑思想（Model＋View＋controller），实现程序的松耦合，具有轻量级、高性能、插件化、双向数据绑定、易学习等优点。并引入BPMNJS、Echarts、JQuery、ArcGIS、ElementUI等插件对用户交互界面进行呈现，增加了系统技术的可读性、可维护性和稳定性。

（2）业务层：基于微服务架构，采用Spring MVC框架结构，通过Spring Boot快速构建系统架构和微服务。Spring Security权限框架对系统权限进行细粒度的权限控制，大大提高了开发效率和系统权限控制的系统性、准确性。ArcGIS服务对项目在地图上更直观的展示。集成 bpmn、Activity 工作流框架，为项目提供稳定的审批流程。Mybatis 为数据业务操作提供逻辑处理功能，实现程序架构的解耦合，提高可扩展性、灵活性。

（3）缓存层：对系统各个模块采用多种分布式缓存策略。Redis、MemCache 对持久化数据和临时数据进行缓存处理；Ehcache 对进程大数据提供快速、简单的缓存管理器；HTTP 缓存、高并发应用缓存、队列等用以获取资源，有效提升网站与应用性能，减少延迟与网络阻塞。保障系统快速高效的运行，减轻数据库访问压力，提高用户访问速度和并发量，提高系统稳定、高效的运行能力。

（4）基础层：主要承载系统涵盖的所有数据。基础层通过 HDFS 构建分布式文件存储管理系统，在此基础上构建基于 Hadoop 的大数据架构，利用 HBase 实现对高频数据的存储管理。采用 MySQL 关系型数据库存储结构化数据，逻辑上按照数据主题进行存储，实现跨平台、多线程、多处理器运行。通过存储过程、数据缓存、自定义函数、事务和数据的读写等功能为业务层提供稳定安全的数据支撑。日志记录保证系统整体框架的稳定运行。

（5）具体而言，"四节一环保" 大数据平台存储及计算采用 HBase 分布式列式数据库、Hive 数据仓库工具、MPP DB 数据库、关系型数据库集群、内存数据库、全文索引库（ES/Solr）、GFS/FastDFS 相结合的方式进行设计，满足 "四节一环保" 不同的业务应用场景需求，如在线计算采用 Storm、Spark Sstreaming、redis 方式实现，精确查询采用 HBase 库实现，全文检索采用 ES/Solr 实现。数据服务通过数据封装和服务总线以接口访问的方式提供服务，支持 restful 访问方式。

6.3.3　总体功能框架

根据平台总体架构，平台功能主要包括数据分析与处理、数据管理、平台服务、平台管控四部分内容，见图 6-6。

图 6-6　"四节一环保" 大数据管理平台总体功能架构图

（1）数据分析与处理包括：数据挖掘、统计分析、机器学习、流处理、批处理、内存计算等功能。

（2）数据管理包括：数据维护、元数据管理、ETL 工具、数据模型、数据接入、爬虫工具等功能。

（3）平台服务包括：数据可视化、数据分析、分析报表、全库搜索、数据下载等相关应用功能。

（4）平台管控包括：安全管控、资源调度、集群管控等。

6.3.4　系统部署架构

系统软硬件环境部署主要以系统设计方案中硬件部署需求为基础，结合平台功能需求进行设计。平台主要在混合云环境中部署系统应用服务器、中间件服务器、大数据基础服务器、数据库服务器、缓存服务器等，用于数据存储、处理及应用支撑，见图 6-7。

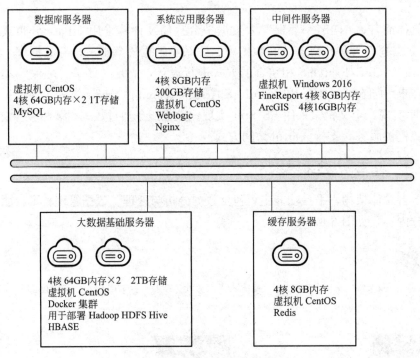

图 6-7　系统部署架构图

应用服务器 2 台：主要支撑成果平台功能，包括 19 类功能服务组件，采用前后端分离模式部署，利用 2 台服务器构建负载均衡，确保系统高可用。

数据库服务器 2 台：存储平台所需的结构化数据，部署 MySQL 数据库及数据仓库系统。

缓存服务器 1 台：提供报表缓存、数据缓存、网页缓存等支撑，提升系统响应效率。

中间件服务器 3 台：主要部署 FineReport、ArcGIS 等中间件，同时部署其余数据处理组件如 ETL 等。

大数据基础服务器 2 台：利用 2 台服务器构建 Docker 容器集群环境，部署 Hadoop、

HDFS、Hive、Hbase 环境

6.3.5　主要服务对象

"四节一环保"大数据管理平台的服务对象，主要是政府住建管理部门、科研机构、大学等。针对不同的服务对象，可向用户提供不同的信息服务内容。

面向政府住建管理部门，主要以提供经分析处理后的"四节一环保"数据统计分析与数据可视化展示功能，结合政府宏观决策所关注的用水、用地、规模等重点领域，提供详细的数据对比与量化分析，支撑国家相关部委的决策与管理。

面向科研机构、大学等，在符合数据保密管理要求的情况下，通过平台向相关单位提供数据互通共享服务，并依托平台丰富的数据资源与功能辅助研究人员开展课题研究、"四节一环保"分析模型开发、基础理论研究等工作。

6.4　系统主要功能

根据"四节一环保"大数据指标体系及数据库建设情况，平台主要包括概况、节地、节能、节水、节材、环保、试点应用、系统管理 8 大部分，见图 6-8。

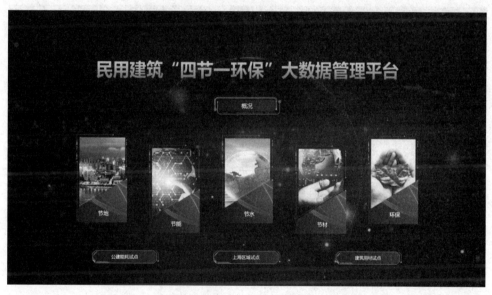

图 6-8　民用建筑"四节一环保"大数据管理平台界面

概况部分主要分析展示项目建设情况与平台建设情况，其中项目建设情况包括项目目标、项目团队、项目执行情况等，平台建设情况主要包括平台主要功能介绍、数据来源、特点及核心数据情况等，见图 6-9。

节地情况主要包括节地概况、新开工及拆除面积、施工面积、建筑实有面积、城区面积等数据的可视化分析展示，见图 6-10。

节能情况主要包括节能概况、建材生产能耗、建材运输能耗、建筑施工能耗、建筑运行能耗等内容的可视化分析展示，见图 6-11。

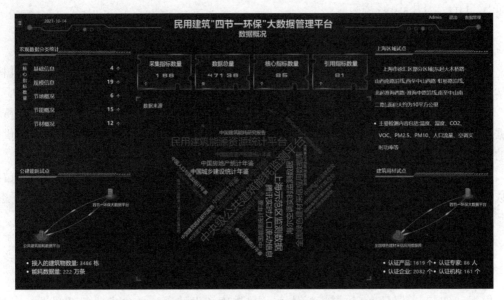

图 6-9　民用建筑"四节一环保"大数据管理平台数据概况

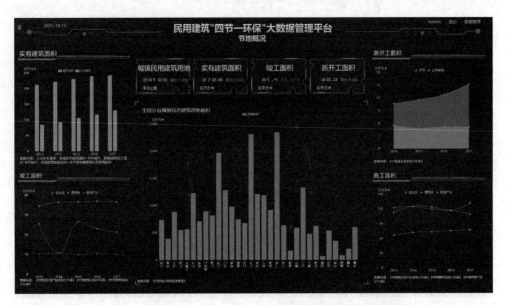

图 6-10　民用建筑"四节一环保"大数据管理平台节地概况

　　节水情况主要包括节水概况、建筑建材用水量、城乡建筑用水量等内容的可视化分析展示，见图 6-12。

　　节材情况主要包括节材概况、建筑水泥使用量、建筑玻璃使用量、建筑陶瓷使用量、建筑钢材使用量等内容的可视化分析与展示，见图 6-13。

　　环保情况主要包括环保概况、建筑 NO_x 排放、建筑 SO_2 排放、建筑烟粉尘排放、建筑碳排放等内容的可视化分析与展示，见图 6-14。

　　试点应用部分主要分为三大部分：公共建筑能耗试点部分主要对接了民用建筑能源资源统计平台与中央级公共建筑能耗监测平台（图 6-15），实现了全国各省公共建筑能耗类

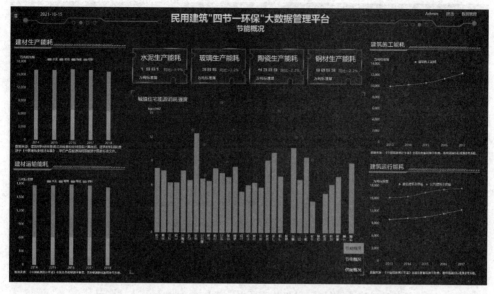

图 6-11 民用建筑"四节一环保"大数据管理平台节能概况

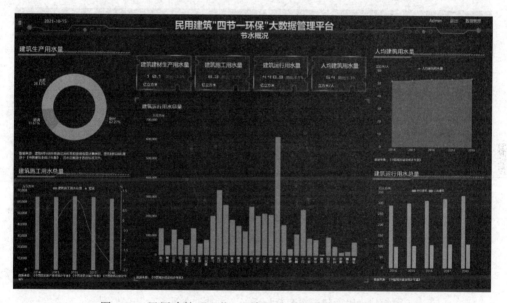

图 6-12 民用建筑"四节一环保"大数据管理平台节水概况

数据的汇总与分析,包括能耗运行分析、建筑结构统计分析、建筑类型统计分析能耗排名等。建筑用材试点主要实现与全国绿色建材采信应用平台等数据资源的对接(图6-16),包括绿色建材的认证、产品情况,认证进度,相关企业及绿色建材产品类型,全国地域分布等数据信息的分析展示。上海区域试点主要实现对上海大规模采集区域各类传感器、遥感等多维数据的获取管理与可视化分析(图6-17)。

平台主要模块及详细功能情况分别从数据可视化、数据查询检索、数据交换、系统管理四方面论述。

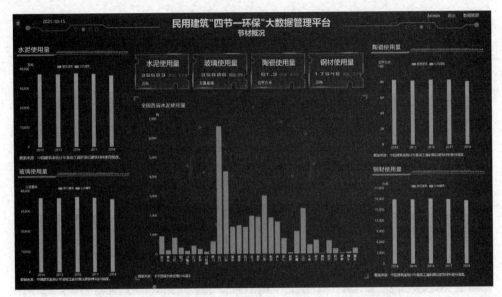

图 6-13　民用建筑"四节一环保"大数据管理平台节材概况

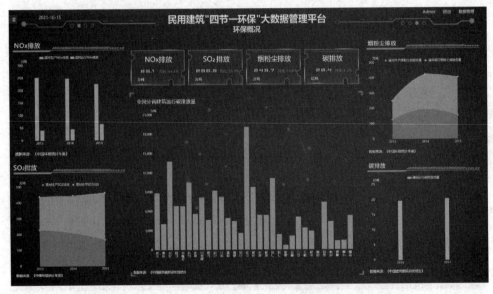

图 6-14　民用建筑"四节一环保"大数据管理平台环保概况

6.4.1　数据可视化

系统提供直观的数据可视化方式展示各类分析结果，通用型功能包括：

（1）分析数据表格生成：系统将查询到的统计数据以表格的形式展示。表格支持按行进行分组，将数据相似的单元格进行合并。同时也支持多维表格的展示放松。

（2）统计图生成：支持报表以饼图、曲线图、折线图、面积图、柱状图、条形图、堆积图、雷达图、能流图、仪表盘等图形展示，并能支持多种组件的混合搭配，如折线柱状图混搭、地图饼图混搭等。同时支持按时间轴动态播放的功能。

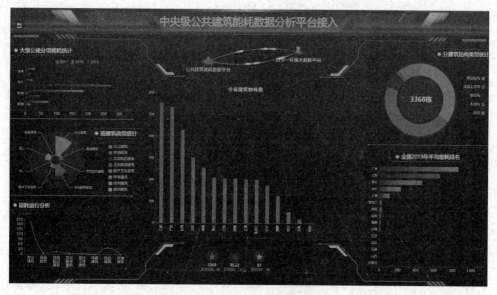

图 6-15 中央级公共建筑能耗数据分析平台接入

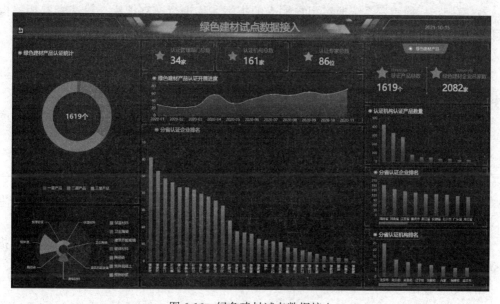

图 6-16 绿色建材试点数据接入

（3）统计图表联动：系统在表格中点击某一列数据，对应的统计图中可显示对应数据生产的统计图，使得用户可更直观的查看到数据的趋势。

6.4.2 数据查询检索

（1）数据检索

主要针对基础数据库涵盖的各类数据提供便捷的检索查询功能，具体包括：

1）全库指标分类：系统列出数据库所涵盖所有的数据指标，用户可选中某一指标或多个指标进行查看。可按依据分类以树形结构列出。

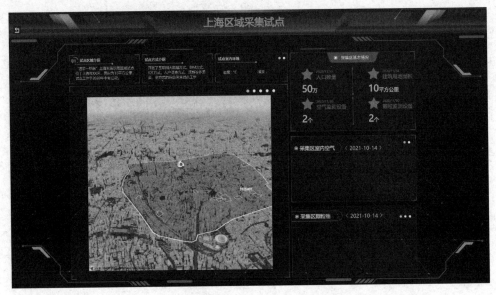

图 6-17　某试点区域采集试点界面示意

2）模糊指标检索：系统通过用户输入的指标名称进行模糊搜索，快速查看相关指标信息。

3）依据统计时间查询：用户可以设置数据指标的起始时间，查询获取相关结果。

4）依据所属区域查询：对于部分有地域信息的指标，用户可下拉选择所属区域进行检索。

5）依据统计口径查询：系统所储存的数据支持不同的统计口径，如全口径、调度口径等，用户可依据实际需求，检索对应的数据。

6）查询结果展示：系统以表格的形式展示查询结果，支持对数据列进行排序。

（2）统计分析

1）指标对比：指标对比支持多指标、多年度、多地区之间的对比分析，显示结果以"可视化图表＋数据表"形式输出。

2）指标排名：将各类数据指标依据其所属区域进行横向对比，查看某一地区的指标在全国或全省的排名情况，以地图、统计图及表格多种形式展示结果。

（3）数据输出

1）统计图输出：支持生成的统计图输出至不同的格式，如图片格式的 png、jpg 等。

2）统计表格输出：支持将每一个数据表下载成 Excel、pdf 等常见格式，保存在本地进行编辑。

3）统计表格输出：支持将每一个数据表下载成 Excel、pdf 等常见格式，保存在本地进行编辑。

6.4.3　数据交换

平台提供数据导入 API，按需实现对外部数据源的接入，包括：

（1）Excel 数据导入：按照规范的模版，实现对 Excel 数据模版的导入更新。

（2）数据 API 调用：按需集成现有信息系统，实现对其他系统的集成，完成数据的实时导入更新。

（3）SQL 格式数据批量导入：实现对 SQL 格式数据的批量导入功能，方便用户进行数据维护。

6.4.4　系统管理

系统后台管理平台用于系统管理员的日常维护，包含各类配置及后台数据维护功能。

（1）菜单管理：管理菜单基础数据，对页面菜单、指标显示信息进行查询，新增、删除、编辑等操作进行管理。

（2）用户管理：对用户基础数据的管理，对用户信息进行查询、新增、删除、编辑等操作进行管理。

（3）角色信息：管理各类角色基础数据，对角色信息进行查询、新增、删除、编辑等操作，并能给用户分类、设置状态。

（4）组织机构管理：对各类组织机构基础数据的管理，对部门信息进行查询、新增、删除、编辑等操作进行管理。

（5）指标映射管理：对指标映射数据的管理，对指标映射信息进行查询、新增、删除、编辑等操作进行管理。

（6）日志管理：系统对于关键的操作进行日志记录，后台实现对各类日志的快速查询、导入，删除等操作。

第7章　"四节一环保"大数据平台应用与展望

数据是信息化发展的新阶段，随着信息技术和人类生产生活交汇融合，全球数据呈现爆发增长、海量集聚的特点，尤其在刚刚过去的几年里，大数据在政策、技术、产业、应用等多个层面都取得了显著进展[203-206]。于 2020 年 7 月完成上线运行的民用建筑"四节一环保"大数据平台，能保障"四节一环保"数据资源的持续采集与分析应用，还可为相关领域科学研究与宏观决策提供支撑。本章主要就大数据平台运行管理模式及相关保障制度进行了阐述，针对大数据平台建设与运行的应用情况进行了总结与介绍，并就"四节一环保"大数据平台相关应用前景与平台本身的后续发展思路进行了说明。

7.1　平台运营管理模式设想

7.1.1　国内外大数据平台现状

当前数据已成为国家基础性战略资源，大数据正对社会经济发展各个环节产生重要的影响，尤其是"四节一环保"领域，各类大数据应用层出不穷，调研分析各类平台的运营模式，对提出"四节一环保"大数据平台应用管理模式有非常好的借鉴意义。通过调研，我们可以按运营主体方的不同将相关平台运营模式分为以下三种：政府主导、政企合作主导、企业主导。下面就三种模式的平台典型案例进行分析。

（1）国家级光伏发电大数据平台

国家级光伏发电大数据平台是政府主导的平台。在光伏发电项目设计及建设方面，产品质量及使用年限日渐成为整个光伏产业亟须解决的问题。在电网调度及光伏发电消纳方面，目前缺少准确的太阳能资源监测数据，造成电力规划不准确，导致部分地区光伏消纳存在问题，弃光严重。因此需要长期的、大量的、准确的光伏电站运行数据为光伏电站模型优化提供支撑，提高地区光伏消纳能力。在光伏发电项目投融资方面，目前社会对光伏行业认识不足，金融业无法获得光伏产业相关信息，通过一系列数据支持与金融工具的服务，可以有效帮助投资者对光伏资产进行深入分析并做出投资决策。在光伏电站高效运维方面，如何开拓思维，探索创新的运维模式是光伏业务面临的一个重大挑战。

鉴于在中国光伏产业发展过程中面临的上述问题，为了提升光伏发电项目建设与运行、电网调度及光伏发电消纳以及光伏发电项目建设资金保障水平，提高光伏发电经济效益，最终促进光伏产业的健康发展，考虑在全国范围内建立面向光伏建设和运营的光伏大数据平台，推动数据透明化，为光伏行业各社会主体提供有针对性的社会化服务，为全行业各项业务的开展提供全面精确的数据支撑。

1）数据来源

① 电站运行全面监测数据

针对光伏电站设备监测数据，对光伏逆变器、汇流箱、计量关口表、升压变数据等进行全面的数据监测；实现对数据越限等异常和问题的及时告警；生成数据统计监测指标。

② 电站运行全景管理数据

全景管理主要包括电站在线运行状况、电站运行数据统计、电站基础资料、电站区域GIS 地图等功能模块。主要包括电站运行数据与设备状态动态展示、电站运行数据按日月年统计、电站指标数据按月日年统计等功能；以 GIS 动态地图形式展示电站所在地理位置、地质状况、周边环境等信息。

③ 电站运行状态分析数据

该功能主要建设目标是为国家能源部门、社会以及企业提供电站发电效率及发电能力分析评估服务。电站运营状况分析需要的数据源包括：电站资产结构、管理资料、建站基础资料、电站关口表数据等。主要来源为电站运营方资料与电网调度数据网。

④ 关键设备运行分析数据

本功能基于大数据平台的运行数据，对光伏电站及其关键部件发电性能进行评估；对光伏电站的中长期发电能力进行预测；分析光伏电站设备的故障模式以及对整个系统的影响及其失效特征，实现对光伏电站设备故障的诊断分析。

⑤ 电站运维管理支持数据

为满足光伏电站日常运维业务，开展光伏电站运维管理平台建设，需实现电站设备档案管理、备品备件管理、设备维修保养管理、电站日常巡检管理等功能。大数据平台具备开展光伏电站运检评估的能力，为光伏电站制定运检方案、开展检测（检修）活动提供技术支撑。

⑥ 太阳能资源评估数据

包括内容如下：

地区光伏资源评估数据。根据电站气象监测数据和数值预报数据对给定地区从现在到未来一段时间（10~20 年）的太阳能资源丰富度、稳定度等指标进行评估和预测。

光伏弃光电量评估与分布式光伏电站自用电占比数据。根据弃风、弃光情况以及分布式光伏电站自用电占比等相关因素，综合分析地区消纳能力。

电站与资源的匹配度和适应度的分析数据。通过计算光伏电站及发电单元实际功率、发电量与太阳能辐照度统计量的偏离程度，评估某种类型的光伏发电系统与当地光伏资源特性的相关性。

2）数据获取方式

光伏发电大数据平台为了评定光伏电站的资金稳定度及盈利能力，通过接口方式接入光伏电站文件审查信息和财务指标分析信息。

平台通过数据监测和分析，提供太阳能资源分析、设计水平分析、建设质量分析、运维水平分析（包括各类故障的记录和分析）等功能，全面覆盖光伏电站从设计到施工、运行和维护全过程各个方面。

通过对电站的技术水平、运行状态以及财务指标的分析，获得对产量（发电量）、投资收益率、资产净现值、投资回收期等估值指标的评估数据。

通过已运行电站地区的电网网架结构、并网方式等电网运行信息，以及已运行电站的运行状态监测和技术水平分析，获得足够建设可行性分析数据。

通过监测光伏电站的运行状态，获取电站故障率、可修复率、修复周期、运维人员数量及成本等信息，可以分析提供设备故障平均恢复时间、设备故障检修计划等指标，便于运维优化。

通过光伏大数据平台实时采集光伏电站现场实测数据，涵盖组件、组串、阵列、逆变器、光伏单元和光伏主站等数据，可以提供光伏电站检测报告所需分析数据。

3）用户群体

平台的服务对象包括：电站评级机构、政府机构、银行与保险公司、电站建设方、电站运维方以及电站检测机构等。

4）运营模式

为了在全国范围内具有公信力、实现长期运营，光伏发电大数据平台需要由国家政府支持，由具备电力行业丰富经验和业界威望的专业机构来研发建设，并具有成熟运营模式，才能够发挥最大价值。大数据平台的主要作用是提供优质可靠的数据产品与服务，按照其在大数据产品价值链上的不同定位，可以分为以下三种基本商业模式：

① 数据租售模式

数据租售模式，即向客户提供原始数据的租售服务，其关键流程是数据的实时采集、传输和整理。

② 信息租售模式

信息租售模式即向客户提供代表某种主题的相关数据集，如数据包租售等，其关键流程是把原始数据与其背景意义相结合，进行整合、提炼、萃取，使数据形成价值密度更高的信息。这种模式所依赖的核心资源是数据处理技术。

③ 知识租售模式

知识租售模式是为客户提供一体化的业务问题解决方案，其关键流程是将大数据与行业知识相结合，通过深度计算模型和专家经验分析，介入实际业务流程，提供相关问题解决方案。这种模式所依赖的核心资源是拥有大数据挖掘技术的行业计算模型与专家经验。

国家光伏公共数据平台适合信息租售模式和知识租售模式相结合的综合运营模式。具体来说，用户提供数据接入所需的场地、仪器、设备，平台运营方按照电站装机容量收取接站的技术服务费用，并为具备电站权限的用户按照数据开放级别分配其权限内的账号，为用户提供基本服务。

而面向不同的服务对象，大数据平台运营方可以通过平台积累的大量数据和分析结果向客户提供诸如选址、规划、设备选型、运维管理等一体化解决方案和升级服务内容。此类解决方案型服务将按照项目具体形式进行费用计算和收取。

（2）勤智创新创业大数据平台

勤智创新创业大数据平台智慧城市领域是政企合作建设运营的互联网平台。勤智创新创业大数据平台通过"政府引导、市场主导"的模式建设一个数据驱动的创新创业生态环境，以改变当下政务数据分散、独立的现状。充分利用"大众创业、万众创新"的创新创业热潮，积极建设一个以数据驱动的运营体系、创新创业生态、大数据产业链、政务数据共享交换、智慧城市大数据支撑平台为核心目的大数据全产业链的生态环境。

以"一点创新，全盘激活"为引导思路，"一平台，多应用"为框架设计思路，在人才培育体系建立、就业岗位增加、产业发展空间和产值提升等方面真切的做到为政府提供全方位的服务，从而为产业发展现状形成标杆性的发展格局，夯实大数据产业发展基础。

进一步推进"大众创业、万众创新"，让创业创新成为经济增长的"倍增器"、发展方式的"转换器"，让"大众创业、万众创新"在全社会蔚然成风；支撑政府在更高的平台上实现经济可持续发展，为产业转型升级提供经验和启示。平台功能层次架构如图 7-1 所示。

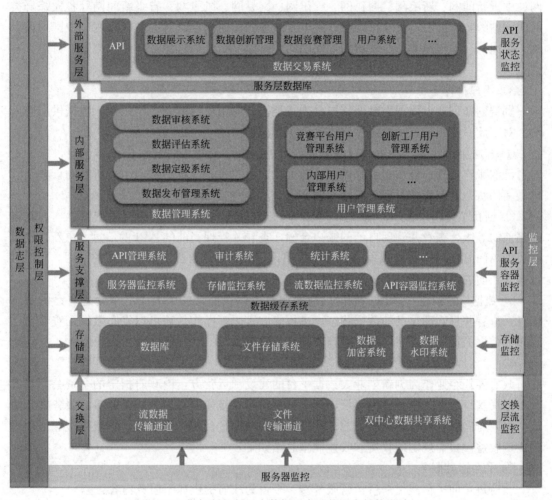

图 7-1　勤智创新创业大数据平台功能层次架构设计

1）数据来源

勤智创新创业大数据平台全面利用智慧城市框架内各类垂直业务的运营数据、国信优易拥有的可访问的 700T 国家部分部委的政务数据、区域政府的各委办局的政务数据等高价值的数据资产，同时对接互联网门户网站、网络社交论坛、微博舆论信息等相关信息资源。

2）数据获取方式

勤智创新创业大数据平台依托国信优易的未来国家级大数据共享促进中心的发展定位，与国信优易所拥有的国家部委重要数据资源建立了数据接口。

勤智创新创业大数据平台通过互联网舆情信息接口获取数据。对互联网数据的获取主要依赖于网络爬虫技术实现。平台采用先进的分布式网络爬虫框架，由框架完成爬虫的统一调度、管理和维护工作，以及被采集数据的统一存储工作。

　　互联网门户网站信息获取接入是利用分布式网页爬取技术，以及基于行业领域字库的模式识别技术，实现对各类新闻门户网站、行业领域专业门户网站等相关 B/S 网页进行实时解析，获取符合条件的数据。互联网门户网站信息爬取的对象如下：对新华网、人民网、中国新闻网、新浪网、搜狐网、腾讯网、网易网、凤凰网、省级新闻网等各大综合类新闻网站的实时监控，获取符合条件的电子政务相关的信息。对中国气象网、中国地震台网、交通网、减灾网等行业领域门户网站的实时监控，获取气象、地震、交通、自然灾害信息。

　　3）用户群体

　　勤智创新创业大数据平台的用户分为三类：普通用户、创新工厂用户、数据供应商用户。对于此三类用户，平台提供用户管理工作包括：

　　① 普通用户管理：普通用户可以在前台的个人中心里管理自己的基本信息，进行查看自己的账户信息、修改密码等操作。还可以通过"我的订单"查询当前所有的订单及订单最新的状态，查看并管理当前的 API 的信息。同时可以查看当前的系统消息。

　　② 创新工厂用户管理：创新工厂用户可以在个人中心管理自己的基本信息，查看自己当前的等级，查看并管理自己的账户余额，查看并管理当前的 API 的信息，更新自己所购买的 API 版本等。还可以发布自己的应用，查看并管理自己当前已发布的应用。同时可以查看当前的系统消息。

　　③ 数据供应商用户管理：数据供应商用户可以在前台的个人中心里管理自己的基本信息，查看并且管理自己的数据状态，进行修改密码等操作。还可以发布数据，查看自己发布的数据的情况。同时可以查看当前的系统消息。

　　4）运营模式

　　政府委托企业作为创新创业大数据平台的建设和运营方，由政府指定的全资公司与各个委办局签订数据共享和使用协议，该全资公司与承接建设和运营的企业签订服务框架协议，由政府向该企业以购买服务的方式来支撑大数据平台的正常运营，收费模型保证项目的投资收益。目前规划的收费和收益模型总结如下：

　　① 平台运营服务

　　政府每年向平台支付平台运营服务费，平台为政府提供如下服务内容：

　　勤智数码为政府建设创新创业大数据平台，实现政务数据的共享交换能力，为政府内部的数据共享、分析和挖掘提供必要的服务。

　　基于勤智数码为政府建设的大数据平台，为智慧城市建设历程中所有垂直行业应用提供底层的统一数据平台支撑能力，为政府实现城市级的数据沉淀提供必要的服务。

　　勤智数码为创新创业大数据平台提供专业的运营维护服务，确保平台的持续稳定运行。

　　平台提供国信优易数据的访问接口服务，作为区域内唯一的访问接口对外提供服务。

　　② 数据运营服务收益

　　政府委托企业对平台内的数据和上层应用进行全面的运营，借助平台中基于数据驱动的运营体系直接收益。计划按照目前已规划的政务数据、国信优易的数据、智慧城市运营产生的数据等，这些数据价值巨大，初步预估超过数十亿元。政府全资公司可以获得数据运营直接收益的30%。

结合平台建设投资的计划，预计数据驱动的运营服务起始阶段属于无收益投资阶段，随着平台运营收益逐年增长，预估整体最终在2~3年左右后开始收益。

③ 大数据产业链发展促进收益

通过对创新创业项目的孵化，产生落地的创新项目，直接促进更多的社会就业岗位，提升就业率。如年孵化10个投资千万的大数据创新项目，可间接产生超过5亿元的地方产值增长，大数据产业可间接获得近100亿元的发展空间。通过对大数据产业链的整体促进作用，从上游的数据拥有和制造环节，到中游的数据加工和使用环节，再到下游的基于数据创业的投资收益环节，都有直接的影响。

政府在产业链上游属于数据的拥有者，收益最大；同时政府也属于产业链中游的数据使用者，对政府内部的管理促进收益也很明显；最终通过产业链下游的投资环节的蓬勃发展，直接促进整体GDP规模的提升。

④ 政府社会收益

政务数据共享交换机制的建立，有助于解决各委办局数据孤立的难题，借助数据共享体系的建立，创新出多个内部或对外惠民应用，让老百姓直接感受到政府提供的免费服务，间接大幅提升民生服务满意度，提高政府领导的执政效果，提升政府大数据产业建设推广的标杆性社会综合影响力。

通过打造创新创业的投资环境，直接提升了区域的整体品牌形象，吸引外来人才，培育了本土技术、商业、投资等各类人才的发展，城市形象提升效果会非常明显。

智慧城市发展规划的顶层设计会涉及很多底层数据和上层应用，将各类垂直应用的运营数据接入到统一的智慧城市数据支撑平台中，可以为未来智慧城市建设产生的数据的互联互通提供基础支撑，为数据的运营体系提供充足的血液。

通过对各个委办局数据孤岛中各类数据的分类、数据目录定义、数据挖掘、数据分析、数据清理、数据脱敏、数据水印、权限管控、数据热度模型等各类数据的生产加工，为上层基于数据的共享创新等应用提供足够数据支撑；同时政府也可充分利用民生数据，脱敏利用后，最大限度的做到服务于民。

（3）广联达基于大数据的建筑工程信息服务平台

建筑工程信息服务平台是绿色建筑领域广联达公司企业主导建设运营的平台。广联达基于大数据的建筑工程信息服务平台，通过"互联网＋"的思维，服务于大众创业、万众创新的"双创"战略，并且辅助政府运用大数据加强对市场主体服务和监管的支撑。目标是研发传统建筑业企业及政府所需的低成本、高质量、高效率的建设成本、市场、决策等信息服务核心技术。通过深入分析政府、业主方、施工方、供应商、设计院、金融机构等用户群体对信息服务的需求，通过推进行业相关数据标准，规范数据接口。突破建筑业知识图谱、围串标检测模型、异构数据分类算法、机器学习算法等大数据处理技术。通过平台的建设运营，培育出建筑业各方主体在工程建设领域的新业态、新模式，帮助建筑业企业向精益、智慧、绿色快速转型升级。

广联达基于大数据的建筑工程信息服务平台的建设目标为：在数据采集方面，实现全国 31 个省、260 个地级市、181 个工程类别、100000 个工程项目数据采集，100000 家供应商的 1000 万条材料价格信息采集；在行业标准方面：通过协助行业协会、行业主管部门细化建设工程工程量清单计价规范、建设工程人工材料设备机械数据标准、新建造价数据接口标准、造价指标体系标准、建筑工程分类标准、建筑材料 SPU 标准。在数据应用方面：发展 300 万个注册用户，与全国各省、市的发改委、财政部门、住建部门等建立数据共享、数据加工、数据应用的合作。

　　广联达基于大数据的建筑工程信息服务平台是运用"互联网＋"思维，聚焦建筑业主体及政府部门的信息服务需求，突破建筑行业大数据技术，推行行业数据标准，研发建设"基于大数据的建筑工程信息服务平台"。实现工程建设各阶段中政府、企业及个人产生的建筑数据汇集与利用。

　　广联达基于大数据的建筑工程信息服务平台通过采集、处理、挖掘建筑工程从投资立项、招标投标、建设工程咨询、施工承建、材料设备采购供应、政府监管的整个建筑工程交易链条的成本和交易数据，通过数据的整合分析和挖掘，及时发现建筑行业由于大量的信息不透明而造成的各种成本浪费、资源浪费和其他隐患，帮助建筑行业企业建立"用数据说话、用数据决策、用数据管理、用数据创新"的管理机制，实现基于数据的科学决策，推动建筑企业管理进步。平台总体架构如图 7-2 所示。

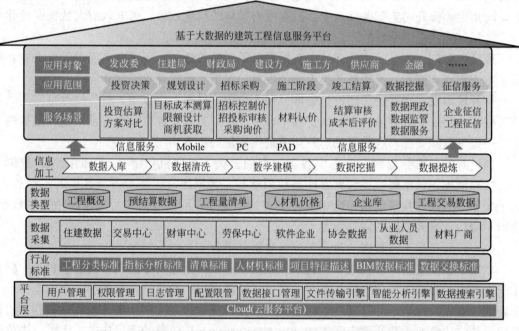

图 7-2　广联达基于大数据的建筑工程信息服务平台架构示意图

1）数据来源

　　我国建设项目每年总数量已超过 60 万个，涵盖房屋建筑工程、公路工程、铁路工程等各类项目，项目数量巨大。而且项目周期长，数据在建设过程中逐步产生。对于材料价格，我国建材供应商约 79 万家，材料价格存在波动，各地区价格有差异。造价信息的数据源是海量数据，即使在海量数据中挑典型性、代表性的数据，采集成本仍然巨大。

广联达公司在以往项目经验中已经积累了建筑行业大量数据,总量超过 1PB。数据来源于 PC 端专业应用产品的十六万余家企业用户、五十余万直接使用者;移动端 App 专业应用产品直接使用者二百余万;积累了全国 6000 余套定额数据、200 多个数据接口、50000 余种建材 SPU 库、6 万个供应商合作伙伴、500 多万条材料价格信息;硬件端专业应用产品则覆盖 3000 余项目部,直接使用者三万余人;2015 年起正式运营的电商平台拥有 73 类、300 余种产品。

广联达基于大数据的建筑工程信息服务平台数据来源覆盖全国 31 个省、260 个地级市、181 个工程类别、100000 个工程项目数据。100000 家供应商的 1000 万条材料价格信息,信息来源及分类如图 7-3 所示。通过数据服务、数据交换等机制,本平台推动合作的政府部门进行数据开放、共享,实现市场主体数据与政府数据的融合。

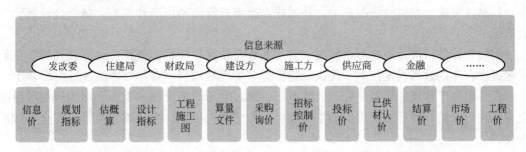

图 7-3 广联达基于大数据的建筑工程信息服务平台信息来源示意图

2) 数据获取方式

利用各地工程造价文件中挖掘出来的钢筋、水泥等建材的用量,可以预测未来这些大宗材料的消耗量,方便政府进行宏观调控去产能、去库存。利用实时工程预算投资热点的变化,可以了解当地经济及产业结构调整的效果。可以通过汇集市场主体购买建筑材料的价格以及数量信息,进行大数据挖掘,分析成果可为政府提供实时、动态、多维的数据趋势,用于支持政府宏观决策。

平台将与各地的政府及事业单位合作进行数据交换共享,还将采集社会机构、企业,尤其是互联网上的非结构化数据。通过交互数据、行为数据等分析出业务信息,并用存储器将采集到的数据存储起来,建立相应的数据库。然后将这些前端的数据导入到集中的大型分布式数据库或者分布式存储集群。根据数据来源,进行重新分类组织。

通过将工程估算、概算及预算中的钢筋、水泥等大宗材料进行抽取建模,形成需求量预测指导,跨行业支撑制造业企业调整产能及市场策略。

综上所述,平台为行业提供高质量、低成本的及时工程造价信息的同时,能充分发挥互联网和移动互联网的优势,通过分享信息和分享收益的形式,为政府相关部门及工程项目的各个参与方创造新的价值和无限的创新空间。

3) 用户群体

实现工程建设各阶段中政府、企业及个人产生的建筑数据汇集与利用。打破建筑业信息壁垒和信息孤岛,通过信息服务为政府部门提供工程项目的投资评审依据;同时,对海量数据进行分析挖掘,发现具有地域特点、产业特点、投资行为特点的数据,为政府部门提供决策依据。为成本管理人员找到真实的材料设备价格,评估建筑成本构成是否合理;

为供应商提供精准的商机；帮助采购方找到优质的供应商；为金融机构对工程贷款前后提供风险评估。运用大数据分析挖掘技术，建立建筑工程成本的分析模型，挖掘关于成本的各类人工、建材、工期、用量等数据，进而发现建筑工程的每个部品部件对总体投资及成本的影响及变化。

广联达基于大数据的建筑工程信息服务平台，在数据应用方面，发展 300 万个注册用户，与全国各省、市的发改委、财政部门、住建部门等建立数据共享、数据加工、数据应用的合作。

平台服务于政府部门，作为宏观决策的依据。如发改委在建设工程投资估算的审批时，可以利用行业造价数据平台了解社会造价水平，对投资合理性做量化评估，有效地控制政府投资项目的造价；投资管理部门可以快速估算各类建设项目的投资额，比选投资方案，预测投资走势和对经济的影响。从而提高政府投资的利用率和效益，最终为全社会创造价值。

财政审计部门进行预决算审核时，对"概算超估算、预算超概算、结算超预算"三超问题提供合理的数据判定依据。可以对造价异常的工程项目，有针对性的进行跟踪审计。

平台服务于建筑的质量、安全监管部门，通过合理的造价技术指标，对工程的质量安全方面进行评价。针对造价过低的工程项目，实施预先控制，有效避免质量、安全事故的发生。

平台服务于造价管理部门，作为监测建设市场的依据、定额编制的测算或材料指导价的发布依据。

平台对于建设、施工、咨询企业，材料设备厂商，建筑从业者，以及金融机构都具有重要价值。能够提供高质量的数据产品与应用服务，降低相关企业经营成本与风险，提高行业整体效益和收益。

① 对建设方、施工方、造价咨询等企业

建筑行业需要转型升级，建设绿色低碳环保的建筑。提供符合绿色建筑标准的典型项目造价指标，包含绿色建筑的建造标准，主要材料设备、图纸及相应的价格指标、工程量指标，工程量清单构成等信息，引导行业向绿色建筑方向发展，推动建筑行业转型升级。

通过高质量、及时的造价信息服务来提高造价工作的质量，提升造价管理水平，最终提升项目管理的效果，提高项目收益；通过各种网络、软件、硬件的产品，真正将数据应用起来，形成有据可依、有案例可查的造价服务新业态。

② 对材料设备厂商

平台可以为厂商搭建一个受众精准的产品营销平台，提升营销效率，降低营销费用；通过有效地运营自己的品牌，可以利用平台的客户资源建立自己的生态圈，逐步培养自己的忠实用户，营造自己的粉丝经营模式；通过全国性的平台，可以发现更多的商机，利用地域、季节、供求关系等因素，提高自身的销量和收益。

③ 对建筑从业者的意义

平台提供的高水平、及时的造价信息服务能提高从业者的工作效率和工作质量，同时有利于从业者提升造价管理水平；从业者作为造价信息使用者的同时，也可以成为信息的提供者，把自己的造价经验和工程指标等信息分享到平台上，经营自己的造价信息自媒体；可以通过数据对从业者的日常工作进行实时测评，这将对从业者的个人职业评价体系起到积极的作用，进一步提升市场的整体效率。

④ 对金融机构的意义

我国每年有 6 万亿工程贷款，金融机构对工程建设成本的评估是否合理、准确，是贷款风险中的重要评估维度。平台通过挖掘各方主体的行为数据，形成项目贷款前后的风险评估模型，有利于工程项目更便利地融资，也有利于金融机构控制工程贷款风险。

建筑业是一个产业链长、涉及企业众多的行业，在项目建设过程中，政府部门、建设单位、设计院、中介公司、材料设备厂商、施工企业都会围绕建筑进行各自的工作，成本是其重要的管理内容。

4）运营模式

平台的核心研发产品具有灵活定制、专网部署、适用丰富的业务场景等优势。互联网模式的即时通信工具，数据保留在产品提供商处，后续无法安全、灵活的根据用户需求提供数据服务。我们的产品可以专网部署，基于积累沉淀的数据，可以与用户合作，提供后续的数据运营服务，从大数据服务方面支持政府的监管和管理服务。

建设及运营"基于大数据的建筑工程信息服务平台"。该平台包含建筑业成本数据的采集、加工、应用服务。为政府、市场主体提供材料价格、造价指标、项目估算、造价审核、建筑业征信等服务，促进工程项目降本保质。同时广联达将拥有的海量数据开放共享给发改、住建、财政等政府部门，推动政府部门数据与广联达数据融合挖掘利用，为政府部门从中了解社会造价水平，进而对项目投资合理性做量化评估，提高国有资金的利用效率。实现政府治理更精准，行业监管更有效，政府服务更智慧。利用平台积累的行为数据为金融公司给建筑工程、供应商融资提供征信数据。

在信息化飞速发展的今天，尤其是以"互联网＋"模式为特点的移动互联网大潮下，很多原来阻碍工程信息服务发展的技术难关都已突破，建立工程造价信息服务系统平台，采用"端＋云＋大数据"的模式，利用 PC 终端、智能手机终端为信息获取和发布手段，加上专业的平台运维团队运营，可以很好地解决当前工程造价信息服务存在的问题，让造价数据为工程造价行业提供高水平、高效益、低成本的信息服务，从而从市场主体自身需求动力来促进计价工作主要要素展开。一方面完善、优化、统一工程分类体系，包括工程分类、单项目分解、工料机标准等，以此为基础建立统一的造价指标体系；另一方面遵循"量价分离、规则统一、价格放开、有序竞争"。利用信息服务平台的运营，使行业造价数据真正服务于政府与企业，在建设项目的各个阶段，对工程建设领域的各参与方都有重要的意义。

搭建建筑业信息服务平台，从而在实践中完善国家造价大数据标准体系，开展数据采集、工程分类目录、造价指标口径、造价文件数据交换接口、访问接口、数据质量、数据开放、数据共享等标准的研究制定、验证和推广应用，解决政府内部数据共享、政府数据对外开放、政府与企业数据交换等方面的突出问题。从而让市场在工程造价确定中起决定性作用，使国家投资评估有依据，实现工程计价的公平、公正、科学合理，为提高工程投资效益、维护市场秩序、保障工程质量安全奠定基础。

平台的核心研发产品具有灵活定制、专网部署、适用于丰富的业务场景等优势。互联网模式的即时通信工具，数据保留在产品提供商处，后续无法安全、灵活的根据用户需求提供数据服务。平台的核心研发产品，可以专网部署，基于积累沉淀的数据，可以与用户合作，提供后续的数据运营服务，从大数据服务方面支持政府的监管和管理服务。

应用服务类提供材料价格信息服务、成本指标信息服务、项目商机信息服务、项目金融风控信息服务、项目投资估算服务、围标串标风险评估服务。

平台的上线运营为政府投资及相关监管部门提供信息数据挖掘分析服务，揭示传统技术方式难以展现的关联关系，如评估围串标的风险、经济发展走势、企业竞争力状况等，提升政府整体数据分析能力、决策能力。

对市场主体，提供的信息应用服务为招投标方提供材料价格信息、优质供应商数据，让各方更轻松、准确的找到供应商与合理的报价，更高效的完成预算的编制，为参与各方提供已完工建筑成本指标数据，评估工程造价、清单综合单价等合理性，使招标人更好的控制投资成本。

平台通过共享经济模式打破建筑行业信息壁垒，将造价人员、供应商、业主之间根据各自的信息需求串联起来，互通有无，获取报酬或交换信息。通过大数据技术将沉淀的信息提炼，为建筑产业链上的政府、企业提供材料价格、造价指标、项目估算、造价审核、建筑业征信等服务。

7.1.2 平台运行管理模式设想

"四节一环保"大数据管理平台的稳定运行需要有持续化的运行维护管理机制及专业化的运行维护管理团队。基于团队的支撑，同时通过建立持续稳定的数据收集及保障体系，强化数据运维组织保障，确保平台能够持续稳定运行。

参照以上大数据平台成功运营经验，建议成立政企合作主导的运行维护团队，支撑平台稳定运行。一是为现有"四节一环保"大数据管理平台及国家住建管理部门相关平台提供持续的运维服务，保障这些系统的稳定运行；二是加强技术创新，持续更新完善大数据平台的数据采集整合、存储计算、数据治理管控、数据应用分析等服务能力。

平台后续在运行过程中，由运维团队利用数据治理相关技术，加强数据管控，持续满足政府部门、研究机构、学校等单位的业务需求，为其提供"四节一环保"大数据支撑。同时团队也可在国家相关部门指导下，以现有大数据建设成果为依托，以各地已开展的工作为基础，拓展平台服务对象及服务模式，适当拓展市场，对外提供大数据服务，为平台增强活力。

7.1.3 平台数据运维保障体系设想

（1）强化数据运维组织保障

根据民用建筑"四节一环保"领域数据来源，固化数据采集渠道，针对各类统计年鉴获取、相关研究报告、构建模型测算、网络爬取、网络下载、试点单位提供、平台对接、第三方数据库等数据获取渠道，明确各类数据获取频度，建立数据运行维护管理体系，由领导小组明确任务分工，通过政企联合的方式，保障数据收集工作持续稳定开展。组织架构如图7-4所示。

建议建立保障大数据持续采集、更新的国家法规，构建系统全面的法律法规体系，包括构建国家、省市、县市、乡镇、村庄的自上而下的纵向数据采集法律体系，出台保障住建、国土、电力、燃气、供热等部门的横向数据采集制度，确保实现"纵深推进、多级联

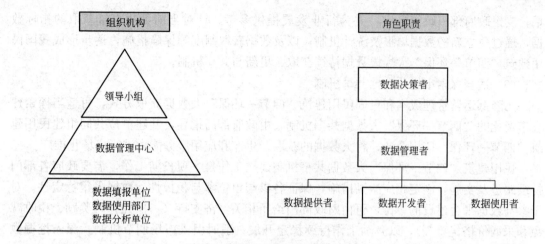

图 7-4 数据运维保障措施组织架构

动"的数据采集动态化保障机制,有效及时地推动各级政府及相关部门开展民用建筑数据采集工作,确保民用建筑数据稳定、全面、高效的获取。

建立"采集指标标准化、获取渠道标准化、采集方法标准化"的数据采集标准化保障机制,为采集获取民用建筑数据提供标准高效的制度与规范,确保民用建筑数据及时、有效、精准的采集。

将"四节一环保"的采集、处理、更新流程固化,并实现与国家、地方、行业等多层系民用建筑数据平台与资源的衔接,推动构建"横向扩展、上下联动"的平台间数据互通机制,确保民用建筑数据的稳定、持续、可用。

(2)开展数据运维培训

定期开展数据运维培训,由住建部门组织,数据管理中心针对数据填报单位、数据使用部门、数据分析单位进行平台使用培训,制定数据运维培训保障体系,要求各角色职责执行单位安排相对固定的数据运维人员,制定合理的培训计划,提升数据运维人员的业务能力,提高数据收集质量。

定期开展数据管理中心人员运维培训,对每一个管理对象的日常维护工作内容进行明确的定义,定义操作内容、维护频度、对应的责任人,做到有章可循、责任人可追踪,实现对数据全生命周期的追踪管理。

(3)建立考核评价体系

构建民用建筑"四节一环保"专家库,涵盖课题参与单位相关专家以及各课题成果评审专家,建立考核评价体系,抽取数据库内专家成员以及邀请外部专家组成咨询评价组,定期对平台数据采集情况和研究成果进行评审和评价,对各单位的工作完成情况进行打分,提出数据获取过程中存在的问题,结合国家标准、行业标准以及业内研究新成果,指导平台数据模型算法的更新与迭代。

(4)建立大数据获取机制

按照"统一组织、统一标准、统一架构、统一接口"的思路,整合行业数据资源,建设互信互用、安全有序共享的数据发布共享支持体系,形成民用建筑"四节一环保"领域基础、权威、全面的数据资源,根据民用建筑"四节一环保"大数据获取机制课题研究成果，支撑政府部门政策制定，并为行业发展提供参考，针对当前无法直接获取的指标数据，通过建立新的数据填报及统计机制，以及数据获取制度等保障措施，逐步形成我国民用建筑"四节一环保"大规模数据持续获取、更新与共享机制。

（5）适当探索市场化数据共享机制

为降低运营管理成本和巩固民用建筑"四节一环保"大数据获取方式，可适当探索建立市场化的"四节一环保"大数据共享机制。由政府部门指导，共建单位共同组建民用建筑"四节一环保"应用企业，将大数据的获取、生产和应用服务能力进行市场化推广。

民用建筑"四节一环保"大数据共享机制建立工作是一项长期工作，需要政府各部门持续跟进及实施，制定相应激励措施，保证各参与单位参与积极性、数据采集稳定性。对于参与数据平台建设的单位，可由财政部门给予相关经济支持（一次性补贴奖励、税收减免和采购价格优惠等），以激励工作持续稳定开展；适时引入市场调节机制，深入挖掘数据价值，通过市场推动数据共享机制建立。

7.2 大数据平台应用情况

"四节一环保"大数据管理平台涵盖基础类、规模类、用地类、用能类、用材类、环保类、地理信息类数据，平台主要包括概况、节地、节能、节水、节材、环保、试点应用、系统管理等模块，具备持续数据采集、查询统计、分析应用、可视化展现功能，实现了与住建部国家级平台的对接，平台于 2020 年 7 月完成上线运行。总结平台的建设运行工作，具体可分为前期技术研究、平台建设实施、平台上线运行等多个阶段，各阶段详细情况如下。

7.2.1 前期技术研究

在项目立项后，平台课题组针对民用建筑"四节一环保"领域数据来源和类型多样、处理流程复杂等问题，开展了民用建筑"四节一环保"数据存储与分析应用技术架构研究，形成了民用建筑"四节一环保"主题数据仓库与大数据管理平台架构。针对数据多渠道、多类型、多尺度特点带来的管理困难，本着全局化思路、特征化分类、泛型化设计、高度可扩展性的总体原则，设计了民用建筑"四节一环保"数据树状建模方法；开展了民用建筑"四节一环保"数据指标存储管理方案设计，提出了一种新的可拓展式管理方案，支持通过指标名称、指标层级、方案版本、采集方式、数据来源（渠道）、采集频度、地区、单位、时间等进行动态拓展。针对现有民用建筑"四节一环保"数据进行了大规模采集，构建并形成了涵盖多维度、多渠道、多频度的数据仓库，并使用爬虫[207]、接口[208]、ETL[209] 等多种技术手段固化了数据集成获取流程，并针对数据采集关键过程，通过模板、规范、格式等方式进行了约束，确保数据的收集整合工作能持续稳定进行。

经过前期的技术研究，总体形成了"四节一环保"大数据管理平台技术专题研究报告，并形成了平台建设所需的技术路线，相关成果可为后续平台的建设工作提供支撑。

7.2.2 平台建设与实施

在前期研究完成后，启动开展了大数据管理平台开发实施工作，主要基于 Hadoop、Hive 等技术构建了"四节一环保"大数据管理平台。相关工作包括系统对接、数据资源建设、试点应用等。

（1）系统对接方面

通过前期调研与对接，形成了与民用建筑能源资源统计平台、中央级公共建筑能耗监测平台、全国绿色建材采信应用数据库、供热行业统计平台、环境总站环保设备监测平台、海尔空调能耗监测平台等 7 项平台的对接调研，并针对不同平台形成了对接技术方案，同时开发了包括数据服务调用、中间数据库对接、IoT 设备接入等多种接入方式的数据接入系统功能，对接的重点系统包括：

1）民用建筑能源资源统计平台：主要包括全国大型及中小型公共建筑、国家机关办公建筑、居住建筑等相关建筑的季度基本信息和资源消耗信息等内容。

2）中央级公共建筑能耗监测平台：主要接入全国重点公共建筑的整体能耗运行情况、实时分项目能耗运行情况、分项目能耗统计情况、分项目能耗排名情况等。

3）全国绿色建材采信应用数据库：主要接入全国绿色建材产品、建材生产企业、绿色建材认证机构、实时认证情况等数据。

4）供热行业统计平台：主要接入全国主要重点城市供热能力、管道长度、供热面积等数据。

5）环境总站环保设备监测平台：主要对接了各类环保监测数据，包括 CO_2 浓度、VOC 浓度、温度、湿度、$PM_{2.5}$ 和 PM_{10} 空气质量实时监测数据。

6）海尔空调能耗监测平台：主要接入在全国 80 余地市的近 300 台中央空调的能耗相关数据，数据内容主要包括设备编码、所在城市、在线/离线、开关机状态、额定功率、压缩机数量、时间、蒸发器侧进水温度、冷凝器侧进水温度、机组功率、蒸发器侧出水温度、冷凝器侧出水温度等。

7）腾讯客户试用数据应用平台：主要包括重点试点区域的人口来源、数量等统计信息。

（2）数据资源方面

通过 "四节一环保" 实况数据库与大数据管理平台的建设实施，初步形成了涵盖基础信息、规模信息、用地信息、用能信息、用材信息、用水信息、环保信息、综合类信息等八大类的数据资源。根据数据类型可分为：

1）统计数据

包括全国及分省民用建筑节地、节能、节材、节水、环保等各类统计数据指标，涉及一级数据指标 27 个、二级数据指标 58 个、相关引用数据指标 81 个，数据范围为 2000 年至今，频度主要包括年度及月度统计数据，总体统计指标类数据量 50 余万条。

2）外部系统数据

基于外部系统接入方案，完成了对民用建筑能源资源统计平台、中央级公共建筑能耗监测平台、全国绿色建材采信应用数据库等 7 项数据资源的接入，总体接入的外部数据资源达 300 万条。除了完成数据的对接，还在数据接入后，基于平台的应用需求对各类数据资源进行了整合管理，为相关分析应用场景提供了服务。

（3）试点应用方面

平台针对项目提出的民用建筑 "四节一环保" 数据获取、集成管理与应用技术架构，在上海、北京等地组织开展的多项试点应用中得到了应用与推广，完成了互联网、IoT 等多种采集方式数据源的集成与应用，能够满足新时代对于复杂建筑数据获取、分析应用、安全防护等方面提出新要求,进一步提升了民用建筑"四节一环保"宏观与微观数据管理的安全性与适用性针对民用建筑"四节一环保"各类数据现状,全面摸清了我国民用建筑"四节一环保"实际状况。

7.2.3 持续稳定运行

平台从启动研究工作到2020年7月正式上线历时一年多,在系统上线运行后,编制并发布了系统运行维护管理办法,并同步成立了运行维护小组,服务宏观决策管理、科学研究等应用需求,并依据数据指标体系,持续对平台中的数据进行更新获取。

基于平台稳定运行形成的数据资源,编制并发布了民用建筑实际状况系列年度报告,其中2020年8月发布的《民用建筑实际状况年度报告(一)》主要对当前我国民用建筑实际状况进行了深入研究,同时对当前民用建筑"四节一环保"宏观数据现状、数据指标、获取渠道进行了分析,并对民用建筑发展现状、趋势、结构、区域发展等情况进行了汇总与分析,为政府政策制定及行业研究提供数据支撑及参考。报告结构如图7-5所示。

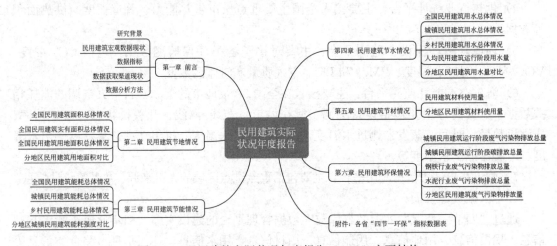

图7-5 《民用建筑实际状况年度报告(一)》主要结构

7.3 "四节一环保"大数据平台应用前景

民用建筑是我国城乡的重要载体,随着建筑业迅速发展,资源、能源问题日益突出,环境问题日趋严重,以节能、节水、节地、节材和环境保护为内涵的绿色建筑成为建筑业的重要发展方向。通过建立权威的"四节一环保"数据库及数据管理应用平台,充分发挥数据作用,在民用建筑建造和使用过程中切实做到"四节一环保",对我国走新型城镇化发展道路,推动经济社会绿色低碳发展,如期实现碳达峰碳中和具有深远意义。

7.3.1 指导行业发展

目前,在我国民用建筑领域,"四节一环保"数据存在着数据标准体系欠缺、数据获取机制不健全、数据完整性不够、准确性存疑和应用性不足等问题,给政府精准决策带来了极大的困难,制约了我国建筑节能低碳环保工作的推进。

通过建立"四节一环保"大数据标准体系,构建数据获取机制,建立权威的"四节一环保"数据库及数据管理应用平台,将民用建筑"四节一环保"领域与大数据技术相融合,有效整合"四节一环保"各类数据,充分挖掘数据中所蕴含的信息,为政府管理部门等群体提供更精准有效的信息产品,为提升大数据分析能力提供有力的支撑,为相关部门掌握民用建筑能源资源消耗总量和室内环境状况以及科学决策提供客观准确的科学定量依据,有利于有关部门制定更严格的民用建筑"四节一环保"政策,节约土地资源,高效利用能源和可再生能源,节省材料资源和水资源使用,减少环境污染,从而获得巨大的节能减排效果和生态效益,将指导建筑行业高质量发展,为推动我国生态文明建设和美丽中国建设提供重要支撑。

"四节一环保"数据管理平台提供的数据,可以科学指导民用建筑的设计运行,有效开展民用建筑的优化、评价与管理,促进建筑设计优化、绿色施工和建筑运行方案改进,带动建筑设计、绿色建筑咨询、建筑改造等相关产业的发展。在减少能源资源浪费的前提下,有效提升居民的工作生活品质,改善室内环境,实现居民生活水平与节约能源资源的有效平衡,并且有利于我国在民用建筑领域整体科技软实力的提升。

7.3.2 补充既有国家平台数据

目前,我国在民用建筑节能、节水、节材等单一领域内,构建了相关统计报表制度,国家相关部委相继颁布了一系列的指导文件,要求在全国范围内逐步建立部、省、市、区级标准化的监测平台,最终建立起全国联网的监测平台。例如,住房和城乡建设部建设了民用建筑能源资源消耗统计平台、公共建筑能耗监测平台,并在各省得到了推广应用,实现了对部分大型公共建筑能耗进行实时数据采集和监测,并通过能耗分析、能耗公示、用能定额等形式向各级管理部门提供建筑能源资源消耗有效数据。

现有"四节一环保"数据平台服务对象和功能单一,可扩展能力不强,平台数据利用效率低,数据为多源异构数据,数据类型多、离散性强、数据量大、冗余度高、完整性差、质量参差不齐,构建持续采集和统计的"四节一环保"大数据管理平台,从民用建筑本体、外部环境、人员行为等入手,整合多部门、跨领域的数据采集渠道,融合物联网、互联网及遥感等信息技术,基于统计资料、监测平台构建民用建筑"四节一环保"大数据动态采集方法,实现与住房和城乡建设部相关数据平台对接,形成了大规模、多维度、多渠道、多方式的数据协同获取机制,补充了现有平台的数据,整合了数据资源,形成了标准、可视、协同的数据管理机制。

7.3.3 为碳达峰碳中和提供支撑

2020 年 9 月,习近平总书记在第七十五届联合国大会一般性辩论上向国际社会作出"碳达峰、碳中和"郑重承诺,提出"中国将采取更加有力的政策和措施,二氧化碳排放力争于2030 年前达到峰值,努力争取 2060 年前实现碳中和"。2020 年 12 月,国家主席习近平在气候雄心峰会上发表题为《继往开来,开启全球应对气候变化新征程》的重要讲话,明确提出到 2030 年,中国单位国内生产总值二氧化碳排放将比 2005 年下降 65% 以上,非化石能源占一次能源消费比重将达到 25% 左右,森林蓄积量将比 2005 年增加 60 亿 m^3,风电、太阳能发电总装机容量将达到 12 亿 kW 以上。2021 年政府工作报告中明确提出在"十四五"期间,单位国内生产总值能耗和二氧化碳排放分别降低 13.5%、18% 的目标[210]。

根据《中国建筑节能年度发展研究报告 2020》的测算，2018 年，我国民用建筑运行总能耗约为 10 亿 tce，占全社会总能耗的 22% 左右；二氧化碳排放总量约为 21 亿 t，占全社会排放总量的 20% 左右；我国民用建筑建造相关的碳排放总量约为 18 亿 t 二氧化碳，其中的建材生产及运输的碳排放约占 65%，水泥生产工艺过程中碳排放约占 30%。由此可见，建筑领域是碳达峰碳中和行动的主要战场之一。目前随着我国城镇化率不断提高、建筑规模不断增加、城乡居民生活水平不断提升，建筑用能刚性增长趋势明显，建筑碳排放总量增长迅速。因此，开展建筑领域碳达峰行动，实行建筑领域碳排放总量控制，是落实国家主席习近平对外承诺的重大举措，是落实新发展理念、建设生态文明的重要内容，是以人民为中心推动城乡建设绿色发展的内在要求。

"四节一环保"大数据平台针对我国民用建筑的建筑规模、运行能耗及水耗、用材数量及能耗、二氧化碳排放量等持续采集、统计、分析和共享数据，将为建筑、建材领域碳排放总量控制、碳达峰预测提供依据，可为建筑建材领域减少能源资源消耗、减少碳排放提供方向指引，有利于监测和评价建筑建材领域碳中和路径实施效果，推动建筑建材领域如期实现碳达峰碳中和。

7.4 未来展望

随着大数据时代的到来以及智慧城市建设步伐的加快，"四节一环保"大数据平台应用在行业管理、宏观决策、公共信息服务等领域发挥的作用也越来越重要。同时，面对新形势与新问题，"四节一环保"大数据管理平台也面临着新挑战，需要紧跟时代步伐，在现有基础上不断完善、创新、发展。具体体现在以下几方面：

（1）平台数据采集的地域范围需要进一步拓展

以试点应用范围为例，受制于疫情等情况影响，平台仅在北京、上海部分试点地区建设，建议在后续研究中拓展采集的数据范围与渠道，创造数据活力，发挥数据价值。

（2）平台协同数据采集机制尚需进一步细化

目前平台数据渠道来源广泛，涉及不同行业、不同主题，针对目前尚未实现共享的数据资源，跨部门协同采集仍需落实切实可行的保障制度，后续可在课题理论研究的基础上，配合实践需求，与相关方融合进一步探讨。

（3）平台的存储、分析技术需要不断更新

未来，随着信息化技术在建筑领域的不断普及，通过政府政策激励和市场引导不断优化，利用不同方式对不同层次的数据按照统一标准规范进行采集、统计，并将海量数据共享至项目数据平台中。需要结合数据拓展的情况，增强平台对非结构化数据、实时数据的分析应用能力，持续为国家决策提供数据支撑。

（4）平台的应用场景需要持续探索

随着绿色建筑领域大数据应用的逐步发展，当前存在的数据完整性不够、应用性不足的问题会得到迅速改善，有必要结合我国绿色建筑行业的高质量发展，拓展平台在公共服务、数据整合等方面的优势，持续开发新的应用场景，提供更精准、更有效的数据分析应用产品。

参考文献

[1] 清华大学建筑节能研究中心 . 中国建筑节能年度发展研究报告 2015 [M]. 北京：中国建筑工业出版社，2015.

[2] 中华人民共和国自然资源部 . 2017 中国土地矿产海洋资源统计公报 [R]. 北京，2018.

[3] 中华人民共和国住房和城乡建设部 . 中国城乡建设统计年鉴 [M]. 北京：中国计划出版社，2017.

[4] 清华大学建筑节能研究中心 . 中国建筑节能年度发展研究报告 [M]. 北京：中国建筑工业出版社，2019.

[5] 国家统计局固定资产投资统计司 . 中国房地产统计年鉴 2017 [M]. 北京：中国计划出版社，2017.

[6] 国家统计局固定资产投资统计司 . 中国建筑业统计年鉴 2017 [M]. 北京：中国计划出版社，2017.

[7] 国家统计局 . 中国统计年鉴 2018 [M]. 北京：中国统计出版社，2018.

[8] 国家统计局能源统计司 . 中国能源统计年鉴 2017 [M]. 北京：中国计划出版社，2017.

[9] 国家统计局，生态环境部 . 中国环境统计年鉴 2018 [M]. 北京：中国计划出版社，2018.

[10] 国家统计局，环境保护部 . 中国环境统计年鉴 2015 [M]. 北京：中国计划出版社，2015.

[11] 周咏馨，苏瑛 . 建筑工程全生命周期能耗和排放测度及政策建议 [J]. 建筑科学，2010（12）：64-67.

[12] 龚广彩，龚思越，韩天鹤，等 . 建筑围护结构建造过程能源消耗火用分析评价 [J]. 湖南大学学报（自然科学版），2014（4）：101-106.

[13] 费良旭，张磊，孟庆林 . 海南地区既有建筑节能现状调研分析 [J]. 建筑科学，2013（6）：17-22.

[14] 杜书廷，张献梅 . 不同结构住宅建筑物化阶段碳排放对比分析 [J]. 建筑节能，2013（8）：105-108.

[15] 李飞，崔胜辉，高莉洁，等 . 砖混和剪力墙结构住宅建筑碳足迹对比研究 [J]. 环境科学与技术，2012（6）：18-22.

[16] 中华人民共和国住房和城乡建设部 . GB 50137—2011 城市用地分类与规划建设用地标准 [S]. 北京：中国建筑工业出版社，2010.

[17] 中华人民共和国国家质量监督检验检疫总局，中国国家标准化管理委员会 . GB/T 34913—2017 民用建筑能耗分类及表示方法 [S]. 北京：中国标准出版社，2017.

[18] 中华人民共和国住房和城乡建设部 . GB/T 51366—2019 建筑碳排放计算标准 [S]. 北京：中国建筑工业出版社，2019.

[19] 黄禹 . 我国城镇住房拆除率及影响因素研究 [D]. 北京：清华大学，2016.

[20] 刘洪玉，杨帆，徐跃进 . 基于 2010 年人口普查数据的中国城镇住房状况分析 [J]. 清华大学学报（哲学社会科学版），2013，28（6）：138-147.

[21] 王庆一 . 中国建筑能耗统计和计算研究 [J]. 节能与环保，2007（08）：9-10.

[22] 杜涛，黄珂，周志华，等 . 中国北方城镇居住建筑供暖能耗现状与节能潜力分析 [J]. 暖通空调，2016，46（10）：75-81.

[23] 那威，张宇璇，吴景山，等 . 北方城镇集中供热能耗宏观数据统计现状及改进分析方法研究 [J]. 区域供热，2019（03）：22-27.

[24] 曹子阳，吴志峰，匡耀求，等 . DMSP/OLS 夜间灯光影像中国区域的校正及应用 [J]. 地球信息科

学学报, 2015, 17 (09): 1092-1102.

[25] 刘振超. 建筑企业施工能耗与产值关系研究 [D]. 西安: 西安建筑科技大学, 2017.

[26] 张涛, 姜裕华, 黄有亮, 等. 建筑中常用的能源与材料的碳排放因子 [J]. 中国建设信息, 2010 (23): 58-59.

[27] Aebi D, Perrochon L. Towards Improving Data Quality [C] // International Conference on Information Systems and Management of Data. 1993, 273-281.

[28] Redman T C, Blanton A. Data Quality for the Information Age [M]. Artech House, Inc., 1997.

[29] 胡逢彬, 沈炜. 数据 ETL 过程中的数据质量控制 [J]. 信息技术, 2006 (4): 19-21.

[30] 孙俐丽, 袁勤俭. 数据质量研究述评: 比较视角 [J]. 农业图书情报, 2019, 31 (7): 5.

[31] 蔡莉, 朱扬勇. 大数据质量 [M], 上海: 上海科学技术出版社, 2017.

[32] 范博文. 众源地理数据质量研究——以昆明市为例 [D]. 昆明: 云南大学, 2015.

[33] 孙宏艳. 齐齐哈尔市统计数据质量评估研究 [D]. 哈尔滨: 哈尔滨工程大学, 2017.

[34] 于翠红. 吉林省区域自动气象站雨量数据的质量分析与评估 [J]. 气象科技进展, 2019, 9 (6): 91-94.

[35] 许涤龙, 叶少波. 统计数据质量评估方法研究述评 [J]. 统计与信息论坛, 2011, 26 (7): 3-14.

[36] 马晓雯, 刘雄伟. 基于统计年鉴的深圳市建筑终端能耗发布模型与计算方法 [J]. 暖通空调, 2017, 47 (11): 46.

[37] 中华人民共和国住房和城乡建设部. 中国城乡建设统计年鉴 2017 [M]. 北京: 中国计划出版社, 2018.

[38] 上海市统计局. 上海统计年鉴 2017 [M]. 上海: 中国统计出版社, 2017.

[39] 扶洋洋, 李铮伟, 许鹏, 等. 分项计量平台数据质量故障诊断与修复 [J]. 建筑节能, 2015, 43 (296): 85.

[40] 上海市建筑建材业市场管理总站, 上海市建筑科学研究院. 2018 年度上海市国家机关办公建筑和大型公共建筑能耗监测及分析报告 [M]. 上海: 上海市住房和城乡建设管理委员会, 上海市发展和改革委员会, 2019.

[41] 刘强, 单振宇, 陈光宣, 等. 城市道路交通状态缺失数据补全方法研究 [J]. 警察技术, 2019 (1): 87-89.

[42] 陈姿羽, 李伟鹏, 关于缺失临床数据的一种数据修复技术研究 [J]. 中国医学物理学杂志, 2009, 26 (2): 1137-1140.

[43] Manimekalai K, Kavitha A. Missing value imputation and nor-malization techniques in myocardial infraction [J]. ICTACT Journal on Soft Computing, 2018, 8 (3).

[44] 李琳, 杨红梅, 杨日东, 等. 基于临床数据集的缺失值处理方法比较 [J]. 中国数字医学, 2018, 13 (4): 8-10.

[45] Troyanskaya O, Cantor M, Sherlock G, et al. Missing value estimation methods for DNA microarrays [J]. Bioinformatics, 2001, 17 (6): 520-525.

[46] 刘爱鹏. 三种常用的缺失值填充方法 [J]. 硅谷. 2011 (23): 188-188, 165.

[47] Pati, Kumar S, Das, et. al. Missing value estimation for microarray data through cluster analysis [J]. Knowledge and Information Systems, 2017, 52 (3): 709-750.

[48] 崔治国, 曹勇, 武根峰, 等. 基于机器学习算法的建筑能耗监测数据预处理技术研究 [J]. 建筑科学, 2018, 34 (2): 94-99.

[49] 吴蔚沁. 基于机器学习算法的建筑能耗监测数据异常识别及修复方法 [J]. 建设科技, 2017 (9): 60-62.

[50] 马永军, 汪睿, 李亚军, 等. 利用聚类分析和离群点检测的数据填补方法 [J]. 计算机工程与设

计，2019，40（3）：744-747.

[51] 郝胜轩，宋宏，周晓锋. 基于近邻噪声处理的 kNN 缺失数据填补算法 [J]. 计算机仿真，2014，31（7）：264-268.

[52] 卿晓霞，肖丹，王波. 能耗实时监测的数据挖掘方法 [J]. 重庆大学学报：自然科学版，2012，35（7）：133-137.

[53] Liu F T，Kai M T，Zhou Z H. Isolation Forest [C]. 8th IEEE International Conference on Data Mining. IEEE Xplore，2009，413-422.

[54] 徐东，王岩俊，孟宇龙，等. Isolation Forest 改进的数据异常检测方法 [J]. 计算机科学，2018，155-159.

[55] Bengio S，Vinyals O，Jaitly N，et al. Scheduled sampling for sequence prediction with recurrent neural networks [C]. NIPS 15：Proceedings of the 28th International Conference on Neural Information Processing Systems. 2015，1171-1179.

[56] 左规广，唐鸣放. 国内外建筑能耗调查与统计研究 [J]. 重庆建筑，2003（2）：16-18.

[57] 秦贝贝. 中国建筑能耗计算方法 [D]. 重庆：重庆大学，2014.

[58] 住房和城乡建设部. 关于印发《民用建筑能耗统计报表制度》（试行）的通知 [EB/OL]. http：//www. mohurd. gov. cn /zcfg/jswj/jskj/200708/t20070816 _ 158562. htm，2007-08.

[59] Hirst E A. A model of residential energy use [J]. Simulation，1978，30（3）：69-74.

[60] Rathnayaka R M K T，Seneviratna D M K N，Long W. The dynamic relationship between energy consumption and economic growth in China [J]. Energy Sources，2018，13（5）：264-268.

[61] Rahman Z U，Khattak S I，Ahmad M，et al. A disaggregated-level analysis of the relationship among energy production，energy consumption and economic growth：Evidence from China [J]. Energy，2020，194：116836.

[62] Mercan M，Karakaya E. Energy consumption，economic growth and carbon emission：Dynamic panel cointegration analysis for selected OECD countries [J]. Procedia Economics & Finance，2015，23：587-592.

[63] Huang J，Gurney K R. The variation of climate change impact on building energy consumption to building type and spatiotemporal scale [J]. Energy，2016，111：137-153.

[64] 蔡伟光. 中国建筑能耗影响因素分析模型与实证研究 [D]. 重庆：重庆大学，2011.

[65] 郭广翠，刘菁. 供给侧改革下建筑能耗影响因素实证研究 [J]. 建筑经济，2017，6：22-26.

[66] 王云鹏，我国及分省民用建筑能耗特征模型及其强度动态特征分析 [D]. 北京：北京建筑大学，2019.

[67] Du T，Sun Y. Correlation of building heating and air qualities in typical cities of China [J]. Energy Procedia，2019，158：6532-6537.

[68] Wang S，Liu H，Pu H，et al. Spatial disparity and hierarchical cluster analysis of final energy consumption in China [J]. Energy，2020，197：117195.

[69] Magoulès F，Zhao H X. Data Mining and Machine Learning in Building Energy Analysis：Towards High Performance Computing [M]. Hoboken：John Wiley & Sons，2016.

[70] Sharif S A，Hammad A. Developing surrogate ANN for selecting near-optimal building energy renovation methods considering energy consumption，LCC and LCA [J]. Journal of Building Engineering，2019，25：100790.

[71] Dac-Khuong B，Tuan N N，Tuan D N，et al. An artificial neural network (ANN) expert system enhanced with the electromagnetism-based firefly algorithm (EFA) for predicting the energy consumption in buildings [J]. Energy，2020，190：116370.

[72] Pham A，Ngo N，Truong T T H，et al. Predicting energy consumption in multiple buildings using machine learning for improving energy efficiency and sustainability [J]. Journal of Cleaner Production，2020，260：121082.

[73] Kim T，Cho S. Predicting residential energy consumption using CNN-LSTM neural networks [J]. Energy，2019，182：72-81.

[74] Cui Z，Liu X. Urban building energy consumption forecast based on the IPAT theory [J]. Advanced Materials Research，2013，689：482-486.

[75] Ma Z，Ye C，Ma W. Support vector regression for predicting building energy consumption in southern China [J]. Energy Procedia，2019，158：3433-3438.

[76] Ma Z，Ye C，Li H，et al. Applying support vector machines to predict building energy consumption in China [J]. Energy Procedia，2018，152：780-786.

[77] Dong B，Cao C，Lee S E. Applying support vector machines to predict building energy consumption in tropical region [J]. Energy and Buildings，2005，37（5）：545-553.

[78] 侯博文，谭泽汉，陈焕新，等. 基于支持向量机的建筑能耗预测研究 [J]. 制冷技术，2019，39（2）：1-6.

[79] Al-janabi A，Kavgic M，Mohammadzadeh A，et al. Comparison of EnergyPlus and IES to model a complex university building using three scenarios：Free-floating，ideal air load system，and detailed [J]. Journal of Building Engineering，2019，22：262-280.

[80] Shabunko V，Lim C M，Mathew S. EnergyPlus models for the benchmarking of residential buildings in Brunei Darussalam [J]. Energy & Buildings，2018，169：507-516.

[81] Ilbeigi M，Ghomeishi M，Dehghanbanadaki A. Prediction and optimization of energy consumption in an office building using artificial neural network and a genetic algorithm [J]. Sustainable Cities and Society，2020，61：102325.

[82] Żabnieńska-Góra A，Khordehgah N，Jouhara H. Annual performance analysis of the PV/T system for the heat demand of a low-energy single-family building [J]. Renewable Energy，2021，163：1923-1931.

[83] Cellura M，Guarino F，Longo S，et al. Climate change and the building sector：Modelling and energy implications to an office building in southern Europe [J]. Energy for Sustainable Development，2018，45：46-65.

[84] Yu S，Cui Y，Xu X，et al. Impact of civil envelope on energy consumption based on EnergyPlus [J]. Procedia Engineering，2015，121：1528-1534.

[85] 黄斌. 广东地区大型商场建筑能耗模拟与节能研究 [D]. 广州：广州大学，2019.

[86] 黄昊，党天洁. 基于 EnergyPlus 的 CBD 建筑能耗预测模型研究 [J]. 建筑节能，2018，46（12）：43-46+109.

[87] Ma H，Du N，Yu S，et al. Analysis of typical public building energy consumption in northern China [J]. Energy and Buildings，2017，136：139-150.

[88] 沈义，顾平道. 上海某医院建筑空调系统节能改造与能耗分析 [J]. 建筑热能通风空调，2019，38（4）：55-59.

[89] 杨福，王衍金，王伟宵. 基于 eQUEST 的某商业建筑空调系统节能分析 [J]. 建筑节能，2020，5：76-79.

[90] 徐杰. 基于软件模拟的武汉医院建筑能耗预测研究 [D]. 武汉：华中科技大学，2019.

[91] 杨瑞，周建民. 夏热冬冷区医院建筑能耗模拟与分析 [J]. 安徽建筑，2019，26（10）：175-177.

[92] Salustiano Martim A L S，Dalfré Filho J G，De Lucca Y D F L，et al. Electromagnetic flowmeter e-

valuation in real facilities: Velocity profiles and error analysis [J]. Flow Measurement and Instrumentation, 2019, (66): 44-49.

[93] 王庆, 刘振中. 电磁流量计工作原理及应用中的测量误差浅析 [J]. 资源节约与环保, 2006, (06): 58-60.

[94] 于秀丽. 浅析电磁流量计产生误差的原因 [J]. 工业设计, 2017, (10): 141-142.

[95] Gu X, Frederic C. The effect of internal pipe wall roughness on the accuracy of clamp-on ultrasonic flowmeters [J]. IEEE Transactions on Instrumentation and Measurement, 2019, 68 (01): 65-72.

[96] Ge L, Deng H, Wang Q, et al. Study of the influence of temperature on the measurement accuracy of transit-time ultrasonic flowmeters [J]. Sensor Review, 2019, 39 (2): 269-276.

[97] Chen Q, Wu J. Research on the inherent error of ultrasonic flowmeter in non-ideal hydrogen flow fields [J]. International Journal of Hydrogen Energy, 2014, (39): 6104-6110.

[98] 袁洪军, 马旭, 姚翠菊, 等. 超声波流量计误差分析 [J]. 中国石油和化工标准与质量, 2013, (20): 97.

[99] 张亚伟, 时庆波. 差压流量计误差原因分析 [J]. 云南化工, 2018, 45 (5): 44.

[100] 董卫超. 插入式差压流量计的研究 [D]. 哈尔滨: 哈尔滨工业大学, 2015.

[101] Dong J, Jing C, Peng Y, et al. Study on the measurement accuracy of an improved cemented carbide orifice flowmeter in natural gas pipeline [J]. Flow Measurement and Instrumentation, 2018, (59): 52-62.

[102] 方卫峰. 温度传感器的设计与研究 [J]. 科技与企业, 2016, (01): 200+202.

[103] 杨蓉, 徐小秋. 铂电阻温度计及其使用中的误差分析 [J]. 仪器仪表用户, 2009, (02): 116-117.

[104] Tarnopolsky M, Seginer I. Leaf temperature error from heat conduction along thermocouple wires [J]. Agricultrural and Forest Meteorology, 1999, (93): 185-194.

[105] Radajewski M, Decker S, Krüger L. Direct temperature measurement via thermocouple within an SPS/FAST graphite tool [J]. Measurement, 2019, (147): 1-7.

[106] 祝洪凡. 热电偶温度计量常见问题的处理措施探讨 [J]. 科技风, 2017, (4): 161.

[107] 王昕. 热电偶温度计量的误差原因与处理技术措施 [J]. 电子技术与软件工程, 2019, (17): 231-232.

[108] 冯岩. 热电偶温度计量的误差原因分析 [J]. 工程与技术, 2015, (11): 97.

[109] 庄智, 徐强, 谭洪卫, 等. 基于能源统计的城镇民用建筑能耗计算方法研究 [J]. 建筑科学, 2011, 27 (4): 19-22.

[110] 刘国娟. 北京市民用建筑能耗影响因素分析与情景预测 [D]. 北京: 华北电力大学, 2014.

[111] 张晓厚. 北京市民用建筑运行能耗预测研究 [D]. 北京: 首都经济贸易大学, 2018.

[112] 邵高峰, 刘全超, 何中华, 等. 民用建筑 "四节一环保" 实时数据仓库架构研究 [J]. 建筑科学, 2020, v.36 (S2): 386-389.

[113] 李伟卫, 李梅, 张阳, 等. 基于分布式数据仓库的分类分析研究 [J]. 计算机应用研究, 2013, 30 (010): 2936-2939.

[114] 王琳, 商周, 王学伟. 数据采集系统的发展与应用 [J]. 电测与仪表, 2004, 41 (8): 4-8.

[115] 杨辅祥, 刘云超, 段智华. 数据清理综述 [J]. 计算机应用研究, 2002, 019 (003): 3-5.

[116] 孟小峰, 周龙骧, 王珊. 数据库技术发展趋势 [J]. 软件学报, 2004 (12): 1822-1836.

[117] 张华强. 关系型数据库与NoSQL数据库 [J]. 电脑知识与技术, 2011 (20): 4802-4804.

[118] 李爱国, 覃征. 大规模时间序列数据库降维及相似搜索 [J]. 计算机学报, 2005, 28 (009): 1467-1475.

[119] 何建国, 吕从, 刘伟, 等. 基于ArcGIS Engine的城市基础地理信息数据库系统开发研究 [J]. 测

绘科学，2007（04）：144-146.

[120] 乔文娟. 数据服务平台的设计与实现 [D]. 北京：北京交通大学，2019.

[121] 张婷婷，马明栋，王得玉. OCR 文字识别技术的研究 [J]. 计算机技术与发展，2020，030（004）：85-88.

[122] Michael R，Novita H. An examination of character recognition on ID card using template matching approach [J]. Procedia Computer Science，2015，59：520-529.

[123] 赵俊杰，李思霖，孙博瑞，等. 浅谈大数据环境下基于 Python 的网络爬虫技术 [J]. 中国新通信，2020，22（04）：68.

[124] 孟小峰，慈祥. 大数据管理：概念、技术与挑战 [J]. 计算机研究与发展，2013，50（001）：146-169.

[125] 赵洪涛，任成露. 大数据治理 [J]. 数码世界，2018，149（03）：179.

[126] Wróbel A，Komnata K，Rudek K. IBM data governance solutions [C] //2017 International Conference on Behavioral，Economic，Socio-cultural Computing（BESC）. IEEE，2017，1-3.

[127] Al-Ruithe M，Benkhelifa E，Hameed K. A systematic literature review of data governance and cloud data governance [J]. Personal and Ubiquitous Computing，2019，23（5）：839-859.

[128] 国家市场监督管理总局，国家标准化管理委员会. GB/T 34960.5-2018 信息技术服务 治理 第 5 部分：数据治理规范 [S]. 北京：中国标准出版社，2018.

[129] ISO/IEC 38500：2015，Information technology — Governance of IT for the organization [S]. Geneva：International Organization for Standardization，2015.

[130] Quinto B. Big Data Governance and Management [M] //Next-Generation Big Data. Apress，Berkeley，CA，2018，495-506.

[131] Koltay T. Data governance，data literacy and the management of data quality [J]. IFLA journal，2016，42（4）：303-312.

[132] 张英朝，邓苏，张维明. 数据仓库元数据管理研究 [J]. 计算机工程，2003，29（001）：8-10.

[133] 韦虎. 大数据背景下数据质量管理优化对策 [J]. 信息与电脑：理论版，2019，419（01）：228-230.

[134] 靳强勇，李冠宇，张俊. 异构数据集成技术的发展和现状 [J]. 计算机工程与应用，2002，38（011）：112-114.

[135] 马立平. 统计数据标准化——无量纲化方法 [J]. 北京统计，2000（03）：34-35.

[136] 李伟伟，张涛，马媛媛，等. 基于中间件的多源数据交换系统 [J]. 计算机技术与发展，2016，26（005）：95-98.

[137] 王淞，彭煜玮，兰海，等. 数据集成方法发展与展望 [J]. 软件学报，2020，000（003）：893-908.

[138] 熊瑞英. 关系数据库中关系模式的规范化过程 [J]. 科技创新导报，2010，000（012）：35-35.

[139] 兰旭辉，熊家军，邓刚. 基于 MySQL 的应用程序设计 [J]. 计算机工程与设计，2004（03）：442-443.

[140] 祁新安，侯清江. SQL Server 数据库的运用研究 [J]. 制造业自动化，2010（14）：36-38.

[141] 刘含. 信息系统 Oracle 数据库性能优化研究 [J]. 电子技术与软件工程，2018，06（No.128）：197-197.

[142] 朱江，沈庆国. 开放源码数据库 PostgreSQL 的特点及其应用实例 [J]. 军事通信技术，2003，024（002）：59-62.

[143] 唐敏，宋杰. 嵌入式数据库 SQLite 的原理与应用 [J]. 电脑知识与技术，2008，1（002）：600-603.

[144] 单若琦．一种基于 OpenTSDB 的海量实时数据存储系统［D］．广州：华南理工大学，2016.

[145] 徐化岩，初彦龙．基于 influxDB 的工业时序数据库引擎设计［J］．计算机应用与软件，2019（9）：33-36，40.

[146] 周江，王伟平，孟丹，等．面向大数据分析的分布式文件系统关键技术［J］．计算机研究与发展，2014（02）：382-394.

[147] 张军，倪颖杰，李祖华，等．大数据计算处理与存储研究综述［J］．高性能计算技术，2014，000（004）：30-35.

[148] 刘娟，郭志佳．基础地理信息数据库建设及应用的现状［J］．测绘与空间地理信息，2005，28（005）：29-30.

[149] 王敏，周从军，杜成龙．数据仓库技术综述［J］．电脑知识与技术，2008，002（015）：998-999，1030.

[150] 谭景信，刘玉龙，李慧娟．虚拟化模型驱动的分布式数据湖构建方法研究［J］．计算机科学与探索，2019（9）：1493-1503.

[151] 付彩风，郑竺凌．基于互联网思维的建筑能耗大数据在线节能诊断技术［J］．上海节能，2016（5）：239-242.

[152] 陈永攀，张吉礼，牟宪民，等．建筑运行能耗监测与节能诊断系统的开发．建筑科学，2009（2）：29-34.

[153] 王宇．大数据公共建筑能耗监测系统的设计思考［J］．现代建筑电气，2014（6）：8-12.

[154] 罗亮，吴文峻，张飞．面向云计算数据中心的能耗建模方法［J］．软件学报，2014（7）：1371-1387.

[155] 赵亚飞，陈阳．基于大数据技术的建筑节能方法研究与设计思考［J］．建筑节能，2017（2）：109-111.

[156] 杨常清．大数据技术下的节能减排管控系统数据采集及管理［J］．自动化与仪器仪表，2017（11）：185-186.

[157] 杨俊宴，熊伟婷，曹俊，等．基于智慧城市空间大数据的城市信息图谱建构研究［J］．地理信息世界，2017（4）：36-41.

[158] 苏宇川，刘启波．基于大数据背景下的绿色建筑技术选择优化研究［J］．山西建筑，2016（21）：187-189.

[159] 李可柏．基于 Logistic 和 C-D 函数的城市生活用水动态优化及仿真［J］．上海交通大学学报．2015（2）：178-183.

[160] 秦萧，甄峰．大数据时代智慧城市空间规划方法探讨［J］．现代城市研究，2014（10）：18-24.

[161] 贺清哲．基于人工神经网络的钢材价格预测［J］．现代商贸工业，2015（26）：65-66.

[162] 田驹琦．基于我国成品钢材产量的岭回归分析［J］．经济视野，2014（8）：468-469.

[163] 郑跃君，严翔．环保大数据在环境污染防治管理中应用探究［J］．资源节约与环保，2017（10）：60-62.

[164] 张平文，戴文渊，黄晶，等．大数据建模方法［M］．北京：高等教育出版社，2020.

[165] 谢志炜，温锐刚，孟安波，等．基于箱形图和隔离森林的施工人次数据处理与预测研究［J］．管理学报，2018，32（05）：92-96.

[166] 陶澍．应用数理统计方法［M］．北京：中国环境科学出版社，1994.

[167] 崔聪，咸日常，咸日明，等．基于最小二乘法的 10kV 配电变压器空载损耗工艺系数研究［J］．变压器，2019，56（05）：16-20.

[168] Ester M，Kriegel H P，Sander J，et al. A Density-based algorithm for discovering clusters in large spatial databases with noise［A］．International Conference on Knowledge Discovery & Data

Mining. Portland, 1996, 226-231.

[169] 龙瀛, 李派, 侯静轩. 基于街区三维形态的城市形态类型分析——以中国主要城市为例 [J]. 上海城市规划, 2019 (03): 10-15.

[170] 宗成庆. 统计自然语言处理 [M]. 北京: 清华大学出版社, 2013.

[171] 胡军伟, 秦奕青, 张伟. 正则表达式在 Web 信息抽取中的应用 [J]. 北京信息科技大学学报 (自然科学版), 2011, 26 (06): 86-89.

[172] 沙金. 精通正则表达式 [M]. 北京: 人民邮电出版社, 2008.

[173] 何正旭, 高浪. 我国城镇居住建筑能耗强度定量分析与预测 [J]. 四川建筑, 2018, 38 (03): 45-47.

[174] 那威, 王云鹏. 北京城镇住宅建筑面积计算及其影响因素 [J]. 中国建设信息化, 2019 (10): 58-60.

[175] 匡文慧, 张树文, 张养贞. 基于遥感影像的长春城市用地建筑面积估算 [J]. 重庆建筑大学学报, 2007 (01): 18-21.

[176] 刘贵文, 张梦俐, 徐可西. 城市更新中建筑寿命缩短的影响因素分析——基于重庆市的实证分析 [J]. 城市问题, 2013 (10): 2-7.

[177] 黄禹, 刘洪玉, 徐跃进. 我国城镇住房拆除率及其影响因素研究 [J]. 中国房地产, 2016 (21): 51-61.

[178] 江亿, 彭琛, 胡姗. 中国建筑能耗的分类 [J]. 建设科技, 2015 (14): 22-26.

[179] 张涛, 王雯翡, 成雄蕾, 等. 数据驱动技术在建筑能耗模拟中的应用研究 [J]. 科技与创新, 2020 (16): 156-157.

[180] 蒲清平, 李百战, 喻伟. 重庆城市居住建筑能耗预测模型 [J]. 中南大学学报 (自然科学版), 2012, 43 (04): 1551-1556.

[181] 李嘉玲, 蒋艳. 基于 BP 神经网络的公共建筑用电能耗预测研究 [J]. 软件导刊, 2019, 18 (07): 49-52.

[182] 周峰, 张立茂, 秦文威, 等. 基于 SVM 的大型公共建筑能耗预测模型与异常诊断 [J]. 土木工程与管理学报, 2017, 34 (06): 80-86.

[183] 田玮, 魏来, 李占勇, 等. 基于机器学习的建筑能耗模型适用性研究 [J]. 天津科技大学学报, 2016, 31 (03): 54-59.

[184] 寇月, 胡映宁. 夏热冬暖地区城镇居住建筑面积与能耗现状及预测 [J]. 墙材革新与建筑节能, 2016 (01): 63-66.

[185] 刘海柱, 丁洪涛, 李童瑶, 等. 我国民用建筑能耗现状及发展趋势研究 [J]. 建设科技, 2018, No.358 (08): 10-11.

[186] 黄敬婷, 吴璟. 中国城镇住房拆除规模及其影响因素研究 [J]. 统计研究, 2016 (9): 30-35.

[187] 刘存. 建筑寿命影响因素及延长建筑寿命策略研究 [D]. 重庆: 重庆大学, 2014.

[188] 胡明玉, 吴琼, 燕庆宁, 等. 短命建筑引起的资源、能源、环境问题分析 [J]. 建筑节能, 2008 (1): 70-74.

[189] Geladi P, Kowalski B R. Partial least-squares regression: A tutorial [J]. Analytica Chimica Acta, 1986, 185: 1-17.

[190] 王惠文. 偏最小二乘回归的线性与非线性方法 [M]. 北京: 国防工业出版社, 2006.

[191] Liaw A, Wiener M. Classification and regression by randomForest [J]. R News, 2002, 2 (3): 18-22.

[192] Chan J C W, Paelinckx D. Evaluation of Random Forest and Adaboost tree-based ensemble classification and spectral band selection for ecotope mapping using airborne hyperspectral imagery [J]. Re-

mote Sensing of Environment，2008，112（6）：2999-3011.

[193] Jakkula V. Tutorial on support vector machine（svm）[J]. School of EECS，Washington State University，2006，37.

[194] Chen Y，Xu P，Chu Y，et al. Short-term electrical load forecasting using the Support Vector Regression（SVR）model to calculate the demand response baseline for office buildings [J]. Applied Energy，2017，95：659-670.

[195] 李熙，薛翔宇. 波士顿矩阵的夜光遥感电力消费估算方法 [J]. 武汉大学学报（信息科学版），2018，43（12）：1998-2002.

[196] 李德仁，李熙. 论夜光遥感数据挖掘 [J]. 测绘学报，2015，44（6）：591-601.

[197] White T. Hadoop：The definitive guide [J]. O'rlly Media Inc Gravenstn Highway North，2012，215（11）：1 - 4.

[198] 郝树魁. Hadoop HDFS 和 MapReduce 架构浅析 [J]. 邮电设计技术，2012（07）：37-42.

[199] Vaidya M. MapReduce：A flexible data processing tool [J]. Communications of the ACM，2010，53（1）：72-77.

[200] 冯志勇，徐砚伟，薛霄，等. 微服务技术发展的现状与展望 [J]. 计算机研究与发展，2020，057（005）：1103-1122.

[201] 朱二华. 基于 Vue. js 的 Web 前端应用研究 [J]. 科技与创新，2017，000（020）：119-121.

[202] 罗敏刚. 探析大数据可视化技术与工具 [J]. 科技视界，2020，No. 303（09）：165-167.

[203] 熊丽君，袁明珠，吴建强. 大数据技术在生态环境领域的应用综述 [J]. 生态环境学报，2019，028（012）：2454-2463.

[204] 党安荣，许剑，甄茂成. 大数据在城市规划中的应用研究综述 [J]. 地理信息世界，2019（001）：6-12，24.

[205] 王鹏，周静，王凯曦，等. 健康医疗大数据云平台研究综述 [J]. 中国医疗设备，2020，035（005）：161-165，174.

[206] 戈黎华，郭浩，王璐璐，等. 大数据产业研究综述 [J]. 华北水利水电学院学报：社科版，2019，035（003）：1-8.

[207] 于怀宝. 面向建材信息的网络爬虫系统的设计与实现 [D]. 北京：北京交通大学，2015.

[208] 陈旭飞，于凤芹，钦道理. 建筑能耗监管网关实时数据库设计 [J]. 计算机技术与发展，2015，000（003）：180-183.

[209] Ba Nsal S K，Kagemann S. Integrating big data：A semantic extract-transform-load framework [J]. Computer，2015，48（3）：42-50.

[210] 王鑫. 中国争取 2060 年前实现碳中和 [J]. 生态经济，2020，36（12）：9-12.